高等学校电子信息类专业系列教材

现代交换原理与技术

（第二版）

吴潜蛟　刘若辰　明　洋　编著

西安电子科技大学出版社

内 容 简 介

本书详细介绍了现代通信网中各类交换技术的基本概念、工作原理，阐述了交换技术与网络技术、信令技术以及传输技术之间的内在联系，并对推动通信网演进和发展的新技术进行了讨论。全书共9章，主要内容包括交换技术及通信网概述、交换机基础理论、信令系统、数字程控交换原理与技术、分组交换原理与技术、ATM 原理与技术、IP 交换技术、移动交换技术和下一代交换技术及应用等。

本书选材合理，内容翔实，层次清晰，可作为高等学校通信工程、电子信息类专业的本科生教材或教学参考书，也可作为通信领域工程技术人员的参考书。

图书在版编目(CIP)数据

现代交换原理与技术 / 吴潜蛟，刘若辰，明洋编著. -- 2版. --西安：西安电子科技大学出版社，2024.11

ISBN 978-7-5606-7233-5

Ⅰ. ①现… Ⅱ. ①吴… ②刘… ③明… Ⅲ. ①通信交换 Ⅳ. ①TN91

中国国家版本馆 CIP 数据核字(2024)第 103569 号

策　　划　刘玉芳
责任编辑　刘玉芳
出版发行　西安电子科技大学出版社(西安市太白南路2号)
电　　话　(029)88202421　88201467　　邮　　编　710071
网　　址　www.xduph.com　　电子邮箱　xdupfxb001@163.com
经　　销　新华书店
印刷单位　陕西天意印务有限责任公司
版　　次　2024年11月第2版　2024年11月第1次印刷
开　　本　787毫米×1092毫米　1/16　印张 21
字　　数　497千字
定　　价　54.00元
ISBN 978-7-5606-7233-5 / TN

XDUP　7535002-1

前　言

当前，用户对信息技术的需求不断增长，与之相关的计算机及控制技术、集成电路与光电子技术迅速发展，交换与网络作为共同支撑信息社会和信息时代的基础设施其发展也日新月异。交换是网络的核心，网络是通信传输的平台。换言之，交换技术与网络技术、信令技术以及传输技术密切相关。本次修订在保持第一版的体系结构和主体内容基本不变的前提下，力求体现知识的更新与技术的发展，强调基础理论，突出工程实践性，培养学生的创新意识，满足该课程“一流”课程建设的要求，同时与国家高等教育智慧平台的线上课程相匹配。

本次修订主要体现在：

(1) 在第一版教材基本体系结构不变的情况下，增加了必要的数据和体系结构的补充，删除了陈旧的内容，确保内容的先进性。

(2) 对第一版的部分内容进行了重新组织与安排，更加注重基础性和先进性的结合，使教材的体系结构更加合理。

(3) 增加了高速公路通信系统典型应用案例的相关内容，体现了本书的工程性。

与第一版相比，本书在结构和内容上的主要变化有：

(1) 第1章凝炼了交换技术发展的内容。

(2) 第2章强化了对理论、以工程问题为导向的方法和应用背景的介绍。

(3) 第3章适度增加了背景知识内容。

(4) 第4章中对交换网络部分的内容进行了扩充，详述了交换网络与交换单元的结构及分类。

(5) 第6章中对ATM网络空分交换结构部分做了补充。

(6) 第7章中增加了多协议标记交换(MPLS)技术的介绍。

(7) 第8章中增加了移动新技术发展的内容。

(8) 第9章增加了软交换的体系结构和功能，以及高速公路通信系统典型应用案例。

(9) 对部分习题做了调整和修改。

本次修订的具体分工如下：吴潜蛟教授负责第1～3章，刘若辰博士负责第4～7章；明洋教授负责第8、9章；全书由吴潜蛟教授统稿。本书得到了西安电子科技大学出版社的鼎力支持，在此表示感谢。

由于交换技术与通信网发展迅速，书中不妥之处在所难免，希望读者批评指正。

编　者

2024年6月于长安大学

目　录

第 1 章　交换技术及通信网概述

1.1　交换的引入

在“通信原理”课程的学习中，我们知道，通过信源发送设备、通信信道和信宿接收设备即可实现通信双方的点到点的对等通信。因此，对于点到点的通信，只要在通信双方之间建立一个连接即可实现；而对于点到多点或多点到多点的通信(也就是当有多个通信终端时)，最直接的方法就是让所有通信方两两相连，如图 1-1(a)所示。这样的连接方式称为全互连式。全互连式具有以下特点：

(1) 当存在 N 个终端时，需要 $N(N-1)/2$ 条连线。

(2) 当终端相距很远时，需要很长的连接线路。

(3) 每个终端都有 $N-1$ 根连线与其他终端相接，因而每个终端都需要 $N-1$ 个线路接口。

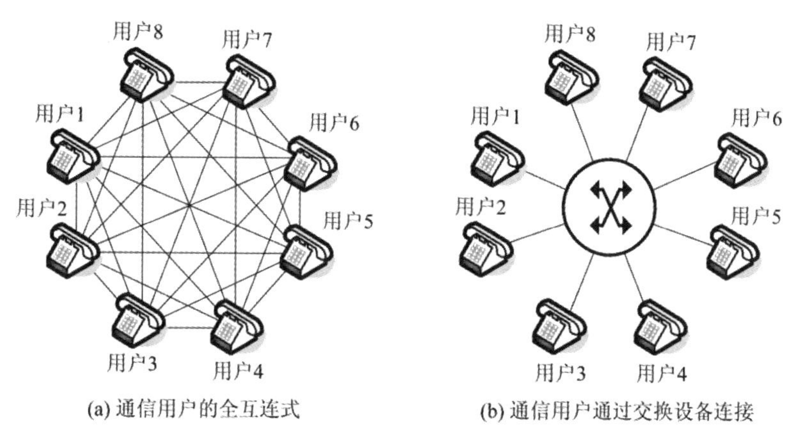

(a) 通信用户的全互连式　　(b) 通信用户通过交换设备连接

图 1-1　通信终端连接方式示意图

显然，全互连式不适合终端用户数量多且分布范围较广的情况，最好的连接方法是在用户分布密集的中心处安装一个设备，把每个用户终端设备(比如电话机)分别用专用的线路(电话线)连接到这个设备上，如图 1-1(b)所示。当任意两个用户之间进行通信时，该设备就把连接这两个用户的开关连接点合上，将这两个用户的通信线路接通。等两个用户通信完毕，再把相应的开关连接点断开，两个用户间的连线也就随之切断。这样，对 N 个用户只需要 N 对连线，即 N 条线路(一般一条线路由一对连线组成)就可以满足要求，线路的投资费用大大降低。这种能够完成任意两个用户之间通信信道(线路)连接与断开的设备称为交换设备或交换机，交换就是指各通信终端之间(比如计算机与计算机之间、电话机与电话机之间、计算机与电话机之间等)为交换信息所采用的一种利用交换设备进行连接的工作方式。

对于图 1-1(b)中的任意两个终端用户而言，他们之间的每一次通信都要借助交换设备，每一次电话通信的过程如图 1-2 所示，一次成功的通信包括呼叫建立、消息传输和释放三个阶段。

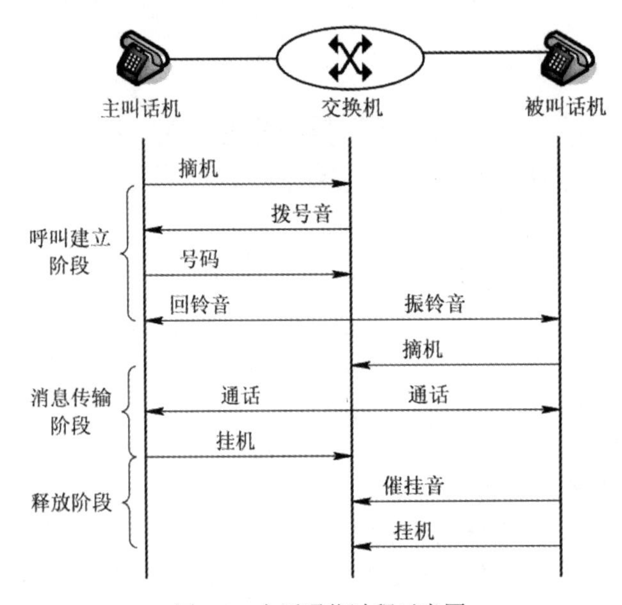

图 1-2　电话通信过程示意图

在呼叫建立和释放阶段用户线和中继线上传输的信号称为信令，起联络控制作用；在消息传输阶段所传输的信号称为消息。

(1) 呼叫建立阶段。由发起通话的主叫用户终端向交换机发出通信请求，并提供被叫用户终端的电话号码后，交换机对被叫用户振铃，主叫用户送回铃音，被叫用户终端摘机后，交换机与对应的双方建立通信链路。

(2) 消息传输阶段。在建立好的通信链路上，进行双方之间的通信传输。

(3) 释放阶段。任意一方发出终止通信的请求，交换机拆除(释放)建立的通信链路供其他呼叫使用。

这种在双方通信之前建立通信链路(逻辑连接)、在通信完毕拆除(释放)通信链路的通信方式称为面向连接的通信。与之对应，在双方通信之前无须建立通信链路(逻辑连接)的通信则称为面向无连接的通信。

引入交换设备后，交换设备就和连接在其上的用户终端设备以及它们之间的传输线路构成了最简单的通信网，并可由多个交换设备构成实用的大型通信网，如图 1-3 所示。通信网中的任何一台交换设备都可以称为一个交换节点。

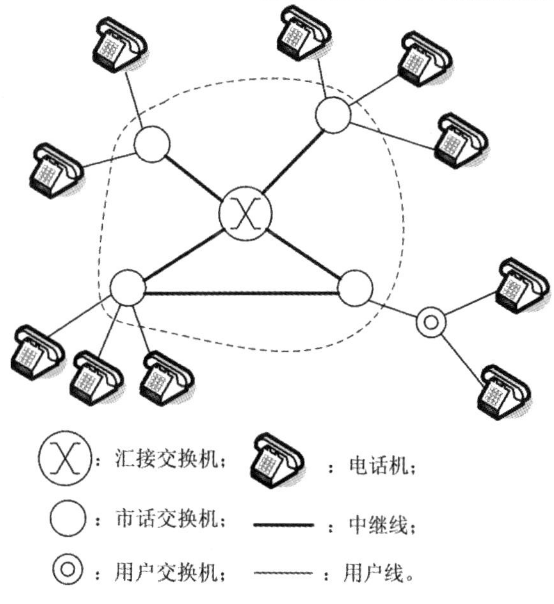

图 1-3　由交换节点构成的通信网

图 1-3 中，直接与电话机或终端连接的交换机称为本地交换机或市话交换机，相应的交换局称为端局或市话局；仅与各交换机连接的交换机称为汇接交换机；用户终端与交换机之间的连接线路称为用户线；交换机之间的连接线路称为中继线。

因此，终端设备、传输信道和交换节点是构成通信网系统的三个基本要素。

1.2　交换方式

在现代通信网中，交换方式主要有电路交换、报文交换和分组交换，在此基础上互相融合，出现了快速电路交换、快速分组交换(中继)、ATM、IP 等改进的交换技术。

1.2.1　电路交换

电路交换(circuit switching，CS)也叫线路交换，是指在信息(数据)的发送端和接收端之间直接建立一条临时通路，供通信双方专用，其他用户不能再占用，直到双方通信完毕才能拆除。

电路交换分为以下三个阶段：

(1) 电路建立阶段：该阶段的任务是在欲进行通信的双方各节点(电话局)之间通过线路交换设备，建立一条仅供通信双方使用的临时专用物理通路。

(2) 电路传输阶段：通信双方的具体通信过程(数据交换)在这个阶段进行。

(3) 电路拆除阶段：通信完毕，必须拆除这个临时通道，以释放线路资源，供其他通信方使用。

电路交换有如下主要特点：

(1) 通路建立时间较长，通信前建立连接，通信后拆除连接，通信期间，不管是否有信息传送，连接始终保持且对通信信息不作处理，也无差错控制措施。

(2) 固定分配带宽，资源利用率低，灵活性差。

(3) 传输延时小，实时性好。

1.2.2 报文交换

报文交换(message switching，MS)的原理是：信源将待传输的信息组成一个数据包——报文，该报文上写有信宿的地址，数据包在通过传输网络时，每个接收到该数据包的节点都先将它存在该节点处，然后按信宿的地址，根据网络的具体传输情况，寻找合适的通路将报文转发到下一个节点，经过这样多次存储-转发(store and forward switching)，直至信宿，完成一次数据传输。

报文交换的主要优点如下：

(1) 报文采用存储-转发交换方式，交换机输入和输出的信息速率、编码格式等可以不同，很容易实现各种类型终端之间的相互通信。

(2) 在报文交换过程中不需要建立专用通路，没有电路持续过程(保持连通状态)，来自不同用户的报文可以在一条线路上以报文为单位进行多路复用，线路可以以其最高的传输能力工作，大大提高了线路的利用率。

报文交换的主要缺点如下：

(1) 信息传输时延大，而且时延的变化(抖动)也大，不利于实时通信。

(2) 交换节点需要存储用户发送的报文，因为有的报文可能很长，所以要求交换机有高速处理能力和较大的存储容量，一般要求配备大容量的磁盘和磁带存储器，因而会导致交换机的体积比较庞大，费用较高。

(3) 由于报文交换在本质上是一种主-从结构方式，所有的信息都要流入、流出交换机，若交换机发生故障，则整个网络都会瘫痪，因此许多系统都需要备份交换机，以便当一个发生故障时，另一个可以接替工作。同时，该系统的中心布局形式会造成所有信息流都流经中心交换机，交换机本身就成了潜在的瓶颈，会导致响应时间长、吞吐量下降。

1.2.3 分组交换

分组交换(packet switching，PS)的概念是 1964 年 8 月由巴兰(Baran)在美国兰德(Rand)公司的研究报告中提出的。1966 年 6 月，英国国家物理实验室(NPL)的戴维斯(Davies)首次使用“分组”或“包”(packet)。1969 年 12 月，美国国防部的分组交换网 ARPANET 投入运行。这种源于数据通信业务的交换方式随着计算机技术和计算机网络的飞速发展在通信领域中占据了越来越重要的地位，不仅能完成数据通信，还可以用来实现音频和视频通信。

分组交换是利用存储-转发的交换方式，先将待传输的信息划分为一定长度的分组，并以分组为基本单位进行传输和交换。每个分组包含地址信息、序号和控制信息等，一般为 3～10 字节。

分组交换类似于报文交换，但分组交换要限制一个数据包的大小，即要把一个大数据包分成若干小数据包(俗称打包)，每个小数据包的长度是固定的，典型值是一千比特到几千比特，然后按报文交换的方式进行数据交换。为区分这两种交换方式，把小数据包(即分组交换中的数据传输单位)称为分组。

数据分组在网络中有两种传输方式：数据报(datagram)方式和虚电路(virtual circuit)方式。

(1) 数据报方式类似于报文交换，是一种无连接型服务。每个分组在网络中的传输路径与时间完全由网络的具体情况随机确定。因此，会出现信宿收到的分组顺序与信源发送时不一样的情况，先发的可能后到，后发的却有可能先到。这就要求信宿有对分组重新排序的能力，具有这种功能的设备叫分组拆装(packet assembly and disassembly，PAD)设备，通信双方各有一个。数据报要求每个数据分组都包含终点地址信息，以便分组交换机为各个数据分组独立寻找路径。

数据报方式的优点在于对网络故障的适应能力强，对短报文的传输效率高。不足之处是时延相对较长。另外，由于它缺乏端到端的数据完整性和安全性，因此支持它的工业产品较少。

(2) 虚电路的交换方式类似于电路交换。在发送分组前，需要在通信双方建立一条逻辑连接。建立连接时，主叫用户发送“呼叫请求”(该分组包括被叫用户地址以及为该呼叫的输出通道分配的虚电路标识)，网络中各个节点依据被叫用户地址选择通路，分配虚电路标识，并建立各个节点的输入和输出的虚电路标识之间的对应关系。一旦被叫用户同意建立虚电路，就可发送“呼叫连接”，主叫用户收到该分组后，表明主叫和被叫用户之间的虚电路已经建立，可以传输数据。

在数据传输阶段，各个分组中用虚电路标识取代主叫和被叫的用户地址，各个分组可以按顺序沿同一路径从信源畅通无阻地到达信宿，直到数据传输完毕。此时双方任意释放请求呼叫，通信网络释放其占用的资源。

因此，虚电路有类似于电路交换的呼叫建立、信息通信和释放呼叫三个阶段，是一种面向连接的通信方式。虚电路的“虚”是指逻辑连接。

在虚电路连接中，网络可以将线路的传输能力和交换机的处理能力进行动态分配，终端可以在任何时候发送数据，在暂时无数据发送时依然保持这种连接，但它并没有独占网络资源，网络可以将线路的传输能力和交换机的处理能力用于其他服务。

虚电路方式的实时性较好，适合于交互式通信；数据报适合于单向传输短信息。虚电路如果发生意外中断，则需要重新呼叫建立新的连接。

数据采用固定的短分组，不但可减小各交换节点的存储缓冲区大小，同时也减少了传输时延。另外，分组交换也意味着按分组纠错，接收端如果发现错误，只需让发送端重发出错的分组，而不需将所有数据重发，这样就提高了通信效率。

目前，广域网大都采用分组交换方式，同时提供数据报和虚电路两种服务供用户选择。

分组交换主要有以下特点：

(1) 将需要传送的信息分成若干分组，每个分组加上控制信息后分发出去，采用存储-转发方式，有差错控制措施。

(2) 基于统计时分复用方式，共享信道，资源利用率高。

(3) 时延适中。

传统分组交换使用的最典型的协议就是 X.25 协议。分组交换技术是最适于数据通信的交换技术。

可见，分组交换是线路交换和报文交换相结合的一种交换方式，它综合了线路交换和报文交换的优点，并弱化了它们的缺点。

1.3 交换技术发展概述

从 20 世纪 80 年代开始，通信系统中出现了许多新的通信业务，如智能用户电报、可视图文、遥测、监视、电子邮件、互联网业务、可视电话、会议电话、图文电视、点播视频、高清晰电视、网络电视等。这些业务大多是多媒体信息，其传输、交换特性不同，具体表现为以下两点：

(1) 不同业务的传输和交换要求不同的速率，具有不同的突发性。

信道利用率反映数据传输的突发率。数据传输的突发率可以定义为

$$\text{数据传输的突发率} = \frac{\text{峰值速率}}{\text{平均速率}}$$

如果数据传输时的峰值速率远大于平均速率，则表明数据传输的突发率高。信道利用率低，意味着实际速率的波动性大，数据传输的突发率高。不同的媒体传输交换所需要的峰值速率如表 1-1 所示。

表 1-1 不同业务的速率表

业 务 名 称	速率
报警、监控	4～16 kb/s
声音	768 kb/s
图像	2 Mb/s
彩色电视	34 Mb/s
高清晰电视(HDTV)	100 Mb/s
数字化电话编码	16～64 kb/s
文件传输	8～32 Mb/s
超高清晰图像业务	512 Mb/s

(2) 各种传输业务对误差和延时的要求不同。

对语音(话音)传输，有限的错误一般不会影响用户的通信过程，如果延时较大，则通信会变得非常艰难；文本类的数据通信允许有一些延时；图像或视频类的通信要求低延时和低误码率。图 1-4 所示为各种媒体的信道利用率。

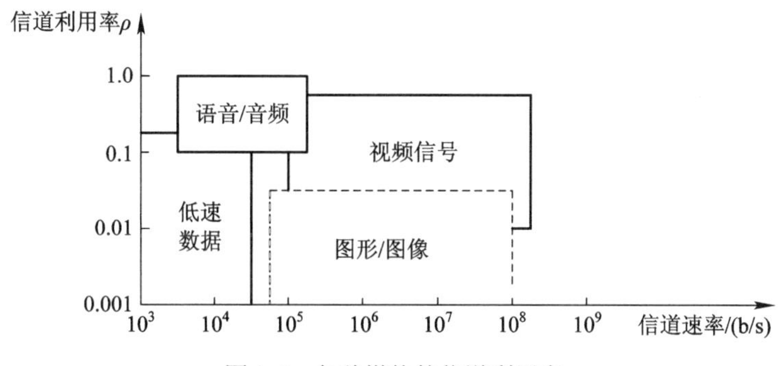

图 1-4　各种媒体的信道利用率

为了满足用户多样化业务的传输要求，在现代通信系统中主要采用多路复用技术实现传输信道宽带化、高速交换低延时和多媒体业务综合交换，以便实现同一网络支持不同业务。交换技术的发展也是围绕实现宽带化或依据峰值速率分配带宽进行的。由于传输、复用和交换越来越密不可分，因此人们通常使用传送方式(transfer mode，也译为转移模式)来统一描述传输、复用和交换方式。依据通信传输方式的特点，转移模式分为同步转移模式(synchronous transfer mode，STM)和异步转移模式(asynchronous transfer mode，ATM)。同步转移模式中的主要交换技术为电路交换技术、快速电路交换技术等，异步转移模式主要是采用 ATM 的快速分组交换技术。

1.3.1　快速电路交换

快速电路交换(fast circuit switch，FCS)的核心思路是有信息传输时快速建立通道，没有数据传输时释放通路。具体过程如下：

建立呼叫时，用户请求一个带宽为基本速率(64 kb/s)的整数倍的连接，网络依据用户的申请寻找一个适合用户通信的通道，但并不建立连接和分配资源，而是将通信所需的带宽、所选路由编号写入交换机保存。

当用户发送信息时，网络迅速按照用户申请的分配通路完成信息的交换。

在这种方式下，网络必须有能力快速检测出信源发送数据的请求，同时必须在较短的时间内建立端到端的链路连接，因此要求通信网络具有高速计算的能力。

1.3.2　帧中继

帧中继(frame relay，FR)是在传统分组交换技术和光纤传输技术的基础上发展起来的快速分组技术(fast PS，FPS)。光纤传输线路具有很好的传输质量，误码率低(光纤的误码率一般小于 10^{-9})。快速分组简化了分组交换中使用的 X.25 协议，取消了逐段控制、差错控制和流量控制，采用端对端的检错、重发控制机制，从而缩短了交换节点处的处理时间，可以实现动态分配带宽，灵活性大，吞吐量大，时延小，适合突发性和可变长度消息的传输。

1.3.3　ATM 交换与多协议标记交换

ATM 交换是一种改进的快速分组交换方式。由于采用异步复用技术和交换技术，因此被称为异步转移模式(asynchronous transfer mode，ATM)。

ATM 交换中，信元(ATM 分组单元)长度固定(53 字节)，信元可以按照需求插入逻辑信道中传输，通过标记来进行识别和交换，无须同步信号，传输速率可变。因此，它实际上是电路交换和分组交换相结合的产物，能有效利用资源，集电路交换和分组交换于一体，其通过按需分配带宽的信息转移模式来实现网络与业务的无关性，以满足各类业务的需求。

1997 年，互联网工程部(Internet Engineering Task Force，IETF)提出通过多协议标记交换(multi-protocol label switching，MPLS)实现 ATM 与 IP 的技术融合。MPLS 起源于 IPv4 (Internet protocol version 4)，最初是为了提高转发速度而提出的，其核心技术可扩展到多种网络协议，包括 IPv6(Internet protocol version 6)、网际报文交换(Internet packet exchange，IPX)和无连接网络协议(connectionless network protocol，CLNP)等。

MPLS 的基本思想是在数据分组首部的前面附加一个短的固定长度的标记，在骨干网内依据该标记在各个标记交换路由器(label switching router，LSR)处进行分组的路由和转发。为此需要在骨干网边缘增加出入的标记边缘路由器(label egress router，LER)来完成分组的汇集分类和标签的增加或删除，汇集不同分组时采用转发等价类(forwarding equivalence class，FEC)来实现分组的归一化。相同 FEC 的分组在 MPLS 网络中将获得完全相同的处理。FEC 的划分方式非常灵活，可以是以源地址、目的地址、源端口、目的端口、协议类型或 VPN 等为划分依据的任意组合。例如，在传统的采用最长匹配算法的 IP 转发中，到同一个目的地址的所有报文就是一个 FEC。

1.3.4 光交换

光交换是指不经过任何光/电转换，在光域直接将输入光信号交换到不同输出端。当前，通信网普遍采用光纤进行传输，其进一步的发展就是与光传输配合实现光交换。未来的通信网可以直接在光域实现信号的复用、传输、交换、路由选择、监控，网络信号不再受光/电转换的阻碍，可实现全光网络。

从交换技术的发展进程我们可以发现，从最初完成节点的交换到交换技术和复用技术相结合，再到进一步结合用户业务的网络需求状况，实现通信网络与交换技术的协同发展，这就是交换技术的发展演变过程。

1.4 以交换为核心的通信网

由图 1-2 和图 1-3 可知，通信网由交换节点、传输链路、终端设备三部分组成。

终端设备是用户和网络之间的接口设备，包括信源、信宿与变换器，用来发送和接收消息。电话机、传真机、计算机等都属于终端设备。

传输链路是信息传输通道，包括终端设备与交换节点以及交换节点与交换节点之间的传输线和相关设备。根据传输媒介的不同，传输链路分为有线传输链路和无线传输链路。所传输的电信号既可以为模拟信号，也可以为数字信号。利用传输链路可以将电信号或光信号传送到远方。

交换节点是构成通信网的核心要素，能够完成任意两个用户之间的信息交换任务。交换机、路由器等都属于交换节点。

1.4.1　通信网的分类

现代通信网可以从不同角度进行分类。

按照通信的业务类型进行分类：电话通信网(如固定电话通信网、移动通信网等)、数据通信网(如 X.25、Internet、帧中继等)、广播电视网、公用电报网、传真通信网、多媒体通信网、综合业务数字网等。

按照通信的传输媒介进行分类：电缆通信网、光缆通信网、微波通信网、卫星通信网等。

按照通信的传输处理信号进行分类：模拟通信网、数字通信网等。

按照通信服务范围进行分类：本地通信网、长途通信网、国际通信网、局域网(LAN)、城域网(MAN)、广域网(WAN)等。

按照通信的服务对象进行分类：公用通信网、专用通信网等。

按照通信的活动方式进行分类：固定通信网、移动通信网等。

按照交换方式进行分类：电路交换网、报文交换网、分组交换网、宽带交换网等。

按照网络拓扑结构进行分类：网状网、星形网、环形网、总线型网等。

按照信息传递方式进行分类：同步转移模式(STM)的宽带网和异步转移模式(ATM)的宽带网等。

1.4.2　通信网分层体系结构

通信网技术的发展及其所支持的通信业务的多样性和复杂性，使得通信网的体系结构日益复杂，因此，在现代通信网络中引入了网络分层的概念来描述网络的体系结构。网络的分层结构使网络规范与具体实施无关，从而简化了网络的规划与设计，使各层的功能相对独立。如图 1-5 所示，通信网根据功能分为应用层、业务层和传送层。支撑网用以支持通信的应用层、业务层和传送层的工作，具有保证网络正常运行的控制和管理功能。传统的通信支撑网包括数字同步网、信令网和电信管理网(TMN)。数字同步网由各节点时钟和传递同步定时信号的同步链路构成，其基本功能是准确地将同步信息从基准时钟向同步网的各下级或同级节点传递，从而调节网中的时钟以建立并保持同步，满足电信网传递业务信息所需的传输和交换性能要求，它是保证网络定时性能的关键，是现代通信网一个必不可少的重要组成部分。信令网中的信令是指通信设备(包括用户终端、交换设备等)之间传递的除用户信息以外的控制信号。信令网就是传输这些控制信号的网络。公共信令网一般由信令点(SP)、信令转接点(STP)和信令链路组成。电信管理网是一个有组织的网络结构，实现各种操作系统之间、操作系统与通信设备之间的互联，其应用涉及通信网及通信业务管理的许多方面，包括业务预测到网络规划、通信工程及系统安装到运行维护、网络组织、业务控制到质量保证等，一般涉及性能管理、故障(或维护)管理、配置管理、安全管理、计费管理五种管理功能。

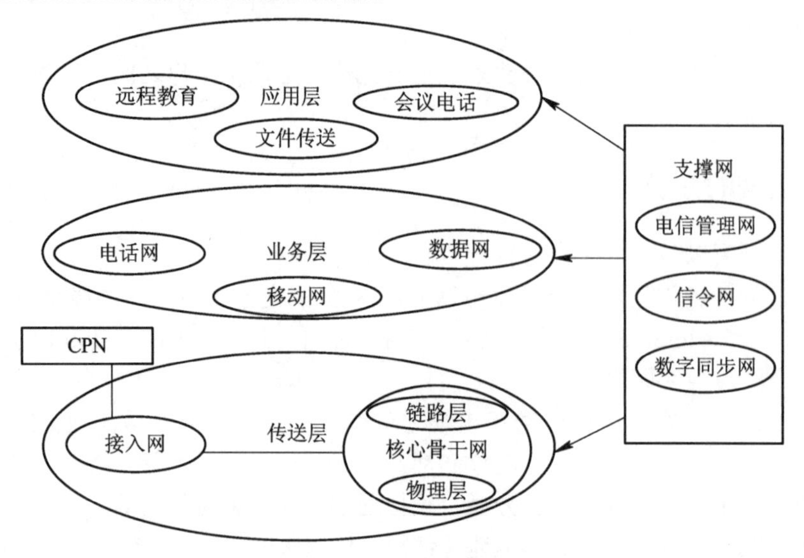

图 1-5　通信网的分层结构

应用层：信息的各种应用，涉及各种业务，如话音、视频、数据和多媒体业务，并支持业务应用的通信终端技术。

业务层：支持各种业务应用的业务网，如 PSTN、ISDN、IN、GSM 等。

传送层：支持业务层的各种接入和传送手段的基础设施，由核心骨干网(core network，CN)和接入网(access network，AN)组成。用户驻地网(customer premises network，CPN)通过接入网和核心骨干网连接。

用户驻地网 CPN 指用户终端到用户网络接口(user network interface，UNI)之间所包含的机线设备，是用户自己的网络。其规模、终端数量和业务需求差异很大，可以大到一个公司、企业、大学校园，由局域网的所有设备组成，也可以小到居民住宅，仅由一部电话和一对双绞线组成。

核心骨干网具有交换和传输功能，包含长途网和中继，在实际中一般分为省际干线、省内干线和局间中继网(本地网或城域网)。

接入网位于核心网和用户驻地网之间，包含连接二者的所有设施与线路，它从功能和概念上替代传统的用户环路结构，成为通信网的主要组成部分，被称为通信网的“最后一公里”。

通信网络的连接示意图如图 1-6 所示。图中，SNI(service network interface)为业务节点接口。

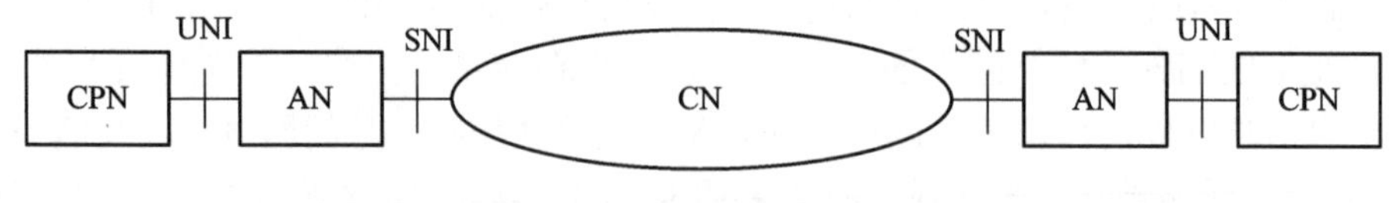

图 1-6　通信网络的连接示意图

1.4.3　通信网的结构

通信网是由节点和链路按照一定的方式连接而成的。这种节点之间的互连方式称为通信网的拓扑结构。基本的拓扑结构有网状网、星形网、复合型网、环形网、总线型网等，如图 1-7 所示。

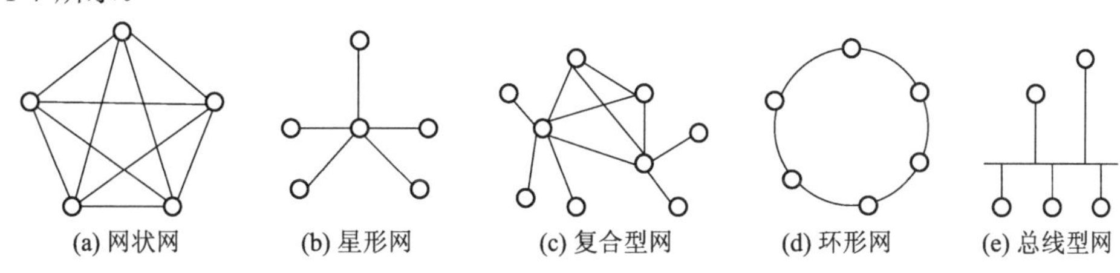

○：交换节点；——：传输链路。

图 1-7　通信网络的基本拓扑结构

1. 网状网

网状网所形成的网络链路较多，形成的拓扑结构为网状。这种网又称为直达式网，因为网中任何两节点(交换节点)之间都互相直接连通，不需经过其他节点(交换节点)转接，如图 1-7(a)所示。

采用网状网方式建网时，连接网内各点所需的链路数：

$$L = (N-1)\frac{N}{2} \tag{1-1}$$

式中：L 是所需链路数；N 为交换局数。

优点：

(1) 两两相连，任意交换节点之间都有直达电路，信息传递迅速。

(2) 灵活性大，可靠性高。当任意两个交换节点间的直达链路出现故障时，可提供多个迂回链路，确保通信畅通。

(3) 各交换节点不需要汇接交换功能，使设备性能及费用等都可降低。

缺点：

(1) 因各交换局之间都有直达链路，故链路数随交换点数的增加而急剧增加，这将使网络的基建投资和维护费用都增大。

(2) 在通信业务量较小的情况下，电路的利用率较低。

适用场合：通常用于节点数目少、可靠性要求很高的场合。

2. 星形网

星形网又称辐射网，由一个功能较强的中心转接节点以及一些各自连到中心的从节点组成。星形网是在某地区中心设置一个中心转接节点，该地区内其他各交换节点至中心交换局之间都设有直达链路而构成的辐射状拓扑结构，如图 1-7(b)所示。

星形网内的链路总数：

$$L = N-1 \tag{1-2}$$

式中：L 是所需链路数；N 为交换局数，包括中心交换局。

优点：

(1) 结构简单，链路数少，可减少建网投资及维护费用。

(2) 由于各点之间的通信均需经过中心交换局，所以提高了链路利用率。

缺点：网络的可靠性差，一旦中心转接节点发生故障或转接能力不足，全网的通信都会受到影响。

适用场合：适用于交换节点比较分散、距离远、互相间业务量不大、可靠性要求又不高的场合，大部分通信往来于中心转接节点之间的地区。

3. 复合型网

复合型网由网状网和星形网复合而成。它以星形网为基础，在通信业务量较大的中心转接交点之间采用网状网结构。复合型网又称为汇接辐射式网，如图 1-7(c)所示。复合型网是目前构成长途通信网的基本形式。

优点：兼具网状网和星形网的优点，整个网络结构比较经济，且稳定性较好。

适用场合：规模较大的局域网和电信骨干网。

4. 环形网

环形网中所有节点首尾相连，组成一个环，如图 1-7(d)所示。

N 个节点的环形网需要 *N* 条传输链路。环形网可以是单向环，也可以是双向环。

优点：结构简单，容易实现，双向自愈环结构可以对网络进行自动保护。

缺点：节点数较多时转接时延无法控制，并且环形结构不好扩容。

适用场合：目前主要用于计算机局域网、光纤接入网、城域网、光传输网等网络中。

5. 总线型网

总线型网络属于共享传输介质型网络。

结构：网中的所有节点都连至一个公共的总线上，任何时候只允许一个用户占用总线发送或接送数据，如图 1-7(e)所示。

优点：所需传输链路少，节点间通信无须转接节点，控制方式简单，增减节点方便。

缺点：网络稳定性差，节点数目不宜过多，网络覆盖范围也较小。

适用场合：主要用于计算机局域网、电信接入网等网络中。

1.4.4 电话通信网的结构

1. 长途电话网

我国电话通信网采用分级结构，由长途电话网和本地电话网两部分组成。长途电话网是指覆盖全国范围的电话网络，本地电话网是覆盖一个区号范围的电话网络。过去，我国电话网络长期采用五级网络结构——由四级网络结构的长途网络 C1～C4 和本地网络构成，C5 为本地电话网的端局，是本地网的交换中心。图 1-8 所示为我国传统电话网的结构示意图。

第一级：省间中心(C1)，又称大区中心，是汇接一个大区内各省(自治区、直辖市)的通信中心。长话网中的大区与我国经济协作区一致，这些城市所在的区域一般都是政治、经济交流的中心，又常是国际长途通信的汇接中心，因此该级相互连接，构成网状网。

第二级：省中心(C2)，是汇接一省(自治区)内各地区之间的通信中心。省中心局一般为省会所在地的长话局。

第三级：地区中心(C3)，是汇接本地区内各县之间的通信中心。地区中心局一般为地区机关所在地的长话局。

第四级：县中心(C4)，是汇接本县内各城镇、农村之间的通信中心。该级是长话网的最低一级，大区中心为最高一级。

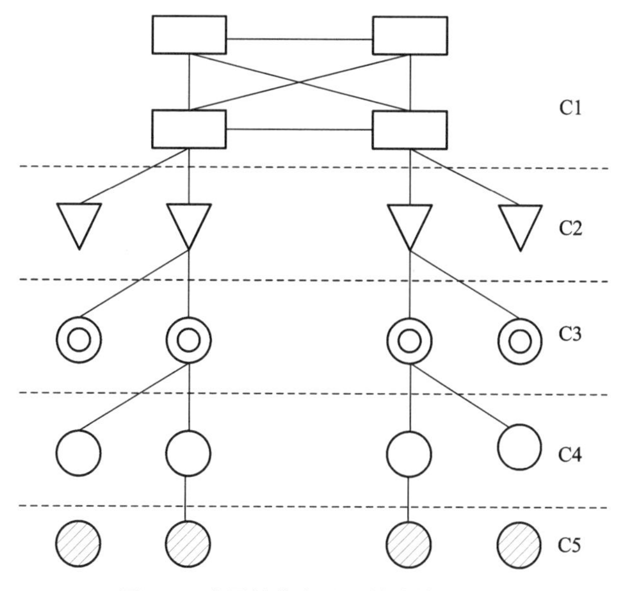

图 1-8　我国传统电话网的结构示意图

在这四级长话网中，任一级至下一级均采用辐射式连接。这样连接可使全国各大区中心之间、大区中心至本大区的各省中心之间、省中心至本省各地区中心之间、地区中心至本地区各县中心之间都有直达链路群，这些直达链路群称为基干路由，或称为最终路由。这些基干路由保证全国任意两地的电话用户均可建立长途电话通信。

在省间中心以下的各汇接中心之间，只要长话业务量大，地理环境合理，就可以架设直达链路。由于直达链路的利用率比较高，因而称之为高效路由(或直达路由)。

我国目前的两级长途网由省级交换中心(DC1)和本地网长途交换中心(DC2)组成，如图 1-9 所示。

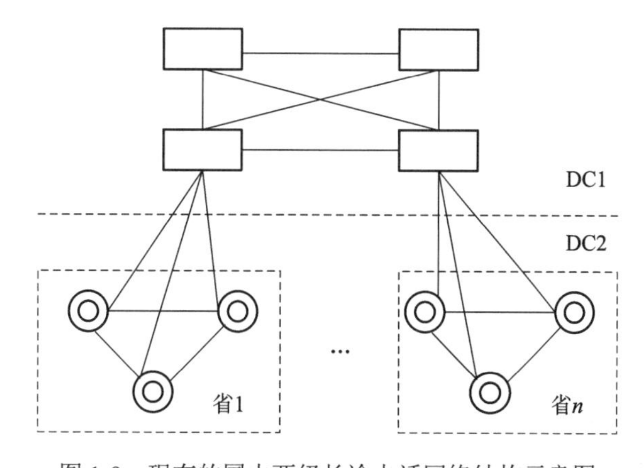

图 1-9　现有的国内两级长途电话网络结构示意图

省级交换中心(DC1)汇接全省的省际转接长途通信和本地网的长途终端通信业务，由基干路由构成网状网。

本地网长途交换中心(DC2)汇接本地网长途终端话务。

长途电话网的两级网络结构简化了网络的等级结构和路由选择，同时有效降低了转接的次数。在通信量大的省之间可以设置直达路由。一般长途通信的路由选择原则是：优先选择直达路由，后选择迂回路由，最后选择基干路由。

2. 本地电话网

本地电话网是指在同一长途编号区的服务范围内，由若干端局(或者由若干端局和汇接局)、局间中继线、长市中继线、用户线以及话机所组成的电话网络。端局就是网络和用户直接连接的交换局。

一个本地电话网的服务范围为十几千米至几百千米，进行统一编号和统一组网，从而使组网更加灵活，节约号码资源，方便用户，有利于电话通信事业的发展。

1) 本地电话网的类型

本地电话网是在原有电话网的基础上建立和发展的，根据我国国情，有以下几种类型。

(1) 大、中城市本地电话网：以大、中城市为主体，由市所管辖的卫星城镇、市郊县城及其农村所组成的本地电话网。

(2) 市内电话网：以一个大城市的市内电话作为一个编号区域构成的单纯只有市内电话用户的本地电话网。这种本地网的服务范围仅限于市区。此网内可仅设置市话端局，或设置市话端局和市话汇接局，它能开放市内电话、长途电话和国际电话业务。

(3) 以一个县的县城及其所管辖的农村作为一个编号区域范围构成的本地电话网。它能开放县城市话和农村电话业务，并通过长途交换局开放长途电话和国际电话业务。

2) 本地电话网的结构

本地电话网是由端局和汇接局两级交换中心组成的二级网络结构，除了基干路由之外，还辅以一定数量的直达路由。

3) 远端模块、支局和用户集线器的采用

当一个端局所覆盖的地区很大，而在该地区内某些区域离端局较远、用户又较集中时，为提高用户线的利用率，降低用户线的投资，在本地网的用户线上可采用一些延伸设备。这些设备主要有远端模块、用户交换机或用户集线器、支局等。

3. 国际电话通信网

各国长话网通过国际转接局(CT)可构成国际网。国际电报电话咨询委员会(CCITT，现为ITU)于1964年规定了国际局分为CT1、CT2和CT3三级交换中心。CT1局在很大的地理区域汇集话务，其数量很少。在每个CT1区域内的一些较大的国家可设置CT2局，而每个国家均可有一个或多个CT3局。

国际电话网的结构如图1-10所示。各CT1局之间均有直达电路，为网状网结构，CT1至CT2、CT2至CT3为辐射式的星状网结构，由此构成了国际电话网的基干连接电路。除此之外，在各CT局之间还可根据业务量的需要和经济合理的条件设置直达电路(图中虚线所示)。

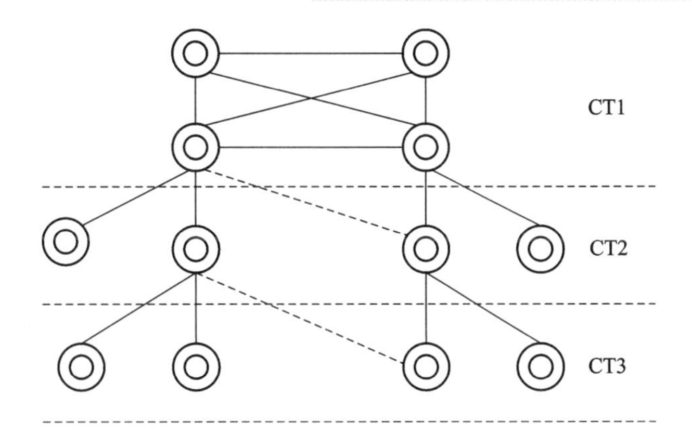

图 1-10　国际电话网的结构

各国的国内长话网通过 CT3 进入国际局，因此 CT3 局通常称为接口局。CT2 和 CT3 只连接国际线路。目前，CT1 局只有 7 个，这 7 个 CT1 国际中心局的位置及汇接范围如表 1-2 所示。

表 1-2　CT1 国际中心局的位置及汇接范围

CT1	汇 接 范 围
纽约	北美和南美
伦敦	西欧和地中海地区
莫斯科	东欧、北亚和中亚
悉尼	澳大利亚
东京	东亚
新加坡	东南亚
印度或巴基斯坦	南亚、近东和中东

当任意两个 CT3 之间接续时，最多通过 5 段国际线路。最坏的情况是经过一个 CT1 局迂回转接一次，这时要经过 3 个 CT1 局，那么最多要经过 6 段国际线路。为保证传输质量及信号系统的可靠工作，CCITT 规定国际通话时最多通过 12 段线路，其中国际线路最多为 6 段。对于少数情况，可允许通过 14 段，但国际线路最多仍为 6 段。这样最多还有 8 段分配给两个国家，每国最多 4 段。如果按最多 12 段计算，则每个国家分配 3 段。

1.4.5　编号制度

交换设备根据用户发送来的号码进行选择路由等一系列工作，将主叫与被叫接通，完成接续任务。因此，每部电话机必须有一个标志，这就是电话号码。

电话的编号制度(即编号方案)是交换技术中一项很重要的技术问题。一个合理的编号计划不仅使交换设备的配备成本降低，接续速度加快，电话网规划更为合理，而且使得用户使用起来也更为方便。由于电话编号一经确定，不易经常改动，所以编号方案要考虑周全。制定编号方案时应考虑以下因素：

(1) 号码长度(即号码位数)应尽可能少，并具有规律性，让用户使用方便，易于记忆。

(2) 电话交换设备应简单，记存及传送号码的位数尽可能少，节省设备的投资。

(3) 位于不同地点的用户，在呼叫同一个城市时，应拨相同的号码，不能因主叫用户在不同城市而有所变化。

(4) 既要考虑近期的具体情况，也要考虑今后的通信发展。

(5) 编号计划的适应性要强，要有相对的稳定性，不应因某些条件的变动而改变。

(6) 国内号码长度应符合 CCITT 所建议的国际编号方案中最长位数的规定。

1. 本地网的编号

本地网一般采用等位制编号。所谓等位制编号，就是在一个电话网中，所有用户的电话编号位数是相同的。但对于用户自动小交换机(private automatic branch exchange，PABX)的分机在内部呼叫和对外呼出、呼入时，其编号可使用不同的号码。

1) 端局用户号码

对一个端局而言，容量一般不超过 1 万门，编号为四位，即 0000～9999。对多局制来说，随着局数的增加，编号可采用五位、六位或七位。这时号码由两部分组成：局号和话机号。其中，局号由一至四位数组成，话机号仍是四位数。例如，2014567 由 201 局 4567 号组成。又如，本地电话网号码长度为 7 位，可表示为 PQ(R)ABCD，其中 PQ 为二位局号(或三位)，用户号为 ABCD。

2) 首位号码的分配

本地网用户进行长途、特种业务等通信时，由首位号码(P)区分。首位号码的含义如下：

“1”为长、市特种业务号码的首位号；

“2”～“8”为市话号码的首位号；

“9”为市话号码或市郊号码的首位号；

“0”为长途全自动的字冠。

因为市话号码的首位号有上述特殊用途，所以实际上只有 80%的号码容量分配给市话用户。因此，对四位制单局制，最大的用户容量为 8000，其号码为 2000～9999；当采用五位制时，最大的用户容量为 80 000，号码为 20000～99999；以此类推。由此可知，号码也是一种资源，必须合理安排，节约使用。

3) 特种业务号码

当遇到火警、匪警时，用户需要迅速报告消防队或公安局。当需修理电话、申告障碍、查询电话号码时，用户需要迅速地用电话联系。这类电话不同于普通用户间的电话，是为用户进行电信业务和社会服务而设的，因而要求接续速度快、准确无误，所以特种业务的电话号码位数少。

每个国家对此类号码都有规定，我国的特种业务号码为“1xx”。其中，x 为 0～9，共 10 个数字。因此最多可设置 100 个服务项目。其中，11x 主要用于故障申告、长途人工挂号、报时、火警、匪警等一些服务项目；12x 主要用于一些社会服务项目，如天气预报等；17x 用于国内全自动、半自动立即制长途电话有关业务；10x 规定为国际全自动、半自动电话有关业务。随着通信业务的不断发展，所需要的业务编号也会增加。

2. 移动电话网络的编号

1) 移动用户的 ISDN 号码(MSISDN)

移动用户的 ISDN 号码是指主叫用户呼叫数字公用陆地蜂窝移动用户时拨的号码。其结构为

国家码(CC) + 移动网号(NDC) + HLR 识别号(H1H2H3H4) + 用户号(SN)

其中：

我国的国家号 CC = 86。

移动网号(NDC)用来识别不同的移动网。例如，中国移动通信集团公司(简称中国移动)的移动网号为 134～139、144、147、148、150～152、157～159、172、178、182～188、195～198 等；中国联合网络通信集团有限公司(简称中国联通)的移动网号为 130～132、145、146、155、156、175、176、185、186、196 等；中国电信集团有限公司(简称中国电信)的移动网号为 133、149、153、173、177、180、181、189、190、191、193～199 等。

需要说明的是，随着市场的发展和变化，未来会有新的移动网号前三位组合出现，以满足不断增长的移动通信需求。

H1H2H3H4 为归属位置寄存器(home location register，HLR)的识别号，用来识别用户注册登记的 HLR。

SN 为用户号码。

NDC + H1H2H3H4 + SN 为国内有效移动用户 ISDN 号码。

2) 国际移动用户识别码 IMSI

在数字公用陆地蜂窝移动通信网中，唯一识别一个移动用户的号码是一个 15 位数字的号码，其结构为

移动国家号(MCC) + 移动网号(MNC) + 移动用户识别码(MSIN)

其中：

移动国家号(MCC)由 3 位数字组成，唯一地表示移动用户所属的国家。中国为 460。

移动网号(MNC)由两位数字组成，用于识别移动用户所归属的移动网。中国移动 GSM 网为 00，中国联通 GSM 网为 01。

移动用户识别码(MSIN)唯一地识别国内的 900 MHz 时分多址(time division multiple access，TDMA)数字移动通信网中的移动用户。

3) 移动用户漫游号码(MSRN)

移动用户漫游号码是当呼叫一个移动用户时，为使网络进行路由再选择，访问位置寄存器(visitor location register，VLR)临时分配给移动用户的一个号码，其编码为 139 后第一位为零的 MSISDN 号码，即 1390M1M2M3ABC，其中 M1M2M3 为移动用户漫游所在的 MSC 号码。

MSRN 是在一次接续中临时分配给漫游用户的，供入口 MSC 选择路由时使用，一旦接续完毕即释放该号码，以便分配给其他呼叫使用。该号码对用户是透明的。

4) 临时移动用户识别码(TMSI)

为了对 IMSI 保密，VLR 可给来访移动用户分配一个唯一的 TMSI 号码，它仅在本地使用，为一个四字节的 BCD 编码，由各个 VLR 自行分配。

3. 国内长话网的编号

国内长话网的编号由长途字冠+长途区号+本地网号码组成。

长途字冠的作用是便于交换设备区分是市内拨号还是长途拨号。对长途拨号来说，交换设备可根据字冠区分是长途全自动接续还是半自动接续，以避免市内呼叫进入长话网，简化长途交换设备，提高长途接续速度。

长途区号是城市的代号，为长途交换设备选择长途路由提供依据。

本地网号码是在上述长途区号服务范围内的被叫用户号码。

因长途自动电话的字冠为 0，故市内号码已经在市话网确定了。下面讨论长途区号的组成。我国根据政治、经济、电话业务等条件对不同城市给予不同长度的长途区号，分别为二位、三位和四位，编号情况如下：

(1) 北京：为全国的中心，区号为“10”。

(2) 中央直辖市及省间中心：区号为二位，编号为 $2x$。其中，x 为 0～9，共有 10 个号，分配给 10 个大城市，如上海为“21”，重庆为“23”，西安为“29”，武汉为“27”等。

(3) 省中心、省辖市及地区中心：区号为三位，编号为$(3\sim9)x_1x_2$。其中，x_1 为奇数(1、3、5、7、9)，x_2 为 0～9，共有 $7\times5\times10=350$ 个编号。x_2 进一步规定省会为“1”，地市为 2～9，如兰州为“931”，拉萨为“891”，景德镇为“798”。

(4) 县中心：区号为四位，编号为$(3\sim9)x_2xx$，其中 x_2 为偶数 2、4、6、8、0，x 为 0～9，共有 $7\times5\times10\times10=3500$ 个编号。

需要说明的是，由于我国长途网结构已从传统的四级结构演变为二级结构，编号方案中县中心的四位区号逐步不再使用，同时增加首位为“6”的长途区号，其中“60”“61”留给台湾，其余号码“$62x$～$69x$”共 80 个作为 3 位区号使用。

4. 国际电话编号

CCITT 建议的国际电话编号方案为国际长途全自动号码由国际长途字冠、国家号码和国内号码三部分组成。

国际长途字冠是呼叫国际电话的标志，由国内长话局接收识别后，把呼叫接入国际电话网。国际长途字冠由各国自行规定，例如，我国规定为“00”，英国规定为“010”，比利时规定为“91”等，其形式各国可自由选择，CCITT 没有具体建议。

按 CCITT 规定，国家号码由 1 至 3 位数组成。第 1 位数为世界编号区，即将世界分成若干编号区，每个编号区分配一位号码。因欧洲国家多，电话密度高，故分配两个编号。国家号码位数由各国的电话数决定。北美的美国和加拿大的长途电话网是统一编号的，国家号码为一位，就是编号区号码“1”。苏联的国家号码也是一位，为“7”。在其他编号区，电话数多的国家其国家号码为两位数，电话数少的国家其国家号码是三位数，以使总的电话号码长度不超过 CCITT 的规定。例如，在第 3 编号区，法国为 33，荷兰为 31，葡萄牙为 351，阿尔巴尼亚为 335。在第 8 编号区，日本为 81，我国为 86，朝鲜为 850。

本 章 小 结

本章首先从通信的角度向读者介绍了数据交换中的基本概念和常用技术，然后介绍了通信网的分类、分层结构、拓扑结构及其特点，最后讨论了我国的长途电话网络的演变，以及本地网络的组成和编号制度。

习　题　1

1-1　通信网为什么要引进交换的功能？
1-2　构成通信网的必不可少的三要素是什么？
1-3　主要的交换方式有哪些？它们分别属于什么传送模式？
1-4　什么是面向连接的通信方式？
1-5　通信网有哪些分类？常见的网络拓扑结构有哪些？
1-6　ATM 是不是一种分组交换方式？为什么？
1-7　ATM 如何保证通信的实时性？
1-8　分组交换和 ATM 有什么异同点？
1-9　简要说明我国电话网的结构。
1-10　简要说明我国电话长途区号的编码规律。
1-11　简要说明移动用户的 ISDN 号码(MSISDN)的编码结构。

第 2 章　交换机基础理论

2.1　排队系统(随机服务系统)理论

话务理论的奠基人是丹麦电话工程师 A. K. 埃尔朗(A. K. ErLang)，他利用随机聚散现象与随机服务系统工作过程的数学理论和方法，在 1909 年首先发表了全利用度线群的呼损计算公式。他在热力学统计平衡理论的启发下，成功地建立了电话统计平衡模型，并由此得到了一组递推状态方程，从而导出了著名的埃尔朗电话损失率公式。

这种研究系统随机聚散现象和随机服务系统工作过程的数学理论和方法，称为随机服务系统理论。资源的有限性和需求的随机性导致排队现象存在。通常把要求服务的顾客和提供服务的服务员双方构成的系统称为排队系统。该系统的特点在于其排队过程具有随机性，具体表现为顾客到达与服务完毕的时间都是不确定的，有时顾客的排队时间过长，有时服务员空闲，前者会造成系统性能下降，后者会造成资源浪费，高效的系统必须在二者之间建立一个平衡。这既与系统的统计参数有关，同时又与工作方式有关。

20 世纪 30 年代，苏联数学家 A. Я. 欣钦把处于统计平衡的电话呼叫流称为最简单流，瑞典数学家巴尔姆引入了有限后效流等的概念。他们用数学方法深入地分析了电话呼叫的本征特性，促进了排队论的研究。

20 世纪 50 年代初，美国数学家关于生灭过程的研究、英国数学家 D. G. 肯德尔提出的嵌入马尔可夫链理论以及对排队队形的分类方法，为排队论奠定了理论基础。在这以后，L. 塔卡奇等人又将组合方法引进排队论，使它更能适应各种排队问题。

20 世纪 70 年代以来，由于存储技术和计算机技术以及通信技术迅速发展，人们开始研究排队网络和复杂排队问题的渐进解等，促使现代排队论快速发展，并迅速成为运筹学的一个分支。

在通信网的设计、通信业务分析和性能计算中，排队论是不可缺少的部分。一般来说，系统的性能决定了系统的负载强度和服务能力(包括服务设备的数量及服务速率)。具体来说，我们关心的是交换系统的服务质量，也就是服务系统对用户需求的满足程度。由于服务资源的有限性与服务需求的随机性，我们要分析交换系统的服务质量(quality of service，QoS)与负载强度、服务能力之间的定量关系。得到这一关系后，就可以根据一定的 QoS 要求和负载强度来合理地确定系统的服务能力。为了解决这一问题，就需要借助概率论及随机过程理论。

2.1.1　排队系统的基本模型

随机服务系统理论即利用概率论和随机过程理论，研究随机服务系统内服务机构与顾客需求之间的关系(供求关系)，以便合理地设计和控制排队系统，使之既能满足一定的服务质量要求，又能节省服务机构的费用，一般又称为排队理论。

一个排队系统可以抽象描述为如图 2-1 所示的结构。

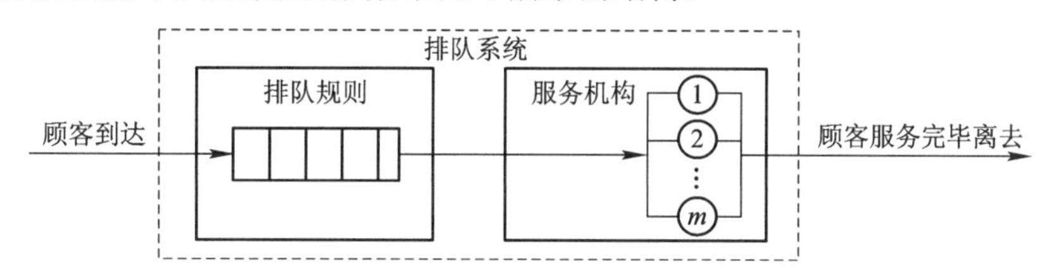

图 2-1　排队系统的基本结构

由图 2-1 可知，一个系统由三个基本部分组成，即输入过程、排队规则和服务机构。针对这三个部分，有相应的三个参量来进行定量描述，这些参量称为排队系统的基本要素，通过这些要素可以进一步分析排队系统的性能指标。

1. 排队系统的基本要素

任何排队系统都有 3 个参量，即服务员数目 m、顾客到达率 λ、服务员服务速率 μ，它们称为排队模型的三要素。

服务员数目 m 称为窗口数或服务员数目，表征系统的资源量，它表示系统中有多少服务设备可同时向顾客提供服务。在计算机和通信系统中，m 常指交换节点的输出信道数量等。当 $m = 1$ 时，称为单窗口排队系统；当 $m > 1$ 时，称为多窗口排队系统。

定义 2.1　顾客到达率 λ 是单位时间内平均到达排队系统的顾客数量，在电话系统中指单位时间内用户的通话次数，在数据通信系统中则指单位时间内平均到达分组交换节点的分组数量。

设任意相邻的两顾客到达的时间间隔 t_i 是一个随机变量，$\bar{t}$ 是 t_i 的统计平均值，表示顾客到达的平均时间间隔，有

$$\lambda = \frac{1}{\bar{t}} \tag{2-1}$$

式中，λ 反映了顾客到达系统的快慢程度，λ 越大，说明系统的负载越重。

定义 2.2　服务员服务速率 μ 表示单位时间内由一个服务员服务的离开排队系统的平均顾客数。

设任意相邻的两顾客离开的时间间隔 τ_i 是一个随机变量，即为第 i 个顾客服务的时间，则单个服务员对顾客的平均服务时间 $\bar{\tau}$ (也就是一个顾客在系统内接受服务的平均时间)满足：

$$\mu = \frac{1}{\bar{\tau}} \tag{2-2}$$

对于 $m=1$ 的系统，μ 就是系统的服务(速)率；对于 $m>1$ 的系统，系统的服务(速)率为 $m\mu$。

例如，1 min(60 s)由 1 个服务员服务的离开顾客数为 4 人，则平均一个顾客服务的时间为 1/4 min，即 15 s。

实际上，排队系统的窗口数 m、顾客到达率 λ 和服务员服务速率 μ 这 3 个基本参数不能充分描述排队系统和分析运行状态。排队系统的性能主要取决于任意相邻两顾客到达的时间间隔 t_i 与任意相邻两顾客离开的时间间隔 τ_i 的统计分布和排队规则。

一般情况下，顾客来源的数量可能是有限的，也可能是无限的，顾客到达的方式可能是随机的成批到达或单个到达。例如，当电话呼叫用户是无限的时，往往可以按照成批到达来处理；当电话呼叫用户数是有限的时，则往往可以作为单个到达来进行处理。顾客相继到达的序列(到达率)采用时间间隔的分布或到达顾客流的概率分布来表示。常见的顾客流的概率分析一般有定长分布、二项分布、泊松流、Erlang 分布等。

2. 排队规则

排队系统的运行性能不仅与统计分布有关，还与系统预先规定的工作方式有关。这些工作方式称为排队规则，包含排队类型和服务规则两个方面。排队规则指定服务机构是否允许排队，服务规则指定在排队等待情形下服务的顺序是什么。

1) 排队类型

排队类型表明服务机构是否允许顾客排队等待服务。排队系统一般分为拒绝系统和非拒绝系统两大类。

(1) 拒绝系统：又称拒绝方式，为截止型系统。设 n 是系统允许的排队队长(也称截止队长)，m 是窗口数。该系统进一步分为以下两种情况：

① 即时拒绝系统：$n=m$ 的系统。此时所有服务窗口 m 均被占满，新的顾客到达后或立即被拒绝，或立即被服务，不存在排队等待服务的情况，属于截止型系统。电话网通信方式大部分采用即时拒绝系统。

② 延时拒绝系统：$m<n$ 的系统。此时容许一定数量的顾客排队等待，当系统内顾客总数达到截止队长 n 时，新来的顾客就被拒绝而离去，即当顾客到达系统时，系统中已有 k 个顾客(包括正在被服务的顾客)，若 $k<n$，且 m 个窗口有空闲，就立即接受服务，如果 m 个窗口均被占满，则允许顾客排队等待服务，若 $k=n$，m 个窗口均被占满，则新来的顾客被拒绝，即不容许该顾客排队。本质上，这种系统属于截止型系统。带有缓冲存储的数据通信、分组交换等就属于这一类。

(2) 非拒绝系统：又称非拒绝方式，为非截止型系统。

设顾客源无限，已知 n 为顾客数，m 为窗口数，当顾客到达系统时，若所有的窗口都已被占用，即 $n=m$，则允许顾客加入排队行列等待服务，系统排队队长无限制，但应满足稳定性要求。

通常，即时拒绝方式的系统又称为立接制系统、损失制系统；延时拒绝系统又称为混合制系统；非拒绝系统和延时拒绝系统统称为等待制系统、缓接制系统。

2) 服务规则

服务规则包含服务方式。一般服务规则有先到先服务(FCFS)、后到先服务(LCFS)、优先制服务、随机服务等几种方式。

(1) 先到先服务或先入先出(FIFO)：属于顺序服务，按顾客到达先后顺序服务，这是常见情况。当无其他说明时，常按这种方式分析。

(2) 后到先服务：这也是常见情况，如仓库中同品种的货物在出库时常是后进先出，计算机内的堆栈区域也是按此方式工作的。

(3) 优先制服务：对各类顾客分别事先赋予不同的优先级，优先级愈高，愈提前被服务。这种方式在通信网中也较为常见。

(4) 随机服务：即当窗口有空闲时，不按照排队序列，而是随意地指定一个顾客去接受服务。电话交换机接通呼叫的电话就属于这种方式。

通信网中一般是顺序服务，但有的采用优先制服务方式。

服务过程中还有串行和并行服务方式。

(1) 串行服务方式指 m 个窗口串列排队的方式，此时大部分情况是每个窗口的服务内容各不相同，每个顾客要依次经过 m 个窗口接受全部服务。

(2) 并行服务方式指 m 个窗口并列排队的方式，此时大部分情况是每个窗口的服务内容相同，m 个窗口可以同时服务 m 个顾客。

3. 排队系统的符号

一般排队系统广泛采用 D. G. 肯特尔(D. G. Kendall)在 1953 年提出的按照系统的最主要的、影响最大的三个特征要素(顾客相继到达时间间隔分布、服务时间分布、服务台数)进行分类。按照这三个特征要素分类的排队系统用符号(称为 Kendall 记号)表示为

$$A|B|m(N, n)$$

其中，A 为到达规律，即顾客到达时间间隔分布；B 为服务规律，即服务时间分布；m 为窗口数(此处特指并列排队系统)；N 表示潜在顾客总数，当顾客源无限时，$N\to\infty$，可以省略这一项；n 为截止长度，当 $n\to\infty$，为不拒绝系统。A 和 B 可以是 M、E_r、H_r、D、G 等分布。其中，M 指时间间隔服从指数分布的泊松流；E_r 指 r 阶 Erlang 分布，适用于成批处理的排队问题；H_r 表示有 r 类的不同平均到达率的分布，D 指时间分布为定长分布，适用于分组数据；G 指时间分布为一般分布。

例如，一个 $M|M|1$ 系统是指到达的顾客流为泊松流(到达的时间间隔服从指数分布)、服务时间服从指数分布的单窗口排队系统，它为具有无限顾客源的非拒绝系统。$M|M|3$ 则是具有 3 个窗口的排队系统，其余与 $M|M|1$ 一样。如果是 $M|M|1(100, 30)$系统，则到达和服务均服从指数分布，该系统具有 100 个潜在的顾客源，队列长度的最大值为 30，队列长度达到 30，此后新到达的顾客系统拒绝接受。$M|D|m$ 系统是指到达的顾客流为泊松流(到达的时间间隔服从指数分布)、服务时间服从定长分布、有 m 个窗口的排队系统，该系统为具有无限顾客源的非拒绝系统。

4. 排队系统的主要性能指标

排队系统的主要性能指标包括排队长度 k、等待时间 w、服务时间 t、系统时间 s、系统效率 η 和稳定性 ρ。

1) 排队长度 k

排队长度简称队长，是某时刻系统内滞留的顾客数，包括正在被服务的顾客。k 是非

负的离散随机变量，需用概率来描述。在平稳条件下，随机地取 t 时刻来观察队长为 k 的概率，记为 P_k，k 的统计平均值记为 $\bar{k}$，称为平均队长，则

$$\begin{cases} \bar{k} = \sum_{k=0}^{\infty} kP_k & \text{(非拒绝系统)} \\ \bar{k} = \sum_{k=0}^{n} kP_k & \text{(拒绝系统)} \end{cases}$$

2) 等待时间 w

等待时间 w 是顾客到达至开始被服务的这段时间。w 是连续随机变量，其统计平均值 $\bar{w}$ 称为平均等待时间。顾客希望 $\bar{w}$ 越小越好。在通信网中，$\bar{w}$ 是信息在网内的平均时延的主要部分，其他时延如传输时间、处理时间等一般均为常量，而且一般比较小。

3) 服务时间 τ

服务时间 τ 是顾客被服务的时间(即顾客从开始服务至离开系统的时间)，其统计平均值 $\bar{\tau}$ 称为平均服务时间。

4) 系统时间 s

系统时间 s 是顾客从到达系统至离开系统的这段时间，又称为系统内停留时间。$s = w = \tau$，其统计平均值 $\bar{s} = \bar{w} + \bar{\tau}$ 称为平均系统时间。

一个平均到达率为 λ 的排队系统，在平均意义上有：

$$\lambda \bullet \bar{s} = \bar{k} \tag{2-3}$$

式(2-3)称为列德尔(Little)公式，适用于任何排队系统。

5) 系统效率 η

定义 2.3 某时刻 t 有 r_t 个窗口被占用，若共有 m 个窗口，则 r_t/m 就是占用率，它是一个随机变量，它的统计平均值就是系统效率，即

$$\eta = \frac{\bar{r}}{m} \tag{2-4}$$

η 反映了平均窗口的占用率，该值愈大，说明服务资源的利用率愈高。

6) 稳定性 ρ

定义 2.4 令排队系统的强度为 ρ，到达率为 λ，服务速率为 μ，则：

$$\rho = \frac{\lambda}{\mu} \tag{2-5}$$

当 $\rho < m$ 时，系统稳定；当 $\rho \geqslant m$ 时，系统不稳定。对于截止型系统，因为队长被人为地限制，所以即使 $\rho \geqslant m$，系统仍能稳定地工作。对于不拒绝系统，当到达率与服务率之比大于窗口数时，平均顾客到达数将大于平均顾客离去数，顾客的队长将愈来愈长，平均等待时间趋于无限大，系统陷于混乱，将不能稳定工作。

2.1.2 常用的与排队论相关的概率分布

常用的概率分布主要有二项分布、泊松分布、指数分布和爱尔兰分布。

1. 零-壹分布

定义 2.5 设随机变量 X 只可能取 0 和 1 这两个值，相应的概率 P 分别是

$$\begin{cases} P(X=1)=p \\ P(X=0)=1-p \end{cases} \quad (0<p<1) \tag{2-6}$$

则称 X 服从零-壹分布。

零-壹分布只有一个参数 p，其数学期望 $E(X)=P$，方差 $D(X)=P(1-P)$。

该分布作为一种简单概率分布，在随机现象的描述中有广泛用途。例如，随机试验的成功或失败、电话呼叫的发生或不发生、服务设备的占用(忙)或不占用(闲)、信息比特传输的错误或正确、设备故障的有或无等都可以用这种分布来描述。

2. 二项分布

把一个随机试验重复地进行 n 次，如果试验的结果互不影响，则称这样的试验为 n 重独立试验。如果在 n 重独立试验中，每次试验只有两个可能的结果：事件 A 发生或事件 $\bar{A}$ (A 的对立事件)发生，则称这样的试验为 n 重贝努里(Bernoulli)试验，相应的数学模型叫贝努里试验概型。在贝努里概型中，我们获得一个服从二项分布的随机变量，而重点关心的是 n 次试验中事件 A 正好发生 k 次的概率。

在 n 次试验中事件 A 可能出现 0, 1, 2, …, n 次。可以证明，n 次独立重复试验中事件 A 正好发生 k 次的概率为

$$P_n(k)=C_n^k p^k q^{n-k} \quad (k=0,1,2,\cdots,n)$$

式中，$q=1-p$，$C_n^k=n!/[k!(n-k)!]$

如果指定数 1 代表事件 A 出现，数 0 代表事件 $\bar{A}$ 出现，以 $X=k$ 表示在 n 次试验中事件 A 恰好出现 k 次，那么就得到一个随机变量 X，其可能取值 $k=0, 1, 2, \cdots, n$。

定义 2.6 设随机变量 X 只可能取 $k=0, 1, 2, \cdots, n$，其概率函数为

$$P(X=k)=P_n(k)C_n^k p^k q^{n-k} \quad (k=0,1,2,\cdots,n) \tag{2-7}$$

这里 $q=1-p$，则称 X 服从参数为(n, p)的二项分布，记为 $X\sim B(n, p)$。

这种类型的分布之所以称为二项分布，是因为式(2-7)的右边恰好是牛顿二项式$(q+px)^n$的展开式中的 x^k 项的系数。不难求得，服从二项分布的随机变量的数学期望 $E(X)=np$，方差 $D(X)=np(1-p)$。

交换系统中的各种服务设备(如各级交换单元的输入/输出链路、交换机的中继线、交换控制处理器等)的占用情况往往可以用二项分布来分析。

[例 2.1] 设某交换机中有 5 个服务器，每个服务器的占用是完全独立的，每个服务器被占用的概率是 0.4。计算 5 个服务器有 k 个被占用的概率。

解 首先分析服务器的占用问题能否归结为贝努里试验概型。可以把检验一个服务器的忙闲状态看作一次试验，在一次试验中，服务器或忙(事件 A 发生)或闲(事件 $\bar{A}$ 发生)，检验 5 个服务器就是 5 次试验，且这些试验是独立的。因此，服务器的占用情况满足用贝努里试验概型的假设条件，相应的占用概率可以用二项式分布计算。

根据题意，已知 $n=5$，$k=0, 1, 2, 3, 4, 5$，$p=0.4$，$q=0.6$。利用式(2-7)计算结果如下：

$$P_5(0)=C_5^0 p^0 q^5=0.0778$$
$$P_5(1)=C_5^1 p^1 q^4=0.2592$$
$$P_5(2)=C_5^2 p^2 q^3=0.3456$$
$$P_5(3)=C_5^3 p^3 q^2=0.2304$$
$$P_5(4)=C_5^4 p^4 q^1=0.0768$$
$$P_5(5)=C_5^5 p^5 q^0=0.0102$$

于是可得随机变量 X 的分布如表 2-1 所示。

表 2-1 随机变量 X 的分布

k	0	1	2	3	4	5
$P(X=k)$	0.0778	0.2592	0.3456	0.2304	0.0768	0.0102

表 2-1 中，$P(X=n=5)$表示 5 个服务器全部被占用的概率，即全忙概率。

3. 泊松分布

泊松(Poisson)分布可以由二项式的概率函数取极限得到。下面分别给出泊松定理及泊松分布的定义。

定理 2.1 设随机变量 $X_n(n=0, 1, 2, \cdots)$服从二项分布，即

$$P(X_n=k)=C_n^k p^k (1-p)^{n-k} \qquad (k=0,1,2,\cdots,n)$$

又设 $nP=\lambda>0$ 是常数，对于 $n=0, 1, 2, \cdots$均成立，则对任一非负整数 k，有

$$\lim_{n\to\infty} C_n^k p^k (1-p)^{n-k}=\frac{(\lambda)^k e^{-\lambda}}{k!} \tag{2-8}$$

上述定理称为泊松定理。泊松定理中的极限值满足：

$$\sum_{k=0}^{n}\frac{(\lambda)^k e^{-\lambda}}{k!}=e^{-\lambda}\sum_{k=0}^{n}\frac{\lambda^k}{k!}=e^{-\lambda}e^{\lambda}=1$$

定义 2.7 设随机变量 X 可能的取值为 $k=0, 1, 2, \cdots$，其概率函数为

$$P(X=k)=\frac{(\lambda)^k e^{-\lambda}}{k!} \qquad (k=0,1,2,\cdots) \tag{2-9}$$

其中，$\lambda>0$ 是常数，则称 X 服从参数为 λ 的泊松分布，记为 $X\sim P(\lambda)$。

泊松分布只有一个参数 λ，其数学期望 $E(X)=\lambda$，方差 $D(X)=\sigma^2=\lambda$。

由泊松定理知，当 n 很大而 P 很小且 $nP=\lambda>0$ 是常数时，二项分布 $B(np)$的概率函数近似等于泊松分布 $P(\lambda)$的概率函数，即有

$$C_n^k p^k q^{n-k}\approx\frac{(\lambda)^k e^{-\lambda}}{k!}$$

在实际问题中，有许多随机变量服从泊松分布。例如，一段时间内电话局收到的呼叫次数、某路口通过的车辆数等，都可用泊松分布来描述。实际中，考虑在$[0, t]$时间段内到达的呼叫次数 N 这一随机变量，它服从：

$$P(N=k)=\frac{(\lambda t)^k}{k!}\mathrm{e}^{-\lambda t}\quad (k=0,1,2,\cdots)\tag{2-10}$$

这里，数学期望 $E(N)=\lambda t$ 是$[0, t]$时间内到达的平均呼叫数；而 λ 就是单位时间到达的平均呼叫，称为到达率或呼叫强度。

[例 2.2]　某电话局的统计资料表明，该局平均每分钟到达 12 个呼叫。试按泊松分布计算在 1 min 到达 $k(k=0, 1, 2, \cdots)$个呼叫的概率。

解　根据题意有 $\lambda t=12$，由式(2-10)计算可得一分钟内到达 k 个呼叫的概率为

$$P(N=k)=\frac{(12)^k}{k!}\mathrm{e}^{-12}\quad (k=0,1,2,\cdots)$$

上式的计算结果如图 2-2 所示。泊松分布由参数 λ 决定，其曲线是非对称的，随着 λ 增大，非对称性越来越不明显，但概率峰值越来越小。

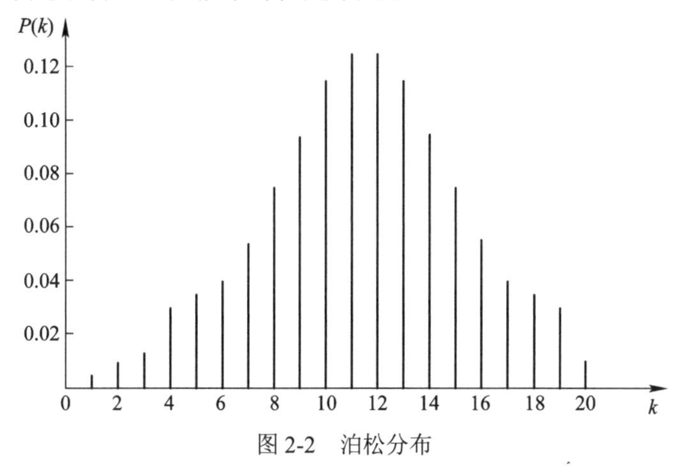

图 2-2　泊松分布

4. 指数分布

指数分布是一种连续型随机变量的概率分布。

定义 2.8　设随机变量 X 的概率密度函数为

$$f(x)=\begin{cases}0 & (x\leqslant 0)\\ \lambda\mathrm{e}^{-\lambda x} & (x>0)\end{cases}\tag{2-11}$$

则称随机变量 X 服从参数为 λ 的指数分布，记为 $X\sim e(\lambda)$，其中 $\lambda>0$ 为常数。由此很容易求得指数分布的分布函数为

$$F(x)=\begin{cases}0 & (x\leqslant 0)\\ 1-\mathrm{e}^{-\lambda x} & (x>0)\end{cases}\tag{2-12}$$

交换理论中，有两种很重要的随机变量服从指数分布，分别是两个相邻呼叫的间隔时间和电话呼叫的占用时长。前面已经指出，在时间 t 内发生的呼叫次数服从泊松分布，其概率函数如式(2-10)所示。由该式很容易得到在时间 t 内没有发生呼叫的概率为

$$P(N=0)=\frac{(\lambda t)^0}{0!}\mathrm{e}^{-\lambda t}=\mathrm{e}^{-\lambda t}$$

在时间 t 内没有发生呼叫，这就表明相邻呼叫的间隔时间大于 t，如果相邻呼叫的间隔

时间用随机变量 X 表示，则对于任意 $t>0$，X 的分布函数为

$$F(t)=P(X\leqslant t)=1-P(X>t)=1-P(N=0)=1-e^{-\lambda t}$$

显然，当 $t\leqslant 0$ 时，$F(t)=P(X\leqslant t)=0$，从而

$$F(t)=\begin{cases}0 & (t\leqslant 0)\\ 1-e^{-\lambda t} & (t>0)\end{cases} \tag{2-13}$$

比较式(2-12)和式(2-13)，我们得出一个重要结论：在呼叫次数服从泊松分布的情况下，两个相邻呼叫的间隔时间服从指数分布。参数 λ 为单位时间内平均发生的呼叫数，又称呼叫强度。知道了呼叫强度 λ，就完全掌握了呼叫间隔时间的概率分布。

关于电话呼叫的占用时长，大量统计资料表明其近似服从指数分布。令 S 表示呼叫的平均通话时长，μ 表示单位时间内结束通话的平均呼叫数(又称 μ 为呼叫结束强度)，则 $\mu=1/S$。描述通话的分布函数为

$$f(t)=\begin{cases}0 & (t\leqslant 0)\\ \mu e^{-\mu t} & (t>0)\end{cases} \text{或} f(t)=\begin{cases}0 & (t\leqslant 0)\\ \dfrac{1}{S}e^{-\frac{t}{S}} & (t>0)\end{cases}$$

$$F(t)=\begin{cases}0 & (t\leqslant 0)\\ 1-e^{-\mu t} & (t>0)\end{cases} \text{或} F(t)=\begin{cases}0 & (t\leqslant 0)\\ 1-e^{-\frac{t}{S}} & (t>0)\end{cases}$$

[例 2.3]　设呼叫的平均通话时长为 3 min。

(1) 试计算通话时长大于 3 min 的概率；

(2) 如果呼叫已经通话 3 min，试计算在此条件下呼叫继续通话大于 3 min 的概率。

解　(1) 已经 $S=3$ min，用随机变量 X 表示通话时长，令 A 表示事件“$X>3$”，则 $P(A)$ 为通话时长大于 3 min 的概率，即

$$P(A)=P(X>3)=1-P(X\leqslant 3)=1-F(3)=e^{-\frac{3}{3}}=\frac{1}{e}$$

(2) 令 B 表示事件“$X>6$”。由题意知，要求

$$P(B/A)=\frac{P(AB)}{P(A)}=\frac{P(B)}{P(A)}=\frac{e^{-\frac{6}{3}}}{e^{-\frac{3}{3}}}=\frac{1}{e}$$

该例题的计算结果揭示了指数分布的一个特性，也就是在通话时长服从指数分布的条件下，呼叫还将继续通话的时间长度与它已经通话的时间长度无关。我们把这个特性称为指数分布的“无记忆性”。

2.1.3　排队系统中常用的几个概念

1. 排队系统状态

一般情况下，排队系统状态是指顾客数量(包括正在被服务的顾客数)、业务数量以及忙闲等的组合。

一般用 $N(t)$表示时刻 t 排队系统中的顾客数，反映了系统在 t 时刻的瞬时状态，$P_k(t)$表示在时刻 t 系统中有 k 个顾客的概率。当系统中有 k 个顾客时，新来顾客的到达率(单位时间内新顾客的到达数)为 λ_k；同样，当系统中有 k 个顾客时，μ_k 表示整个系统的平均服务率(单位时间内服务完毕离去的顾客数)。对所有 k 值，当 λ_k 为常数时，用 λ 代替 λ_k。当 $k \geqslant 1$，μ_k 为常数时，用 μ 代替 μ_k。

在实际排队系统中，由于排队类型的不同和顾客源的差异，顾客到达率用单位时间内进入系统的平均顾客数(即平均到达率或有效到达率)表示，设为 λ_e，则有

$$\lambda_e = (1 - P_n)\lambda$$

其中，P_n 为阻塞率(或拒绝概率)。对于非拒绝系统，若 $P_n = 0$，则 $\lambda_e = \lambda$。

假设在无限源的情况下，顾客到达是按全体顾客的到达方式考虑的，故顾客到达率为平均到达率 λ；在有限源的情况下，顾客到达则是按单个顾客的到达方式考虑的。

设每个顾客的到达率 λ_0 相同，λ_0 是有限源中每个顾客在单位时间内到达系统的平均数。

设顾客源数为 N，则系统外的顾客平均数为 $N - L_s$，L_s 是系统的平均队长。系统的有效到达率为

$$\lambda_e = (N - L_s)\lambda_0$$

k 状态的系统到达率为

$$\lambda_k = (N - k)\lambda_0$$

2. 稳定状态

一般情况下，系统开始工作以后，系统状态很大程度取决于系统的初始状态和运转经历的时间。如果系统经历一段时间后，其状态独立于初始状态及经历的时间，则称系统处于稳定状态。在稳态状况下，工作状况与时刻 t 无关，$N(t)$表示为 N，$P_k(t)$用 P_k 表示。

3. 简单流

随机时刻出现的事件组成的序列称为随机事件流。例如，$N(t)$表示在时间 t 内到达系统要求服务的顾客数，这个序列可以称为随机事件流。常见的排队系统通常基于一些假设条件，这些假设条件有助于简化问题和进行分析。满足平稳性、无后效性、稀疏性三个条件的随机事件流称为简单流。

1) 平稳性

在时间间隔 t 内，到达 k 个顾客的概率只与 t 的长度有关，而与起始时刻无关，则有

$$P_k(t) = P(N(t) = k) \qquad (k = 0, 1, 2, \cdots)$$

$$\sum_{k=0}^{\infty} P_k(t) = 1$$

2) 无后效性

顾客到达时刻互相独立，即顾客各自独立地随机到达，在互不重叠的时间段内，顾客到达的概率相互独立，即不同 Δt 内顾客到达的概率不相关。

3) 稀疏性

在无限小的时间间隔 Δt 内，到达 2 个或 2 个以上顾客的概率为零，且在有限时间内到达的顾客数是有限的，即在 Δt 内只有一个顾客到达或没有顾客到达。更准确的表述为：在

充分小的时间区间 Δt 内，发生 2 个或 2 个以上顾客到达的事件的概率是比 Δt 高阶的无穷小量，即 $\Delta t\to 0$ 时，有

$$P(\Delta t)=\sum_{k=2}^{\infty}P_k(\Delta t)=o(\Delta t)\quad (k\geqslant 2)$$

$$P_1(t)=\lambda\Delta t$$

$$P_0(t)=1-\lambda\Delta t$$

4. 泊松过程(Poisson process)

在 2.1.1 节中曾经讨论过随机变量的泊松(Poisson)分布，它可由二项分布的概率函数取极值得到。这里从随机过程的角度，以电话呼叫流为例对这种随机现象作进一步的研究，同时给出电话呼叫流服从泊松分布的条件，求得一定时间内所发生的呼叫数的概率分布。

设 $X(t)$为在区间[0, 1]内观察到的呼叫次数，这里 $0\leqslant t<\infty$，于是我们有一个随机过程$\{X(t),\ 0\leqslant t<\infty\}$，其中每个 $X(t)$都只能取非负整数值 $i=0, 1, 2, \cdots$。又对于任何 t_1 和 t_2 $(t_1<t_2)$，增量 $X(t_2)-X(t_1)$能取值 0, 1, 2, …。

首先根据呼叫的发生时间顺序，把每一个呼叫用小圆点表示在时间轴上，如图 2-3 所示。假设呼叫流满足简单流的三个条件。

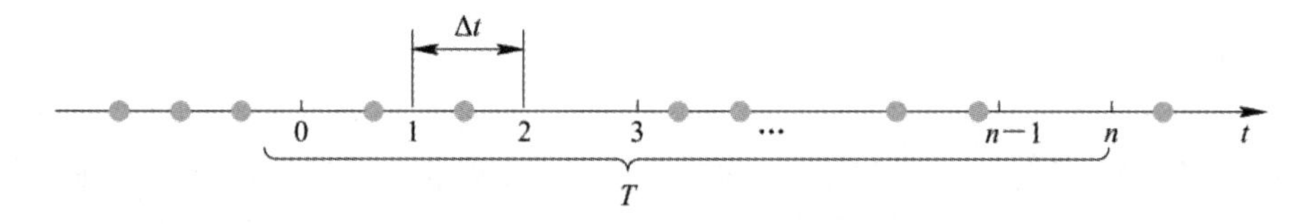

图 2-3 呼叫发生时间示意图

(1) 平稳性：指呼叫以相同的平均密度在时间轴上分布。用 λ 表示单位时间内发生的平均呼叫数，也称为呼叫强度。在时间轴上任取一长度为 T 的区间，落入该区间任意指定数量的呼叫的概率只与该区间的长度有关，而与该区间在时间轴上的位置无关，将这个区间划分为 n 个相等的小区间，每个小区间的长度设为 $\Delta t=T/n$，在 Δt 内平均发生 $\lambda\Delta t$ 个呼叫。

(2) 稀疏性：在同一瞬间，不可能发生两个或两个以上呼叫。在一个长度为 Δt 的小间隔内发生一次呼叫的概率为 $\lambda\Delta t+o(\Delta t)$。当 Δt 充分小时，在 Δt 内最多只能发生一次呼叫，其概率近似等于 $\lambda\Delta t=\lambda T/n$，在 Δt 内不发生呼叫的概率近似等于 $1-\lambda\Delta t=1-\lambda T/n$。

(3) 无后效性：又称为独立增量性，即在互不相交的各时间区间内呼叫的发生过程是彼此独立的。

我们把满足以上三个条件的呼叫流称为泊松呼叫流。

通信网中的信息流量，在有些系统中可以看作最简单流。例如，电话交换系统中的呼叫流就是一种典型的泊松呼叫流。在很多通信系统中，信息流不能假设为最简单流，因而不能套用上面的相关结论。例如，对于包交换系统，服务时间是固定长；对于成批进行信息处理的系统，输入流服从 E_r 分布等。

下面来计算在时间长度为 t 的区间内发生 k 次呼叫的概率 $P(k, t)$。根据以上对三个条件的讨论，我们知道，在每个充分小的区间 Δt 内，只存在两种可能的结果，或发生一个呼叫，或不发生呼叫，且各小区间内发生的事件是相互独立的。因此，观察 n 个小区间里共发生

了多少个呼叫，可看成 n 重贝努里试验的结果。在 t 时间内发生 k 个呼叫，也就是在 n 次试验中，有 k 次发生了呼叫，有 $n-k$ 次没有发生呼叫，为贝努里试验概型，在 n 次试验中正好有 k 个呼叫发生的概率为

$$P(k,t)=P\{X(t)=K\}=P_n(k,t)=\mathrm{C}_n^k\left(\frac{\lambda t}{n}\right)^k\left(1-\frac{\lambda t}{n}\right)^{n-k} \tag{2-14}$$

当 n 趋于无穷大($n\to\infty$)时，式(2-14)的概率 $P_n(k)$就趋于概率 $P(k)$，即

$$P(k,t)=\lim_{n\to\infty}P_n(k,t)=\lim_{n\to\infty}\mathrm{C}_n^k\left(\frac{\lambda t}{n}\right)^k\left(1-\frac{\lambda t}{n}\right)^{n-k} \tag{2-15}$$

经过计算，式(2-15)的极限值为

$$P(k,t)=P_k(t)=\frac{(\lambda t)^k}{k!}\mathrm{e}^{-\lambda t}\qquad(k=0,1,2,\cdots) \tag{2-16}$$

可以看出，式(2-16)就是泊松分布，λt 为 t 时间内的平均呼叫数。读者可以自行验证，泊松过程是一种马尔可夫过程，而且是一种齐次马尔可夫过程。

同理，设到达间隔为 t，把 t 分成 N 等份，每份的长度 $\Delta=t/N$，根据无后效性和稀疏性可知，在前面 N 个 Δ 内无顾客到达，再一个 Δ 内有一个顾客到达的概率为

$$f_T(t)\Delta=(1-\lambda\Delta)^N\lambda\Delta=\left(1-\frac{\lambda}{N}t\right)^N\lambda\Delta=\left[\left(1-\frac{\lambda}{N}t\right)^{-\frac{N}{\lambda t}}\right]^{-\lambda t}\lambda\Delta$$

其中，$f_T(t)$为概率密度。

利用公式

$$\lim_{n\to\infty}\left(1+\frac{1}{n}\right)^n=\mathrm{e}$$

则有

$$f_T(t)=\lambda\mathrm{e}^{-\lambda t}\qquad(N\to\infty)$$

如果将 T 看成数轴上的随机点的坐标，那么，分布函数 $F_T(t)$在 t 处的函数值就可以表示为 T 落在区间$(-\infty, t]$上的概率，其概率分布函数为

$$F_T(\mathrm{t})=P\{T\leqslant t\}=\int_{-\infty}^{t}f_T(t)\mathrm{d}t=\int_0^t\lambda\mathrm{e}^{-\lambda t}\mathrm{d}t=(1-e^{-\lambda t})\qquad(t>0) \tag{2-17}$$

在时间 t 内没有顾客到达($k=0$)的概率：

$$P\{T>t\}=1-P\{T\leqslant t\}=1-(1-\mathrm{e}^{-\lambda t})=\mathrm{e}^{-\lambda t}\,(t>0)$$

顾客到达的平均时间间隔为

$$E(T)=\int_0^{\infty}tf(t)\mathrm{d}t=\frac{1}{\lambda} \tag{2-18}$$

从上述推导可知，一个随机过程为泊松到达过程或到达时间间隔为指数分布实质上是一回事。

对于服务时间的分布，如果顾客接受服务后的离去过程也满足简单流的条件，那么，其离

去过程也是泊松过程，在 t 期间内有 k 个顾客接受服务后离去的概率服从 Poission 分布，即

$$Q_k(t)=\frac{(\mu T)^k}{k!}\mathrm{e}^{-\mu t} \tag{2-19}$$

服务时间 t 服从负指数分布，其概率密度 $b(\tau)=\mu \mathrm{e}^{-\mu\tau}(\tau>0)$，$\mu$ 表示服务速率。

完成服务的平均时间为

$$E(T)=\int_0^{\infty}\tau b(\tau)\mathrm{d}\tau=\frac{1}{\mu} \tag{2-20}$$

对于一般的统计分布，迄今还不易得到解析结果。通常最常用的分布是指数分布，它能导致排队过程成为马尔可夫(Markov)过程，许多问题易于得到解析结果，大部分的实际排队问题属于这种分布。

5. 生灭过程

生灭过程(Birth-Death Process)用来描述输入过程为最简单流、服务时间为指数分布的这一类最简单的排队模型，即 $M/M/m(n, N)$过程。

以电话交换系统为例，交换系统的输入是电话呼叫流(泊松流)，各个电话呼叫不断地随机到达，经过一段随机的服务时间完成服务后离开系统。因此，系统中逗留的呼叫次数是一个典型的随机过程，记为 $X(t)$，它表示时刻 t 系统内逗留的呼叫数。显然，$X(t)$只取非负整数，$X(t)=k$ 表示系统处于状态 k。下面研究这一随机过程的统计特性。为了更具普遍性，引入如下生灭过程的定义。

定义 2.9 设 $X(t)$是一个齐次马尔可夫过程，若在任意时刻 t 有 $X(t)=i\ (i=0,\ 1,\ 2,\ \cdots)$而在时间$(t, t+\Delta t)$内，系统状态的转移概率满足：

$$P\left\{X(t+\Delta t)=\frac{j}{X(t)}=i\right\}=P_{ij}=\begin{cases}\lambda_i\Delta t+o(\Delta t)\ (j=i+1)\\ \mu_i\Delta t+o(\Delta t)\ (j=i-1)\\ 1-(\lambda_i+\mu_i)\Delta t+o(\Delta t)\ (j=i)\\ o(\Delta t)\ (|j-i|\geqslant 2)\end{cases} \tag{2-21}$$

且 $\lambda_i>0(i\geqslant 0)$，$\mu_i>0(i>0)$，$\mu_0=0$，则称 $X(t)$为生灭过程或增消过程。

在 $\Delta t\to 0$ 的情况下，$o(\Delta t)$可以忽略，系统状态的转移只有以下三种可能。

(1) 在时刻 t 系统处于状态 k，在时间 Δt 内，系统由状态 k 变化到状态 $k+1$(“增加”一个呼叫)，其转移概率 $P_{k,k+1}=\lambda_k\Delta t$。其中，$\lambda_k$ 为系统处于状态 k 时的呼叫发生强度，即单位时间内发生的平均呼叫数。

(2) 在时刻 t 系统处于状态 k，在时间 Δt 内，系统由状态 k 变化到状态 $k-1$(“消失”一个呼叫)，其转移概率 $P_{k,k-1}=\mu_k\Delta t$。其中，μ_k 为系统处于状态 k 时的呼叫结束强度，即单位时间内结束的平均呼叫数。

(3) 在时刻 t 系统处于状态 k，在时间 Δt 内，既没有呼叫发生，也没有呼叫离去，系统仍处于状态 k，其转移概率 $P_{k,k}=1-\lambda_k\Delta t-\mu_k\Delta t$。

其他情况，包括在 Δt 时间内增减两个或两个以上呼叫或者同时增加一个与减少一个呼叫的转移概率都是 $o(\Delta t)$，因而可以忽略。由此可得到生灭过程的状态转移关系，如图 2-4 所示。图中给出了所有可能出现的状态及状态之间的转移概率。

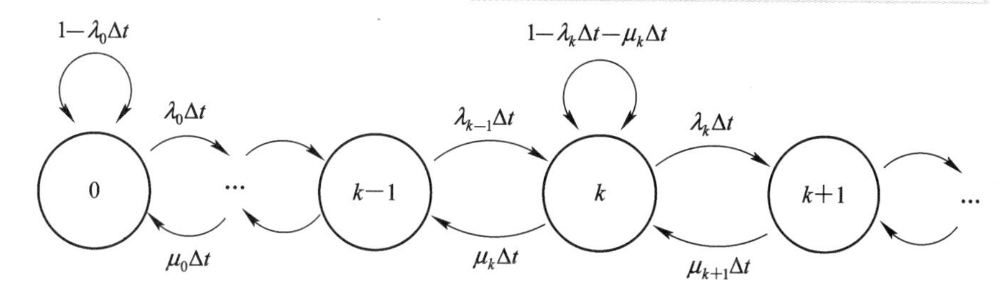

图 2-4　生灭过程的状态转移图

下面求系统状态的概率，即 $X(t)=k\ (k=0, 1, 2, \cdots)$个概率，记为$P_k(t)$。

假设系统在 $t+\Delta t$ 时刻处于状态 k，它必然是由时刻 t 的三种可能状态之一转移而来的，下面作为三个事件分别讨论。

(1) 在时刻 t 系统处于状态 $k+1$，其概率可表示为 $P_{k+1}(t)$，经过 Δt 时间，系统状态由 $k+1$ 转移到 k，也就是有一个呼叫离开了系统，根据概率乘法定理可以求出发生上述事件的概率为

$$P_{k+1}(t)\times[\mu_{k+1}\Delta t+o(\Delta t)] \tag{2-22}$$

(2) 在时刻 t 系统处于状态 $k-1$，其概率可表示为$P_{k-1}(t)$，经过 Δt 时间，系统状态由 $k-1$ 转移到 k，也就是发生了一个新的呼叫，根据概率乘法定理可以求出发生上述事件的概率为

$$P_{k-1}(t)\times[\lambda_{k-1}\Delta t+o(\Delta t)] \tag{2-23}$$

(3) 在时刻 t 系统处于状态 k，其概率可表示为 $P_k(t)$，经过 Δt 时间，系统内既没有发生新的呼叫，也没有呼叫结束离去，也就是系统内没有发生状态变化，根据概率乘法定理可以求出发生上述事件的概率为

$$P_k(t)\times[1-\lambda_k\Delta t-\mu_k\Delta t+o(\Delta t)] \tag{2-24}$$

上述三个事件为互不相容事件，任一事件的发生都会导致系统在 $t+\Delta t$ 时刻处于状态 k，应用概率加法定理，可以得到描述系统状态概率变化的方程如下：

$$\begin{cases} P_0(t+\Delta t)=P_0(t)(1-\lambda_0\Delta t)+P_1(t)\cdot\mu_1\Delta t+o(\Delta t) \\ P_k(t+\Delta t)=P_{k+1}(t)\cdot\mu_{k+1}\Delta t+P_{k-1}(t)\cdot\lambda_{k-1}\Delta t+P_k(t)\cdot(1-\lambda_k-\mu_k)+o(\Delta t) \end{cases} \tag{2-25}$$

式中，P_0 为初始状态，$k\geqslant 1$，对其移项整理，两端同除以 Δt，并取 $\Delta t\to 0$ 时的极限，可以得到

$$\begin{cases} \lim\limits_{\Delta t\to 0}\dfrac{P_0(t+\Delta t)-P_0(t)}{\Delta t}=\dfrac{\mathrm{d}}{\mathrm{d}t}P_0(t)=P_1(t)\cdot\mu_1-P_0(t)\cdot\lambda_0 \\ \lim\limits_{\Delta t\to 0}\dfrac{P_k(t+\Delta t)-P_k(t)}{\Delta t}=\dfrac{\mathrm{d}}{\mathrm{d}t}P_k(t)=P_{k+1}(t)\cdot\mu_{k+1}+P_{k-1}(t)\cdot\lambda_{k-1}-P_k(t)\cdot(\lambda_k+\mu_k) \end{cases} \tag{2-26}$$

这是一个微分差分方程组。也就是说，$P_k(t)$的增量应等于进入 k 状态的概率减去离开 k 状态的概率。直接求解方程组式(2-26)是很困难的，下面给出系统的“统计平衡”的概念，然后求解统计平衡条件下的系统状态概率。

一个随机过程，在满足一定的条件下，不管系统的初始状态如何，在经历一段时间以

后，系统将进入统计平衡状态。在这种状态下，$P_k(t)$不再随时间变化，即系统的运行经过暂态进入稳态。用数学语言表示就是，当 $t\to\infty$时，概率 $P_k(t)$趋向于一个不再依赖于时间参数 t 的稳定值 P_k。

如果系统进入统计平衡状态，那么必有

$$P_k(t)\to P_k, P_{k-1}(t)\to P_{k-1}, P_{k+1}(t)\to P_{k+1}, \frac{\mathrm{d}}{\mathrm{d}t}P_k(t)\to 0$$

上式表明，在统计平衡状态下，系统进入某状态的概率等于离开该状态的概率。上述问题即 $M|M|1$ 问题，其系统的状态转移图如图 2-5 所示。

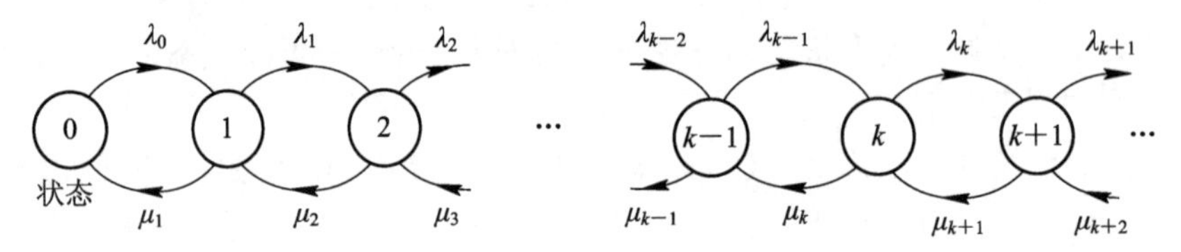

图 2-5　$M|M|1$ 系统的状态转移图

于是把式(2-26)变为下面的差分方程组：

$$\begin{cases}\lambda_0 P_0-\mu_1 P_1=0\\ P_{k+1}\mu_{k+1}+P_{k-1}\lambda_{k-1}-P_k(\lambda_k=\mu_k)=0\end{cases}\quad (k>0) \tag{2-27}$$

现在的任务就变为计算系统处于统计平衡状态下的概率 $P_k(k=1, 2, \cdots)$。

由式(2-27)，通过递推不难得到

$$P_1=\frac{\lambda_0}{\mu_1}P_0, P_2=\frac{\lambda_1}{\mu_2}P_1=\frac{\lambda_0\lambda_1}{\mu_1\mu_2}P_0,\cdots,P_k=\frac{\lambda_0\lambda_1\cdots\lambda_{k-1}}{\mu_1\mu_2\cdots\mu_k}P_0$$

因为所有可能状态的概率之和必定为 1，即 $P_0+P_1+P_2+\cdots+P_k=1$，所以有

$$P_0=\left(1+\frac{\lambda_0}{\mu_1}+\frac{\lambda_0\lambda_1}{\mu_1\mu_2}+\cdots+\frac{\lambda_0\lambda_1\cdots\lambda_{k-1}}{\mu_1\mu_2\cdots\mu_k}+\cdots\right)^{-1} \tag{2-28}$$

这样得到在统计平衡条件下，系统处于状态 k 的概率 P_k 的一般解为

$$P_k=\frac{\lambda_0\lambda_1\cdots\lambda_{k-1}}{\mu_1\mu_2\cdots\mu_k}P_0(k=1,2,\cdots) \tag{2-29}$$

式中，P_0 由式(2-28)给出。

由式(2-29)与式(2-28)可知，生灭过程在统计平衡条件下的状态概率分布完全取决于参数 $\lambda_k(k\geqslant 0)$、$\mu_k(k\geqslant 1)$，这些参数称为状态的转移率。需要强调指出，一般生灭过程的转移率是与状态有关的。

[例 2.4] 在甲地和乙地之间有一条通信线路。呼叫的发生强度为每分钟 0.3 个呼叫，呼叫的结束强度为每分钟 1/3 个呼叫。呼叫遇线路忙时不等待，而是立即消失。求此系统在统计平衡状态下的占用概率分布。

解 根据题意可知，该系统只有两个状态。可以用“0”状态表示线路空闲，“1”状态表示线路忙，系统内不可能有一个以上呼叫。已知 $\lambda_0=\lambda=0.3$，$\mu_1=\mu=1/3$，由式(2-28)

与式(2-29)得

$$P_0=\left(1+\frac{\lambda_0}{\mu_1}\right)^{-1}=0.5263\text{，}\quad P_1=\frac{\lambda_0}{\mu_1}P_0=0.4737$$

[例 2.5]　设有无穷多条线路可以利用，每个呼叫的结束强度为常数，$\lambda_k=\lambda(k=1,\ 2,\ \cdots)$求此系统在统计平衡状态下的占用概率分布 P_k。

解　假设每个呼叫的占用是相互独立的，在系统内有 k 个呼叫的条件下，呼叫的结束强度为 $k\mu$，所以 $\lambda_k=\lambda\ (k\geqslant 0)$，$\mu_k=k\mu\ (k\geqslant 1)$，由式(2-28)与式(2-29)得

$$P_0=\left[1+\frac{\lambda}{\mu}+\left(\frac{\lambda}{\mu}\right)^2\times\frac{1}{2!}+\left(\frac{\lambda}{\mu}\right)^3\times\frac{1}{3!}+\cdots+\left(\frac{\lambda}{\mu}\right)^k\times\frac{1}{k!}+\cdots\right]^{-1}=\mathrm{e}^{-\frac{\lambda}{\mu}}$$

$$P_k=\frac{\lambda_0\lambda_1\cdots\lambda_{k-1}}{\mu_1\mu_2\cdots\mu_k}P_0=\frac{\frac{\lambda}{\mu}}{k!}\mathrm{e}^{-\frac{\lambda}{\mu}}\qquad(k=1,2,\cdots)$$

即线路的占用概率分布 P_k 服从泊松分布。

2.2　通信业务量

交换系统是一个随机服务系统，它利用拥有的服务设备或资源为用户提供服务。服务必须满足特定的数量和质量要求。通信业务量就是用来度量交换系统在一定时间内提供的服务数量的指标。因此，这是学习交换理论首先必须掌握的一个重要概念，也是交换理论研究的对象之一。电话通信的业务源，简称话源；电话通信的业务量，通常称为话务量(traffic)，同样，数据通信时的业务量就是数据大小，业务量又称为业务负载。在一个交换系统中，把请求服务的用户称为业务源(负载源)，而把为业务源提供服务的设备(如接续网络中的内部链路数量、中继线或信道容量、信令处理器数量和性能等)称为服务器。一个系统应配备的服务器容量与业务源对服务数量和服务质量的需求有关。通常情况下，所有用户需要同时提供服务的可能性小，用户的服务偶尔无法及时得到满足是可以接受的。实际中，要综合考虑成本和服务质量，源的数量常大于服务器的数目。系统设计和资源配置过程中，人们关心的是服务质量、业务量和服务设备利用率这三者之间的关系。

本节将首先介绍话务量的定义和性质，然后推广到数据通信。

2.2.1　话务量的概念

话务量是表达电话通信系统内设备负荷数量的一种度量量值，也称为电话负荷。它反映了话源在电话通信使用上的数量需求，其话务量的大小，首先与所考察的时间有关。显然考察时间越长，这段时间里发生的呼叫就越多，因而话务量就越大。其次，影响话务量

大小的是呼叫强度，也就是单位时间里发生的平均呼叫数，呼叫强度越大，话务量就越大。再者，每个呼叫占用设备的时长也是影响话务量大小的一个因素。在相同的考察时间和呼叫强度情况下，每个呼叫的占用时间越长，话务量就越大。

如果用 Y 表示话务量、T 表示计算话务量的时间范围、λ 表示呼叫强度、S 表示呼叫的平均占用时长，则话务量可表示为

$$Y = T\lambda S = CS \quad (C = T\lambda) \tag{2-30}$$

影响话务量的第一因素是时间，话务量计算中的各个参数都与时间有关，C 为时间 T 内的平均呼叫数。Y 的单位取决于 S 的单位，当 S 用不同的时间单位时，同一话务量，其数值是不同的。如果 S 以小时为时间单位，则话务量 Y 的单位叫作“小时呼”，常用符号“TC”表示。如果 S 以分钟为时间单位，则话务量 Y 的单位叫作“分时呼”，常用符号“CM(call minute)”表示。也有用百秒作时间单位，这时话务量 Y 的单位叫作“百秒呼”，常用符号“CCS(centum call cecond)”表示。

对于大量随机发生的呼叫，有些呼叫可能遇到电话局忙，没有空闲的服务设备供使用。对于这类呼叫，不同的交换系统有不同的处理方法。一种处理方法是让用户遇忙呼叫进入等待状态，一旦有了空闲的服务设备，呼叫继续进行下去，这种处理方法叫作待接制或等待制方式。需要指出的是，这种等待制方式需要通信系统提供一定的系统资源或预备资源(如存取空间、信道)来保留用户的通信请求。另一种用户呼叫遇忙的处理方法就是不让呼叫用户进行等待，交换设备直接给用户送忙音，用户听到忙音后，必须放弃这次呼叫，然后再重新呼叫。这种处理方法叫作损失制方式。

对于等待制方式而言，如果等待时间不限，那么流入系统的业务量都能被处理，只是有一些呼叫要等待一段时间才能得到接续。对于损失制方式，流入系统的业务量一部分被处理了，另外一部分则被“损失”掉了，通常把“损失”的部分呼叫简称为“呼损”。把流入系统的业务量叫作流入业务量或流入负载，完成了接续的那部分业务量叫作完成业务量或完成负载。流入话务量与完成话务量之差，就是损失话务量或损失负载。在等待制方式中，如果等待时间不限，理论上流入业务量等于完成业务量。一般情况下，电路交换的语音通信普遍采用损失制方式，分组交换的数据通信普遍采用等待制方式。

电话通信系统中单位时间的话务量叫作话务量强度或负载强度。习惯上常把强度两个字省略，当人们谈及话务量都是指话务量强度。当所谈及的话务量不是单位时间内的话务量时，应特别指明计算时间，如 T 小时的话务量等。

下面说明话务量的特性，一般来说，电话局的话务量强度经常处于变化之中。话务量强度的这种变化叫作话务量的波动性，它是多方面因素影响的综合结果。用概率论的语言说，话务量的波动是一个随机过程。经过对话务量波动的长期观察和研究，发现话务量的波动存在着周期性。具有重要意义的是一昼夜内各个小时的波动情况，为了在一天中的任何时候都能给用户提供一定的服务质量，电话局服务设备的数量应根据一天中出现的最大话务量强度进行计算。

把一天中出现最大平均话务量强度的 60 min 的连续时间区间称为最繁忙小时，简称“忙时”。相应的该小时内呼叫次数称为“忙时呼叫次数”(busy hour call attempt，BHCA)，也称为最大忙时试呼次数。交换系统在保证一定服务质量的前提下处理 BHCA 值的能力表

征了交换系统的呼叫处理能力。

根据上述关于话务量的概念和特性，下面给出话务量强度的定义和性质，不但能用来计算话务量强度，而且能帮助我们进一步理解话务量强度的含义。

定义 2.10　流入话务量强度等于在一次呼叫的平均占用时长内业务源发生的平均呼叫数。

令 A 表示流入话务量强度，λ 表示单位时间内发生的平均呼叫数，S 表示呼叫的平均占用时长，则根据流入话务量强度的定义为

$$A = \lambda S \tag{2-31}$$

当 λ 和 S 使用相同的时间单位时，流入话务量强度 A 无量纲。为了纪念话务理论的创始人丹麦数学家 A. K. Erlang，将话务量强度的单位定名为“爱尔兰”，并用“e”或“E”表示。

设交换系统中有 N 条输入线，每条入线接一个负载源，m 个服务器为所有呼叫所共用，它们服务速度相同，各自独立地工作，且负载均衡分担(参见图 2-7)。一条入线的话务量强度用 a 表示，则所有流入的总话务量强度 $A = Na$。流入话务量强度有如下重要性质。

性质 1　A 或 a 分别为 N 条入线或单条入线在呼叫平均占用时长内流入的呼叫数。

性质 2　a 是单条入线被占用的概率(占用时间百分比)。

这是因为 $a = \lambda_1 S = S/\lambda_1^{-1}$，而 S 是呼叫平均占用时长，λ_1 是单位时间内流入一条线的呼叫数，λ_1^{-1} 是平均呼叫间隔时间，平均呼叫占用时长与平均呼叫间隔之比就是占用时间百分数。

性质 3　A 是 N 条入线中同时被占用的平均数。

这是因为 N 条入线中有任意 k 条被占用的概率服从二项式分布，即

$$P(X = k) = \mathrm{C}_N^k \alpha^k (1-\alpha)^{N-k} \qquad (k = 0,1,2,\cdots,N)$$

数学期望 $E(N) = Na = AE$。

定义 2.11　服务设备的完成话务量强度等于这组设备在一次呼叫的平均占用时长内完成服务的平均呼叫数。

令 A_c 表示 m 个服务器的完成话务量，则有

$$A_c = \lambda_c S \tag{2-32}$$

式中，λ_c 为单位时间内完成服务的呼叫数。完成话务量强度的单位也用“爱尔兰”。设单个服务器的完成话务量强度用 a_c 表示，则 m 个服务器完成总话务量强度 $A_c = ma_c$。完成话务量强度也有如下重要性质。

性质 1　A_c 或 a_c 分别为 m 个服务器或单个服务器在呼叫平均占用时长内完成服务的平均呼叫数。

性质 2　a_c 是单个服务器的占用概率，即利用率。

性质 3　A_c 是 m 个服务器中同时被占用的平均数。

从式(2-31)与式(2-32)的比较中可以看出，完成话务量强度 A_c 与流入话务量强度 A 有着完全相同的形式和量纲，其差别在于 λ 和 λ_c，一个是单位时间内发生的平均呼叫数，一个是单位时间内完成服务的平均呼叫数。在发生的全部呼叫中，有一小部分会因为没有找到空闲的服务设备而被损失掉，所以，在明显损失制方式中，λ 和 λ_c 之差，正是损失掉的那

部分呼叫。如果一个系统的损失非常小，则 $\lambda \approx \lambda_c$，在这种情况下，完成话务量强度近似等于流入话务量强度，在工程计算中可以不加以区分，笼统地使用话务量这个概念。

[例 2.6] 假设在 100 条线的中继线群上，平均每小时发生 2100 次占用，平均占用时长为 1/30 h。求群中继线上完成话务量强度，并根据完成话务量强度性质说明其意义。

解 根据题意 $\lambda_c = 2100$，$S = \dfrac{1}{30}$，依据完成话务量强度的定义有

$$A_c = \lambda_c S = 2100 \times \frac{1}{30} = 70\text{e}$$

根据完成话务量强度性质 1，70e 可理解为在平均占用时长 1/30 h 内，平均有 70 次占用发生，即平均完成了 70 次呼叫的服务。根据性质 2，单条中继线的占用概率(利用率)为 0.7。根据性质 3，70e 意味着在 100 条中继线中，同时处于工作状态的平均有 70 条，空闲状态的平均有 30 条。

2.2.2 数据业务量

数据通信如果采用电路交换方式，那么每次通信“会话”可以看成一次呼叫，2.2.1 节所述的话务量的概念完全适用电路交换方式中，只需将“话务量”改为“业务量”即可。

数据通信如果采用分组交换方式，交换系统采用等待制服务方式，分组丢失率可以忽略，那么流入和流出的业务量强度将相等，业务量强度仍可以用式(2-5)定义，结合式(2-31)改写为

$$\rho = \lambda S = \frac{\lambda}{\mu} \tag{2-33}$$

式中，ρ 代表业务量强度；λ 为数据分组的到达(速)率，即单位时间内到达的平均分组数；$S = 1/\mu$ 是分组的平均服务时间，μ 称为服务(速)率。

业务量强度也具有话务量强度类似的性质，其中最重要的是业务量强度等于服务设备被占用的概率，即处于“忙”状态的概率。以后我们会知道，分组交换系统的服务质量与业务强度密切相关。

2.2.3 交换系统的服务质量和业务负载能力

1. 服务质量

服务质量(quality of service，QoS)是用来说明交换系统给服务对象(呼叫或数据分组)提供服务的可能性或者服务对象发生等待的可能性及相应的等待时间等的指标体系。根据 ITU-T 的定义，服务质量是指用户对提供给其的服务满意度主观评定意见的一种度量，是用户对服务是否满意的集中反映。它包含的内容很多，涉及面也广，主要包括交换系统提供的服务质量和运营管理的营业服务质量两大类，本书仅考虑交换系统服务质量。交换系统服务质量是系统服务性能的综合体现。从通信系统提供资源的角度而言，引入 QoS 的根本原因是业务流量对系统资源之间的需求和实际能够提供的资源的不匹配。当业务流量对系统资源的需求之和超过实际能够提供的资源能力时，部分业务因为通信系统无法提供服务资源导致处理失败或等待延时处理的情况，业务的服务质量将不能得到有效保障。电路

交换系统中出现这种状况称为呼叫损失，简称为呼损。分组交换系统中，由于信道资源或存储器容量的不足，导致分组数据的丢失或数据传输时延加剧。出于经济上的考虑，实际的交换系统都是有损失的系统。

对于电路交换的电话系统和分组交换的数据系统两类系统而言，各自有详细的服务质量指标，电路交换的电话系统的系统服务性能指标主要包括传输质量、接续质量、可用性和可靠性；分组交换的数据系统的系统服务性能指标主要包括可用性、传输时延、吞吐量、数据丢失率和差错率。

传统的电话通信系统是面向连接的电路交换通信方式，对每一次用户的呼叫，在信源到信宿之间，利用交换机节点以及通信连接的节点之间的链路先建立通信连接，并独占该连接线路的各段链路，其他用户就不能使用该连接线路。所以，电话通信系统中，把一群(或一组)为话源服务的设备及其出线称为线群。线群的结构分为全利用度线群和部分利用度线群。假设线群的任意一条入线可以和选到该线群的任意一条出线，称之为全利用度线群。假设线群的任意一条入线只可以选到该线群的部分出线，称之为部分利用度线群。

在电路交换系统中，通信系统的呼损的指标等同于线群的呼损指标。呼损的计算方法有如下三种。

(1) 在时间(t_1, t_2)内损失的呼叫次数$C_{L(t_1,t_2)}$与在同一时间内发生的呼叫次数$C(t_1, t_2)$的比，称为(t_1, t_2)时间内按呼叫计算的呼损，即

$$B=\frac{C_{L(t_1,t_2)}}{C(t_1,t_2)} \tag{2-34}$$

(2) 在时间(t_1, t_2)内损失的呼叫次数$Y_{L(t_1,t_2)}$与在同一时间内流入话务量$Y(t_1, t_2)$的比，称为(t_1, t_2)时间内按负载计算的呼损，即

$$H=\frac{Y_{L(t_1,t_2)}}{Y(t_1,t_2)} \tag{2-35}$$

(3) 在时间(t_1, t_2)内所有服务设备全部阻塞的时间$T_{B(t_1,t_2)}$与所考察的时间段(t_1, t_2)长度之比，称为按时间计算的呼损，即所有服务器全忙的概率。

$$E=\frac{T_{B(t_1,t_2)}}{t_2-t_1}=P \tag{2-36}$$

按以上定义所计算的呼损指标取值在0～1之间，而且它们的数值很接近。所以我们统一用呼损概率P代表B、H、E。系统所能达到的呼损概率常称为服务等级，简记为GoS(grade of service)。对电话系统而言，服务等级取决于系统的话务量和服务器(线群)数量。

分组交换系统的服务质量或服务等级，常采用呼叫发生等待的概率、呼叫等待时间大于任意给定值t的概率、平均等待时间等指标。

2. 交换系统的业务负荷能力

所谓交换系统的业务负荷能力，指的是在给定服务质量指标的条件下，系统所能承担的业务量强度。业务负荷能力实质上代表了交换系统的效率。影响系统话务负荷能力的因素很多，比如电路交换系统的呼损率指标、服务设备容量、系统结构、服务方式、呼叫流的性质等。在一定的服务质量指标条件下，交换系统的业务负荷能力常用完成话务量强度A_c与设备容量m的比来表示，即

$$\eta = \frac{A_c}{m} \tag{2-37}$$

η 是每个服务器承担的平均话务量强度。如例 2.5 中，100 条线的中继线群承担 70e 的话务量，那么每条中继线平均承担 0.7 e。根据完成话务量强度的性质 2，在 1 h 里，每条线平均有 0.7 h 工作，0.3 h 不工作，即表示了中继线的利用率，也就是中继线的效率。当然，η 也表示服务设备被占用的概率或被占用的时间比例。

2.3 电路交换系统的基本理论

研究交换系统的服务质量与业务量强度、服务设备容量之间的内在联系和规律，是交换理论最基本的任务，同时也是通信网络各交换节点设备资源配置的设计依据，本节讨论损失制的电路交换系统的占用状态的概率分布及呼损率。

2.3.1 呼损指标分配

呼损率是电路交换系统服务质量的重要指标，也是关系到用户对交换系统所提供服务的满意程度，同时还涉及运营商投资的大小和经济效益。

从经济性和技术的合理性角度，我们来分析呼损的分配问题。一般情况下，一个端到端的接续路由要经过若干个选择级，在每个选择级上都有呼损。图 2-6 所示是一个由 n 个选择级构成的接续路由，设第 k 选择级的呼损率为 P_k。首先来分析一个接续路由的总呼损率 P_B 和各选择级的呼损率之间的关系。要准确地计算 P_B 是一件很复杂的事情，因为各选择级的占用存在着一定的依赖关系。如果假设各选择级的工作是完全独立的，则呼损 P_B 可表示为

$$P_B = 1-(1-P_1)(1-P_2)\cdots(1-P_n) = 1-(1-P_k) \tag{2-38}$$

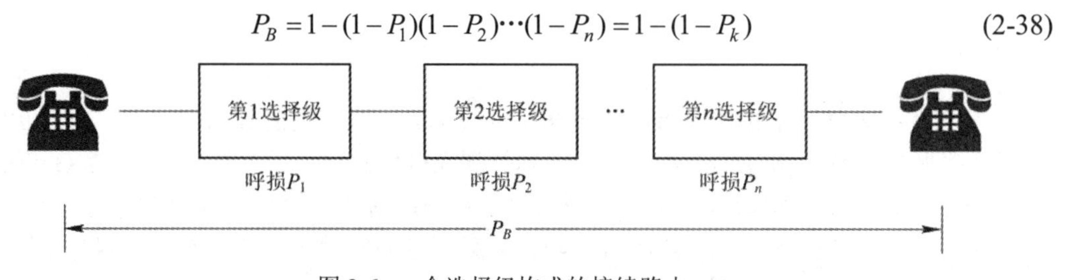

图 2-6 n 个选择级构成的接续路由

在实际的交换系统中，呼损率 P_k 一般都很小，大约在百分之零点几，把式(2-38)展开，忽略所有 P_k 的乘积项，就可以得出

$$P_B \approx P_1 + P_2 + \cdots + P_k + \cdots + P_n \tag{2-39}$$

这样，总呼损率 P_B 可近似看作各选择级呼损率之和，下面的问题就是怎么把总呼损分配到各选择级上去。最简单的方法就是将总呼损平均分配给各选择级。但是，这样的分配方法不是最合理的。因为这样的做法没有考虑不同选择的费用不同，也没有考虑各选择级

在接续中的作用和影响。比较合理的分配方法，应该允许设备费用高的选择级有较大的呼损，这样可以减少其设备数量，提高设备的利用率。对在接续中影响面大的选择级，分配的呼损一定要小，以保证服务质量。

2.3.2 利用度的概念

电路交换系统是一种典型的设备共享系统。所谓服务设备，泛指各种在电路接续过程中，为用户提供服务的共享资源。在分析讨论中，服务设备具体是哪种并不重要。用户是产生话务量的源泉，称为负载源(或话源)，负载源的真正含义要广泛得多，一般地说，凡是向本级设备送入话务量的前级设备，都是本级的负载源。图 2-7 给出 N 个负载源共享 m 个服务器的模型。

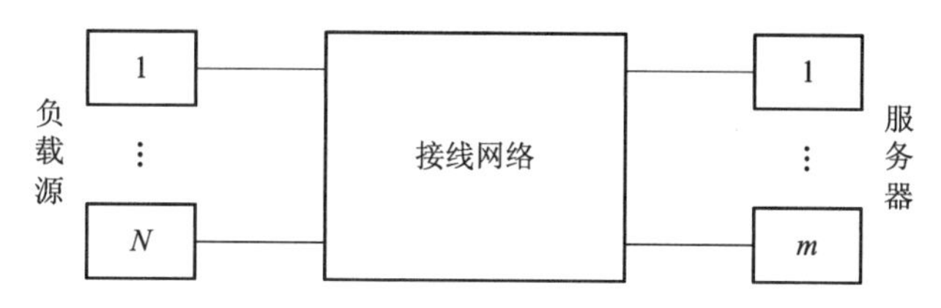

图 2-7　负载源共享服务器的模型

如果接线网络能够把任何空闲的入线连接到任何空闲出线，则称作“全利用度”接线网络，在这种情况下，每一个负载源能够使用所有服务器中的任何一个。当然也有“部分利用度”接线网络，其中任一负载源只能使用所有服务器设备中的一部分设备。我们把负载源能够使用的服务器数称为“利用度”。显然，全利用度情况下的利用度等于服务器的数量。限于篇幅，下面仅讨论全利用度情况下呼损的计算问题。

2.3.3 服务设备占用概率分布

呼损是损失制随机服务系统的基本服务质量指标，描述这种系统最简单而又最有效的随机过程模型就是生灭过程。下面首先利用生灭过程理论研究服务设备的占用概率分布，进而求得呼损率及设备的利用率。

假设有一个全利用度的随机服务系统，服务设备数量为 m，它为 N 个负载源服务，系统按照明显损失制方式工作，也就是当 m 个服务设备全忙时，若再发生呼叫，则这个呼叫将立即损失，不留在系统中等待。还假设所研究的系统满足生灭过程条件(呼叫的到达和离去都是泊松过程)，且满足统计平衡条件。因此，当系统处于统计平衡状态时，可由生灭过程状态概率一般解求得服务设备的占用概率分布。显然，所研究的系统具有有限个状态，如图 2-8 所示。

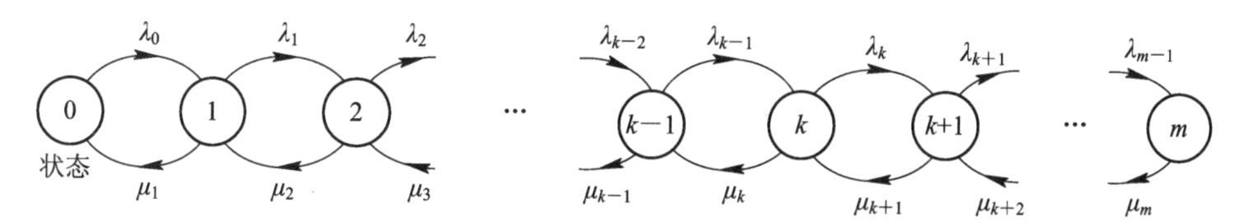

图 2-8　服务设备数量为 m 的状态的转移图

在统计平衡条件下，系统处于状态 k $(k = 1, 2, \cdots, m)$的概率为

$$\begin{cases} P_k = \dfrac{\lambda_0\lambda_1\cdots\lambda_{k-1}}{\mu_1\mu_2\cdots\mu_k}P_0 \text{ 或 } P_k = \dfrac{1-\rho}{1-\rho^{m+1}}\rho^k\,(k=1,2,\cdots,m) \\ P_0 = \left(1+\dfrac{\lambda_0}{\mu_1}+\dfrac{\lambda_0\lambda_1}{\mu_1\mu_2}+\cdots+\dfrac{\lambda_0\lambda_1\cdots\lambda_{m-1}}{\mu_1\mu_2\cdots\mu_m}\right)^{-1} \end{cases} \tag{2-40}$$

式中，λ_k和μ_k分别是系统处于状态k时的呼叫发生强度和呼叫结束强度。

这样，想求得占用概率分布，必须首先确定λ_k和μ_k。λ_k常采用以下两种计算方法求得：第一种计算方法假设呼叫强度λ_k与空闲的负载源数成正比，因为呼叫总是由空闲着的负载源发起的，所以这种假设是自然、合理的。如果在任意时刻系统处于状态k，N个负载源中有k个处于忙状态，$N-k$个处于空闲状态，则呼叫强度λ_k可以表示为$\lambda_k=(N-k)\alpha$，α为一个空闲负载源的呼叫强度。第二种方法假设不管空闲着的负载源有多少，呼叫强度λ_k始终是一个与状态无关的常数，即$\lambda_k=\lambda$。实际计算中，究竟采用哪一种算法计算λ_k，取决于负载源数目N的大小。当负载源数很大(在理论上$n\to\infty$)时，其中处于忙状态的负载源数在全部负载源数中只占一个很小的比例，呼叫强度基本上取决于总负载源数，这时就可以近似地认为呼叫强度λ_k是一个常数，即可以采用第二种方法计算λ_k。如果负载源数N不是很大，因而不能忽略忙负载源数的影响时，就要采用第一种方法计算λ_k。

再来讨论呼叫结束强度μ_k。我们知道，呼叫的占用时长近似服从指数分布。如果呼叫的平均占用时长为S，则在非常小的时间区间Δt内呼叫结束其占用的概率为$1-e^{-\Delta t/s}$，并且与该呼叫已经占用了多少时间无关。由于Δt很小，呼叫结束占用的概率可以近似地表示为$-\Delta t/s+o(\Delta t)$。因此，在有一个占用的情况下，呼叫结束强度为$-\Delta t/s+o(\Delta t)$。当系统中有k个呼叫占用时，由于每个呼叫是独立的，并都以强度$\mu=1/S$结束自己的占用，则状态k下的呼叫结束强度应为$\mu_k=k\mu=k/S$。

根据负载源数N的大小及其与服务设备数量m的关系，下面分四种不同的情况来研究服务设备的占用概率分布。

1. 二项分布

研究负载源数N不大于服务设备数量m(即$N<m$)的情况。根据前面对λ_k和μ_k计算方法的讨论，令

$$\begin{cases} \lambda_k=(N-k)\cdot\alpha \\ \mu_k=\dfrac{k}{S} \end{cases} \quad (k=0,1,2,\cdots,N)$$

式中，S为呼叫的平均占用时长，α为一个空闲负载源的平均呼叫强度。由式(2-40)可知，占用概率分布为

$$\begin{aligned} P_k &= \frac{\lambda_0\lambda_1\cdots\lambda_{k-1}}{\mu_1\mu_2\cdots\mu_k}P_0=\frac{N\alpha\cdot(N-1)\alpha\cdot(N-2)\alpha\cdot\cdots\cdot(N-k+1)\alpha}{\left(\dfrac{1}{S}\right)\cdot\left(\dfrac{2}{S}\right)\cdot\left(\dfrac{3}{S}\right)\cdot\cdots\cdot\left(\dfrac{k}{S}\right)}P_0 \\ &= \frac{N(N-1)(N-2)\cdots(N-k+1)}{k!}(\alpha\cdot S)P_0 \\ &= C_N^k\beta^kP_0 \quad (k=1,2,\cdots,N) \end{aligned}$$

其中，$\beta=\alpha\cdot S$，根据话务量强度的定义，β 是一个空闲负载源的流入话务量强度。

$$
\begin{aligned}
P_0&=\left(1+\frac{\lambda_0}{\mu_1}+\frac{\lambda_0\lambda_1}{\mu_1\mu_2}+\cdots+\frac{\lambda_0\lambda_1\cdots\lambda_{m-1}}{\mu_1\mu_2\cdots\mu_m}\right)^{-1}\\
&=\left[1+\frac{N\alpha}{\frac{1}{S}}+\frac{N\alpha\cdot(N-1)\alpha}{\frac{1}{S}\cdot\frac{2}{S}}+\cdots+\frac{N\alpha\cdot(N-1)\alpha\cdot\cdots\cdot\alpha}{\frac{1}{S}\cdot\frac{2}{S}\cdots\frac{N}{S}}\right]^{-1}\\
&=\left[1+N\beta+\frac{N(N-1)\beta^2}{2!}+\cdots\frac{N(N-1)(N-2)\cdots1\beta^N}{N!}\right]^{-1}\\
&=(\mathrm{C}_N^0\beta^0+\mathrm{C}_N^1\beta^1+\cdots+\mathrm{C}_N^N\beta^N)^{-1}\\
&=\frac{1}{(1+\beta)^N}
\end{aligned}
$$

所以，m 个服务设备有 k 个占用的概率为

$$
P_k=\mathrm{C}_N^k\beta^k\frac{1}{(1+\beta)^N}=\mathrm{C}_N^k\frac{\beta^k}{1+\beta}\left(1-\frac{\beta}{1+\beta}\right)^{N-k}\quad(k=0,1,2,\cdots,N)
$$

令

$$
\alpha=\frac{\beta}{1+\beta}\tag{2-41}
$$

最后得

$$
P_k=\mathrm{C}_N^k\alpha^k(1-\alpha)^{N-k}\quad(k=0,1,2,\cdots,N)\tag{2-42}
$$

式中，α 表示的是一个负载源处于忙状态的概率。

式(2-42)的占用概率分布显然是二项分布。根据话务量强度的性质，α 就是每个负载源的话务量强度。式(2-41)给出了在 $N\leqslant m$ 的条件下，一个负载源的话务量强度与一个空闲负载源的话务量强度之间的关系。已知 α 或 β，就可求得服务设备的占用概率分布。

2. 恩格赛特分布

研究负载源 N 大于服务设备数量 $m(N>m)$的情况。根据 λ_k 和 μ_k 的计算方法，令

$$
\lambda_k=(N-k)\alpha,\quad \mu_k=\frac{k}{S}\quad(k=0,1,2,\cdots,m)
$$

将其代入式(2-40)，占用概率分布为

$$
\begin{cases}
P_k=\mathrm{C}_N^k\beta^kP_0\\
P_0=\left(\displaystyle\sum_{k=0}^{m}\mathrm{C}_N^k\beta^k\right)^{-1}
\end{cases}\quad(k=0,1,2,\cdots,m)
$$

式中，α 为一个空闲负载源的呼叫强度，$\beta=\alpha\cdot S$ 是一个空闲负载源的话务量强度。所以 m

个设备有 k 个占用的概率分布为

$$P_k = \frac{C_N^k \beta^k}{\sum_{i=0}^{m} C_N^i \beta^i} \quad (k = 0,1,2,\cdots,m) \tag{2-43}$$

式(2-43)所描述的概率分布称为恩格赛特分布。

在实际的工程计算中，一般不使用β，而是用流入话务量强度 A 或负载源的话务量强度α。由于 $A = N\alpha$，若呼损率为 B，则服务设备的完成话务量强度 $A_c = (1 - B)$。根据完成话务量强度的定义，A_c 等于平均同时占用数。因此，$N - A_c$ 是平均空闲负载源数。于是每个空闲负载源的话务量强度β可表示为

$$\beta = \frac{A}{N - A_c} = \frac{A}{N - A(1-B)} \quad 或 \quad \beta = \frac{\alpha}{1-\alpha(1-B)}$$

恩格赛特分布式(2-43)可表示为

$$P_k = \frac{C_N^k \left[\dfrac{A}{N - A(1-B)}\right]^k}{\sum_{i=0}^{m} C_N^i \left[\dfrac{A}{N - A(1-B)}\right]^i} \quad 或 \quad P_k = \frac{C_N^k \left[\dfrac{\alpha}{1-\alpha(1-B)}\right]^k}{\sum_{i=0}^{m} C_N^i \left[\dfrac{A}{1-\alpha(1-B)}\right]^i} \quad (k = 0,1,2,\cdots;m)$$

3. 爱尔兰分布

研究负载源数为无穷大，在服务设备数量有限($N\to\infty$，m 有限或 $N \gg m$)的情况。若 $N\to\infty$或 $N \gg m$，则可认为呼叫强度λ_k不再与系统的状态有关，而是一个常数。令

$$\lambda_k = \lambda,\ \mu_k = \frac{k}{S} \quad (k = 0,1,2,\cdots,m)$$

代入式(2-40)，得占用概率分布为

$$\begin{cases} P_k = \dfrac{(\lambda S)^k}{k!} P_0 \\ P_0 = \left[1 + \lambda S + \dfrac{(\lambda S)^2}{2!} + \cdots + \dfrac{(\lambda S)^m}{m!}\right]^{-1} \end{cases} \quad (k = 0,1,2,\cdots,m)$$

根据流入话务量强度的定义，λS 就是系统的流入话务量强度。令 $A = \lambda S$，则 m 个服务设备中有 k 个被占用的概率为

$$P_k = \frac{\dfrac{A^k}{k!}}{\sum_{i=0}^{m} \dfrac{A^i}{i!}} \quad (k = 0,1,2,\cdots,m) \tag{2-44}$$

式(2-44)所示的概率分布为爱尔兰分布。由爱尔兰分布可以得到递推式

$$P_k = P_{k-1}\left(\frac{A}{k}\right)$$

由此可见，在 $k<A$ 的区域内，$P_k>P_{k-1}$；在 $k>A$ 区域内，$P_k<P_{k-1}$。当 $k=A$(如果 A 是整数)或 $k=[A]$ (如果 A 不是整数)，P_k 值达到最大。

4. 泊松分布

研究负载源数和负载设备数量非常大($N\to\infty, m\to\infty$)的情况。根据 λ_k 和 μ_k 的计算方法，令

$$\lambda_k=\lambda,\ \mu_k=\frac{k}{S}\quad (k=0,1,2,\cdots)$$

代入式(2-40)，得占用概率分布为

$$\begin{cases} P_k=\dfrac{(\lambda S)^k}{k!}P_0 \\ P_0=\left[1+\lambda S+\dfrac{(\lambda S)^2}{2!}+\cdots\right]^{-1}=\mathrm{e}^{-\lambda S} \end{cases}\quad (k=0,1,2,\cdots)$$

这里 $A=\lambda S$ 为系统的流入话务量强度，于是有

$$P_k=\frac{A^k}{k!}\mathrm{e}^{-A}\quad (k=0,1,2,\cdots)\tag{2-45}$$

式(2-45)所示的概率分布显然是泊松分布。

以上我们分析了服务设备的四种占用概率分布，每一种分布都有相应的前提条件，选择使用某一种分布时，必须注意分析负载源数量与服务设备数量之间的关系以及呼叫发生强度和呼叫结束强度的计算方法。

2.3.4　呼损率与设备利用率

损失系统的服务质量是用呼损表示的，前面定义了三种不同的呼损，其中应用最广泛的是按时间计算的呼损 E 和按呼叫计算的呼损 B。呼损的计算离不开服务设备的占用概率分布，只有正确地选择占用概率分布，才能得到准确的计算结果。

在占用概率服从二项分布的情况下，由于 $N\leqslant m$，故按呼叫计算的呼损 $B=0$；对于 $N<m$，按时间计算的呼损 $E=0$；对于 $N=m$，就会出现全部服务设备占满的情况，出现这种状态的概率就是呼损 E，所以有

$$E=P_m=a^m=a^N\quad (N=m)$$

式中，a 是每个服务设备的话务量强度。

在占用概率服从泊松分布的情况下，由于 $N=\infty, m=\infty$，所以 $B=E=0$。在实际的交换系统中，总是有许多用户共用少量服务设备 ($N>m, N\gg m$) 的情况，相应的占用概率分布是恩格赛特分布和爱尔兰分布，下面分别讨论这两种情况下的呼损率及服务设备利用率。

1.　爱尔兰呼损公式

占用概率服从爱尔兰分布的情况下，按时间计算的呼损率 E 为

$$E=P_m=\frac{\dfrac{A^m}{m!}}{\displaystyle\sum_{i=0}^{m}\frac{A^i}{i!}}=E_m(A)\tag{2-46}$$

式中，A 是系统的流入话务量强度，m 为服务设备数量。式(2-46)是著名的爱尔兰呼损公式，常用符号 $E_m(A)$表示。

占用概率服从爱尔兰分布的情况下，按呼叫计算的呼损率 B 为

$$B=\frac{C_L}{C}=\frac{P_m\lambda_m}{\sum_{k=0}^{m}P_k\lambda_k}=\frac{P_m\lambda}{\sum_{k=0}^{m}P_k\lambda}=P_m=\frac{\frac{A^m}{m!}}{\sum_{i=0}^{m}\frac{A^i}{i!}} \tag{2-47}$$

式中，C_L 和 C 分别代表单位时间内损失的平均呼叫数和总平均呼叫数。式(2-47)表明，按呼叫计算的呼损 B 等于按时间计算的呼损 E，因而没必要区分它们，通常就简单地称为呼损，并用 P_B 表示，即

$$P_B=E=B=E_m(A)=\frac{\frac{A^m}{m!}}{\sum_{i=0}^{m}\frac{A^i}{i!}} \tag{2-48}$$

由爱尔兰呼损公式得到的流入话务量强度 A、呼损 E 与服务设备数量 m 之间的关系曲线如图 2-9 所示。可以看出，当 m 一定时，话务量 A 越大，呼损 E 就越大。当呼损 E 一定时，话务量 A 越大，需要的服务设备数量 m 就越大。当 m 大到一定程度时，A 与 m 明显呈线性关系，即 A/m 接近于一个常数。

直接按爱尔兰呼损公式(2-48)计算比较烦琐，在工程上常用查表或近似计算公式。把爱尔兰呼损公式计算值列成表，已知 E、m、A 三个量中的任意两个，通过查表，就可以得到爱尔兰呼损公式给出的第三个量的数值。表 2-2 给出了 E 从 0.001 到 0.2，服务设备数 m 从 1 到 300 时，系统所能承担的话务量的值。当话务量值的范围为 5 e≤A≤50 e 时，利用下面两个近似计算公式可以得到与服务器数量 m 相当接近的精确值。

$$m=5.5+1.17A \quad (E=0.01) \tag{2-49}$$

$$m=7.8+1.28A \quad (E=0.001) \tag{2-50}$$

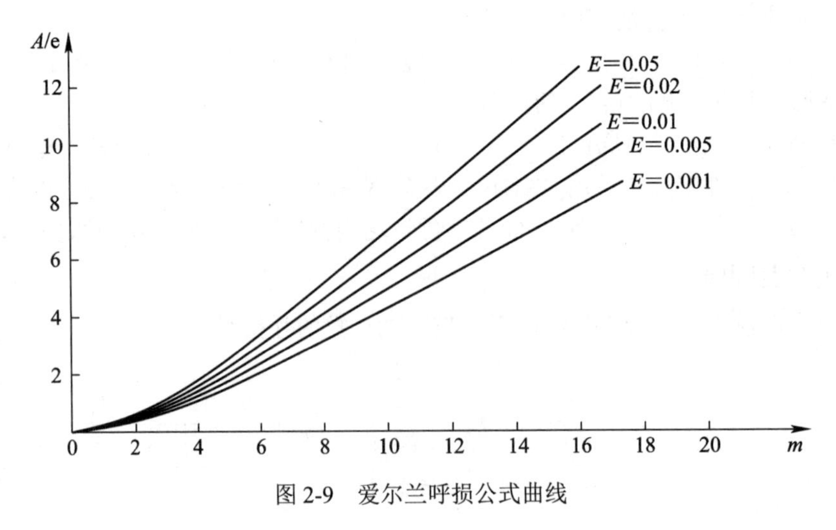

图 2-9 爱尔兰呼损公式曲线

表 2-2　爱尔兰呼损简表

m	E									
	0.001	0.002	0.005	0.01	0.02	0.03	0.05	0.07	0.1	0.2
1	0.001	0.002	0.005	0.01	0.02	0.031	0.053	0.075	0.111	0.2
2	0.048	0.065	0.105	0.153	0.223	0.282	0.381	0.47	0.595	1
3	0.194	0.249	0.349	0.455	0.602	0.751	0.899	1.057	1.271	1.903
4	0.439	0.535	0.701	0.869	1.092	1.259	1.525	1.748	2.045	2.945
5	0.762	0.9	1.132	1.361	1.657	1.875	2.218	2.504	2.681	4.01
6	1.146	1.325	1.622	1.909	2.278	2.543	2.96	3.305	3.758	5.109
7	1.579	1.798	2.157	2.501	2.935	3.25	3.738	4.139	4.668	6.23
8	2.051	2.311	2.73	3.128	3.627	3.987	4.543	4.999	5.597	7.369
9	2.557	2.855	3.333	3.783	4.345	4.748	5.37	5.879	6.546	8.522
10	3.092	3.427	3.961	4.461	5.084	5.529	6.216	6.776	7.511	9.635
11	3.651	4.022	4.61	5.16	5.842	6.328	7.076	7.687	8.487	10.857
13	4.831	5.27	5.964	6.607	7.402	7.967	8.835	9.543	10.47	—
15	6.077	6.582	7.376	8.108	9.01	9.65	10.633	11.434	12.484	—
17	7.378	7.946	8.834	9.652	10.656	11.368	12.461	13.353	14.522	—
19	8.724	9.351	10.331	11.23	12.333	13.115	14.315	15.294	16.579	—
20	9.411	10.068	11.092	12.031	13.182	13.997	15.249	16.271	17.613	—
21	10.108	10.793	11.86	12.838	14.036	14.884	16.189	17.253	18.651	—
24	12.243	13.011	14.204	15.295	16.631	17.577	19.031	20.219	21.784	—
27	14.439	15.285	16.598	17.797	19.265	20.305	21.904	23.213	24.939	—
30	16.684	17.606	19.034	20.337	21.932	23.062	24.802	26.228	28.113	—
35	20.517	21.559	23.169	24.638	26.435	27.711	29.677	30.293	33.434	—
40	24.444	25.599	27.382	29.007	30.997	32.412	34.596	36.396	38.787	—
45	28.447	29.708	31.658	33.432	35.607	37.155	39.55	41.529	44.165	—
50	32.512	33.876	35.982	37.901	40.255	41.933	44.533	46.687	49.562	—
60	40.79	42.35	44.76	46.95	49.64	51.57	54.57	57.06	—	—
70	49.24	50.98	53.66	56.11	59.13	61.29	64.67	67.49	—	—
80	57.81	59.72	62.67	65.36	68.69	71.08	74.82	77.96	—	—
90	66.48	68.56	71.76	74.68	78.31	80.91	85.01	88.46	—	—
100	75.24	77.47	80.91	84.06	87.97	90.79	95.24	98.99	—	—
130	101.91	104.57	108.68	112.47	117.19	120.62	126.07	—	—	—
160	129.01	132.07	136.86	141.17	146.64	150.64	157.05	—	—	—
190	156.43	159.84	156.15	170.07	176.26	180.81	188.13	—	—	—
200	165.62	169.15	174.64	179.74	186.16	190.89	198.51	—	—	—
250	211.92	216	222.36	228.3	235.83	241.41	—	—	—	—
300	258.65	263.63	270.41	277.12	285.71	292.12	—	—	—	—

2. 恩格赛特呼损公式

对于服从恩格赛特分布的全利用度系统，按时间计算的呼损率 E 为

$$E = P_m = \frac{C_N^m \beta^m}{\sum_{i=0}^{m} C_N^i \beta^i} \beta = \frac{A}{N - A_c} = \frac{A}{N - A(1-B)} \tag{2-51}$$

式中，N 为负载源数，m 为服务设备数量，A 为流入话务量强度，A_c 为完成话务量强度。

根据数学期望公式，在单位时间内发生的总呼叫数的数学期望为

$$C = \sum_{i=0}^{m} P_k (N-k)\alpha$$

式中，P_k 是按恩格赛特分布计算的 k 个服务设备被占用的概率，α 是一个空闲话源的呼叫强度。单位时间内呼损的呼叫数的数学期望 C_L 为

$$C_L = P_m \cdot (N-m)\alpha$$

因此，按呼叫计算的呼损率为

$$B = \frac{C_L}{C} = \frac{P_m \cdot (N-m)\alpha}{\sum_{i=0}^{m} P_k (N-k)\alpha} \tag{2-52}$$

经简化后得

$$B = \frac{C_N^m \beta^m}{\sum_{k=0}^{m} C_N^k \beta^k} \beta = \frac{A}{N - A_c} = \frac{A}{N - A(1-B)} \tag{2-53}$$

在恩格赛特分布条件下，无论是按时间计算的呼损还是按呼叫计算的呼损，呼损公式的右侧都含有呼损 B，这使得呼损的计算更加复杂，一般通过查表方式可以方便地得出呼损值。实际应用中如果呼损很小时，可以用 A 代替 A_c，从而使计算得到简化。随着话源数 N 的增大，恩格赛特分布趋向于爱尔兰分布。通常在 N 大于 100 时，可以用爱尔兰分布代替恩格赛特分布进行计算。

3. 服务设备利用率

每个服务设备所承担的平均完成话务量强度表明服务设备的利用率，即

$$\eta = \frac{A_c}{m} = \frac{A(1-B)}{m} \tag{2-54}$$

以爱尔兰分布为例，我们来研究服务设备数量 m、话务量强度 A、呼损率 B 与服务设备利用率 η 之间的关系。当呼损一定时，可以得出 η 与 m 的关系曲线如图 2-10 所示，η 与 A 的关系曲线如图 2-11 所示。应当注意，还有一个量没有在图中给出，但它要受爱尔兰呼损公式的约束。

从图 2-10 中的曲线可以看出，在服务设备数量一定的条件下，呼损越大，服务设备利

用率越高；从图 2-11 中的曲线可以看出，在流入话务量强度一定的条件下，呼损越大，服务设备的利用率也越高。呼损大意味着服务质量低。因此，用提高呼损率从而降低服务质量的办法，可以提高设备的利用率。但在实际交换系统的设计中必须兼顾服务质量与经济效益两个方面。

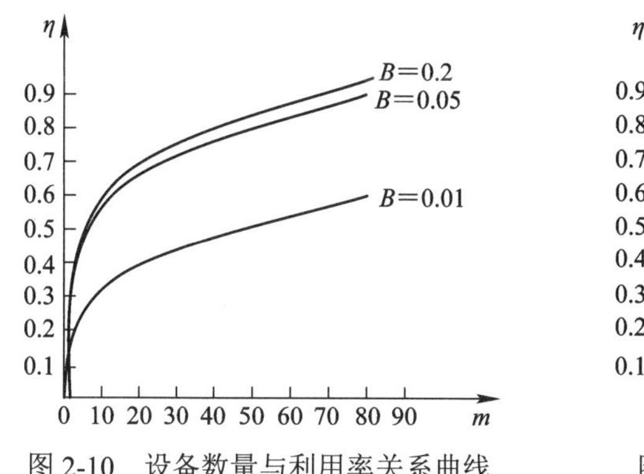

图 2-10　设备数量与利用率关系曲线

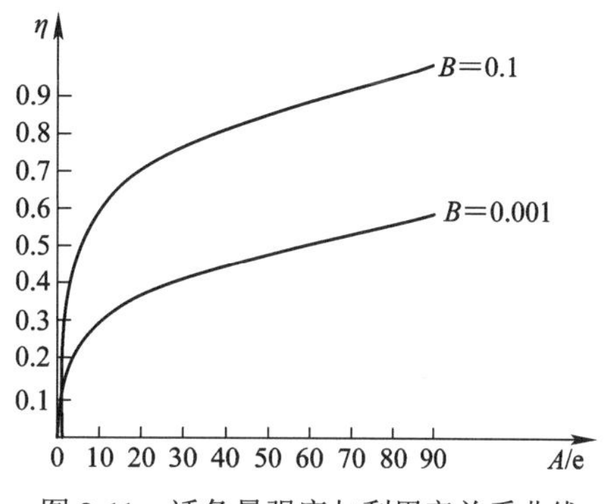

图 2-11　话务量强度与利用率关系曲线

从图 2-10 和图 2-11 的曲线还可以看出，在呼损一定的情况下，服务设备数量越多或者流入话务量强度越大，服务设备的利用率就越高。因此，在交换系统的设计中，要尽可能组成大线群，以提高设备的利用率。但是，对于一定的呼损值，当设备数量或流入话务量强度大到一定程度后，利用率就趋向于“饱和”。高利用率的服务也有不利的一面，即当系统发生过负荷现象时，呼损的增长幅度非常大，会造成交换系统服务质量的严重下降。

2.4　分组交换系统的基本理论

电路交换为主体的通信网络系统中，语音信息通过其交换节点的接续网络时一般采用损失制方式处理，而其信令数据通过分组交换时采用等待制进行处理。也就是说，分组交换一般都采用等待制处理。因此，本节的内容将适用于采用等待制服务方式的电路交换和分组交换系统，所不同的是电路交换系统的服务对象是用户的呼叫，而分组交换系统的服务对象是数据分组。

2.4.1　电路交换系统中的信令分组传输系统

假设呼叫流是泊松流，呼叫强度为 λ；每个呼叫的服务时间服从指数分布，平均服务时间 $S = 1/u$；服务器的数目为 m，各个服务器的服务能力相同；在服务设备全忙的条件下，到达的呼叫将排队等待，等待队列的长度无限；排队服务规则为先来先服务、定义系统的状态为系统内逗留的呼叫数。

现在让我们来求系统状态的概率分布及呼叫等待时间分布。在上述的假设条件下，系统可用如图 2-12 所示的 $M/M/m$ 排队模型来描述。系统状态中用户呼叫数随时间的变化可视为生灭过程，其状态转移关系如图 2-13 所示。

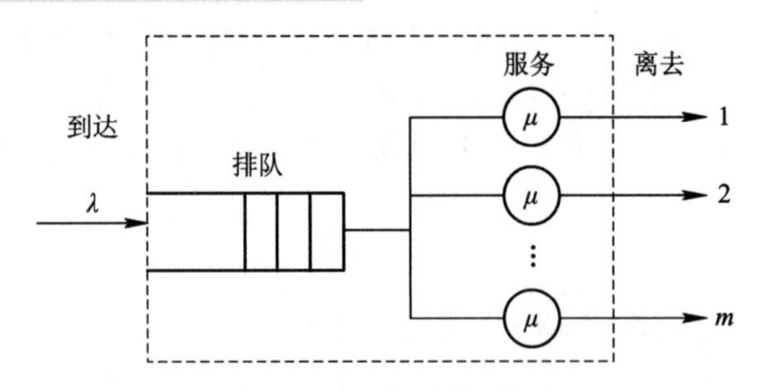

图 2-12 M/M/m 排队模型

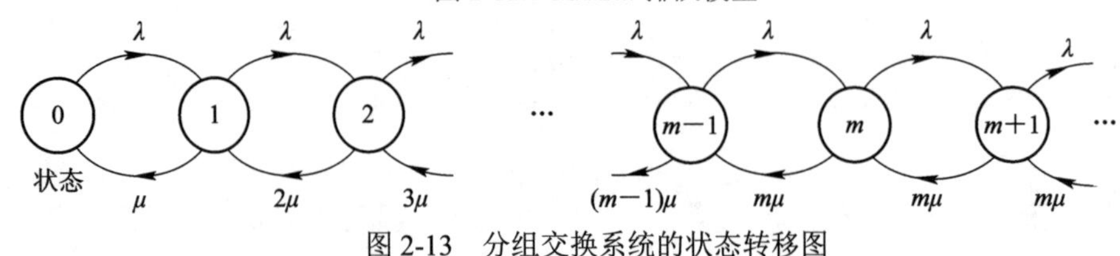

图 2-13 分组交换系统的状态转移图

该生灭过程的参数确定如下：

$$\lambda_k = \lambda \quad (k = 0,1,2,\cdots,m)$$

$$\mu_k = \begin{cases} k\mu & (k = 0,1,2,\cdots,m-1) \\ m\mu & (k = m,m+1,\cdots) \end{cases}$$

将这些参数代入式(2-29)，可得系统的统计平衡状态的概率分布为

$$\begin{cases} P_k = \dfrac{A^k}{k!}P_0 & (k = 0,1,2,\cdots,m-1) \\ P_k = \dfrac{A^m}{m!}\left(\dfrac{A}{m}\right)^{k-m} P_0 & (k = m,m+1,\cdots) \end{cases} \tag{2-55}$$

式中，$A = \lambda S = \lambda/\mu$ 是流入业务量强度。

式(2-55)成立的条件是 $A<m$ 或 $\lambda<m\mu$。由概率归一化条件 $\sum\limits_{k=0}^{K} P_k = 1$ 可得

$$P_0 = \left[\sum_{k=0}^{m-1}\frac{A^k}{k!} + \frac{A^m}{m!}\sum_{k=m}^{\infty}\left(\frac{A}{m}\right)^{k-m}\right]^{-1} = \left[\sum_{k=0}^{m-1}\frac{A^k}{k!} + \frac{A^m}{m!}\left(\frac{A}{m-A}\right)\right]^{-1} \tag{2-56}$$

还可得如下递推公式

$$\begin{cases} P_k = P_{k-1}\cdot\left(\dfrac{A}{k}\right) & (k = 0,1,2,\cdots,m-1) \\ P_{k+1} = P_k\cdot\left(\dfrac{A}{m}\right) & (k = m,m+1,\cdots) \end{cases} \tag{2-57}$$

通过用爱尔兰分布公式(2-44)和爱尔兰呼损公式(2-48)可得

$$E_{k,m}(A) = P_k = \frac{\dfrac{A^k}{k!}}{\sum\limits_{i=0}^{m-1}\dfrac{A^i}{i!}}$$

$$
\begin{cases}
E_{k,m}(A)=P_k=\dfrac{\dfrac{A^k}{k!}}{\displaystyle\sum_{i=0}^{m-1}\dfrac{A^i}{i!}} & (k=0,1,2,\cdots,m-1)\\[2ex]
E_m(A)=P_k=\dfrac{\dfrac{A^m}{m!}}{\displaystyle\sum_{i=0}^{m-1}\dfrac{A^i}{i!}} & (k=m,m+1,\cdots)
\end{cases}
\tag{2-58}
$$

则有系统状态概率分布

$$
\begin{cases}
P_k=\dfrac{\dfrac{A^k}{k!}}{\displaystyle\sum_{i=0}^{m-1}\dfrac{A^k}{k!}+\dfrac{A^m}{m!}\left(\dfrac{A}{m-A}\right)}=\dfrac{E_{k,m}(A)}{1+\left(\dfrac{A}{m-A}\right)E_m(A)} & (k=0,1,2,\cdots,m-1)\\[2ex]
P_k=\dfrac{\dfrac{A^m}{m!}\left(\dfrac{A}{m}\right)^{k-m}}{\displaystyle\sum_{i=0}^{m-1}\dfrac{A^k}{k!}+\dfrac{A^m}{m!}\left(\dfrac{A}{m-A}\right)}=\dfrac{\left(\dfrac{A}{m}\right)^{k-m}E_m(A)}{1+\left(\dfrac{A}{m-A}\right)E_m(A)} & (k=m,m+1,\cdots)
\end{cases}
\tag{2-59}
$$

还可以得到呼叫发生等待的概率 $D_m(A)$为

$$
P(k\geqslant m)=\sum_{k=m}^{\infty}P_k=\frac{A^m}{m!}\left(\frac{m}{m-A}\right)P_0=\frac{E_m(A)}{1+\dfrac{A}{m}[1-E_m(A)]}=D_m(A) \tag{2-60}
$$

对于不允许等待的交换系统，“呼叫发生等待”近似等效于“呼损”，故式(2-60)称为第二爱尔兰公式(爱尔兰 C 公式)。而式(2-48)称为第一爱尔兰公式(爱尔兰 B 公式)。

此外，可以证明，呼叫等待时间 W 大于 t 的概率为

$$
P(W>t)=D_m(A)\cdot \mathrm{e}^{-\mu(m-A)t/S} \tag{2-61}
$$

如果允许的等待时间为 T，则电路交换系统中信令传输的呼损率为

$$
E=P(W>t)=D_m(A)\cdot \mathrm{e}^{-(m-A)T/S} \tag{2-62}
$$

[例 2.7]　设电话呼叫平均占用时长 $S=3$ min，允许的等待时间 $T=3$ s，流入话务量强度 $A=70$ e，服务设备中继线的数目(每条中继线的容量为一个话务)为 90，试求呼损率 E。

解　由表 2-1 可知，$E_m(A)=E_{90}(70)\approx 0.005$，代入式(2-60)得 $D_m(A)=D_{90}(70)\approx 0.022$，再代入式(2-62)即得 $E=0.022\cdot \mathrm{e}^{-1/3}=0.0014$。

[例 2.8]　某电路交换系统使用 2 个信令处理器协同工作。设每次呼叫所需的平均信令处理时间为 10 ms，呼叫强度为 100 次/s，允许等待时间为 100 ms，试求呼损率 E。

解　根据题意，已知 $\lambda=100$/s，$S=0.01$ s，$m=2$，$T=0.1$ s，流入业务量强度 $A=\lambda S=1$，又查表 2-2 可得 $E_m(A)=0.2$，通过式(2-60)的 $D_m(A)=1/3$。把以上数据代入式(2-62)，即得 $E=(1/3)\cdot \mathrm{e}^{-10}\approx 1.5\times 10^{-5}$。

通过这两个例子说明，接续网络采用有限时间的等待制是没有多大意义的，而在信令

处理系统中采用有限时间的等待制可以大大减少呼损率。

2.4.2 数据通信中的分组交换

分组交换系统的服务对象是分组。因此 2.4.1 小节中的各个公式同样适用于分组交换，只要明确参数 λ 是分组的到达率，μ 是每个服务器对分组的服务率，$1/\mu$ 是每个服务器对分组的平均服务时间即可。为了便于分析分组交换系统的性能，将式中的符号作如下变动。

令
$$\rho=\frac{\lambda}{m\mu}=\frac{A}{m} \tag{2-63}$$

这里 ρ 是系统的业务量强度。为了满足系统的稳定性，必须使 $\rho<1$。

用 $A=m\rho$ 代入式(2-55)可得

$$\begin{cases} P_k=\dfrac{(m\rho)^k}{k!}P_0 \quad (k=0,1,2,\cdots,m-1) \\ P_k=\dfrac{\rho^k m^m}{m!}P_0 \quad (k=m,m+1,\cdots) \end{cases} \tag{2-64}$$

这里

$$P_0=\left[\sum_{k=0}^{m-1}\frac{(m\rho)^k}{k!}+\sum_{k=m}^{\infty}\frac{1}{m^{k-m}}\frac{(m\rho)^k}{m!}\right]^{-1}=\left[\sum_{k=0}^{m-1}\frac{(m\rho)^k}{k!}+\sum_{k=m}^{\infty}\frac{(m\rho)^k}{m!}\left(\frac{1}{1-\rho}\right)\right]^{-1} \tag{2-65}$$

系统内排队等待的分组数 Q 的数学期望(平均排队对长)为

$$E(Q)=\sum_{k=1}^{\infty}(k-m)P_k=\frac{\rho}{1-\rho}P_k(k>m)=\frac{\rho}{(1-\rho)^2}\frac{(m\rho)^m}{m!}P_0 \tag{2-66}$$

现在考虑服务器数目 $m=1$ 的情况。在这种情况下，描述系统特性的排队模式变成 $M/M/1$。将 $m=1$ 代入(2-55)式，便得到系统的状态概率为

$$P_k=\rho^k P_0 \quad (k=1,2,\cdots) \tag{2-67}$$

式中，$\rho=\lambda/\mu$ 是系统的业务量强度。另外，由(2-65)式可得 $P_0=1-\rho$，因此有

$$P_k=\rho^k(1-\rho) \quad (k=1,2,\cdots) \tag{2-68}$$

必须强调指出，这里所谓的系统状态，指的是系统内逗留的分组数 X，包括排队等待的和正在接受服务的那些分组。因此，系统内逗留的平均分组数(又叫平均系统队长)为

$$\bar{N}=E(X)=\sum_{k=0}^{\infty}kP_k=1-\rho\sum_{k=0}^{\infty}k\rho^k=\frac{\rho}{1-\rho} \quad (\rho<1) \tag{2-69}$$

应用式(2-3)，分组在系统内逗留的平均时间(又叫作平均系统时延)为

$$T=\frac{\bar{N}}{\lambda}=\frac{\rho}{\mu(1-\rho)} \quad (\rho<1) \tag{2-70}$$

利用式(2-66)，我们还可以求得平均排队和平均排队等待时间为

$$\bar{Q}=E(Q)=\sum_{k=1}^{\infty}(k-1)P_k=\frac{\rho^2}{1-\rho} \quad (\rho<1) \tag{2-71}$$

$$W=\frac{\bar{Q}}{\lambda}=\frac{\rho}{\mu(1-\rho)}\quad(\rho<1)\tag{2-72}$$

比较式(2-69)与式(2-71)，可以看出

$$\bar{N}=\bar{Q}+\rho\tag{2-73}$$

[例 2.9]　设在分组交换设备中的每一输出都有一个缓冲器，分组到达缓冲器的平均速率是 10^5 分组/s，分组的平均长度是 1000 bit，缓冲器输出链路的传输速率是 150 Mb/s，试求该输出端口内逗留的平均分组数。

解　根据题意，$\lambda=100k$ 分组/s，$\mu=150k$ 分组/s，可算得流入业务量强度 $\rho=\lambda/\mu=2/3$。将此值代入公式(2-69)便得到该输出端口内逗留的平均分组数 $\bar{N}=\rho/(1-\rho)=2$ 。

图 2-14 所示为系统内逗留的平均分组数 $\bar{N}$ 和 ρ 的一般关系。由图可见，当 ρ 接近 1 时，$\bar{N}$ 将趋向于无限大。为了使分组排队时延处于合理范围，一般要控制流入业务量强度，使 ρ 小于 0.8。

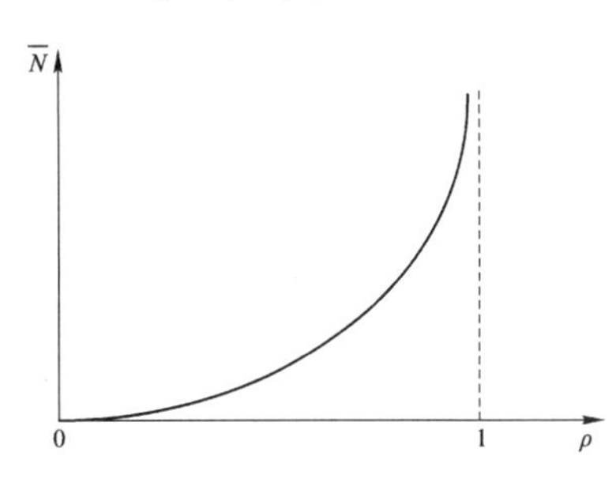

图 2-14　$M/M/1$ 排队系统 $\bar{N}\sim\rho$

从式(2-70)和式(2-72)可以看出，在业务量强度 ρ 一定的条件下，平均系统时延和平均排队等待时间均与服务速率 μ 成反比。对于分组交换系统来说，如果端口端输出速率从 2 Mb/s 提高到 2 Gb/s，那么交换时延将减少 3 个数量级。也就是说，交换时延将由原来的毫秒量级变为微毫秒量级。所以，高速分组交换的交换时延一般远小于路径传播时延，除非网络发生了拥塞。

下面讨论等待时间受限的 $M/M/1$ 系统，即 $M/M/1/K$ 排队系统。对于分组交换来说，相当于研究缓冲器容量(K)有限的情况。针对这种情况的系统状态 k 的概率为

$$P_k=\rho^k P_0\quad(k=1,2,\cdots)\tag{2-74}$$

根据概率归一化条件 $\sum_{k=0}^{K}P_k=1$，可得 $P_0=\dfrac{1-\rho}{1-\rho^{K+1}}$，最后得到

$$P_k=\frac{1-\rho}{1-\rho^{K+1}}\rho^k\quad(k=1,2,\cdots)\tag{2-75}$$

在缓冲器容量有限的情况下，虽然分组交换时延有确定的上界值，但会引起分组的丢失。分组丢失概率等于

$$P_k=\frac{1-\rho}{1-\rho^{K+1}}\rho^k\quad(k=1,2,\cdots)\tag{2-76}$$

本 章 小 结

本章根据交换系统性能分析的需要，首先复习与交换理论相关的概率论与随机的基本知识，介绍排队论的基础知识以及若干重要的概率分布，着重讨论生灭过程及其在交换系

统中的应用。然后给出业务量强度的定义与性质；分析电路交换和分组交换系统的服务质量与输入的业务量强度、系统的服务能力之间的关系。

习 题 2

2-1 试求泊松分布的均值和方差。

2-2 假设通话时长服从指数分布，通话时长大于 3 min 的概率为 0.3，试求平均通话时长为几分钟？

2-3 假设通话时长服从指数分布，平均通话时长为 3 min。求通话时长大于 3 min 的概率是多少？若呼叫已经通话 2 min，试求呼叫还要继续通话不少于 3 min 的概率。

2-4 某电话局的呼叫发生强度为每分钟 1 个呼叫，如果交换机出现了 30 s 的故障，求在故障时间内一个呼叫也没有发生的概率是多少？

2-5 甲地和乙地间有两条通信线路，呼叫的发生强度为每分钟 0.3 个呼叫，呼叫结束强度为每分钟 1/3 个呼叫，呼叫遇线路忙时不等待。求系统的占用概率分布。

2-6 设呼叫发生强度为每分钟 60 个呼叫，平均占用时长为 2 min。计算流入话务量强度；计算 3 h 的话务量。

2-7 在 50 条线路组成的中继线群上，平均每小时发生 1200 次占用，平均占用时长为 1/30 h。求该线群上的完成话务量强度；求每条中继线的利用率。

2-8 对于明显损失制系统，定义的服务质量指标有哪些？

2-9 有一组服务设备，平均每小时占用 300 次，每次平均占用 1/30 h，试求：这组设备的完成话务量强度；平均占用时长内发生的平均占用次数；一个小时内各服务设备占用时间总和；平均同时占用的服务设备数。

2-10 分别给出贝努里分布、恩格赛特分布、爱尔兰分布和泊松分布的假设条件及占用概率分布计算公式。

2-11 有一服务设备数为 10 的系统，要求呼损 1%，若每个话源的话务量为 0.1 e，试计算该系统能容纳的话源数。

2-12 假定 A 系统的流入话务量强度为 12 e，B 系统的流入话务量强度为 38 e，若要求呼损指标为 1%，试计算和比较两个系统服务设备的利用率。

2-13 有一中继线群，其容量为 13 条线，流入这个线群的话务量为 6 e，由于某种原因，有两条线不能投入使用，试计算对服务质量的影响。

2-14 要提高服务设备的利用率有哪些途径和方法？会带来什么样的负面影响？

2-15 试根据生灭过程理论推导 $M/M/1$ 排队系统在满足统计平衡条件下的状态概率分布，并讨论业务量强度 $\rho \geqslant 1$ 时系统的工作情况。

2-16 假定在分组交换设备的某一输出端口设有一个数据缓冲器，分组到达该缓冲器的平均速率是 10^6 分组/s，分组长度服从指数分布，分组平均长度是 2000 bit，缓冲器输出链路的传输速率是 2.5 Gb/s，试计算：

(1) 缓冲器容量无限情况下的平均交换时延。

(2) 缓冲器容量 $K = 50$ 个分组时的最大交换延时、平均交换时延及分组丢失率。

第3章 信令系统

3.1 信令概述

信令对任何通信系统都不可缺少。它如同计算机的中央处理器需要一套完整的指令系统才能够保证其有效可靠地运行一样。为了保证通信网有序、高效、可靠地完成网络中各部分之间信息传输和交换，实现各通信终端之间、交换系统之间以及交换系统与通信终端之间的通信，必须传送各种专用的附加性质的控制信号来指导终端、交换系统及传输系统协同运行，在指定的终端之间建立临时的通信信道，协调各部分动作，完成各种功能，维护网络本身正常运行，通信系统中的这类控制指令称为“信令”(signaling)。这些控制命令的集合就构成了通信网的信令系统，在通信网络的各个节点之间传送信令信息的通信网络则称之为信令网，它是通信网的重要组成部分，是通信网的神经中枢系统。信令如同人们交流信息所使用的语言，该语言必须是双方都能理解的，才能顺利地进行交谈，因此信令系统在通信网中起着举足轻重的作用。

本章将介绍信令的基本概念、分类、方式以及一种国际性的、标准化的通用公共信道信令系统——CCS7 信令。

3.1.1 信令的基本概念

为了对信令有一个基本的认识，首先看一个由两个用户通过两个端局进行电话接续的基本信令流程示例，如图 3-1 所示。

图 3-1 所示的两个电话用户进行一次完整的通话过程大概分为以下几个步骤：

(1) 主叫摘机，发端交换机 A 检测到主叫用户的摘机信号。

(2) 发端交换机 A 向主叫用户送出拨号音。

(3) 主叫用户听到拨号音后，开始拨号，将被叫号码送到发端交换机 A。

(4) 发端交换机 A 根据被叫号码选择到终端交换机 B 的局间路由及 A、B 之间的空闲中继线，并向终端交换机 B 发占用命令，然后将选择命令，即把终端交换机 B 相关的被叫号码送给 B。

(5) 终端交换机 B 根据被叫用户的号码连接被叫用户，若被叫话机是空闲的，则向被叫用户送振铃信号，同时向主叫用户送回铃音。

(6) 被叫用户摘机应答，将应答信令送给终端交换机 B，并由终端交换机 B 转发给发端交换机 A，这时发端交换机开始计费。

(7) 双方开始通话，线路上传递用户讲话的话音信号，这信号不属于控制接续信号。

(8) 话终时，若被叫用户先挂机，由被叫用户向终端交换机 B 送挂机信号(也称后向拆线信令)，并由终端交换机 B 将此信令转发给发端交换机 A；若是主叫用户先挂机，A 向 B 发正向拆线信令，B 拆线后，向 A 回送拆线证实信令，A 也拆线，一切复原。

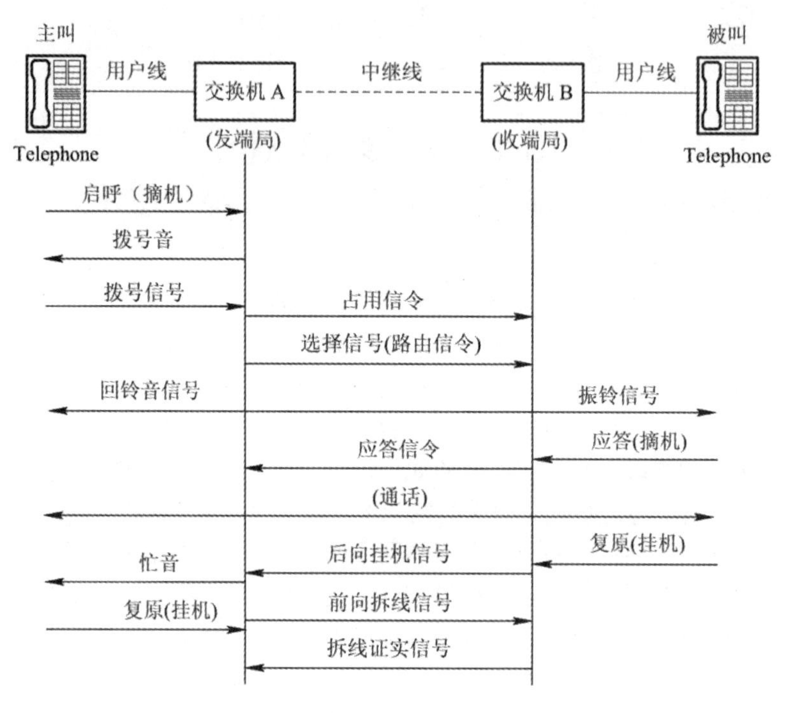

图 3-1 电话接续基本信令流程

上述电话接续过程中，除用户的通话信息外的其他各种信息称为信令。通过这一系列信令使通信网中各种设备能够进行相互协作和交流，说明各自的运行状况，并完成对相关设备的接续，实现各设备之间的相互协调动作。当然，这只是电话网中一次电话接续的最基本信令，当电话经过多个交换机的转发时，实际信令的流程比图 3-1 中的情况复杂。因此，我们可以这样理解，信令是通信终端、交换系统完成各部分之间的协调动作，实现有序、高效、可靠通信的控制、状态信号(命令)。信令系统必须定义一组信令或一个信令集合，该集合应包括指导通信设备接续话路和维持其自身及整个网络正常运行所需的所有命令。通信系统中，信令系统的设计会涉及信令的定义、编码和传输。信令的定义即明确实际应用所需的信令条目，并给出准确的含义和功能；信令的编码是依据传输系统的信道特性所确定每一条信令的信号形式；信令的传输则规定信令的传输过程及信令网的组织等。需要注意的是，信令集合中所含的信令条目数及各信令的含义与其应用的场合有关。而信令传输通常有明确的时序规定，这意味包含的一个前提是信令设备具有状态记忆能力。

信令必须遵循一定的协议，基本内容包括语法、语义和同步三个部分：

(1) 语法：规定在收发双方之间相互交换信息的表现形式。

(2) 语义：说明需要发出何种控制信息，完成何种动作及作出何种应答。

(3) 同步：事件完成顺序的详细说明。

3.1.2 信令的分类

根据以上所述，电话网中所需的信令是多种多样的，分析图3-1中的基本信令流程，可以看到不同的区域使用的不同的信令，各信令所起的作用也不同。为了认识各类信令，将电话网中的信令从图3-2所示的几个方面进行分类。

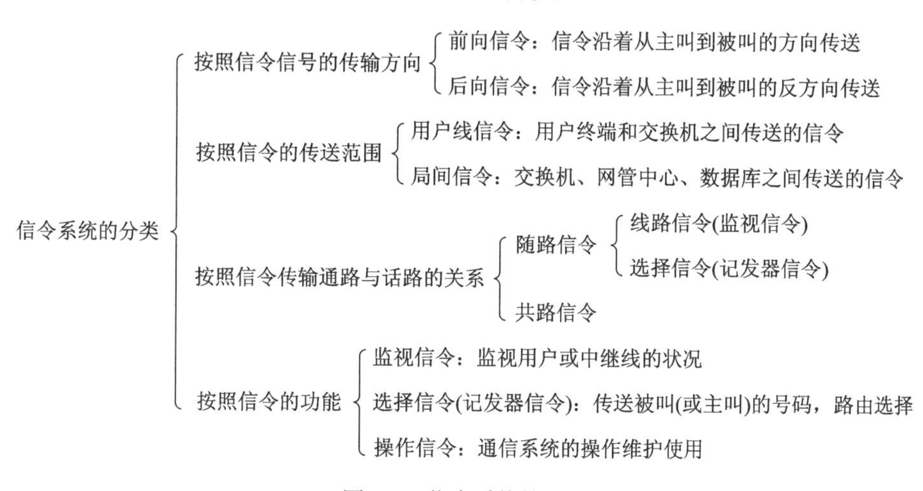

图3-2 信令系统的分类

1. 用户线信令、局间信令及交换机内部的信令

按工作区域信令可以分为用户线信令、局间信令和交换机内部的信令。

1) 用户线信令

用户线信令是通信终端和网络节点之间的信令，也被称为用户网络接口(UNI)信令，这里，网络节点既可以是交换系统，也可以是各种网管中心、服务中心、数据库等。因为终端数量通常远大于网络节点的数量，出于经济上的考虑，用户线信令一般设计得较简单，信令数量较少。

用户线信令主要有模拟用户线信令和数字用户线信令两种。模拟用户线上传送模拟用户线信令，数字用户线上传送数字用户线信令。

2) 局间信令

局间信令是网络节点之间的信令，在局间中继线上传送，用以控制呼叫接续和拆线等，也被称为网络与网络接口(NNI)信令。局间信令通常远比用户线信令复杂，因为它除应满足呼叫处理和通信接续的需要外，还应该包括保证网络有效运行的信令和其他一些附加信令，比如能够提供网络中心、服务中心、计费中心、数据库等之间的与呼叫无关信令的传递。由于用户线信令和局间信令是在两个不同的区域中传递的，所要求的功能有所不同，而且用户线和中继线的成本和利用率也不同，因此，局间信令与用户线信令相比，数量、种类及传送方式都有所不同。

随着电信网络随着技术的发展，通信系统从模拟加数字的混合方式转化为全数字化，信令不断变化，原CCITT在不同阶段建议的局间信令系统如表3-1所示。目前，国内主要使用原CCITT建议的R2以及No.7信令。R2信令系统是程控交换机系统基础上的信令系统，共定义了54条信令，主要用于欧洲、拉美、中国以及其他一些发展中国家，它既可以作为同一国际区号范围内的局间信令，也可以作为国内局间信令。其中，中国一号信令(简称No.1)采用CCITT建议的R2信令系统的一个子集，采用全/半自动控制方式、模/数双向(监测信令可以采用模拟信号或数字信号，记发器信令为模拟信号并采用端对端传输)的带内信令系统或每个信道传输的随路信令系统。中国七号信令(No.7 信令)采用全/半自动控制方式、全数字双向的共路传输信令系统。

表3-1 原CCITT在不同阶段建议的局间信令系统

信令系统	控制方式	传输模式	信道方式	信令能力	使用范围
No.1	人工	模拟单向	带内	监视/记发	国际
No.2	半自动	模拟单向		记发	国际(未使用)
No.3	全/半自动	模拟单向	带内	监视/记发	国内(欧洲)
No.4	全/半自动	模拟单向	带内	监视/记发	国内(欧洲)
No.5	全/半自动	模拟双向	带内	监视/记发	国际/国内
R1	全/半自动	模/数单向①	带内或每信道	监视/记发	国际/国内
R2	全/半自动	模/数双向①	带内或每信道	监视/记发	国际/国内
No.6	全/半自动	数字双向	公共信道	监视/记发	国际/国内
No.7	全/半自动	数字双向	公共信道	监视/记发	国际/国内

注：① 监视信令可以是模拟或数字信号，记发器信令为模拟信号。

3) 交换机内部的信令

完成每一个用户的电话接续任务，除需要上述用户线信令和局间信令外，还需要一类在交换机内部各功能单元电路之间传送和交换的信令(又称信息)，这类信令不属于电话网中信令系统类型，完全取决于交换机内部的工作状态。比如，双方用户的话音信息、直接完成控制话音交换功能所需要的控制信息是保证整个交换机正常运转必不可少的，也是监测、诊断、维护管理及测试等所需要的辅助信息。

2. 前向信令和后向信令

按信号传送的方向可以分为前向信令和后向信令。

1) 前向信令

前向信令又称正向信号。它是沿着建立接续的前进方向传递的信号，也就是说，从主叫用户所在局指向被叫用户所在局所传输的一切信号，均成为前向信号。

2) 后向信令

后向信令又称反向信号。它是逆着建立接续的前进方向所传输的信号，或者说，从被叫用户所在局指向主叫用户所在局所传送的一切信号，统称后向信号。结合图3-1可以看出，占用信令、选择路由信令等均由发端局指向终端局，所以属于前向信令。而应答信令、拆线证实信令等是由终端局指向发端局，因此成为后向信令。

3. 信号的功能分类

按信号的功能可将局间信令分为监视信令、选择信令(记发器信令)和操作信令(对用户线信令也可按功能分，但只包含监视信令、选择信令)三类。

1) 监视信令

监视信令又称线路信令。它是用来监视或改变线路上的呼叫状态或条件的，反映呼叫发展的情况，以控制接续的进行。由于中继线和用户线的占用和释放等是随机发生的，因此在整个呼叫接续期间都要对随路信令进行处理。例如，检测到主叫摘机占线或被叫摘机应答信号，需将该呼叫所占用的线路设备从空闲状态改为占线状态。

2) 选择信令

选择信令(记发器信令)又称路由信令或记发器信令，该信令是由主叫用户发出的数字信号(电话号码)，即被叫用户的地址信息。选择信令又可分为直流脉冲信号和双音多频(DTMF)信号。这类信息供交换机选择接往被叫的路由。这种地址信息的全部或一部分，有时是在交换机之间传送。由于记发器信令仅在通话前传送，可利用话音通道来传送记发器信令。

选择信号与呼叫接续建立过程有关，它直接影响用户拨号后等待时间的长短，这段时间就是从主叫用户拨号完毕到收到回铃音之间的时间间隔。用户往往依据这段等待时间来评价电话交换系统的效率。如果等待时间太长，用户就会怀疑电话交换系统可能发生了故障，从而中途放弃呼叫或重复呼叫。因此，在考虑信号系统时，除了要求在交换机之间的选择信号能有效、可靠地传送、执行并正确交换外，还要求信令的传送方式和传递速度能使这段等待时间减至最小。

3) 操作信令

操作信令又称管理信令，它被用于电话网的管理和维护等，以保证有效地使用电话网络，接续也能顺利、可靠地进行。操作信令包括：

网络拥塞信息。它被用来促使重复呼叫，启动拆线，把拥塞情况通知主叫用户等。在市话网或长途电话网中，还可以用来修正迂回路由。

设备或电路已不能再被使用的信息，称为不可用信息。这种信令是由于故障或由于维护引起的中断所产生的。

呼叫计费信息。

远距离的维护信令、无人值守交换机所发生的故障告警信息等。

4. 随路信令和共路信令

按信号传递的途径分为随路信令和共路信令。

1) 随路信令

随路信令系统如图 3-3(a)所示。由图可知，两端网络节点交换机 A 和 B 的信令设备没有直接相连的信令通道，信令是通过话路来传送的。当有呼叫到来时，先在选好的空闲话路中传信令，接续建立后，再在该话路中传话音。因此，随路信令是指用传送话路的通路来传送与该话路有关的各种信令，或传送信令的通路与话路之间有固定的一一对应关系。它适合在模拟通信系统中使用。这里，有固定的一一对应关系的随路信令指中国1号的数字型线路信令。

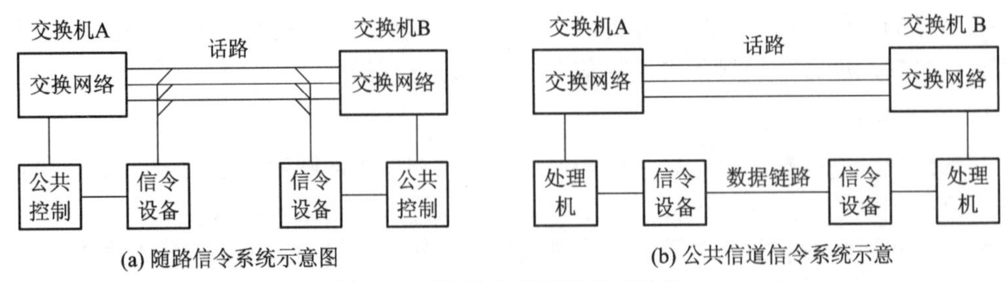

图3-3 两种信令系统的组成结构

2) 公共信道信令

图3-3(b)是公共信道信令系统示意图。与图3-3(a)相比可以看出，两网络节点交换机A和B的信令设备之间有一条直接相连的信令通道，信令的传送是与话路分开的。当有呼叫到来时，先在专门的信令链路中传信令，接续建立后，再在选好的空闲话路中传话音。因此，公共信道信令，也称共路信令，它是以时分复用的方式在一条高速数据链路上传送一群话路的信令。

共路信令的优点是，信令传送速度快，具有提供大量信令的潜力，具有改变或增加信令的灵活性，便于开放新业务，在通话时可随意处理信令，成本低等。因此，共路信令得到越来越广泛的应用。

3.1.3 信令的传送方式

信令传输通常有明确的时序规定。基于以下两个原因，其一，这种规定可以提高传输的可靠性，由于在呼叫的每一阶段，所应传输的信令的范围都是明确的，因此，任何其他信号均可看作非法信号。例如，在交换机发出拨号音后，话机发出的只可能是号码或挂机信号，任何传输过程或控制系统的错误，除非和号码或挂机信号巧合相同，否则都会被接收系统检测出来，而这种巧合的概率非常小，基本可以忽略不计。其二，规定明确的传输时序可增加信令能力。例如，通过监视话机当前的状态，交换机可以判断话机的摘机信号是“请求”还是“应答”。这样可以用同一信号形式表示多条信令。当然，有序信令传输要求信令设备具有状态记忆能力。信令在多段路由上的传送方式有端到端、逐段转发和混合三种。

1. 端到端方式

端到端传送方式是指在发端局和收端局之间先建立起信令路由然后再进行透明传输，它对电路传输质量要求比较高。

如图3-4所示，以电话通信为例说明端到端的方式，被叫号码PQRSABCD，PQRS是局号，发端局的收码器收到用户发来的被叫号码后，发端发码器将发送PQRS到转接局1，发端局和转结局1建立连接，转接局1选路到转接局2，发端局和转结局2建立连接，转结局2依据路由选择到收端局，发端局和终端局连接，发端局发送所PQRSABCD(或ABCD)

到终局以建立话路的连接。整个信令传送过程采用的是端到端的方式。

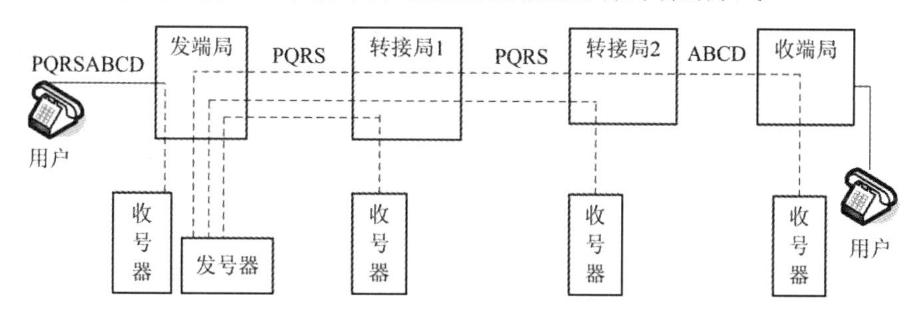

图3-4 端到端方式

端到端方式的特点是：速度快，拨号后等待时间短；信令在多段路由上的类型必须相同。

2. 逐段转发方式

逐段转发方式是“逐段识别，校正后转发”的简称，它对线路要求低，信令在多段路由上可有多种类型，记发器使用效率相对比较低。

仍以电话通信为例，如图3-5所示，信令逐段进行接收和转发，全部被叫号码(ABCXXXXXX)由每一转接局全部接收，并逐段转发出去。逐段转发方式的特点是：对线路要求低；信令在多段路由上的类型可以有多种；信令传送速度慢，接续时间长。

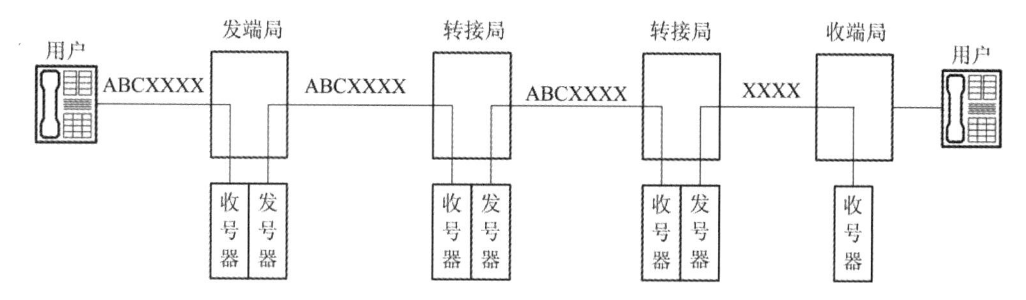

图3-5 逐段转发方式

3. 混合方式

混合方式是前面两种方式的组合，当电路传输质量比较高时采用端到端方式，当电路传输质量比较低时采用逐段转发方式。

如中国1号记发器信令可根据线路质量，在劣质电路中使用逐段转发方式，在优质电路中使用端到端方式，No.7信令通常使用逐段转发方式但也可提供端到端信令。

3.1.4 控制方式

控制方式指控制信令发送过程的方法。它包括非互控方式、半互控方式和全互控方式三种方式。

1. 非互控方式(脉冲方式)

如图3-6所示，非互控方式即发端不断地将需要发送的连续或脉冲信令发向收端，而不管收端是否收到。这种方式设备简单，但可靠性差。

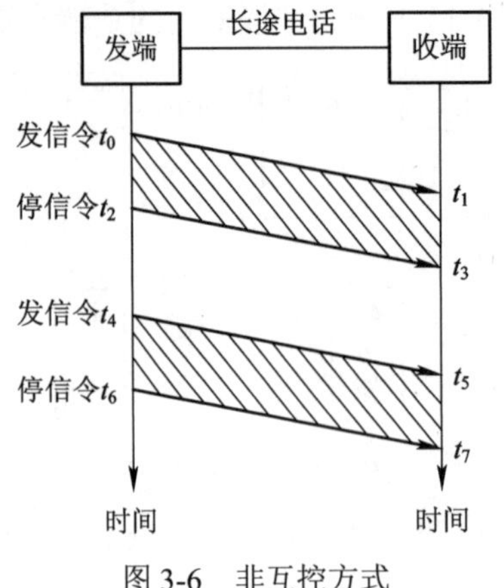

图 3-6　非互控方式

2. 半互控方式

如图 3-7 所示，发端向收端每发一个或一组脉冲信令后，必将等待对端回送的接收正常的证实信令后，才能接着发下一个信令。由发端发向收端的信令叫前向信令，由收端发向发端的信令叫后向信令。半互控方式是前向信令受后向信令控制的。

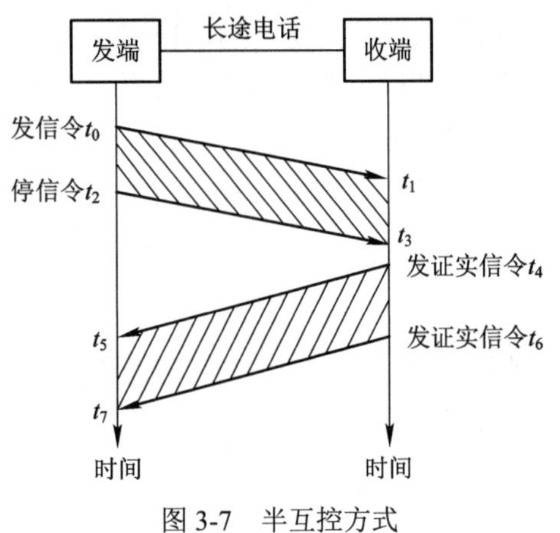

图 3-7　半互控方式

3. 全互控方式

该方式发端连续发送一个前向信令，且不能自动中断，直到收到收端发来的后向证实信令，才停止该前向信令的发送，收端后向证实信令的发送也是连续且不能自动中断的，直到发端停发前向信令，才能停发该证实信令。这种不间断的连续互控方式抗干扰能力强，可靠性好，但设备复杂，发码速度慢，主要用于过去传输质量差的模拟电路上。目前在公共信道方式中已不再使用。

中国 1 号记发器信令使用全互控方式，以保证可靠性，但影响了他的速度；No.7 信令使用非互控方式，速度很快，且同时采取了一些措施来保证可靠性。

3.2　中国 No.1 信令

中国一号信令(简称 No.1)是一种随路信令，属于 CCITT(现为 ITU)标准中国际 R2 信令系统的一个子集，是一种双向信令系统，可通过 2 线或 4 线传输。目前，No.1 信令在我国长途网和市话中的局间中继线上使用。按信令功能，它包括实现监视功能的线路信令和实现选择功能的记发器信令；按信令传输方向，分为前向信令和后向信令；按照信号方式有直流线路信令、带内单频线路信令和数字线路信令；由于电信网的传输系统还存在数/模兼容，所以线路信令又分为模拟型线路信令和数字型线路信令两种。

3.2.1　线路信令

线路信令主要用于监视中继的占用、空闲、闭塞的状态。线路信令根据其结构形式可分为模拟型线路信令和数字型线路信令(DL)，模拟型又分为直流线路信令(DC)和带内单频线路信令(SF)。线路信令在多段路由上的传送方式采用逐段转发方式，控制方式为非互控，即脉冲方式。

1. 模拟型线路信令

模拟型(DC + SF)又分为直流线路信令(DC)和带内单频线路信令(SF)。

1) 直流线路信令

直流线路信令采用两线以及两线上的四种直流电位变化的组合来表示各种接续状态。取其中 19 种(DC1～DC19)为直流线路信令，主要用于纵横制与步进制交换机间的配合，也有部分用于与程控交换机的配合。

2) 带内单频线路信令(SF)

当使用载波电路作为局间传输媒介时，就采用带内(话音的频率带宽 3400 Hz 的范围内)单频线路信令，它采用的单频为 2600 Hz(顺便指出，与中国一号信令不同的是 R2 采用的是 3825 Hz 的带外单频)，基本脉冲为长脉冲 600 ms，短脉冲 150 ms，发送两个信令之间的最小标称间隔为 300 ms。由基本脉冲的不同组合来表示各种接续状态。

这些接续状态按照前向和后向共包括 10 种信令信号。其中，前向信令有占用、拆线(主叫挂机)、重复拆线以及供话务员使用的前向的再振铃或强拆信令。

(1) 占用，请求被叫端接收后续信令，被叫端由空闲转向工作状态。

(2) 拆线(主叫挂机)，释放该呼叫占用的资源。

(3) 重复拆线：主叫方向被叫方发出的拆线信令经历 3～5 s 没有收到证实信息时发送该信息。

后向信令信号有：应答、挂机(被叫挂机)、拆线证实(释放监护)、闭塞、供话务员使用的回振铃信令。

(1) 应答：被叫端向主叫端逐段传送的被叫用户已摘机的信息。

(2) 挂机(被叫挂机)：被叫用户挂机后被叫端向主叫端局逐段传送的挂机信息。

(3) 拆线证实(释放监护)：被叫端通信终止，链路释放信息。

(4) 闭塞：通知主叫方端该线路处于占线状态，后续主叫不能使用该线路或设备。

2. 数字型线路信令(DL)

如果当局间中继使用 PCM 传输线时，则采用数字型线路信令。如图 3-8 所示，在 No.1 数字传输线路上，一个复帧由 16 个子帧组成，记为 F0～F15，每一个子帧有 32 个时隙，记为 TS0～TS31；每一时隙包含 8 位二进制码字，即 8 bit；32 个时隙中，TS0 用于收发端同步，称为帧同步时隙，也称为“帧定位码组”；TS1～TS15、TS17～TS31 是话音时隙，TS16 用来传送复帧同步及数字型线路信令，称为信令时隙。具体说，除 F0 帧外，其余 F1～F15 中 TS16 用来传输语音话路的线路信令，由于一路话音信号的线路信令只需用 4 bit 来表示，分别以 a、b、c、d 表示，那么一个 TS16 时隙就可以传送两路，F1～F15 帧的 TS16 时隙所传送的具体内容分配如图 3-8 所示。

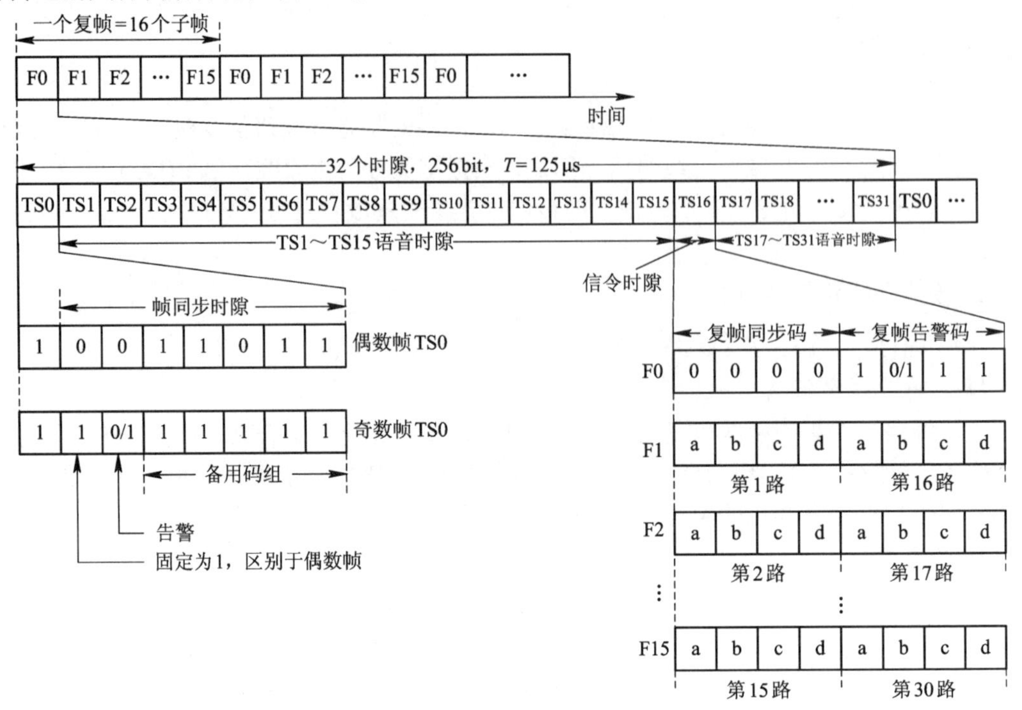

图 3-8　PCM 帧结构

F0 帧 TS16 时隙称为标志信号时隙，标识的为复帧定位码组。其中，第 1～4 位是复帧定位码组本身，编码为“0000”；第 6 位为复帧对告码，用于复帧失步告警指示。失步为“1”，同步为“0”。其余 3 bit 为备用比特，如不用则为“1”，要说明的是标志信号码 a、b、c、d 不能为全“0”，否则就会和复帧定位码组混淆。

图 3-8 中给出了 F0 偶数帧和奇数帧的 TS0 具体内容。

偶数帧的第 2～8 位为帧定位码组，规定内容为 00110111；奇数帧的第 4～8 位是备用码组，用于国内通信，当数字链路跨越国际边界或这些比特不被利用时，则将其固定为“1”；第 3 位是帧告警码，用于指示远端失步告警。非告警状态为“0”；告警状态为“1”。

奇、偶数帧的第一位留作国际通信的备用比特。如果国际通信不用，则当数字链路跨越国际边界时固定为“1”。若数字链路不跨越国际边界，则此比特可用作国内业务，如可以用于循环冗余校验。

奇数帧的第 2 位用来区别偶数帧或奇数帧。因偶数帧的第二位为“0”，则奇数帧第二位固定为“1”，以示区别。

数字型线路信令分为前向信令和后向信令。前向信令采用 a_f、b_f 二位码字来表示，后向信令采用 a_b、b_b 二位码字来表示，各信令的含义如下。

a_f 码表示发话交换局状态的前向信令：

$a_f = 0$，表示主叫摘机(占用)状态；

$a_f = 1$，表示主叫挂机(拆线)状态。

b_f码表示故障状态的前向信令：

$b_f = 0$，表示正常状态；

$b_f = 1$，表示故障状态。

a_b码表示被叫用户挂机状态的后向信令

$a_b = 0$，表示被叫摘机状态；

$a_b = 1$，表示被叫挂机(后向拆线)状态。

b_b码表示受话局状态的后向信令

$b_b = 0$，表示示闲状态；

$b_b = 1$，表示占线或闭塞状态；

$c_f = 0$，为话务员再振铃或强拆；

$c_f = 1$，为话务员未进行再振铃或强拆；

$c_b = 1$，话务员未进行回振铃或呼叫未到达被叫。

具体的数字型线路信令的编码如表 3-2 所示。

表 3-2　数字型线路信令的编码

<table>
<tr><td colspan="3" rowspan="3">接续状态</td><td colspan="4">编　码</td></tr>
<tr><td colspan="2">前　向</td><td colspan="2">后　向</td></tr>
<tr><td>a_f</td><td>b_f</td><td>a_b</td><td>b_b</td></tr>
<tr><td colspan="3">示　闲</td><td>1</td><td>0</td><td>1</td><td>0</td></tr>
<tr><td colspan="3">占　用</td><td>0</td><td>0</td><td>1</td><td>0</td></tr>
<tr><td colspan="3">占用确认</td><td>0</td><td>0</td><td>1</td><td>1</td></tr>
<tr><td colspan="3">被叫应答</td><td>0</td><td>0</td><td>0</td><td>1</td></tr>
<tr><td rowspan="16">复原</td><td rowspan="6">主叫控制</td><td>被叫先挂机</td><td>0</td><td>0</td><td>1</td><td>1</td></tr>
<tr><td rowspan="2">主叫后挂机</td><td rowspan="2">1</td><td rowspan="2">0</td><td>1</td><td>1</td></tr>
<tr><td>1</td><td>0</td></tr>
<tr><td rowspan="3">主叫先挂机</td><td rowspan="3">1</td><td rowspan="3">0</td><td>0</td><td>1</td></tr>
<tr><td>1</td><td>1</td></tr>
<tr><td>1</td><td>0</td></tr>
<tr><td rowspan="5">互不控制</td><td rowspan="2">被叫先挂机</td><td>0</td><td>0</td><td>1</td><td>1</td></tr>
<tr><td>1</td><td>0</td><td>1</td><td>0</td></tr>
<tr><td rowspan="3">主叫先挂机</td><td rowspan="3">1</td><td rowspan="3">0</td><td>0</td><td>1</td></tr>
<tr><td>1</td><td>1</td></tr>
<tr><td>1</td><td>0</td></tr>
<tr><td rowspan="5">被叫控制</td><td rowspan="2">被叫先挂机</td><td>0</td><td>0</td><td>1</td><td>1</td></tr>
<tr><td>1</td><td>0</td><td>1</td><td>0</td></tr>
<tr><td>主叫先挂机</td><td>1</td><td>0</td><td>0</td><td>1</td></tr>
<tr><td rowspan="2">被叫后挂机</td><td rowspan="2">1</td><td rowspan="2">0</td><td>1</td><td>1</td></tr>
<tr><td>1</td><td>0</td></tr>
</table>

需要指出的，对比数字线路信令，模拟线路信令中没有“占用确认”，“拆线证实(释放监护)”时需要通过适当的传输时序来表示，即借助时间范围信息(250 ± 50 ms)做出判断。

3.2.2 记发器信令

No.1 记发器信令(register signal)又称多频互控方式信令，简称 MFC，其传送方式为端到端方式，但在劣质电路上也可采用逐段转发方式，控制方式为全互控。这里，“多频”是指记发器信号由多种频率的信号组合而成；“互控”是指信号传送过程中必须和对端发回来的证实信号配合工作。

多频互控信令分为前向信令和后向信令，前向信令又分为前向Ⅰ组和前向Ⅱ组，后向信令又分为后向 A 组和后向 B 组。前向Ⅰ组和后向 A 组为互控，前向Ⅱ组和后向 B 组为互控。

每一个信号的发送和接收都是一个互控过程。

每一个互控过程分为四个节拍。

第一拍：主叫端记发器发送前向信号。

第二拍：被叫端记发器接收和识别主叫端前向信号后，被叫端发后向信号。

第三拍：主叫端记发器接收和识别后向信号后，停发前向信号。

第四拍：被叫端记发器识别前向信号停发以后停发后向信号。

除互控方式外，其传输方式还有非互控方式(脉冲方式)、半互控方式(前向信令受后向信令控制)两种方式。

非互控方式是指通信双方信息的发送和接收互不控制，即发端不断地发送信令到收端，而不管收端是否收到。

半互控方式是指发端向收端每发一个或一组脉冲信令后，必须等接收到收端回送的接收良好的证实信令，才接着发下一信令。半互控方式就是前向信令受后向信令控制。

MFC 前向信令采用六中取二(频率范围为 1380～1980 Hz，频差为 120 Hz)，共有 15 种信令，如表 3-3 所示。

表 3-3 前向信令的频率组合

频率/Hz	数码														
	1	2	3	4	5	6	7	8	9	10	11	12	13	14	15
f_0(1380)	0	0		0			0				0				
f_1(1500)	0		0		0			0				0			
f_2(1620)		0	0			0			0				0		
f_4(1740)				0	0	0				0				0	
f_7(1860)							0	0	0						0
f_{11}(1980)											0	0	0	0	0

后向信令采用四中取二(频率范围为 780～1140 Hz，频差为 120 Hz)，共有 6 种信令，

如表 3-4 所示。

表 3-4 后向信令的频率组合

频率/Hz	数 码					
	1	2	3	4	5	6
f_0(1140)	0	0		0		
f_1(1020)	0		0		0	
f_2(900)		0	0			0
f_4(780)				0	0	0

记发器信号为带内信号(频率在话音频带内)，因此既可通过模拟信道直接传输，也可经 PCM 编码后，由数字信道传输。正因为记发器信号是在话音信道内传输的，所以一号信令是一种随路信令。

记发器信号主要完成主、被叫号码的发送和请求，主叫用户类别、被叫用户状态及呼叫业务类别的传送。它们的定义如表 3-5 所示。

表 3-5 记发器信号的基本含义

前 向 信 号			
组别	名 称	基 本 含 义	容量
I	KA	主叫用户类别	15
	KC	长途接续类别	5
	KE	长市(市内)接续类别	5
	数字信号(数字 0～9)	表示主、被叫用户号码	10
II	KD	发端呼叫业务类别	6
后 向 信 号			
组别	名 称	基 本 含 义	容量
A	A 信号	收码状态和接续状态的回控证实	6
B	B 信号	被叫用户状态	6

1. 前向 I 组信号

前向 I 组信号由接续控制信号和数字信号组成。

1) KA 信号

KA 信号是发端市话局向发端长途局或发端国际局前向发送的主叫用户类别信号，KA 信号提供本次接续的计费种类(定期、立即、免费)和用户等级(普通、优先)。这两种信号的相关组合用一位 KA 编码表示，因此，KA 信号为组合类别信号。KA 信号中有关用户等级和通信业务类别信息由发端长途局译成相应的 KC 信号。含义如表 3-6 所示。

表 3-6 KA 信号含义

KA 信号编码	信 号 含 义	KA 信号编码	信 号 含 义
1	普通，定期	9	备用
2	普通，用户表，立即	10	优先、免费
3	普通，打印机，立即	11	备用
4	备用	12	备用
5	普通免费	13	测试呼叫
6	备用	14	备用
7	备用	15	—
8	优先定期		

2) KC 信号

KC 信号是长话局间前向发送的接续控制信号，具有保证优先用户通话，控制卫星电路段数等功能，含义如表 3-7 所示。

表 3-7 KC 信号含义

KC 信号编码	信 号 含 义
11	备用
12	指定电路呼叫
13	测试呼叫
14	优先呼叫
15	控制卫星电路段数，表示已选用了一段卫星电路

3) KE 信号

KE 信号是终端长话局向终端市话局以及市话局间前向传送的接续控制信号，信号含义如表 3-8 所示。

表 3-8 KE 信号含义

KE 信号编码	信 号 含 义
11	语音邮箱通知用户留言
12	“T”测试呼叫
13	备用
14	备用
15	语音邮箱取消通知用户留言

4) 数字信号

数字信号“0～9”表示主、被叫用户号码。此外，数字信号“15”表示主叫用户号码已发完。

2. 后向 A 组信号

后向 A 组信号是前向 I 组信号的互控信号，起控制和证实前向 I 组信号的作用，含义如表 3-9 所示。

表 3-9 A 组信号含义

A 组信号编码	信号含义
1	A1：发下一位号码
2	A2：由第一位发起
3	A3：转至 B 组信号
4	A4：机键拥塞
5	A5：空号
6	A6：发 KA 和主叫用户号码

3. 前向Ⅱ组信号(KD)

KD 信号是发端业务类别，含义如表 3-10 所示。

表 3-10 KD 信号含义

KD 信号编码	信号含义
1	长途话务员半自动呼叫
2	长途自动呼叫(电话通信或用户传真，用户数据通信)
3	市内电话
4	市内用户传真或用户数据通信、优先用户
5	半自动核对主叫号码
6	测试呼叫

4. 后向 B 组信号(KB)

KB 信号是表示被叫用户状态的信号，起证实 KD 信号和控制接续的作用，含义如表 3-11 所示。

表 3-11 KB 信号含义

KB 信号编码	信号含义	
	长途接续或测试接续时 (当 KD = 1、2 或 6 时)	市话接续时 (当 KD = 3 或 4 时)
1	被叫用户空闲	被叫用户空闲，互不控制复原
2	被叫用户“市忙”	备用
3	被叫用户“长忙”	备用
4	机键拥塞	被叫用户忙或机键拥塞
5	被叫用户空号	被叫用户空号
6	备用被叫用户空闲，主叫控制复原	

为了进一步了解 MFC 信令，以一个长途电话全自动接续过程为例，说明记发器信令的过程，设主叫号码为 234567，被叫号码为 025865432。图 3-9 为通过两次转接的信令流程。

发端市话局收到用户电话号码后分析发现，该号码属于长途自动呼叫，这时交换机占用发端到长途网交换机的一条中继线，市话交换机的发码器向长途发端交换机发送 MFC

信号；发端长话交换机收到号码“025”的每一位，发送后向信号 A1，请求发送下一位号码，当收到区号后时，发送后向信号 A6，请求后向交换机发送主叫类别信号 KA 和主叫号码；发端市话局收到 A6 信号后，依次发送主叫类别信号 KA 和主叫号码“234567”的每一位，主叫号码发送完毕，发端市话局发出前向信号“15”表示主叫用户号码终了，继续发送被叫的电话号码，相应地，长途发端交换机发送后向信号 A1 直至主叫号码完毕，这时发端市话交换机和长途发端交换机之间处于暂时无信号的发送状态。

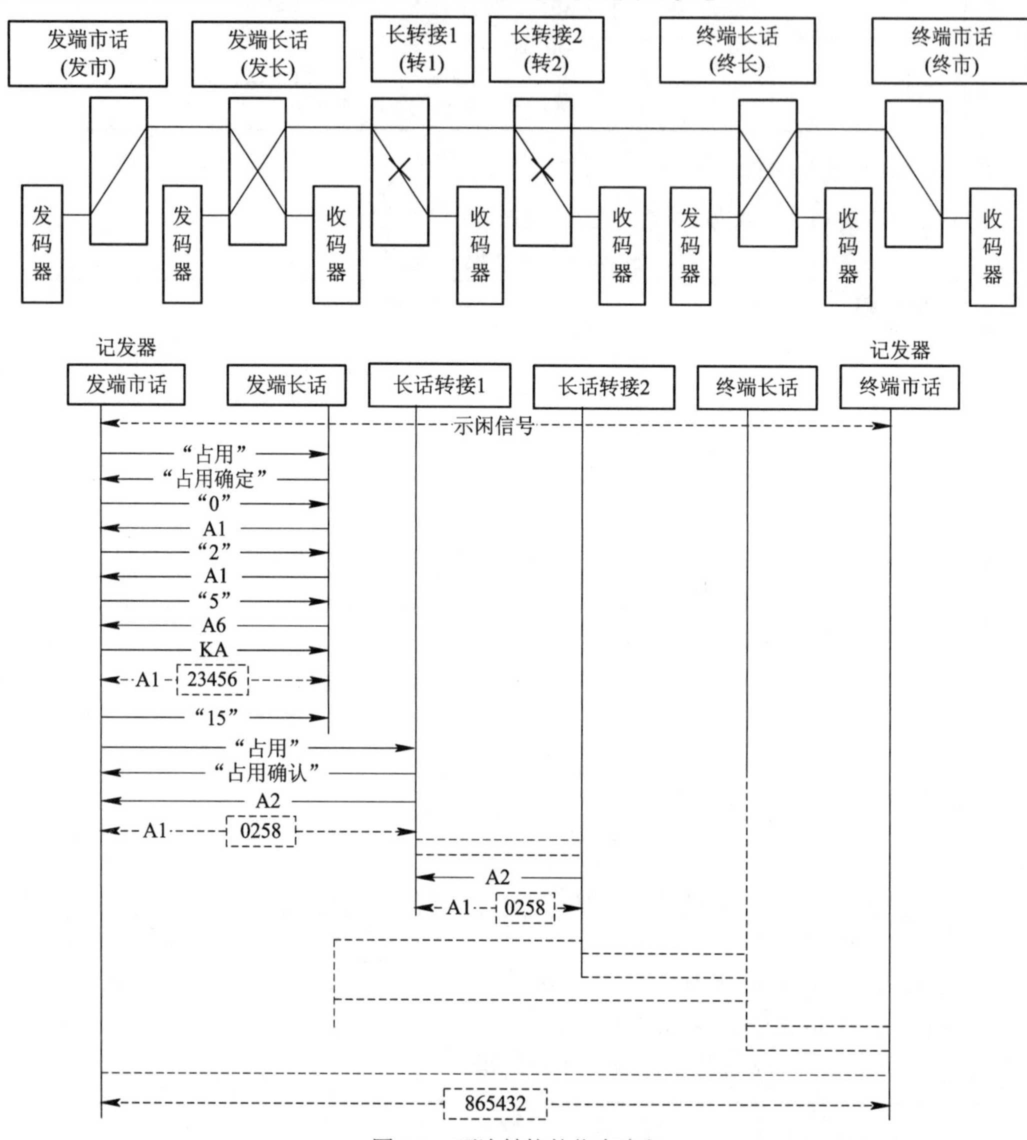

图 3-9 两次转接的信令流程

长途网的发端交换机收到号码进行分析后发现无直达路由，需要经过长途转接局 1 进行转发，占用了一条到转接局 1 的一条中继线，这时，长途发端交换机向转接局 1 发送“0258”的每一位，同样地，长途转接局 1 发送后向信号 A1，分析后需要转接，占用转接局 2 的中继线，转接局 1 发后向信号 A2 请求长发端局重新从“0”开始发送号码，这时，转接局 1 的记发器工作完毕，实现输入输出中继线的连接。这相当于长途发端局和转接局 2 直接连接，由长发端和转接局2直接联系，这时，转发局2接收长发局发送的信号，并和长终局实现中继连接，长终局和市终局实现中继连接，这时市发局和市终局实现连接；市终局发送后向信号请求市发局发送市话号码“65432”的每一位，完毕，发送A3信号请求转到B组；终端长话局收到A3，向发端长话局发送脉冲形式的A3P信号，发端长话局向发端市话局发送脉冲形式的A3P信号；发端市话局收到A3后，向发端长话局发送业务类别信号KD，发端长话局向终端长话局发送KD，终端长话局向市端局发送KD；终端市话局收到KD信号后，回送状态信号KB，终长话局向发长话局转发KB，发长话局向市发局转发KB。这时，途经的所有交换机的记发器依次释放，均退出当次的工作。

3.3 CCS7号信令

ITU-T/CCITT针对共路信令或公共信道信令制定了No.6和No.7两个标准，No.6主要用于模拟电话网，信令传输速率为2.4 kb/s。1972年提出了改进No.6的数字形式建议，信令传输速率为4.8 kb/s和56 kb/s，但无法改变其适用于模拟电话网的固有缺陷，不能满足综合业务数字网(ISDN)的发展需要。1976年开始研究No.7建议，1980年发布黄皮书，提出了电话网和电路交换数据网应用的No.7建议；1984年发布的红皮书增加了ISDN和开放智能网(IN)业务；1988年发布的蓝皮书完成了消息传递部分(MTP)、电话用户部分(TUP)和信令网的监测三个部分，并在ISDN用户部分(ISUP)、信令连接控制部分(SCCP)和事务处理能力(TC)三个重要领域取得重大进展，基本满足ISDN基本业务和部分补充业务的需要；1993年发布的白皮书对ISUP、SCCP和TC做了细致的研究。

我国于1984年制定No.7信令技术规范，1993年和1998年分别发布了《No.7信令网技术体制》。

CCS7号信令(common channel signaling system No.7，CCS7)简称No.7信令是ITU-T (International Telecommunication Union-Telecommunication Standardization Sector)制定的全球电信业的标准。这个标准指定了在PSTN中各个网络点通过数字信令网交换信息的过程及协议。使用这些协议，使有线及无线呼叫的建立、路由及控制更为有效。ITU制订的CCS7考虑到了各国使用的不同规范，如在北美使用的American National Standards Institute(ANSI)和Bell Communications Research(Telcordia Technologies)标准，还有在欧洲使用的European Telecommunications Standards Institute(ETSI)标准。

CCS7号信令协议及信令网的设计目的如下：

(1) 基本呼叫的建立、管理及拆除。

(2) 无线业务(如个人通信服务PCS)，无线漫游，移动用户身份鉴定。

(3) 本地可移植号码(local number portability，LNP)。

(4) 免费业务(800/888)及长途有线业务(900)。

(5) 增强呼叫功能，例如，呼叫转移、主叫号码显示及三方通话等。

(6) 使全球化通信更为有效及安全。

CCS7 信令方式作为国际化、标准化的通用公共信道信令系统，具有信道利用率高，信令传送速度快，信令容量大的特点。它不但可以传送传统的中继线路接续信令，还可以传送各种与电路无关的管理、维护、信息查询等消息，而且任何消息都可以在业务通信过程中传送，可支持 ISDN、移动通信、智能网等业务的需要，其信令网与通信网分离，便于运行维护和管理，可方便地扩充新的信令规范，适应未来信息技术和各种业务发展的需要。它是通信网向综合化、智能化发展的不可缺少的基础支撑。

CCS7 信令消息实际上就是通信网上各节点(比如交换机)控制处理器之间通信的数据分组，在线路(信令链路)上以分组交换的原理传送信令，因此 CCS7 信令网本质上为数据通信网，是一种特殊的分组交换网。

3.3.1 CCS7 信令系统概述

1. CCS7 信令系统的基本特点

CCS7 信令方式除具有公共信道方式的共有特点外，在技术上还具有如下特点：

(1) 最适合采用 64 kb/s 的数字信道，也适合于模拟信道和工作在较低速率下，适合由数字程控交换机和数字传输设备所组成的综合数字网。

(2) 多功能的模块化系统。可灵活地使用其整个系统功能的一部分或几部分，组成需要的信令网络。

(3) 具有高可靠性。能提供可靠的方法保证信令按正确的顺序传递而又不至丢失和重复。

(4) 具有完善的信令网管理功能。

(5) 采用不定长消息信令单元的形式，以分组传送和明确标记的寻址方式传送信令消息，能满足现在和将来传送呼叫控制、遥控、维护管理信令及处理机之间事务处理信息的要求。

2. CCS7 信令系统的基本功能

CCS7 信令系统能满足多种通信业务的要求：

(1) 传送电话网的局间信令。

(2) 传送电路交换数据网的局间信令。

(3) 传送综合业务数字网的局间信令。

(4) 在各种运行、管理和维护中心传递有关的信息。

(5) 在业务交换点和业务控制点之间传送各种控制信息，支持各种类型的智能业务。

(6) 传送移动通信网中与用户移动有关的各种控制信息。

另外，七号信令系统还是蜂窝移动通讯网、PCN(personal communication network)、ATM 网以及其他数据通信网的基础，用于国际网和国内网。

3. CCS7 信令系统的构成

1) 信令系统的组成

CCS7 信令系统是由消息传递部分(message transfer part，MTP)和多个不同的用户部分(user part，UP)组成的。图 3-10 所示为 CCS7 信令的协议栈与 OSI 7 层参考模型的对应关系。

CCS7 信令的消息传送部分(MTP)的主要功能是作为一个消息的传递系统，为用户部分提供信令信息的可靠传递，不负责消息内容的检查和解释。它分成信令数据链路(MTP-1)、信令链路功能(MTP-2)、信令网功能(MTP-3)三级。

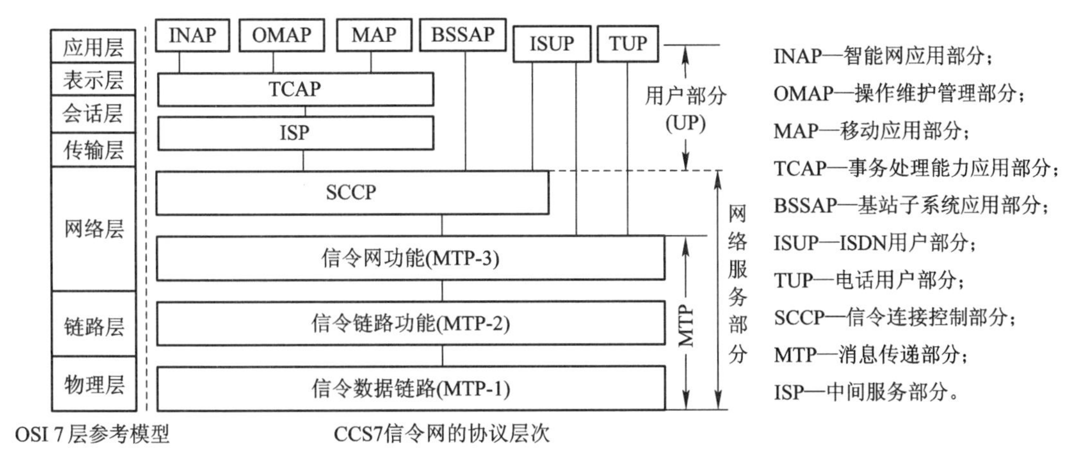

图 3-10　CCS7 信令的协议栈与 OSI 7 层参考模型的对应关系

用户部分是使用消息传递能力的功能实体，是为各种不同电信业务应用设计的功能模块，负责信令消息的生成、语法检查、语义分析和信令过程控制。它们体现了 CCS7 信令系统对不同应用的适应性和可扩充性。如 1984 年新引入的 SCCP 和 TC，即为适应性和扩充性的体现。这里“用户”一词指的是任何 UP 都是公共的 MTP 的用户，都要用到 MTP 传递功能的支持。用户部分(UP)主要包括电话用户部分(TUP)、数据用户部分(DUP)、ISDN 用户部分(ISUP)、信令连接控制部分(SCCP)和事务处理能力部分(TCAP)。

MAP 是公用陆地移动网在网内以及与其他网络之间进行互连而特有的一个重要的功能单元。OMAP 功能单元称为应用业务单元(ASE)，OMAP 及 ASE 是为将来的使用而设计的。当前 OMAP 业务只用来校验路由数据库及测试链路故障。

2) *CCS7 信令的协议栈与 OSI 7 层参考模型的对应关系*

7 号信令协议的软硬件可分成多个抽象的功能块层。这些层的定义和 ISO 定义 OSI 7 层参考模型的对应并不紧密。ITU 在扩充 7 号信令系统的过程中，充分考虑了与 OSI 参考模型的一致性，图 3-10 示出了 CCS7 较完整的功能结构与 OSI 7 层体系结构的对应关系。

CCS7 信令协议遵循严格的等级关系，下一级为上一级服务，上一级不管其下级是怎样进行信息传递的，也就是所谓的透明传输，即通信双方的对等功能级一一对应，完成这一级级别的信息传输和交换。

3.3.2　CCS7 信令网

信令网是逻辑上独立于通信网，专门用于传送信令的网络，只有共路信令系统才有信令网的概念。

1. 信令网构成

我国 7 号信令网分为高级信令转接点 HSTP(high signaling transfer point)、低级信令转接点 LSTP(low/local signalling transfer point)、信令点 SP(signalling point)三级架构，如图 3-11(a)所示。HSTP 设置在 DC1 所在地，与 DC1 级交换中心对应，完成大区或省会的信令转接，负责转接其第二级 LSTP 和第三级 SP 的信令消息，第一级信令网采用平行的 A、B

平面网，A、B 平面网内采用负荷分担方式工作的网状网相连，A、B 平面网间采用成对的 HSTP 相连，第一级信令网是最高级的信令点。第二级 LSTP 设置在 DC2 交换中心所在地，完成省内信令转接，为保证信令网的可靠性，LSTP 与 HSTP 采用汇接方式连接，每一 LSTP 至少连接两个 HSTP 信令链路(signaling links，SL)组并以负荷分担方式负责转接所汇接的第三级 SP 的消息。SP 点是信令的源和目的地，负责信令信息的收发，物理上可以依附于交换机，从逻辑功能上而言，它是独立的。每个 SP 点至少连接两个 STP(HSTP、LSTP)。如果连接到 HSTP，应分别固定连接在 A、B 平面网间成对的 HSTP 上，SP 与 HSTP 信令链路组同样采用负荷分担方式进行信息传输，如图 3-11(b)所示。本地网中，每个信令链路组至少具有两条信令链路。局间电路群足够大时，可设直达信令链路。

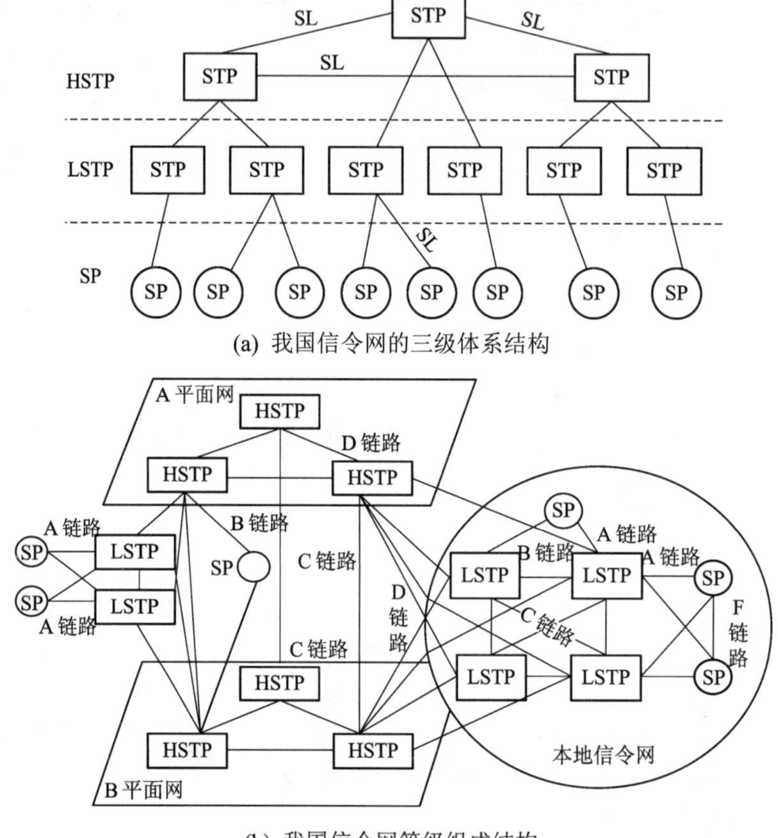

图 3-11 信令网的构成

STP 设备一般分为用独立式(stand alone)和综合式(integrated)两类设备，独立式是指具有信令协议集完整的功能设备，综合型则是指与汇接或长话交换节点设备在一起的综合型信令转接设备，除了独立设备的功能外，还具有用户部分功能。HSTP 采用独立型信令转接设备，特大城市或省会的 LSTP 宜采用独立式设备，本地信令网可采用独立式设备，也可采用和交换机结合在一起的综合式，视工程量而定。

从图 3-11 可知，信令网由信令点(SP)、信令转接点(STP)和互连的信令链路(SL)组成。信令点、信令转接点和互连则是信令网的组成三要素，在物理上和通信网是融为一体的，它是一种支撑网。

2. 信令点

信令点(SP)是信令消息的起源点和目的点，通常信令点就是通信网中的交换或处理节点，例如交换机、操作维护中心、网络数据库等，常用符号“○”表示。在特殊情况下，一个物理节点可以定义为逻辑上分离的两个信令点。比如国际出入口局，既要做国内信令网的一个信令点，又要做国际信令网中的一个信令点，常称为网关点。

在 7 号信令网中，每个信令点都以一个唯一的数字信令点编码来标识。其标识应由信号点编码计划中规定的编码来识别。每个信令消息都使用了这个点编码以表示这个消息传送的源点及目的地点。信令点都使用一个路由表来为每个消息选择适合的路由。

信令点编码有两种：14 位和 24 位。源信令点编码记为 OPC，目的信令点编码记为 DPC。

信令点编码是为了识别信令网中各信令点(含信令转接点)，供信令消息在信令网中选择路由使用。由于信令网与话路网在逻辑上是相对独立的网络，因此信令网的编码与电话网中的电话号码没有直接联系。信令点编码要依据信令网的结构及应用的要求，实行统一编码，同时要考虑信令点编码的唯一性、稳定性、灵活性，且要有充分的容量。

1) 国际信令网信令点编码

国际信令网信令点编码为 14 位。编码容量为 2^{14} = 16 384 个信令点。采用大区识别、区域网识别、信令点识别的三级编码结构，如图 3-12 所示。

NML	KJIHGFED	CBA
大区识别	区域网识别	信号点识别
信令区域编码(SANC)		
国际信令点编码(ISPC)		

NML— 3 位，识别世界编号大区；
K～D— 8 位，识别世界编号大区的地理区域或区网络；
CBA— 3 位，识别地理区域或区域网中的信令点。

图 3-12　国际信令网的信令点编码结构

大区识别(NML)和区域网识别(K 至 D)两部分合起来称为信令区域编码(signaling region coding，SANC)。

由于信令点识别(CBA)为 3 位，因此，在该编码结构中，一个国家分配的国际信令点编码只有 8 个，如果一个国家使用的国际信令点超过 8 个，可申请备用的国际信令点编码。该备用编码在 Q.708 建议的附件中有规定。

2) 我国国内信令网的编码

我国于 1990 年制定的 No.7 技术规范中规定，全国 No.7 信令网的信令点采用统一的 24 位编码方案。依据我国的实际情况，将编码在结构上分为三级，即三个信令区，如图 3-13 所示。

主信令区编码	分信令区编码	信令点编码
主信令区识别	分信令区识别	信号点识别

图 3-13　国内信令网的信令点编码结构

这种编码结构以我国省、直辖市为单位(个别大城市也列入其内)划分成若干主信令区(对应 HSTP)，每个主信令区再划分成若干分信令区(对应 LSTP)，每个分信令区含有若干个信令点。每个信令点(信令转接点)的编码由三部分组成：第一个 8 bit 用来识别主信令区；

第二个 8 bit 用来识别分信令区；最后一个 8 bit 用来识别各分信令区的信令点。在必要时，一个分信令区编码和信令点的编码可相互调剂使用。

全国信令网分为 33 个主信令区，HSTP 国际局、C1 局、C2 局连接至 HSTP 上的各种特服中心(HSCP)均单独分配一个分信区编码。每个 HSCP、国际局、C1 局和 C2 局、HSTP 还分别分配一个信令点编码。

在一个分信令区内 LSTP、C3 局、C4 局、C5 局汇接局与 LSTP 相连的特服中心(LSCP)，国际边境局均单独分配一个信令点编码。

需要特别指出的是，国际接口局应分配两个信令点编码，其中一个是国际网分配的国际信令点编码，另一个则是国内信令点编码。

3. 信令转接点

信令转接点(STP)具有转接信令的功能，它可以将一条信令链路的信令消息转发至另一条信令链路，常用符号“□”表示。STP 用信令点编码来标识。

STP 分为独立的 STP 和综合的 STP。

STP 在三级信令网中分为低级信令转接点(LSTP)和高级信令转接点(HSTP)。

SS7 的消息是通过网络点之间的 56/64 kb/s 的双向通道传送的，这些通道就叫信令链路(signaling links)。信令的传输使用的是专门的信令通道(带外信令 out-of-band)而非话音通道(带内信令 in-band)。和带内信令相比，带外信令提供以下特性。

(1) 建立呼叫更快(带内信令使用的是多频信号音)。

(2) 提高话音电路的使用效率。

(3) 支持智能网业务的与电路无关的网络信令，例如数据库的查询等。

(4) 对于不稳定的网络有更好的控制。

4. 信令链路

信令链路(SL)作为传输信令消息的链路，把连接各个信令点、信令转接点，相同属性的信令链路组成一组链路集。链路集为直接互连两个信令点的一束平行的信令链路，到同一局向的所有链路可属一个链路集，也可属多个链路集；但两个相邻的信令点之间的信令链路只能属于一个链路集。

对于相邻两信令点之间的所有链路，需对其统一编号，称为信令链路编码(signaling link code，SLC)，它们之间编号应各不相同，而且两局应一一对应。对于到不同局向的信令链路可有相同的链路编码。

1) 信令链路的连接方式

信令链路有直联工作、准直联工作和非直联工作三种方式。

直联工作方式是指信令消息在信令的源点和目的点之间一条直达的信令链路上传输，并且该信令链路是专门为该信令的源点和目的点的电路群服务的一种传输方式，如图 3-14 所示。

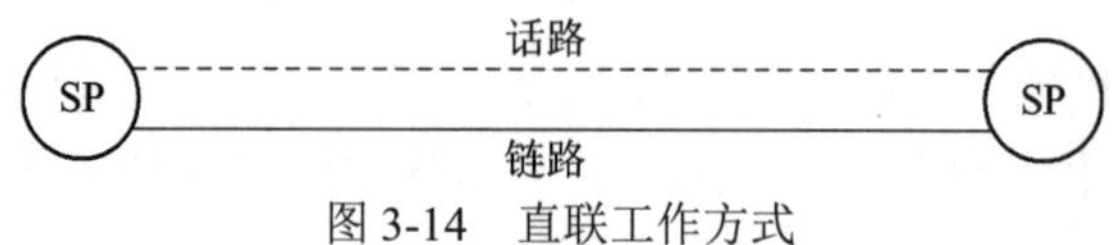

图 3-14　直联工作方式

准直联工作方式是指信令消息在信令的源点和目的点之间一条两段或两段以上串接的信令链路上传输，也就是说，信令路径和信令关系非对应，并且只允许通过预定的路由和信令转接点的一种传输方式，如图 3-15 所示。

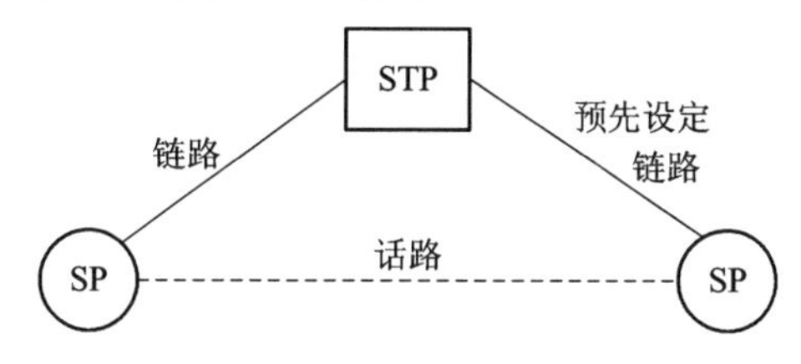

图 3-15　准直联工作方式

非直联工作方式的链路连接有多条路径，每一条路径的连接和准直联方式一样，路由则会动态分配，因而增加了路由选择和管理复杂性。该方式目前在 CCS7 信令建议中未采用。

2) 信令链路的类型

图 3-16 所示表示各类信令链路。

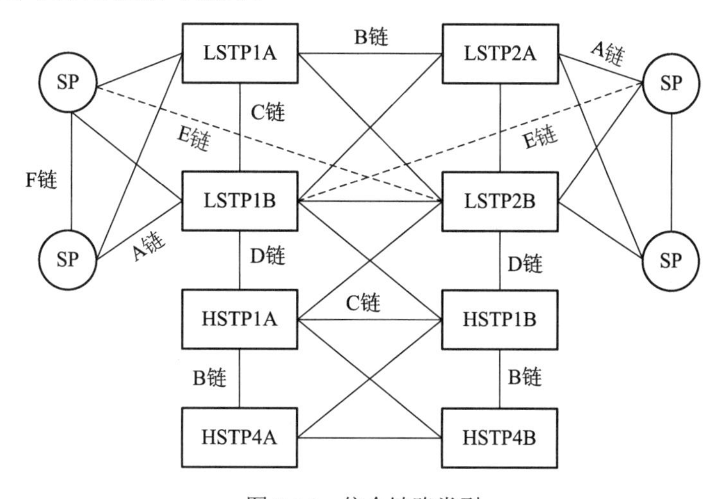

图 3-16　信令链路类型

A 链路：SP 与所属 STP 间的信令链路称为接入链路。

B 链路：同级 STP 间的信令链路(如两对 LSTP)称为桥接链路。

C 链路：每一对 STP(如一对 LSTP)间的信令链路，称为跨接链路。它正常情况下不传送信令，只是在其他信令链路都故障时才传送信令。

D 链路：LSTP 与 HSTP 间的上下级之间的链路称为对角线链路。

E 链路：连接不同地域的 SP 和 STP 的扩展链路。

F 链路：SP 与 SP 之间的直连链路。

3.3.3　消息传递部分

CCS7 信令的消息传送部分(MTP)分成信令数据链路(MTP-1)、信令链路功能(MTP-2)、信令网功能(MTP-3)三级，如图 3-17 所示。

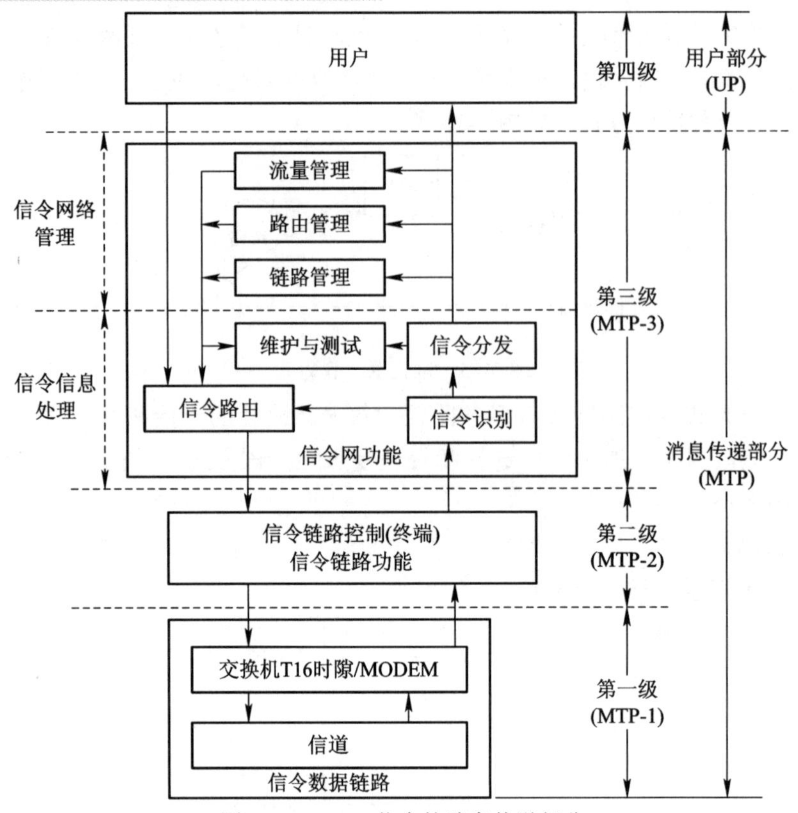

图 3-17 CCS7 信令的消息传送部分

1. 信令数据链路

信令数据链路是 CCS7 共路信令系统的第一功能级(MTP-1)。它定义了信令数据的物理、电气和功能特性，并规定了与数据链路连接的方法，相当于 OSI 的物理层，是传递信令的双向传输通路的信息载体。

物理层接口包括：E-1(2048 kb/s)、DS-1(1544 kb/s)、V.35(64 kb/s)、DS-0(64 kb/s)以及 DS-0A(56 kb/s)。通常，信令链路使用 PCM 系统 16 时隙，速率为 64 kb/s，同时也允许使用速度较低的模拟传输信道，这时采用具有调制解调器(MODEN)的模拟链路，典型速率为 2400 b/s 和 4800 b/s，由于信令传递是双向的，信令点在向对方发送信令的同时，也接收对方发送过来的信令，因此模拟信道应采用 4 线制的传输链路全双工工作。

MTP-1 的一个重要特性就是信令链路应是透明的，即在它上面传送的数据不能有任何的改变，因此，信令链路中不能接入回声消除器、数字衰减器、A/μ 律变换器等设备。

2. 信令链路功能

信令链路功能(MTP-2)作为第二级的信令链路控制，利用第一功能级(MTP-1)共同实现两个直接相连的信令点之间，信令消息的可靠传输，包括流量控制、消息顺序确认及检错功能，当信令链路上发生错误时，若干消息会被重新传送，MTP-2 相当于 OSI 的数据链路层(data link layer)。对于信令数据链路，它是一个传输终端，而在高层看来，它被看成是一条高可靠的传输信道。由于相邻信令点之间的数据链路长距离传输会造成一定的误码。而

CCS7 信令消息编码不允许有任何差错。第 2 功能级的作用就是在第 1 功能级有误码的情况下，保证消息编码的无差错传递。

1) 信令链路功能

信令链路控制主要有以下功能。

(1) 信号单元定界：也称为信号单元分界，利用标志码作为信号单元的开始和结束，结束的标志码通常又是下一个信号单元的开始标志码。为使信号单元能正确定界，要保证在信号单元其他部分不会出现这种码型。为此，发送部分要执行插零操作，在 5 个连 1 后插入一个“0”，接收部分要执行删零操作，将 5 个连 1 后的一个“0”删掉。

(2) 信令单元定位：这里的定位不是初始定位，而是在开通业务的信令链路上与定界密切相关的定位。在正常情况下，信号单元的长度有一定的限制且为 8 的整数倍，而且在删零前不应出现大于 6 个连 1。如果不符合以上情况，就认为失去定位，要舍弃所收到的信号单元，并由信号单元差错率监视过程进行统计。

(3) 差错检测和校正：误差检测采用 16 位校验位的循环校验方法。

差错校正采用两种方法：基本方法和预防循环重发方法，前者适用于传播时延小于 15 ms 的信号链路，后者适用于大于 15 ms 的情况。

(4) 初始定位：用于首次启动和链路发生故障后进行恢复时的定位。

初始定位过程包括空闲、未定位、已定位、验证周期、验收完成投入使用五个阶段。

初始定位过程涉及的链路状态为 SIOS(业务中断状态)、SIO(失去定位状态)、SIN(正常定位状态)和 SIE(紧急定位状态)四种。

(5) 信令链路的误差监视：误差监视有两种：一种是信号单元出错率监视过程，另一种是定位出错率监视过程。前者在信号链路正常状态下使用，后者用于信号链路初次启动投入使用。

(6) 故障恢复进行定位中的差错统计。

流量控制：当信令链路的接收端检测出拥塞条件，启动流量控制过程，通知远端如果这一事件拥塞持续过长，则远端发送端将指示链路故障。

(7) 处理机故障控制：用来标志或取消处理机故障状态。

2) 信令链路中的信号单元

CCS7 信令系统是以不等长消息(message)的形式传送信令的。所谓消息就是各种信息的集合。这些信息一般由用户部分定义，某些信令网管理和测试维护消息可由第三级定义。为保证消息的可靠传送，每个消息还附加一些必要的控制字段，形成信令链路中实际发送的信号单元(signal unit，SU)。所有信号单元的长度均为 8 bit 的整数倍。通常以 8 bit 作为信号单元的长度单位，称为一个八位位组(octet)。

在 CCS7 信令中，信令消息是以信号单元的方式传送，而且采用不等长信号单元。它有三种信号单元：消息信号单元(message signal unit，MSU)、链路状态信号单元(link status signal unit，LSSU)和填充信号单元(fill-in signal unit，FISU)，其格式如图 3-18 所示。

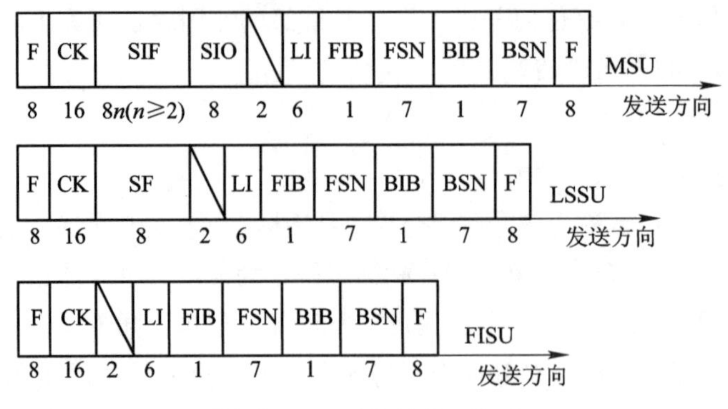

图 3-18　三种信号单元格式

(1) 消息信号单元(MSU)。

图 3-18 中，三种信令单元共有部分如下：

BIB(backward indicator bit，BIB)，后向(重发)指示位，其长度为 1 bit，表示是否正确收到对方发来的信号单元，BIB 反转指示对方从 BSN + 1 号消息开始重发。

LI(length indicator，LI)，长度表示语，指示 LI 和 CK 之间的八位位组的数目，其长度为 6 bit，LI 的单位是 8 bit。根据 LI 的值可以区分信号单元的类别：当 LI = 0 时为 FISU，当 LI = 1 或 2 时为 LSSU，MSU 的 LI＞2。

BSN(backward sequence number，BSN)，后向序号，其长度为 7 bit，表示收到对方发来的最后一个信号单元的序号，向对方指示序号直至 BSN 的所有消息均被正确无误地收到。

FIB，前向(重发)指示位，其长度为 1 bit，表示当前发送信号单元的标识，取值为 0 或 1，FIB 位反转指示本端开始重发消息。

FSN(forward sequence number，FSN)，前向序号，其长度为 7 bit，表示本单元的发送序号。

F(flag)标志码，码型为 01111110，是信号单元的定界标志，它既表示前一个信号单元的结束，也表示后一个信号单元的开始。图 3-18 中，F 标志码右边是信号单元的头，左边是信号单元的尾。两个信号单元之间允许插入多个任意标志。其作用是在过负荷的情况下降低系统的处理工作量。

CK(check)，校验位，采用 16 位循环冗余码，用以检验信号单元传输过程中产生的误码。

图 3-18 中不同的部分如下：

SF(status field，SF)，状态标志字段，是 LSSU 的主要组成部分，标志本端链路的状态，其长度为 8 bit 或 16 bit。

SIO(service information octet，SIO)，业务信息字段，用以指示消息的类别。它只用于 MSU，第三级根据其将消息分配给相应的功能模块，同时指示这是国际网还是国内网的消息。SIO 又分为 SSF(sub service field)子业务和 SI(service indicator)业务指示语两个子字段，各占 4 bit，如图 3-19 所示。

SSF 包括了网络指示消息业务源自国际或国内以及消息优先级(0～3，3 级别最高)。A、B 位备用，置为 00，C、D 位为网络表示语。消息优先级在网络发生拥塞时使用，低优先级的消息会被丢弃，如信令链路测试消息比呼叫建立消息具有更高的优先级。

SI 表示 MTP 上层使用者或国际使用者类别，如图 3-19 所示，依此对 SIF 中的数据进行解码。

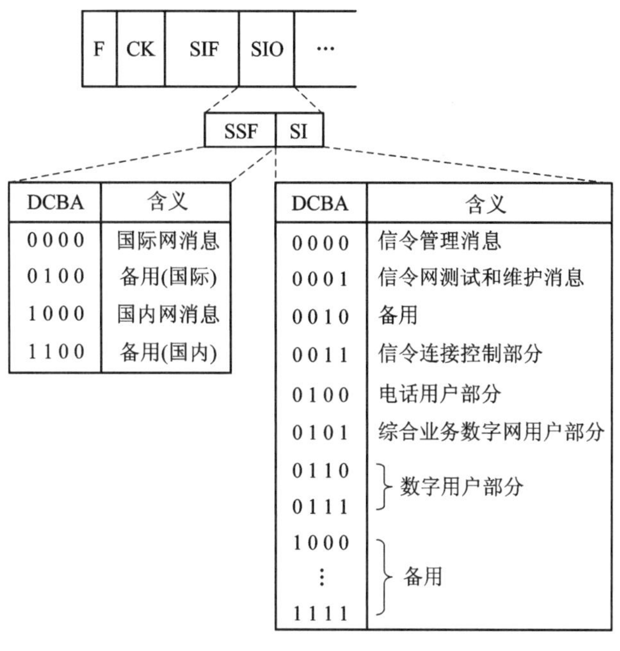

图 3-19　SIO 字段说明

SIF(signaling information field，SIF)，信令信息字段，该字段就是用户实际要通过 MTP 发送的消息，字段长度为 2～272 个八位位组，如图 3-20 所示。MSU 中的 SIF 字段包含有路由标签(routing label)和信令数据(如 SCCP、TCAP 及 ISUP 信令的数据)，而这两者 LSSU 和 FISU 都不具有。

需要注意的是，由于原来考虑到减小信令传送延迟时间，SIF 的最大长度为 62 个八位位组，连同 SIO 字段，最大长度为 63 个八位位组。因此 LI 字段长度设定为 6 bit，取值为 0～63。后来由于 ISDN 业务要求信令信息有更大的容量，同时处理器性能提高，因此蓝皮书中规定，SIF 的最大长度可为 272 个八位位组，为了不改变原有的信号单元格式，LI 编码保持不变，规定凡是 SIF 长度等于或大于 63 个八位位组，LI 均置为 63。

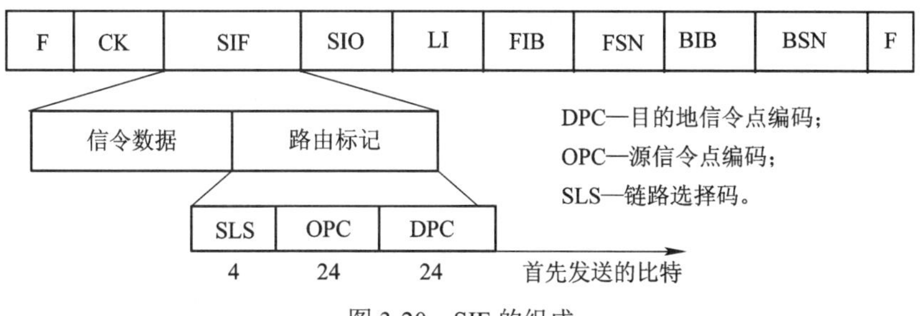

图 3-20　SIF 的组成

图 3-20 中，DPC(destination point code，DPC)表示消息要发送目的信号点的编码；OPC (originating point code，OPC)表示消息源信号点的编码；SLS(Signaling Link Selection，SLS)是用于负荷分担信号链路选择的编码，目前仅用最低的 4 bit，且余下的高 4 bit 在电话消息标记中作为 CIC 的一部分，在其他消息时置 0000。MTP-3 根据信令消息单元中由 DPC、OPC

和 SLS 构成 SIF 字段的路由标签来提供路由功能。点码是在 7 号信令网中唯一的标识每个信令点的数字地址。信令消息中的目的点码指示出消息的目的信令点，而 SIO 中的业务指示字段指示了该信令单元由哪个用户部分接收解码(如 ISUP、SCCP)。如果某信令点具有信令转接功能(如 STP)而它又接收到一个信令消息是发往其他信令点的，那么这个信令将被转发。出局链路的选择根据 DPC 和 SLS 而定。

(2) 链路状态信号单元(LSSU)。

链路状态信号单元 LSSU 中包含的信息是链路状态字段 SF，用来指示指令链路的定位状态和异常状态。该信息由第二功能级生成和处理，如图 3-21 所示，由低 3 位表示链路的状态和处理。

备用	状态指示
HGFED	CBA

CBA值	意义
000:	失去定位SIO；
001:	正常定位SIN；
010:	紧急定位SIE；
011:	业务中断SIOS；
100:	处理机故障SIPO；
101:	链路忙SIB。

图 3-21　链路状态指示

业务指示语(SI)指示所传送的消息是第三级还是第四级某一模块的消息。
其中，当 SI = 0000 或 SI = 0001 时，说明消息是 MTP 管理消息，由第三级产生并在第三级处理。

子业务字段(SSF)用来指示该消息是国际网还是国内网消息，以便识别消息中的信令点编码。

SSF 的 DC 比特为网络指示语，AB 比特备用，编码为 00。信令信息字段 SIF 由标记部分和信息部分组成，字段长度为 2～272 个八位位组。注：OPC、DPC 在国际信令网中为 14 位编码，我国规定采用统一的 24 位编码。

不同的功能级或用户部分产生的消息的标记结构不同，根据 SIF 中的路由标记的不同，可以将消息分为如图 3-22 所示的四种类型。

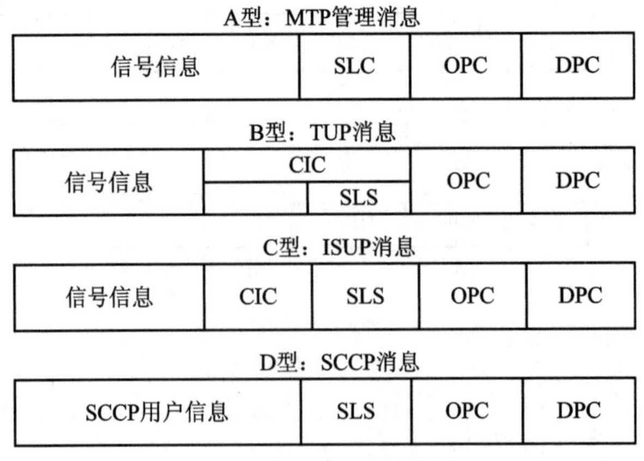

图 3-22　四种类型的标记结构

图 3-22 中 DPC、OPC 意义相同，A 型消息在 MTP 和 MTP 之间传递，它产生于信令网的第三功能级并在第三级处理。B、C、D 型消息通过 MTP 传送到某个用户部分(UP)，由信令网的第三级分析消息的标记，确定消息的分配去向，而信令消息部分(业务信息部分)的产生和处理则由第四功能级完成，即由用户部分完成。其中，信令链路编码(SLC)，连接两个信令点的信令链路编码，占 4 bit 位。是相邻两个信令点识别两者之间链路的唯一标识码，要求双方统一编码。MTP 消息有很多是针对链路的操作，因此标记部分要指明链路编码；电路识别码(CIC)用于 TUP 和 ISUP 消息标记部分，指示该 MSU 传送的是哪一个话路的信令，长度为 12 bit，说明局间最大中继电路数不能超过 4096。信令链路选择码(SLS)长度为 4 bit，TUP 消息中，用电路识别码 CIC 的最低 4 bit 兼任 SLS 实现信令消息按负荷分担方式进行传送。

有两种基本的负荷分担的方法：在同一链路组的信令链路之间的负荷分担和在不同链路组的信令链路之间的负荷分担。

(3) 填充信号单元(FISU)。

填充信号单元是在链路上没有消息传输时，向对端发送的空命令，它仅用来维持信令链路的通信状态，同时可以证实对端发来的信令单元。

3. 信令网功能

信令网功能，即第三级(MTP-3)的功能是通过对信令网的路由和性能的控制保证消息能可靠地传递，包含信令流量管理、路由管理和信令链路管理三部分的功能。它有信令消息处理和信令网络管理两个基本功能。当有链路发生故障时，MTP-3 会将故障链路上的流量转移到其他链路上，在网络中发生拥塞时 MTP-3 也会控制流量，它相当于 OSI 的网络层(network layer)。

1) 信令消息处理

如图 3-17 所示，消息处理功能由信令路由、信令识别、信令分发三部分组成。信令消息处理功能的目的是保证一个信令点的某用户部分发出的信令消息能发送到适当的信令链路或用户部分，完成寻址选路。因此，信令消息处理功能模块接收来自用户部分的信令消息，对其携带的路由信息进行分析，并将该信息送到某条相应的信令链路；同时它对来自信令链路的消息经信令(消息)识别模块识别后通过信令分发模块传送到某个用户，或通过信令路由选择适当的信令链路将它转发至另一个信令点。

信令识别功能模块接收来自第二级的消息，以确定消息的目的地是否本信令点，如果目的地是本信令点，信令识别将信令消息传送给信令分发模块；如果目的地不是本信令点，信令识别将信令消息发送给信令路由，这种情况表示本信令点具有信令转接功能。

信令分发模块是在终端收到一信令消息而进行处理的功能模块，确定信令消息属于哪一用户部分，且传送给所属的用户部分。其主要依据图 3-18 中业务信息字段 SIF 的业务指示 SI 来实现，将信令识别发来的信令消息，分配给相应的用户部分以及信令网管理和测试维护部分。当 SI = 0000 或 0001 时，其消息为信令网管理和测试维护部分的消息。由业务信息字段 SIF 中的标题码 H0、H1 的编码确定将消息交由哪个具体的信令网管理功能模块进行处理(可参看图 3-24 和表 3-12 的示例)。

信令路由部分将本信令点要发出的信令消息或从信令识别部分送来的属于其他信令

点的信令消息送到要去的信令点对应的链路上。也就是利用 SIF 中的路由标记中的信息(DPC 和 SLS)，为信令消息选择一条信令链路，以使信令消息能传送到目的地信令点。根据路由标记和业务表示语可识别信令消息路由。信令消息路由功能和路由标记如图 3-23 所示。消息路由功能是确定到达目的地的一条信令链路，涉及信令路由表、信令链路组和信令链路数据。依据 SI 指示的业务可以采用不同的信令路由，亦可以采用相同的路由；依据 DPC 来选择使用的信令链路组；依据 SLS 并根据先发先到，后发后到原则以负荷分担方式选择一条信令链路。

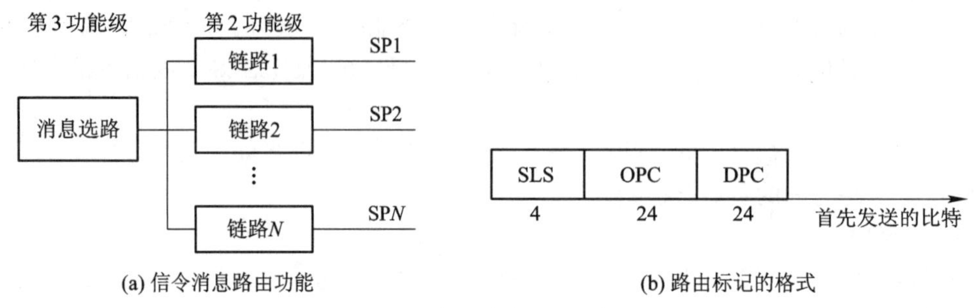

图 3-23　信令消息路由及标记

2) 信令网管理

信令网管理的目的是在故障情况下，完成信令网重新组合以及在拥塞时控制话务量。它由信令业务管理，信令链路管理和信令路由管理组成。

信令业务管理：其功能是在保证消息安全、准确传递的条件下，将信令业务从不可用的信令链路转到其他可用的链路上去。当发生信令链路拥塞时，对信令业务进行疏导或减少信令业务。

信令链路管理：其主要任务是控制信令链路，当信令链路发生故障时对其进行测试，并恢复链路。

信令路由管理：当发现某信令点或信令链路有故障而不能通过消息时，向相关信令点传送故障信息和分配新路由的信息，以保证信令消息在网上的安全传递。

MTP 还包含一个测试与维护模块，用于测试各层的信令功能和进行必要的维护操作。

3.3.4　电话用户部分

1. TUP 概述及基本特点

TUP(telephone user part)即电话用户部分，它是 ITU-T CCS7 信令方式的第 4 功能级用户部分之一，也是最早提出的可用的第四功能级建议。TUP 部分规定了 CCS7 信令系统用于电话呼叫控制信令时必需的电路信令功能，即规定了电话交换局间传送的信令消息的内容，如呼叫的建立、监视、释放等。TUP 消息分为前后向建立、呼叫监视、电路和电路群监视、网管等若干个消息组，每个消息组中包含若干个消息。每一个消息发送时被放在一个信令单元中。

TUP 可满足国际、国内半自动和自动电话业务的特性的所有要求，它是为话音电路双向工作而设定的。在有些国家(如中国及巴西)，一般的呼叫建立及拆线使用 TUP 信令。TUP 只用于模拟用户，在很多国家，TUP 已被 ISUP 代替。当用于全数字电话电路时，电路的导通是由提供这些电路的数字系统中固定的传输质量监控和故障检测的手段来保证的，且系统能提供导通检验和电路管理功能。

在 CCS7 信令方式中，全部电话信令都通过电话消息信号单元(MSU)来传送。用户部分的消息信号单元(MSU)的不同主要在于信令信息字段(SIF)。同时，SI 的 4 位编码对 TUP 而言应是 0100，而 SSF 则主要用来区别国内和国际的信令消息。

2. TUP 消息格式和编码

在 CCS7 信令方式中，信令是通过电话消息信号单元(MSU)来传送的，TUP 消息的格式如图 3-24 所示。

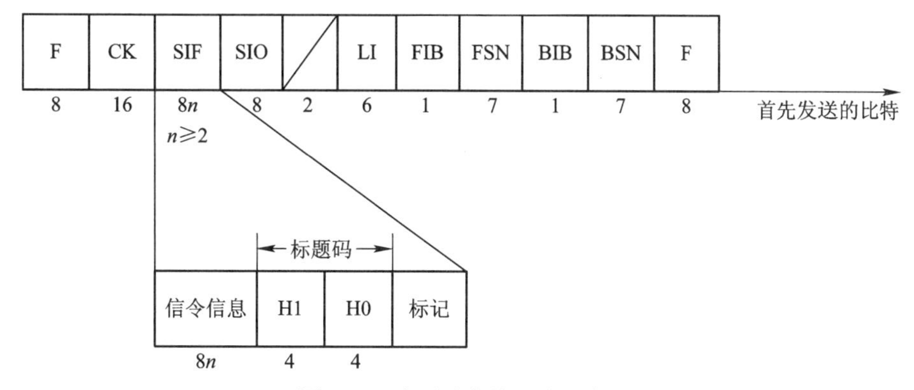

图 3-24 电话消息信号单元格式

前面已经介绍了 MSU 中除了 SIF 的其他字段的含义，这里介绍 SIF 的格式。信令信息字段(SIF)的长度是可变的，由标记、标题码(H0、H1)和信令信息组成。

通过 MTP 的消息识别功能，根据每个电话消息的标记来识别是本地的消息还是转接的消息，若是转接的消息，由消息路由功能选择相应的信令路由。TUP 用它来识别电路号码。我国的电话信令的标记为 64 位。具体格式如图 3-25 所示。

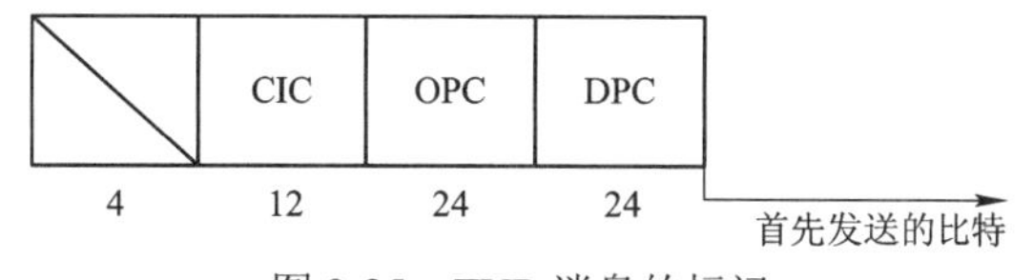

图 3-25 TUP 消息的标记

DPC 为目的信令点编码，表示消息要到达的信令点；OPC 为源信令点编码，表示消息源的信令点；信令网有一定的编码方案，使各个信令点都具有唯一的编码。我国的国内网信令点编码采用 24 bit 编码，国内备网采用 14 位信令点编码。

CIC 标识 DPC 与 OPC 之间许多话音电路中的一条话音电路。将电路识别码分配给各电话电路，采用双方协商或预先确定的原则。TUP 消息的标记中包含了 CIC，就可以识别信令消息属于哪一条电路，也就是识别与哪一个呼叫相关。

标题码也是 TUP 消息的必选部分，由 H0 和 H1 两部分组成，用来指明消息的类型，以区分每个电话信号。H0 标识消息群，H1 用于标识消息群中的一个消息，或在更复杂的情况下标识消息的格式。

标题码 H0 为 4 bit，可以提供 16 个消息组；标题码 H1 为 4 bit，即一个 H0 标识的消息组中最多可提供 16 个消息，如表 3-12 所示。

表 3-12 TUP 标题码分配表

	H1																
消息群	H0	0000	0001	0010	0011	0100	0101	0110	0111	1000	1001	1010	1011	1100	1101	1110	1111
	0000					国内备用											
FAM	0001		IAM	IAI	SAM	SAO											
FSM	0010		GSM		COT	CCF											
BSM	0011		GRQ														
SBM	0100		ACM	(CHG)													
UBM	0101		SEC	CGC	(NNC)	ADI	CFL	(SSB)	UNN	LOS	SST	ACB	DPN	(MPR)			EUM
CSM	0110	(ANU)	ANC	ANN	CBK	CLF	RAN	(FOT)	CCL								
CCM	0111		RLG	BLO	BLA	UBL	UBA	CCR	RSC								
GRM	1000		MGB	MBA	MGU	MUA	HGB	HBA	HGU	HUA	GRS	GRA	SGB	SBA	SGU	SUA	
	1001					备用											
CNM	1010		ACC			国际和国内备用											
	1011																
NSB	1100			MPM		国内备用											
NCB	1101		OPR														
NUB	1110		SLB	STB													
NAM	1111		MAL														

注：(FOT)在国际半自动连接中使用；
(NNC)、(SSB)只在国际网中使用；
(ANU)、(CHG)暂不使用。

信令信息字段(SIF)中除了必备的标记和标题码以外，还有信号信息。按照需要，信号信息可长可短，甚至不存在由标题码 H0 和 H1 确定消息的含义。

从格式原则上看，实际上由用户部分产生的信号信息常常分为一些子字段，可以是固定长度的子字段，也可以是可变长度的子字段；还可以有必备的子字段和任选的子字段。子字段传送的次序是必备的子字段在前，任选的子字段在后，而在这两种子字段中，先发送固定长度子字段，再发送可变长度子字段。

TUP 信令属于公共信道信令，使用统一的消息信令格式来描述，如表 3-13 所示。根据《中国国内电话网 No.7 信令方式技术规范》的内容所述，现有的 TUP 信令共计 13 类 57 条，所有的分类由 TUP 的 MSU 中的 H0 来区分，各类中的具体信令由 H1 来识别。

表 3-13　TUP 的消息编码

消 息 组	标题码		消 息 名 称
	H0	H1	
FAM 前向地址消息	0001	0001	IAM 初始地址消息
		0010	IAI 带附加信息的初始地址消息
		0011	SAM 带多个地址的后续地址消息
		0100	SAO 带一个地址的后续地址消息
FSM 前向建立消息	0010	0001	GSM 一般前向建立消息
		0011	COT 导通信号
		0100	CCF 导通故障信号
BSM 后向建立消息	0011	0001	GRQ 一般请求消息
SBM 后向建立成功消息	0100	0001	ACM 地址全信号
UBM 后向建立不成功消息	0101	0001	SEC 交换设备拥塞信号
		0010	CGC 电路拥塞信号
		0100	ADI 地址不全信号
		0101	CFL 呼叫故障信号
		0111	UNN 空号消息
		1000	LOS 线路不工作信号
		1001	SST 发送专用信息音信号
		1010	ACB 接入拒绝信号
		1011	DPN 不提供数字通路信号
CSM 呼叫监视消息	0110	0001	ANC 应答计费
		0010	ANN 应答免费信号
		0011	CBK 挂机信号
		0100	CLF 拆线信号
		0101	RAN 再应答信号
		0111	CCL 主叫用户挂机信号

续表

消 息 组	标题码		消 息 名 称
	H0	H1	
CCM 电路监视消息	0111	0001	RLG 释放监护信号
		0010	BLO 闭塞信号
		0011	BLA 闭塞证实信号
		0100	UBL 解除闭塞信号
		0101	UBA 解除闭塞证实信号
		0110	CCR 请求导通检验信号
		0111	RSC 电路复原信号
GRM 电路群监视消息	1000	0001	MGB 面向维护的群闭塞消息
		0010	MBA 面向维护的群闭塞证实消息
		0011	MGU 面向维护的群闭塞解除消息
		0100	MUA 面向维护的群解除闭塞证实消息
		0101	HGB 面向硬件故障的群闭塞消息
		0110	HBA 面向硬件故障的群闭塞证实消息
		0111	HGU 面向硬件故障的群闭塞解除消息
		1000	HUA 面向硬件故障的群闭塞解除证实消息
		1001	GRS 电路群复原消息
		1010	GRA 电路群复原证实消息
NSB 国内后向建立成功消息	1100	0010	MPM 计次脉冲消息
NCB 国内呼叫监视消息	1101	0001	OPR 话务员信号
NUB 国内后向建立不成功消息	1110	0001	SLB 用户市忙信号
		0010	STB 用户长忙信号
NAM 国内地区使用消息	1111	0001	MAL 恶意呼叫识别信号

1) 初始地址消息 IAM 或 IAI

根据呼叫类型的不同，初始地址消息分为：初始地址消息 IAM 和带有附加信息的初始地址消息。

初始地址消息是为建立呼叫而发出的第一个消息，它包括下一个交换局为建立呼叫，确定路由所需要的全部信息。初始地址消息可能包括了全部地址数字，也可能只包括部分地址数字，为了减少信号消息数量，市话接续一般采用成组发码方式；长话或国际接续时，其地址信号最少有效位应在初始地址消息中发送。

2) 后续地址消息 SAM 或 SAO

采用重叠发送工作方式时，初始地址消息发送后，剩余的地址信号，由后续地址消息发送，它可以只包括一位数字，也可以包括多位数字，具体由工程的局数据设计确定，并能通过人机命令更改。

3) 地址全信号ACM

来话交换局根据被叫用户的状态决定发送地址全信号还是用户状态信号。

当用户空闲并且已经满足以下条件时，发送地址全信号(ACM)：在某些类型的呼叫中GRQ和GSM信号传送结束后发送后向地址全信号，GRQ和GSM是在某些类型的呼叫中用以请求主叫用户信息的传送过程；收到国内编号计划中号长最大的位数，如果后面的网络采用重叠发码工作方式并且号长分析不可能实现时，收到每位最新数字将转发；如果应答信号在发送地址全信号前收到，应立即发送地址全信号，收到的应答信号必须保存至地址全信号发送出去为止。

4) 地址不全信号ADI

在收到地址信号的任意一位数字后延时15～20 s，如果所收到的地址信号数量仍不足以建立呼叫(地址不全)时，则发送地址不全信号。

任意CCS7信号方式的交换局收到地址不全信号后，将向上一CCS7信号方式交换局转发，并进行拆线操作。

5) 被叫用户状态信号

被叫用户状态信号包括用户市忙信号(SLB)、用户长忙信号(STB)、线路不工作信号(LOS)、空号(UNN)和发送专用信息音信号(SST)。

用户市忙信号(SLB)是来话CCS7信号交换局检出普通被叫用户线市话示忙时后向发送的信号。

用户长忙信号(STB)是来话CCS7信号交换局检出普通被叫用户线长话示忙以及等级优先，数据和传真用户忙时后向发送的信号。

线路不工作信号(LOS)是来话CCS7信号交换局检出被叫用户线中断或不能工作时后向发送的信号。

空号(UNN)是当收到的号码是未被分配的号码时后向发送的信号。

发送专用信息音信号(SST)是来话CCS7信号交换局后向发送的信号，是指应该给主叫用户发回专用信息音。这种信息音是在不能用其他专用故障信号表示、不能建立到达被叫用户的呼叫时使用的。

6) 应答信号ANN或ANC

应答信号表示被叫用户摘机应答，这是由来话CCS7信号方式交换局向去话CCS7信号方式交换局发送的后向信号。

应答信号包括应答、计费(ANC)和应答、免费(ANN)两种信号，它根据被叫用户第一次摘机信号送出及收到的被叫号码来确定。来话CCS7信号方式交换局收到应答、计费或应答免费信号应进行转发。执行计费的交换局收到应答、计费信号时开始执行计费程序。

7) 挂机信号CBK

挂机信号表示被叫用户已挂机，由来话CCS7信号方式交换局向去话CCS7信号方式交换局发送的后向信号。

采用主叫控制复原方式时，挂机信号不得切断CCS7信号方式交换局的话路。当挂机信号延时一时限后主叫用户仍不挂机时，由去话CCS7信号方式交换局发送拆线信号CLF。

3. TUP 主要消息举例

在 CCS7 信令方式中，TUP 处理的信号内容在信号信息字段(SIF)的信号信息(SI)中传送，而 TUP 所用的消息有 65 种之多，每种消息都有自己的功能和格式。

下面给出基本呼叫的信令程序的示例，以便让大家了解在呼叫建立和释放过程中，主要的电话信号信息的传送顺序。

呼叫至空闲用户的接续如图 3-26 所示。

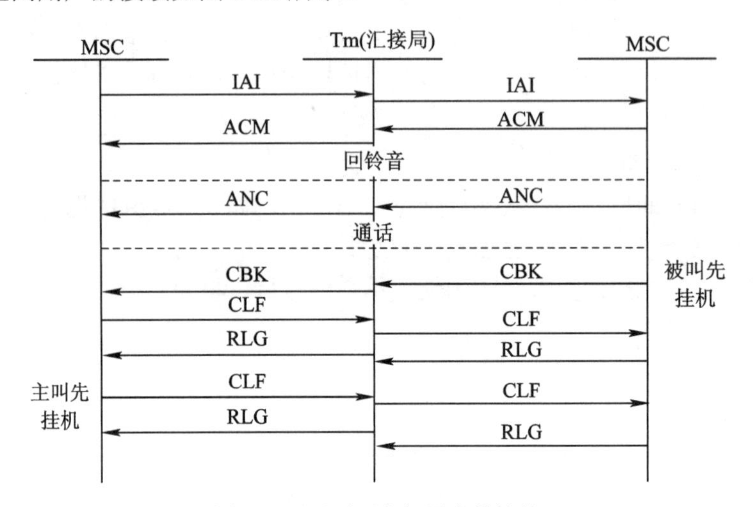

图 3-26 呼叫至空闲用户的接续

图 3-26 中，IAI 消息是去话 MSC 发的第一条消息，消息中已携带了完整的被叫用户号码和主叫用户线标识；当被叫用户空闲时回送 ACM(地址全)消息并振铃；被叫应答后回送 ANC(应答)消息开始通话；当被叫先挂机，回送 CBK(挂机)消息；主叫发 CLF(拆线)消息清除局间中继电路，最后用 RLG(释放监护)消息来证实；如主叫先挂机，直接发 CLF 清除局间电路和用 RLG 消息证实。

呼叫遇用户忙进行等待的接续如图 3-27 所示。

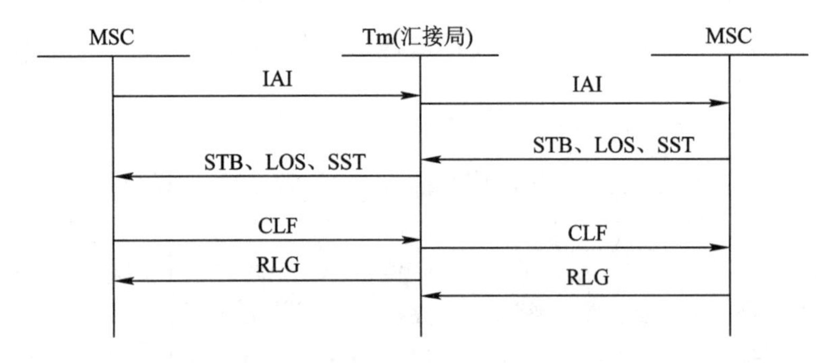

图 3-27 呼叫遇用户忙进行等待的接续

图 3-27 中，去话 MSC 发 IAI 消息准备建立呼叫；而来话 MSC 发现被叫用户忙、因基站子系统的故障无法寻呼到用户或其他的原因无法接通被叫，则送 STB(用户忙)、LOS(线路不工作)、SST(发送专用音信号)等消息通知接续失败；去话 MSC 发 CLF 清除局间中继电路，用 RLG 证实。

TUP 至 No.1 呼叫成功的接续的信令配合如图 3-28 所示。

MSC TUP Tm(汇接局) No.1 LS
IAI
占用
A(用户号码首位)
A1
⋮
D(用户号码末位)
A3
KD
B1
ACM
回铃音
ANC
应答
通话
CLF
拆线
RLG
释放监护

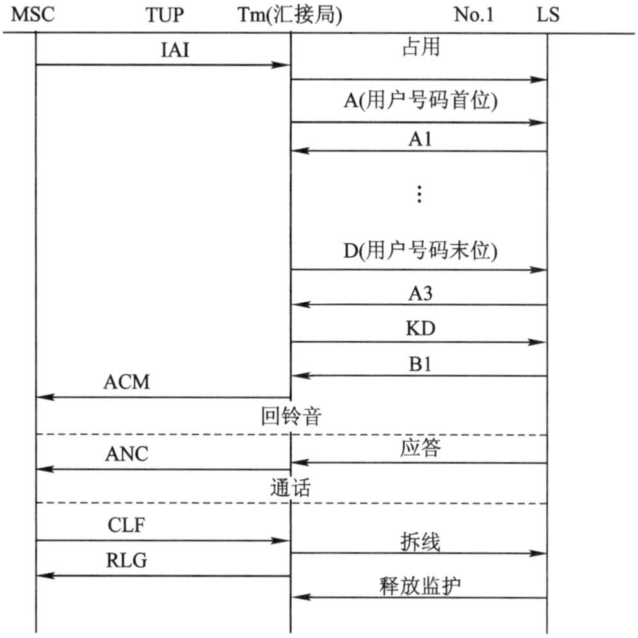

图 3-28 TUP 至 No.1 呼叫成功的接续的信令配合

如图 3-28 所示，当前向消息从 CCS7 转成 No.1 信令时，将 IAI 消息中的被叫用户地址信号参数转成相应的数字信号，将主叫用户类别转成 KD 信号；CLF、RLG 也转成相应的信号；而后向消息从 No.1 转成 CCS7 信令方式时，B1 转成 ACM 消息、应答转成 ANC 消息。

No.1 至 TUP 呼叫成功的接续的信令配合如图 3-29 所示。

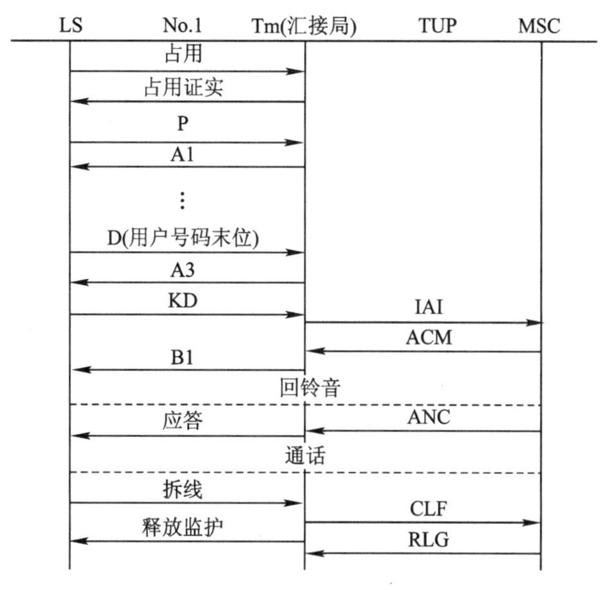

图 3-29 No.1 至 TUP 呼叫成功的接续的信令配合

如图 3-29 所示，当 Tm 收到 LS 发来的 KD(主叫类别)信号，将 KD 和以前保存的数字信号一起转换成 IAI 消息；汇接局一般会设在收到几位被叫号码后发 K6 去要主叫号码；或是被叫 MS 有主叫号码显示业务，收到的 IAI 或 IAM 消息中没有主叫号码，MSC 会发 GRQ(一般请求消息)主动要主叫号码，汇接局则发 K6 到 LS 要到主叫号码后用 GSM(一般前向建立消息)将主叫号码送给 MSC。

3.3.5 信令连接控制部分

在电话应用中，所有信令消息都和呼叫电路有关，消息传输路径一般都和相关的呼叫连接路径有固定的对应关系。

在 GSM 系统中，不仅要传送与呼叫电路有关的消息，还要传送与呼叫电路无关的信令消息(如位置更新、鉴权等)，用原来的 MTP 传送就存在如下问题。

(1) MTP 是用 DPC 来寻址的，而 DPC 用信令点编码来标识，信令点编码有四种方式，国际、国际备用、国内和国内备用，这些方式只在所定义的网络内唯一和有效，因此利用 MTP 不能完成国际漫游用户的位置登记和鉴权等。

(2) 信令点编码容量有限，根据 ITU 的规定，国际网的信令点编码为 14 位，这样其所能标识的信令点就十分有限。

(3) SI 的编码仅为四位，即只能分配给 16 个不同的用户部分，不能满足现代通信的需求。

(4) MTP 只能实现无连接传输，随着电信网的发展，有时需要在网络节点间传送大量的非实时消息，需要预先建立连接，进行面向连接的传输。

为了解决以上问题，ITU 在 1984 年提出了一个新的结构分层，即信令连接控制部分(SCCP)。SCCP 是基于 MTP 基础上的，作为 TCAP 业务的传输层，是用户部分的一个补充功能级，为 MTP 提供附加功能，以便通过 7 号信令网，在信令网的交换局和专用中心之间建立面向接续和无接续业务来传递信令信息及其他类型信息。同时提供 GTT(global title translation)功能。全局码(global title)是能被 SCCP 翻译成目的地点编码及子系统号的一个数字地址(如 800 号码、电话卡号码及移动用户识别号等)。子系统号唯一的标识目的信令点上应用层的一个对象。

SCCP 和 MTP 合称 NSP(网络业务部分)。SCCP 和 MTP-3 共同位于 OSI 的网络层。

SCCP 部分直接透过 TCAP(transaction capabilities applications part)部分对 OMAP、MAP、HLR、VLR 等用户进行管理，而这些用户通称为 SCCP 的子系统。当然这些用户也可以是 7 号信令网的专用中心。当两个子系统(可以位于同一信令点，也可以位于不同信令点)之间发生信令关系时，所需传递的信令信息则由 SCCP 层进行编码然后再传递到对端子系统。信令信息传递过程中，若发生信令关系的子系统位于相同信令点，则信令信息将不经过 MTP 部分。

1. SCCP 的特点和功能

1) SCCP 的应用特点

(1) 能传送各种与电路无关(non-circuit-related)的信令消息。

(2) 具有增强的寻址选路功能，可在全球互连的不同 7 号信令网之间实现信令的直接传输。

(3) 除了无连接服务功能以外，还能提供面向连接的服务功能。

2) SCCP 网络服务功能

SCCP 层根据用户对业务的不同需求，提供了四类协议以完成有不同质量要求的用户业务的传递，如表 3-14 所示。

表 3-14 协议类别

类 别	协 议
0 类	基本无连接业务
1 类	顺序无连接业务
2 类	基本面向连接业务
3 类	流量控制的面向连接业务

(1) 无连接服务。无连接服务类似于分组交换中的数据报(datagram)传送，它不需要预先建立连接(即信令传送路径)。SCCP 能使业务用户事先不建立信令连接而通过信令网传递信令数据。因此在 SCCP 中提供路由功能，能将被叫地址变换成 MTP 业务的信令点编码。

无连接业务分为 0 类和 1 类：在 0 类业务中，各个消息被独立地传送，相互间没有关系，故不能保证按发送的顺序把消息送到目的地信令点；在 1 类中，给来自同一信息流的数据信息附上了同一个信令链路选择字段 SLS，就可保证这些数据信息经由同一信令链路传送，因此，可按发送顺序到达目的地信令点。

在 GSM 系统中 NSS 内部大量用到了无连接的两类协议；在 A 接口的通信中也用到了无连接协议，但只用到了 0 类协议。

无连接业务提供四种消息类型：UDT(unit data)、UDTS(unit data service)、XUDT(extend unit data)、XUDTS(extend unit data service)，其与消息类型码对应关系如表 3-15 所示。

表 3-15 消息类型与消息类型码对应关系

消息类型	UDT	UDTS	XUDT	XUDTS
消息类型码	0x09	0x0A	0x11	0x12

在无连接业务中，UDT 消息只能整体传送，不能拆卸分段传送，每发一次数据，都需重选一次路由。无连接型 SCCP 程序如图 3-30(a)所示。根据各个消息中的目的地信令点编码，传送互不相关的 UDT。如果发生故障，使中继信令点不能传送该 UDT 时，就向发端返送 UDTS 消息。

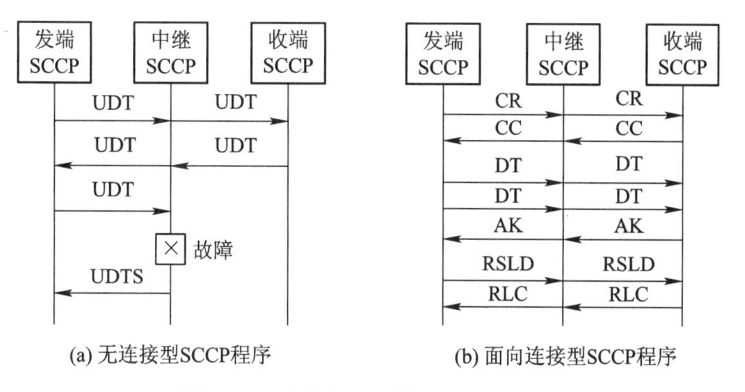

图 3-30 连接和无连接型 SCCP 程序

(2) 面向连接服务。面向连接业务类似于分组交换中的虚电路(virtual circuit)传送，它需要在发送消息前，先通过应答的方式在始节点和终节点之间建立一条消息传送路径，即信令逻辑连接或虚连接。这种方式适用于传送大量的成批数据。

面向连接服务有两类协议，即 2 类和 3 类协议。它们的共同特点是可以保证消息传送收发顺序一致，可以对长消息分段传送，在接收端重新组装。此外，在 3 类协议还具有 2 类协议不具有的一些特点：流量控制、加速数据传送和消息丢失及错序的检测等功能。

面向连接业务又分为暂时信令连接和永久信令连接。暂时信令连接指信令连接的建立需要由 SCCP 用户启动和控制，数据传送完成之后就拆除连接，类似于拨号电话连接；永久信令连接类似于分组交换中的永久虚电路，用户无法控制其建立和释放，由本端或远端操作维护功能，或者由节点的管理功能来控制，但两类连接的信令传送过程完全相同。

面向连接型 SCCP 程序如图 3-30(b)所示，该程序由连接建立、数据传送和连接释放三个阶段组成。

① 连接建立。在连接建立阶段，除 MTP 提供的功能外，SCCP 也提供编码功能。首先，由发端 SP 的 SCCP 发送含有目的地编码的 CR(连接请求)消息。如果收到 CR 的 SP 是目的地，则回送证实信号 CC(连接确认)。如果收到 CR 的 SP 是中继 SCCP，则有两种情况：若 DPC 和 OPC 在同一信令网内，就用该点的 MTP 转发 CR；若 DPC 和 OPC 位于不同的信令网(如国际出入口局)，则在该点把输入部分和输出部分分成两个连接段，并建立两者的对应关系。

若收到 CR 的节点判定不能建立逻辑连接时，就发 CREF(拒绝连接)；若与发端 SP 顺利地交换了 CR、CC，则可进入数据传送阶段。

② 数据传送。沿着已建立的逻辑连接交换用户数据 DT。

③ 连接释放。各 SP 相互交换 RSLD(释放连接)和 RLC(释放完成)，从而完成连接的释放。

在 GSM 系统中，只有在 A 接口的通信上大量用到了面向连接业务，而且只用到了两类协议，另外，前面已经讲过，A 接口还用到了无连接业务的 0 类协议。我们在上面描述的是多个连接段的有连接消息，在 GSM 系统中是不存在多个连接段的消息的，因为只有 MSC 和 BSC 之间用到的有连接业务。

2. SCCP 的寻址选路功能

SCCP 地址有三种类型：信令点编码(SPC)、子系统号(SSN)和全局名(GT)。其中，SPC 就是 MTP 地址，它只在所定义的 7 号信令网内有意义，MTP 根据 DPC 识别目的地并选路，根据 SI(业务指示语)识别目的地内的用户。

SSN(subsystem number)称为子系统号，是 SCCP 使用的本地寻址信息，用于识别同一个节点中的各个 SCCP 用户。例如，可用不同的 SSN 编码表示 TCAP、ISUP、MAP 等，借此可以弥补 MTP 消息用户数少的不足，它扩充了 SI 的本地寻址范围，能够适应未来新业务的需要。

GT 主要在始发节点不知道目的地网络地址的情况下使用。它一般为某种编号计划中的号码。由于电信业务的编号计划已经达到国际统一，因此，全局名能标识全球任何一个信令点/子系统。但 MTP 无法根据 GT 选路，因此，SCCP 必须首先把被叫的 GT 翻译成 DPC 或 DPC + SSN，才能交 MTP 发送，同时还要向下一个节点标明 GT 是基于什么编号计划。

SCCP 消息中的主叫地址和被叫地址可以是上述三类地址中的一种或它们的组合，SCCP 可根据以下两类地址进行寻址选路：DPC + SSN 和 GT。

如果出现如 GT + DPC + SSN 这样的地址，SCCP 在发送消息时必须向下一个节点指明应根据 GT 还是 DPC + SSN 选择路由。

3. SCCP 消息格式简介

SCCP 消息是封装在 MTP 的 MSU(消息信号单元)中往外发送的，对于 MSU 而言，SCCP 消息就是它的 SIF 字段。它由路由标记、消息类型、长度固定的必备项(F)、长度可变的必备项(V)以及任选项(O)组成。SCCP 消息结构如图 3-31 所示。

路由选择标记(label)的结构为 DPC + OPC + SLS。

消息类型用以识别不同的 SCCP 消息。它是所有消息的必备字节，决定该消息的功能和格式。表 3-16 是常见消息的消息类型及编码。

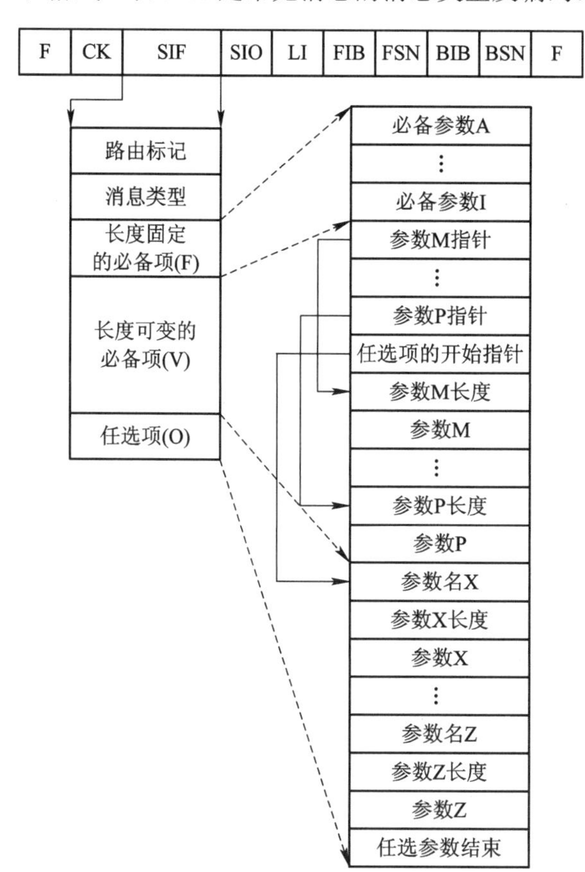

图 3-31　SCCP 消息结构

表 3-16　SCCP 常见消息类型及编码

消息类型	协议类别				编 码
	0	1	2	3	
连接请求 CR			*	*	0000 0001
连接确认 CC			*	*	0000 0010
拒绝连接 CREF			*	*	0000 0011
释放连接 RLSD			*	*	0000 0100
释放完成 RLC			*	*	0000 0101
数据 DT1			*		0000 0110
数据 DT2				*	0000 0111
数据证实 AK				*	0000 1000
单位数据 UDT	*	*			0000 1001
单位数据业务 UDTS	*	*			0000 1010

长度固定的必备部分即该消息所有固定长度的必备参数。

长度可变的必备部分即该消息所有可变长度的必备参数。

任选部分即该消息所有的任选参数。

3.3.6 事务能力应用部分

随着我国电信业的日益发展，电信网逐步智能化和综合化，产生了多种不同的应用，如被叫付费、VPN、AOC等智能网业务，信令网的维护和运行管理(OMAP)，移动应用(MAP)，闭合用户群(CUG)等，要求交换机之间、交换机与网管中心的数据库相关联，提供其间的信息请求和响应功能。作为CCS7信令系统中专门提供的与应用无关的网络信息交互协议-事务处理能力(TC)协议在各种新业务及CCS7系统中将发挥越来越重要的作用。“事务”(transaction)也可称为“对话”，泛指两个网络节点之间任意的交互过程。

TCAP是CCS7信令系统为各种通信网络业务提供的接口，是一种公共的规范，与具体应用无关。具体应用部分通过TCAP提供的接口实现消息传递。如移动通信应用部分MAP通过TCAP完成漫游用户的定位等业务。智能网应用部分INAP通过TCAP实现SCP数据库登记和数据查询等功能。TCAP为这些网络业务的应用提供信息请求、响应等对话能力。

TCAP为应用层提供了电路无关性消息的传送机制，它使用了SCCP的面向无连接业务。SSP及SCP点之间的查询及响应都使用了TCAP消息。举个例子：SSP点发送了一个TCAP查询给SCP，查询800/888所对应的路由号码，或者核实电话卡用户的个人识别号(PIN)。在移动网络中(IS-41或GSM)，用户身份验证、设备鉴别及漫游等功能就是在移动交换局及数据库间互传MAP(mobile application part)消息来实现，而MAP消息的传送需通过TCAP实现。

TC由事务处理能力应用部分(TCAP)及中间服务部分(ISP)两部分组成。其中，TCAP的功能对应于OSI的第7层，ISP对应于OSI的第4～6层。

如果TC用户要求传送的数据量小而实时要求严格，则TC仅包含TCAP，直接利用SCCP的无连接服务(0、1类)传送数据；如果TC用户要求传送的数据量大而实时要求较低，安全性要求较高，则TC将利用SCCP的有连接服务(2、3类)传送数据。因为目前ITU仅仅是研究制定了前一种TC协议而未考虑ISP协议的制定，因此，目前TC与TCAP具有相同的含义，一般对二者不必区分。

1. TCAP的基本结构

为了面向所有的服务，TCAP将不同节点间的信息交换抽象为一个操作，TCAP的核心就是执行远程操作。TCAP消息的基本单元是成分(component)。一个成分对应于一个操作请求或响应，一个消息中可以包含多个成分。一个成分中包含的信息含义由TC用户定义，相关的成分构成一个对话，一个对话的过程可以实现某项应用业务过程。

TCAP为了实现操作和对话的控制，分为两个子层——成分子层(CSL)和事务处理子层(TSL)，TSL主要进行事务(即对话)管理，CSL主要进行操作管理。

TC用户与CSL通过TCAP原语接口，CSL与TSL通过TR原语接口联系，其分层结构如图3-32(a)所示。

TCAP 服务实现采用了 OSI 七层模型的分层思想，每一层都去实现不同的功能，各层的功能都以协议形式正规描述，通过各层之间的接口，每一层向相邻上层提供一套确定的服务，并且使用与之相邻的下层所提供的服务。而服务是通过一组服务原语(service primitive)进行定义。$N+1$ 层为 N 层的用户、N 层为 $N+1$ 层提供服务，$N-1$ 层为 N 层的服务提供者，向 N 层提供通信连接，如图 3-32(b)所示。

图 3-32(b)描述了两个对等的节点 A 和节点 B 用户的 $N+1$ 层获得一次服务的全过程。

(1) 节点 A 用户要和节点 B 用户的对等层进行通信，A 用户向其下的 N 层发出“请求”原语。

(2) N 层协议分析该请求后形成 N 层协议消息，通过 $N-1$ 层连接向节点 B 的 N 层发送。

(3) 节点 B 的 N 层收到此消息并进行分析，向用户 B 发出“指示”原语，告知用户 A 请求某种操作或数据。

(4) 用户 B 执行该请求后返回结果，向它下面的 N 层发出“响应”原语，经 N 层向节点 A 发送相应的消息。

(5) 节点 A 的 N 层收到此消息后即向其用户 A 发送“证实”原语。

完成上述一次服务过程，原语发送的时间顺序为请求→指示→响应→证实。

实际上，一个完整的原语包括有原语名(表示提供何种服务)、原语类型(表示是什么类型的原语)、原语参数(协议规定完成该服务所必需的数据)。

图 3-32(a)的事务处理子层通过 TR 请求原语接受 TC 用户经成分子层发送的对话控制指示，生成指定类型的 TCAP 消息发往远端，同时通过 TR 指示原语将接收到的 TCAP 消息中的数据(成分)传送给成分子层。

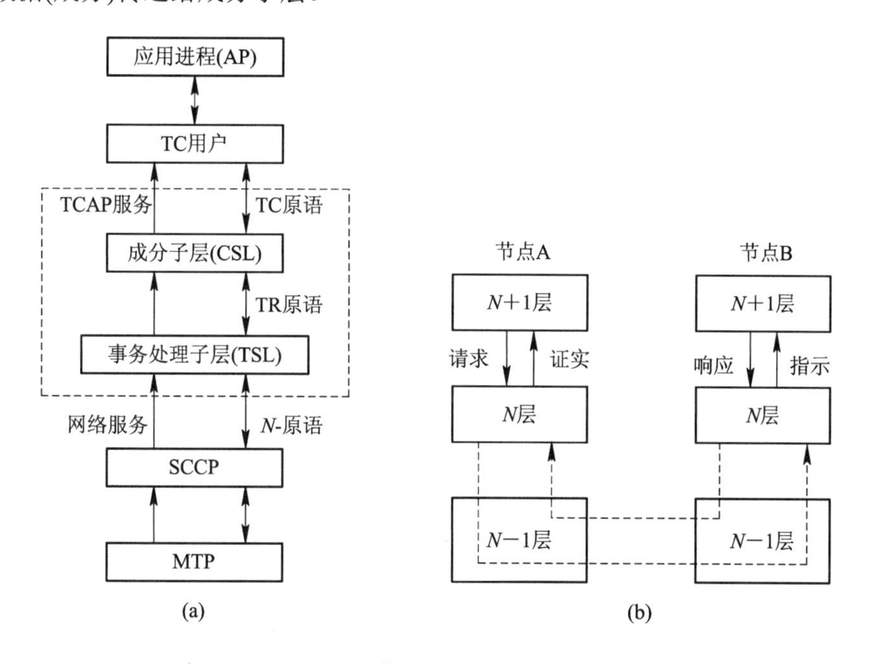

图 3-32 TCAP 的分层结构和层的服务过程

1) 事务处理子层(TSL)

事务处理子层完成对本端成分子层用户和远端事务处理子层用户之间通信过程的管理。目前，事务处理用户(TC 用户)唯一的用户就是成分子层(CSL)，因此对等 CSL 用户之间的对话与事务是一一对应的。

事务处理子层对对话的启动、保持和终结进行管理，包括对话过程异常情况的检测和处理。

2) 成分处理子层(CSL)

事务处理子层负责传送对话消息的基本单元就是成分。成分子层(CSL)完成对话中成分的处理及对话的控制处理。

一个对话消息可以包含一个或多个成分(少数无成分，只起到对话控制作用)，一个成分对应于一个操作的执行请求或操作的执行结果。每个成分由不同的成分调用标识号(invoke ID)标识，通过调用标识号，控制多个相同或不同操作成分的并发执行。

2. TCAP 消息结构

TCAP 消息的基本构件称为信息元(information element)，每个 TCAP 消息由若干个信息元组成，每个信息元都由标记(tag)/长度/内容三个字段组成，各字段的先后次序固定不变。其中，标记用于区别不同类型的信息元，决定内容字段的解释；长度指明内容字段所占的八位位组数；内容字段则为信息元的实体，即该信息元要传送的信息。内容字段可能只是一个数值，也可能由一个或若干个信息元组成。如果内容字段只是一个数值，则称此信息元为一个本原体(primitive)，如果内容字段又包含一个或多个内嵌的信息元，则称此信息元为一个复合体(constructor)。这种嵌套式结构是 TCAP 消息格式的一个重要特点，这种消息结构非常灵活，用户可以自由利用本原体或复合体构造简单或复杂消息。

3.3.7 移动应用部分

移动应用部分(mobile application part)是公用陆地移动网(PLMN)在网内和网间进行互连而特有的一个重要的功能单元。MAP 规范给出了移动网在使用 7 号信令系统时所要求的必需的信令功能，以便提供移动网必需的业务如话音和非话音业务。

GSM 的 MAP 规范制定了 900 MHz TDMA 数字蜂窝移动通信网的移动业务交换中心、位置寄存器、鉴权中心及设备识别寄存器等实体之间的移动应用部分的信令，其中包括了消息流程、操作定义、数据类型、错误类型及具体的编码。

1. MAP 的功能

MAP 的功能主要是为 GSM 各网络实体之间完成移动台的自动漫游功能而提供一种信息交换方式。目前 MAP 信令的传输是以 ITU 的 CCS7 信令系列技术规范为基础的，实际上 MAP 信令的交换也可基于其他符合 OSI 网络层标准的网络。这样，网络运营公司就可以根据本地实际情况，混合匹配使用各种协议，以满足其需要，当然这还需要有关协议的制订与完善。

MAP 负责 GSM 各功能实体间的位置登记/删除、位置寄存器故障后的复原、用户管理、鉴权加密、IMEI 的管理、路由功能、接入处理及寻呼、补充业务的处理、切换、短消息业务、操作和维护等信息传递过程。

2. MAP消息

具体的MAP业务消息在TCAP消息中以成分的形式存在。一般来讲，MAP业务的消息类型和TCAP成分中的操作码一一对应，而在消息传递过程中，一个消息对应一个调用识别，一个调用识别在其MAP对话过程中是唯一的。通过区分调用识别，可以将一个成分“翻译”成对应的MAP业务消息，MAP与TCAP之间的消息转换是由MAP协议状态机(MAPPM)来完成的，此外协议状态机还负责对话流程以及操作流程的控制等功能。

按照有关的协议规范，操作可分为如下4类。

1类操作：操作成功与否都需要返回，成功返回结果，失败返回错误。

2类操作：只有在操作失败时才需要返回。

3类操作：只有在操作成功时才需要返回。

4类操作：操作不需要返回。

为安全性考虑，当MAP发起一远端操作时，需要给出操作时限，如果在时限内没有响应返回，则根据其操作类别做不同的处理：对1类操作或2类操作，认为是操作失败；对3类操作或4类操作，认为操作成功。

3.3.8 ISDN用户部分

ISUP(ISDN user party)是CCS7信令系统的综合业务数字网(ISDN)用户部分。在系统中，ISUP位于第四级功能，是该系统中几个平行的用户部分中的一个，在OSI(开放系统互连)模型中相当于4～7层的功能。ISUP是在TUP的基础上增加了非话音承载业务的控制协议和补充业务的控制协议构成的，全面支持ISDN用户的基本承载业务和补充业务，而且可以完全实现TUP(电话用户部分)和DUP(数据用户部分)的功能。

ISDN用户部分(ISUP)定义了用以在局间建立、管理及释放用户电路(电路上承载语音及数据业务)所用到的各项规范。ISUP既可以用于ISDN呼叫，也适用于普通呼叫，但局内呼叫并不使用ISUP。

ISUP适用于数/模混合网以及电话网和电路交换的数据网。ISUP既能满足CCITT规定的国际自动和半自动电话业务和电路交换数据业务的要求，也能满足国内这些业务的要求。

1. ISUP的特点

与TUP相比，ISUP具有很多突出的特点：

(1) 消息结构采用类似SCCP的灵活结构，虽然消息数量比TUP少，但消息携带的信息量丰富，能适应未来需要。

(2) 规定了许多增强功能，尤其是端到端信令，可以实现ISDN用户之间消息的透明传递。

(3) 信令程序简单明了。

(4) 功能强大，能支持各种话音、非话音业务和补充业务。

2. ISUP的消息结构和编码

ISUP消息通过MTP层在信令链路上传送，其格式和TUP的电话消息信号单元(MSU)

一样，ISUP 也是处理消息中的信号信息字段(SIF)。但 ISUP 处理的 SIF 是作为 8 位位组的堆栈方式出现的，由路由标记、电路识别码、消息类型编码、必备固定部分、必备可变部分和任选部分组成，ISUP 消息的一般格式和发送顺序如图 3-33 所示。

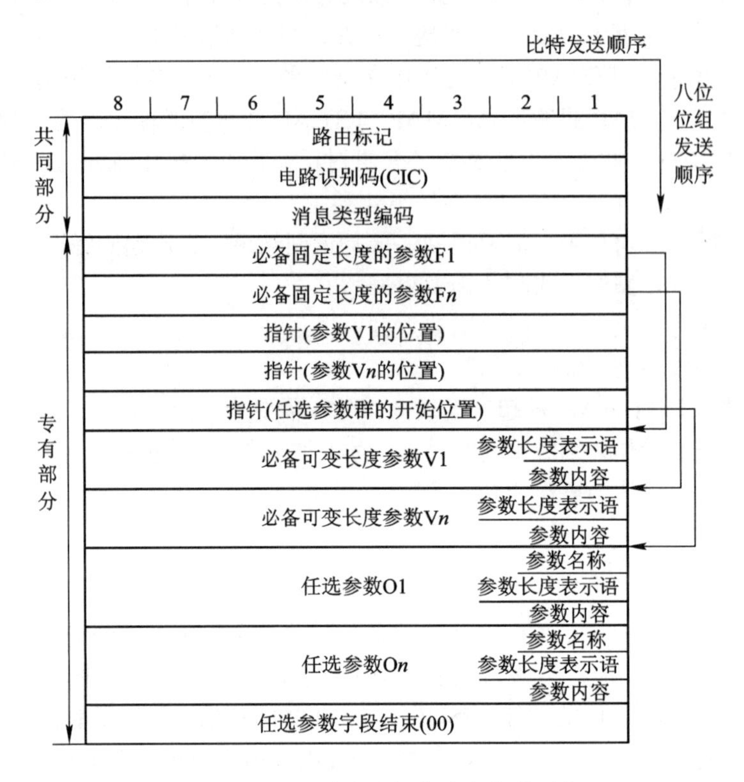

图 3-33 ISUP 消息一般格式和发送顺序

在发送消息时，首先发送路由标记，最后发送任选部分，在发送每个字节时先从最低的有效位开始。

ISUP 的每种消息由若干个参数组成，每个参数有一个名字，按字节编码。参数的长度可以是固定的，也可以是可变的。每个可变参数包括长度表示语，用来表明参数内容中字节的数目，长度表示语本身也占用一个字节。下面分别对各组成部分的内容说明如下。

我国 ISUP 消息中的路由标记的格式如图 3-34 所示。

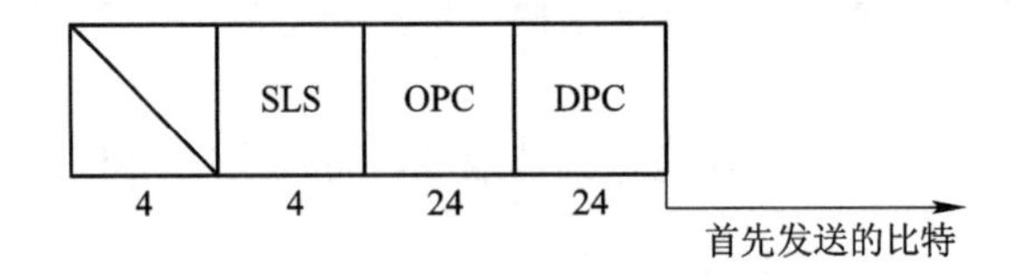

图 3-34 ISUP 消息路由标记格式

图 3-34 中，DPC 和 OPC 意义同前述；SLS 是信令链路选择，用于进行负荷分担的信令链路的编码。SLS 为 8 位，目前只用了 4 位，仍然是 CIC 的低四位。

消息类型编码统一规定了每种 ISUP 消息的功能和格式，对所有消息都是必备的。

3. ISUP消息举例

下面对两个常用的ISUP消息信令信息编码进行说明，它们是初始地址消息IAM(initial address message)、地址全消息ACM(address complete message)。

1) 初始地址消息IAM

IAM是前向发送的消息，以便开始占用出局电路并同时发送号码及其他与选路和处理呼叫有关的信息。我们首先来看IAM的消息结构。

IAM消息结构的第一个八位是消息类型编码，接着是必备固定部分，用F表示它的类型。紧接在F类型后面的是必备可变部分，用V表示其类型。必备可变部分的后面是任选部分，用O表示其类型。

初始地址的消息结构如表3-17所示。

表3-17 IAM消息结构

参数	类型	长度(八位位组)	参数	类型	长度(八位位组)
消息类型	F	1	用户到用户表示语	O	3
连接性质表示语	F	1	通用号码①	O	5～13
前向呼叫表示语	F	2	传播时延计数器	O	4
主叫用户类别	F	1	用户业务信息	O	4～13
传输媒介请求	F	1	网络专用性能	O	4～?
被叫用户号码	V	4～11	通用数字	O	?
转接网选择	O	4～?	始发ISC点编码	O	4
呼叫参考	O	8	用户终端业务信息	O	7
主叫用户号码	O	4～12	远端操作	O	?
任选前向呼叫表示语	O	3	参数兼容性信息	O	4～?
改发的号码	O	4～12	通用通知②	O	3
改发信息	O	304	业务激活	O	3～?
闭合用户群连锁编码	O	6	通用参考①	O	5～?
连接请求	O	7～9	MLPP优先	O	8
原被叫号码	O	4～12	传输媒介要求	O	3
用户到用户信息	O	3～131	位置号码	O	5～12
接入转送	O	3～?	任选参数结束	O	1
用户业务信息	O	4～13			

注：①表示待研究；②表示这个参数可以重复。表中问号“？”表示参数长度可变。

IAM消息编码结构中每一部分的编码都可以在规范书中查到。

2) 地址全消息ACM

ACM是后向发送的消息，表明已收到为该呼叫选路到被叫用户所需的所有地址信号。同样，首先看ACM的消息结构。

ACM 消息结构中地址全消息结构如表 3-18 所示。

表 3-18　ACM 消息结构

参　数	类型	长度(八位位组)	参　数	类型	长度(八位位组)
消息类型	F	1	回声控制信息	O	3
后向呼叫表示语	F	2	接入转交信息	O	3
任选后向呼叫表示语	O	3	改发号码	O	5～12
呼叫参考	O	8	参数兼容性信息	O	4～?
原因表示语	O	4～?	呼叫变更信息	O	3
用户-用户表示语	O	3	网络专用性能	O	4～?
用户-用户信息	O	3～131	远端操作	O	3～?
接入转送	O	3～?	业务激活	O	3～?
通用通知表示语	O	3	改发号码限制	O	3
所用的传输媒介	O	3	任选参数结束	O	1

注：“通用通知表示语”表示这个参数可以重复；“?”表示参数长度可变。

ACM 消息编码结构中每一部分的编码都可以在规范书中查到。

4. ISUP 基本信令流程

1) 成功呼叫接续基本信令程序

如图 3-35 所示，IAM 消息是去话 MSC 发的第一条消息，消息中已携带了完整的被叫用户号码、主叫用户类别、传输媒介请求和主叫用户号码等信息；当被叫用户空闲时回送 ACM(address complete message)消息并开始振铃；被叫应答后回送 ANM(answer message)消息开始通话；当被叫先挂机，直接发 REL(release message)清除局间电路和用 RLC 消息来证实；主叫先挂机和被叫先挂机一样处理，只是消息的方向不同(ISUP 中任意一方都可以发起释放局间中继电路的动作)。

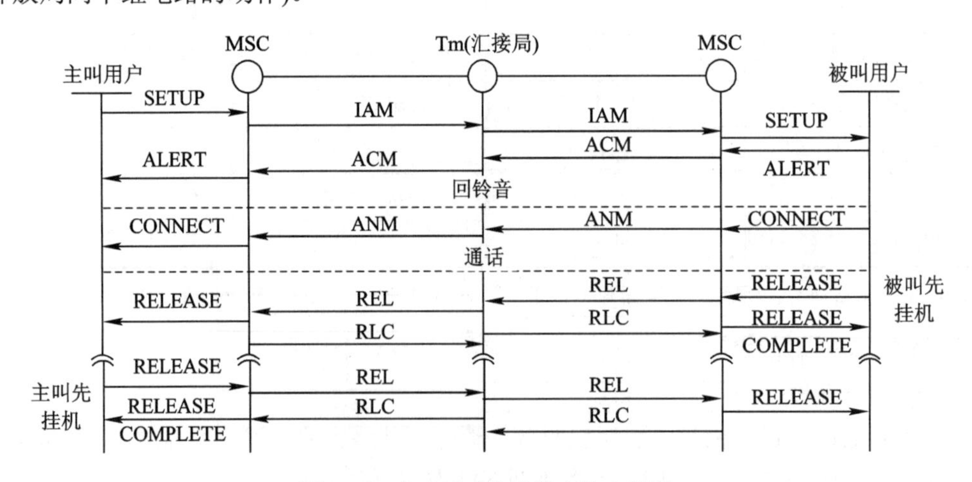

图 3-35　成功呼叫接续基本信令程序

2) 不成功呼叫接续基本信令程序

如图 3-36 所示，去话 MSC 发 IAM 消息准备建立呼叫；而来话 MSC 发现被叫用户忙，或因基站子系统的故障无法寻呼到用户或其他的原因无法接通被叫，则送 REL 消息通知接续失败，REL 的“原因值”参数会告诉去话 MSC 无法接通的原因；去话 MSC 发的 REL 清除局间中继电路，来话 MSC 用 RLC(release complete message)消息进行证实。

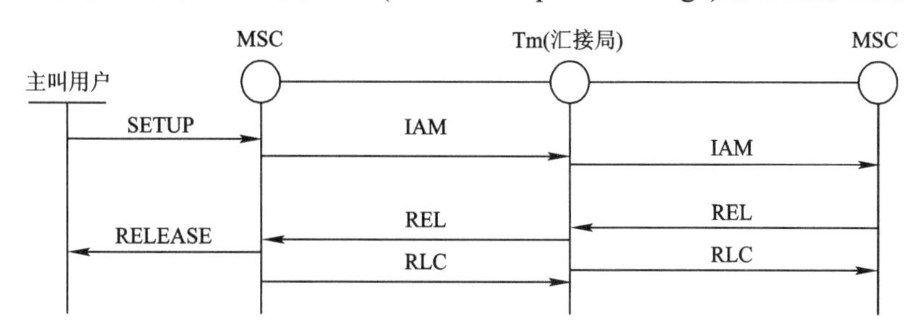

图 3-36 不成功呼叫接续基本信令程序

3) ISUP 和 No.1 的信令配合过程

在移动网中 MSC 和 MSC 之间采用的都是 No.7 信令方式，ISUP 和 No.1 的信令配合只会出现在移动呼叫固定时，如图 3-37 所示。汇接局将 IAM 消息中的信息转换成一系列的 No.1 的信号。当被叫空闲时(KB = 1)，回 ACM 消息并振铃。被叫应答后回 ANM 消息开始通话。固定电话作被叫挂机时不能释放局间电路，要向去话 MSC 发 SUS(挂起)消息请求拆线，而由去话 MSC 发 REL 消息开始拆除局间中继电路。如呼叫不成功，汇接局则根据 PSTN 回 KB 的不同值，在向去话 MSC 回的 REL 消息中带上不同的原因值。

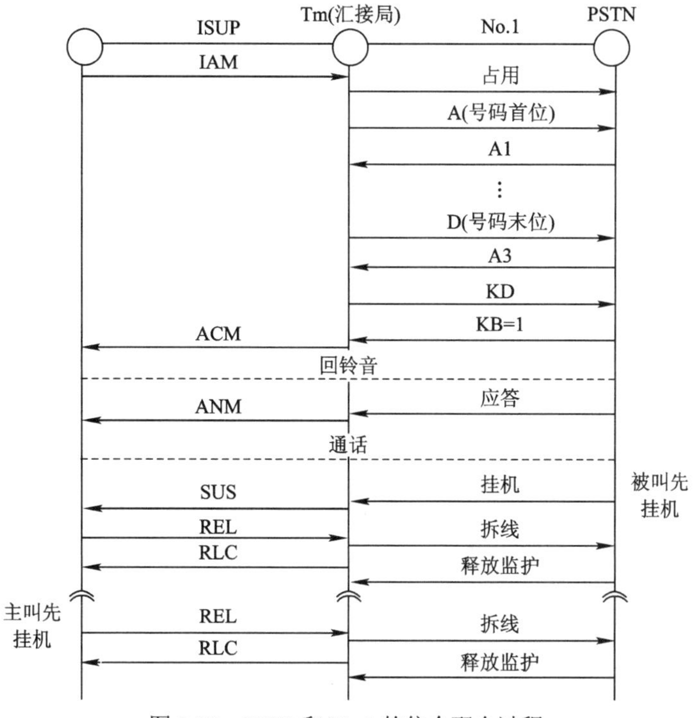

图 3-37 ISUP 和 No.1 的信令配合过程

4) ISUP 和 TUP 的信令配合过程

图 3-38 中，因为 ISUP 和 TUP 同属 CCS7 信令方式系统，所以它们的消息和信令配合都很相似，不同的是 TUP 的局间中继电路由去话 MSC 发起拆线，而 ISUP 是任何一方都可以发起拆线的；另外如果呼叫不成功，ISUP 用同一个 REL 消息带不同的原因值参数，而 TUP 要用不同的消息来结束呼叫。

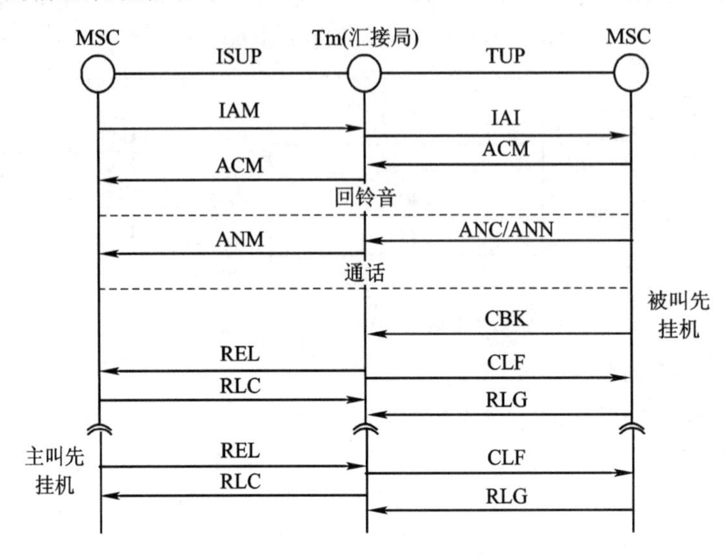

图 3-38 ISUP 和 TUP 的信令配合过程

本 章 小 结

本章主要介绍了信令的相关知识。首先从概念入手，介绍了信令的基本概念，包括信令分类、信令方式等来说明通信系统中信令的重要作用。其次对目前国际上主要应用的 CCS7 信令作了详细介绍，包括 CCS7 信令的系统功能结构，它的工作方式以及 CCS7 信令网络的结构、组成、分类和简单的应用。这样从信令的概念入手，通过信令的各个细节知识，最后再通过简单的信令网的应用使读者对信令系统有一个全面的认识。

习 题 3

3-1 什么是信令？有哪些主要功能？

3-2 按照工作区域信令分为哪两类？各自的功能特点是什么？

3-3 按照功能信令分为哪几类？

3-4 什么是随路信令？什么是公共信道信令？与随路信令相比，公共信道信令有哪些优点？

3-5 什么是信令方式？

3-6 画图说明信令在多段路由上的传送方式。

3-7 信令的控制方式有几种？各有何特点？

3-8 CCS7 信令单元有几种？它们是怎样组成的？

3-9 简述 No.7 信令的功能级结构和各级功能。

3-10 画图说明 CCS7 信令与 OSI 分层模型的对应关系。

3-11 信令网是由哪几部分组成的？各部分的功能是什么？

3-12 信令网有哪几种工作方式？

3-13 什么是信令路由？信令路由分哪几类？路由选择原则是什么？

3-14 我国信令网与电话网是如何对应的？

3-15 7 号信令网的组成三要素是什么？

3-16 画出一个成功呼叫的 ISUP 信令程序过程。

第 4 章　数字程控交换原理与技术

4.1　交换机的基本功能与基本组成

交换机的基本功能是实现任意两个用户之间的通信连接，完成用户间的通信。本章重点介绍完成语音通信的交换机，它通过呼叫建立和释放阶段在用户线和中继线上传输的信令实现联络控制作用。因此，交换机本质上就是一种完成通信连接和释放的实时控制系统。

自 1876 年贝尔(Bell)发明电话和 1891 年史端乔(Strowger)发明步进制自动交换机以后，交换机经历了纵横制、布线逻辑控制和存储程序控制等几个阶段。随着电子技术、控制技术、计算机技术和通信技术的发展，控制系统从最初的机电直接控制、布尔逻辑的电子间接控制到程序存储控制的程控系统，对应的交换机由步进制交换机、纵横制交换机、布线逻辑控制交换机发展成存储程序控制交换机，简称程控交换机。随着脉冲编码调制(PCM)等数字技术的发展，传输信号从模拟信号过渡到数字信号，相应的交换设备由程控交换机发展成为数字程控交换机。一个数字程控交换机主要包括硬件系统和软件系统两个部分，是现代通信技术、计算机技术、控制技术和大规模集成电路相结合的产物。

4.1.1　交换机的基本功能

终端设备(电话机)之间的每一次通信连接都包括呼叫建立、信息传输和连接释放三个阶段。交换机要完成上述三个阶段的任务，必须具备以下的基本功能。

(1) 监视功能：对交换机的用户线和中继线的状态进行监视，一旦发现状态改变(发起呼叫、释放、通信、通信中断等)，及时做出响应。

(2) 信令功能：具有用户网络信令和局间信令的能力，并能按照信令协议产生信令信号和处理信令信号。

(3) 分析判断功能：能对输入数据和信息进行分析判断，如号码分析、状态分析，决定下一步的操作。

(4) 路由选择功能：从交换网络的多条通路中选出一条主叫用户和被叫用户间的空闲通路。

(5) 网络接续功能：能通过交换网络实现路由的接续，完成一条输入到输出线的通信连接。

除了上述的基本功能外，交换机还需要系统结构、系统安装设计和运营维护所需的功能。

4.1.2　交换机的基本组成

图 4-1 所示为交换机的基本组成，交换机的硬件系统由控制部分和话路部分组成，包括用户电路、中继器、交换网络、信令设备和控制系统等。

(1) 用户电路：用户电路是交换机与用户话机的接口。

(2) 中继器：中继器是交换机与交换机之间的接口。

(3) 交换网络：交换网络用来完成任意两个用户之间，任意一个用户与任意一个中继器之间，任意两个中继器之间的连接。

(4) 信令设备：用来接收和发送信令信息。

(5) 控制系统：是交换机的指挥中心，完成对话路设备的控制。它负责接收各个话路设备发来的状态信息，确定各个设备应执行的动作，向各个设备发出驱动命令，协调各设备共同完成呼叫处理和维护管理任务。这是一种集中控制方式的交换机。

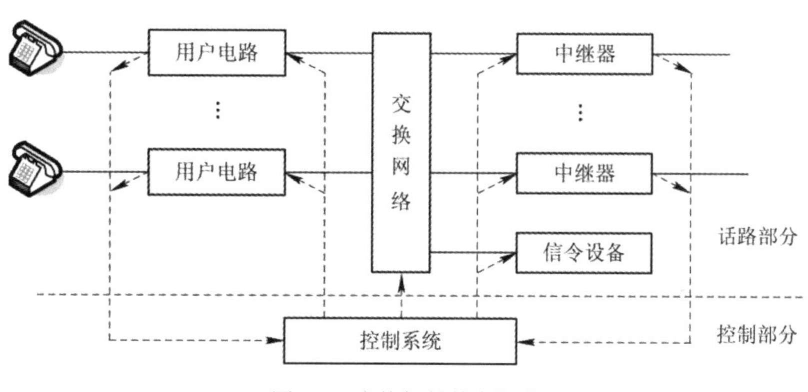

图 4-1　交换机的基本组成

4.2　数字程控交换机的控制方式

程控交换机中的控制系统实际上是一个多处理机系统，或计算机的局域网，其组成部件多，结构复杂。如何将各个部分进行合理配置，相互协调，使其构成一个完整的交换系统，是交换机总体结构设计和分析所要面临的问题。总体结构分析是从模块化的角度分析交换机的构成。模块是由一定基本功能的基本电路、部件等组成的，模块的划分则由交换机采用的控制方式来决定，不同的控制方式得到不同的模块结构。控制系统的结构方式主要由控制系统的控制方式、处理机的分工方式来决定。交换系统的控制部分主要由计算机系统组成，按照控制方式的不同，可以分为集中控制和分散控制两大类。

需要指出的是，对模块的划分没有严格统一的标准、规范，不同的交换机，即使采用完全相同的控制方式，其模块结构也可能会有所不同。

4.2.1　集中控制

集中控制系统如图 4-2 所示，设系统有 m 个资源，交由 n 个处理机去完成 f 个功能，即处理机可以使用所有的资源，完成所有的功能。

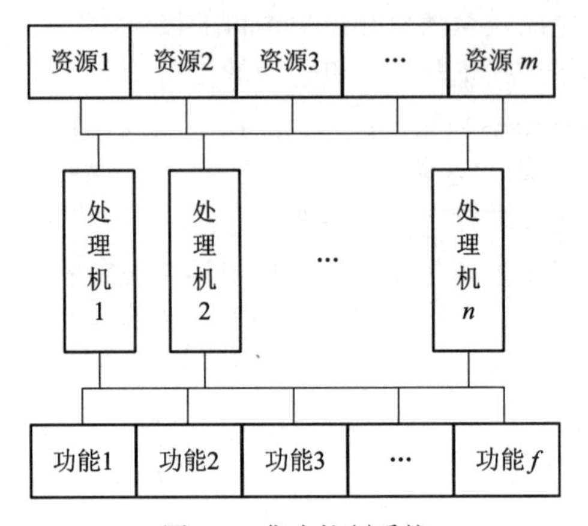

图 4-2　集中控制系统

集中控制使得处理机能够及时掌握、了解整个系统的运行状态，使用和管理系统的全部资源，防止出现资源争夺的冲突。缺点是灵活性差，经济性差(处理机复杂，成本高，性价比低)，软件庞大，维护困难。适合于一些小容量(几百门以下)的交换机。

4.2.2　分散控制

分散控制系统是一个多处理机系统，控制系统中的每台处理机只能使用部分资源，完成部分功能，如图 4-3 所示。

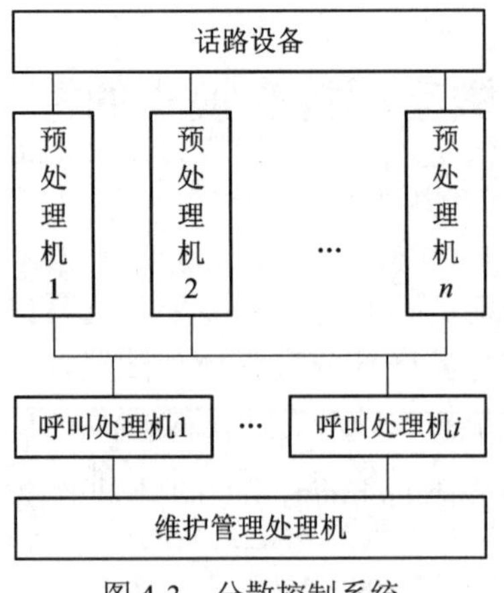

图 4-3　分散控制系统

1. 分散控制方式

分散控制方式进一步分为分级控制方式、全分散控制方式和基于容量分担的分散控制方式。

1) 分级控制方式

分级控制方式是将控制功能分级，不同层次的控制功能由不同的处理机完成。分级控制方式的基本特征在于处理机的分级，即将处理机按照功能划分为若干级别，每个级别的处理机完成一定的功能，低级别的处理机是在高级别处理机的指挥下工作的，各级处理机之间存在比较密切的联系。采用分级控制方式的交换机的硬件由用户模块、数字中继器、模拟中继器、数字交换网络、信令设备和控制系统等组成，如图 4-4 所示。

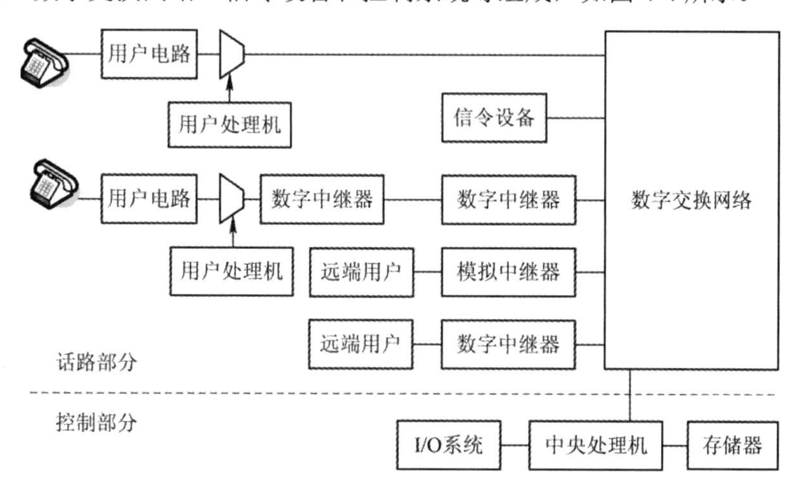

图 4-4　采用分级控制方式的交换机的硬件结构

2) 全分散(分布式)控制方式

全分散控制方式是将系统划分为若干功能单一的小模块，每个模块都配备有处理机，用来对本模块进行控制，每个模块都具有通路选择和建立功能。各模块处理机是处于同一个级别的处理机，各模块处理机之间通过交换消息进行通信，相互配合以便完成呼叫处理和维护管理任务。

全分散控制方式的主要优点是可以用近似于线性扩充的方式经济地适应各种容量的需要，呼叫处理能力强，整个系统全阻断的可能性很小，系统结构的开放性和适应性强；缺点是处理机之间通信量大而复杂，需要周密地协调各处理机的控制功能和数据管理。

全分散控制方式的典型代表是 S1240 交换机，如图 4-5 所示。

S1240 交换机由数字交换网(DSN)和连接到 DSN 上的各模块组成。模块由终端控制单元和辅助控制单元两种模块组成。

(1) 终端控制单元。

终端控制单元由两部分构成：一部分是处理机部分，也称控制单元(control element，CE)；另一部分是终端电路(terminal circuit，TC)。不同的模块控制单元部分的硬件实现相同，但终端电路部分不同。

交换机的全部控制功能都由分布在各个控制单元中的处理机来完成。终端控制单元有多种类型，包括模拟用户模块(ASM)、数字中继模块(DTM)、ISDN 用户模块(ISM)、ISDN 中继模块(ITM)、服务电路模块(SCM)、ISDN 远端用户单元接口模块(IRIM)、高性能公共信道信令模块(HCCM)、外设与装载模块(P&L)、时钟与信号音模块(CTM)。

(2) 辅助控制单元。

辅助控制单元(ACE)不含终端电路，只有控制单元，主要完成软件控制功能。根据所装软件的不同，ACE 有多种类型，如呼叫服务 ACE，防护、操作及七号信令管理 ACE，数据收集和中继资源管理 ACE，PBX(小交换机)和计费 ACE，智能网和开放系统互连堆栈 ACE，备用 ACE(这类 ACE 没有特定的功能，如果其他 ACE 出现故障，则这类 ACE 在装载相应的软件和数据后可接替它们出现故障的 ACE 的工作)。

(3) 数字交换网络。

数字交换网络(DSN)是 S1240 交换机的核心，各个模块通过 DSN 相连。DSN 是一个多级多平面网络，最多可装 4 级、4 个平面。级数可根据系统容量确定，平面数量是由话务量决定的。

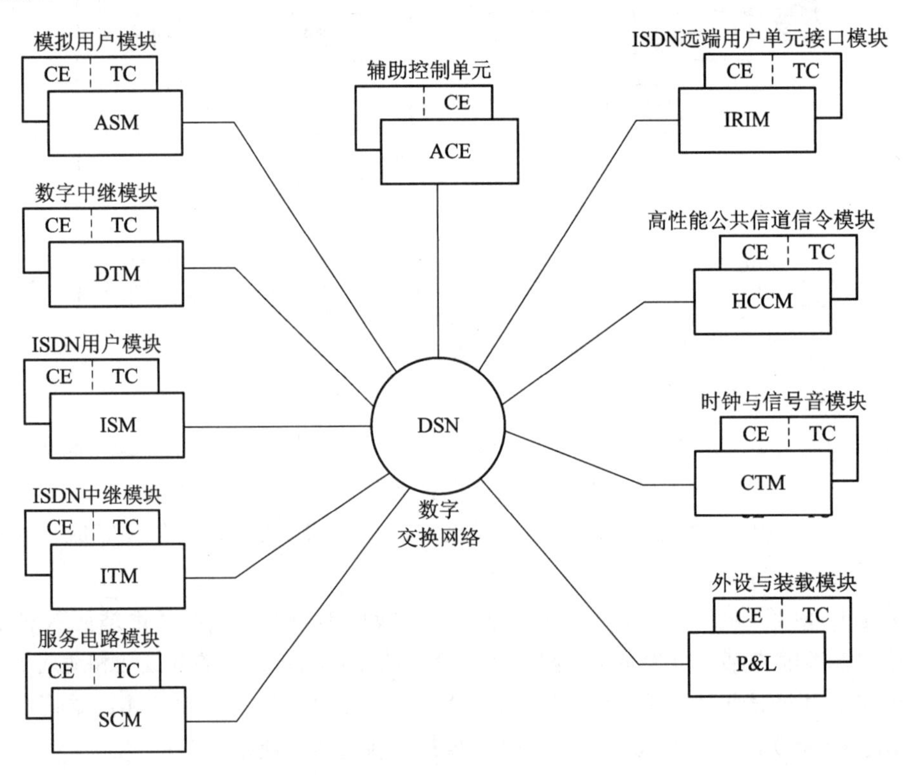

图 4-5 采用全分散控制方式的 S1240 交换机

3) 基于容量分担的分散控制方式

基于容量分担的分散控制方式介于分级控制方式和全分散控制方式之间。首先，交换机分为若干独立的模块，这些模块具有较完整的功能和部件，相当于一个容量较小的交换局，每个模块内部采用分级控制方式，有一对模块处理机 MP 作为主处理机，下辖若干对外围处理机，控制完成本模块用户之间的呼叫处理任务。

采用这种方式的交换机一般主要由交换模块、通信模块和管理模块三部分组成，如图

4-6 所示。这种交换机中可有一个或多个交换模块(SM)，各模块通过通信模块(CM)互连。另外，该交换还设置了一个维护管理模块(AM)用来对整个交换机进行管理并提供到维护管理人员的接口。

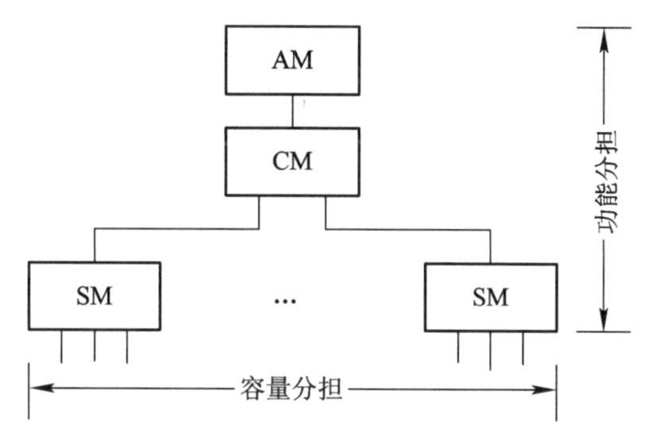

图 4-6　基于容量分担的分散控制方式的交换机

交换模块(SM)主要完成交换和控制功能，提供用户线和局间中继线的接口电路。根据所处的位置不同，SM 可分为本地(局端)交换模块和远端交换模块。

交换模块(SM)是交换机中最主要、最基本的组成部分，交换机中大部分呼叫处理功能和电路维护功能由交换模块完成。交换模块包括接口单元、模块交换网络和交换模块控制单元三部分。

通信模块(CM)的主要功能是完成管理模块(AM)与交换模块(SM)之间及交换模块与交换模块之间的连接和通信、管理模块(AM)与交换模块(SM)之间的呼叫处理和管理信息的传送、各交换模块之间的话音时隙交换功能。

管理模块(AM)主要负责模块间呼叫接续管理，并提供交换机主机系统与维护管理系统的开放式管理结构。AM 由主机系统和终端系统构成。

主机系统负责整个交换系统的模块间呼叫接续管理，各 SM 之间的接续都需要经过主机系统转发消息。主机系统面向用户，提供业务接口，完成交换的实时控制与管理。

终端系统采用客户机/服务器的方式提供交换系统与开放网络系统的互联，并且通过 Ethernet 接口与主机系统直接相连，是交换系统与维护管理系统相连的枢纽，它提供以太网接口，可接入维护工作站 WS，并提供到网管中心相连的各种接口。

需要指出的是，基于容量分担的分散控制方式的交换机是一种综合性能较好的控制结构，近年来得到了广泛应用。美国的 5ESS 交换机和我国生产的几种大型局用交换机(如 C&C08、ZXJ10 等)都采用了这种结构。

2. 处理机系统的分工方式

从上述介绍可以看出，交换机的各类控制方式主要与交换机系统中处理机的任务分工有关。处理机系统的任务分工一般分为容量分担和功能分担两类。

容量分担是指每台处理机只对系统的部分容量执行全部功能，包括呼叫处理、运行维护功能。这意味在容量分担方式中，资源是分散的，每台处理机只能使用预先分配的固定数量的资源，控制功能是集中的，每台处理机都能独立实现全部控制功能。容量分担的优点是各模块独立，即任何一个模块出现故障不会影响整个系统，扩容方便；其缺点也是模块独立，系统的公共资源(如中继线等)难以共享，同时容量的选择也是一个两难的选择(若容量过小，则模块数量多，通信频繁，影响效率；若容量过大，则会趋向集中控制)。

功能分担则把交换机的功能(如接口、交换、控制等)按照不同类别分散在不同的处理机上去执行，如前面介绍的S1240交换机。这种方式的资源使用是集中的，即每个处理机可使用公共资源，控制功能是分散的。

归结起来，容量分担具有资源分散、功能集中的特点；功能分担则有资源集中、功能分散的特点。

4.2.3　处理机的冗余配置

当前，对交换机的控制系统的可靠性要求非常高，要求累计间断时间小于等于3 min/a。为了提高控制系统的可靠性，一般采用冗余配置。

对于完成重要功能的处理机采用1 + 1冗余配置，不重要的则可采用$n + 1$冗余配置(即n台处理机和1台冗余)。1 + 1的冗余配置有三种工作方式：同步双工工作方式、双机互助(话务分担)方式、主/备用方式。

1. 同步双工工作方式

同步双工工作方式如图4-7所示。

两台处理机同步工作，同时接收话路设备的输入信息，执行相同的指令，对执行结果进行比较。若比较结果相同，则表明处理机工作正常，程序继续执行，这时两台处理机中只有一台处理机输出信息控制话路设备工作；如果比较结果不一致，说明至少有一个处理机发生故障，则中断正常业务，各自启动检测程序，检测出的有故障的处理机退出服务，且应尽快修复，返回到工作系统中。

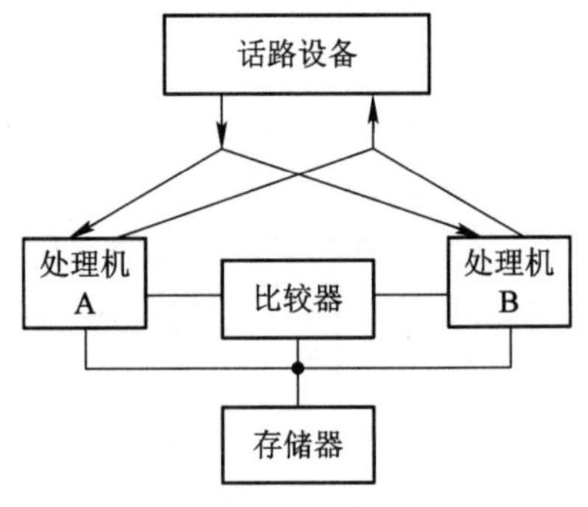

图4-7　同步双工工作方式

同步双工工作方式具有如下特点：

(1) 对硬件故障反应快，对软件故障没有容错能力。

(2) 需不停进行同步复核，降低了处理机的效率。

2. 双机互助方式

图4-8所示为双机互助方式。在该方式下，两台处理机各自独立工作，因此这种方式又称为负荷分担方式或话务分担方式。话务工作由两台能独立承担该话务工作的处理机分担，一旦有一台处理机出现故障，就由另一台处理机承担全部的话务工作。

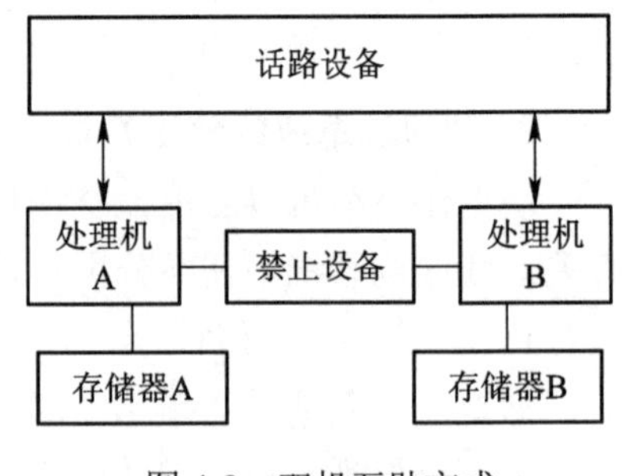

图4-8　双机互助方式

双机互助方式的优点：过负荷能力强，对软件故障有容错能力，调试新软件、扩充新设备时，可使一台服务，一台调试。

双机互助方式的缺点：为避免双机同抢资源，双机通信较频繁，导致软件较复杂，对硬件故障的处理速度不如同步双工工作方式反应快。

3. 主/备用方式

主/备用方式如图 4-9 所示。

在这种方式下，处理机 A 和处理机 B 共享话路和存储器设备，一台处理机联机工作，一台处理机备用，一旦主用机出现故障，立刻进行主/备用设备切换。

主/备用方式具有实现简单、主/备用切换时会产生延误、已有的连接会中断等特点。

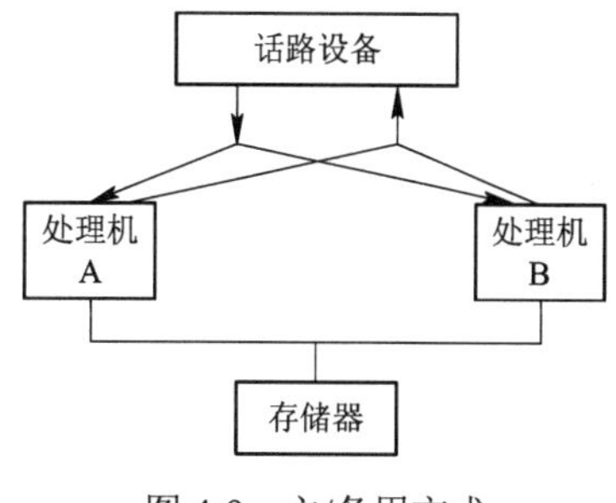

图 4-9　主/备用方式

主/备用方式分为冷备用与热备用两种。采用冷备用方式时，备用机中没有保存呼叫数据，切换时可能丢失大量呼叫；采用热备用方式时，备用机保存主用机送来的相关数据，可以随时接替工作。

4.2.4　多处理机之间的通信方式

通过前面的介绍可知，交换机普遍采用多处理机来完成系统的控制。在实际工作中，需要多台处理机协同工作，各处理机之间的通信方式是交换机系统中的一个重要问题。

多处理之间的信息传输系统可以看作一个通信网络系统，或者一个计算机网络系统。因此，多处理机的通信可以利用现有的通信信道或现有的通信系统来完成。例如，利用 PCM 信道的 TS_{16} 通过数字交换网络进行通信，与话音信息一同在交换网络中传输，使用不同的标志区分。也可以采用计算机网络常用的通信结构，如多总线、局域网等方式。

1. 通过数字交换网络进行通信

交换机传输和交换信息一般通过数字交换网络来完成。采用交换网络来传送处理机之间的通信信息是一种简单可行的方法。一般采用 TS_{16} 或者单独采用任一话音信道来完成处理机的通信任务。

1) 利用 TS_{16} 进行通信

PCM 信道的 TS_{16} 在进行局间通信时用作局间信令时隙，在 7 号信令中作为信令链路使用。但在交换机内部，TS_{16} 处于空闲状态，可以用于传输处理机之间的通信信息，这种方式的优点是无须增加硬件设备，实现简单，不足之处是通信速率会受到限制。

2) 通过数字交换网络的任一话音信道传送

这种方式主要利用 PCM 信道中的用户话音数据时隙来传输处理机之间的信息。与利用 TS_{16} 进行通信相比，采用该方式时，信道、传输速率不受限制，但为了与用户话音数据有区分，必须设置不同格式的信道字标记。

2. 利用计算机网络进行通信

在由多处理机构成的通信网络中，程控交换机采用的是多机通信方式。多机通信一般有多总线结构和局域网结构两种。

1) 多总线结构

多总线结构采用一组多总线来实现物理连接，即使用共享存储器或通过时分复用总线方式来实现多处理机之间的信息通信。

2) 局域网结构

局域网结构采用令牌环型和以太网两类通用的局域网结构及相应的通信协议来完成

多处理机之间的通信。

(1) 令牌环形结构。利用令牌(token)来实现信道的分配和使用权，完成多处理机之间的信息通信。

(2) 以太网结构。采用带冲突检测的载波侦听技术(CSMA/CD)，各处理机共用总线，通过冲突检测来发现是否可以使用总线。如果发现冲突，则表明其他处理机在使用总线，这时需要继续检测；如果没有发现冲突，则可以利用总线来实现处理机之间的信息通信。

4.3　数字程控交换机的工作原理

4.3.1　语音信号数字化和时分多路通信

数字交换机内部全部是数字信号，在通信网中大量的电话机主要是模拟电话机，模拟电话机发送和接收的语音信号均为模拟信号，因此，在交换机用户模块中，需要完成数/模和模/数转换，语音信号进入交换机前完成语音信号的数字化，反方向则完成数/模转换。

1. 语音信号数字化

语音信号的数字化要经过抽样、量化和编码三个步骤。

1) 抽样

抽样的功能是将时间上连续的模拟信号变为时间上离散的抽样值，如图 4-10 所示。电话语音信号频带为 300～3400 Hz，抽样频率为 8000 Hz，即抽样周期为 125 μs。

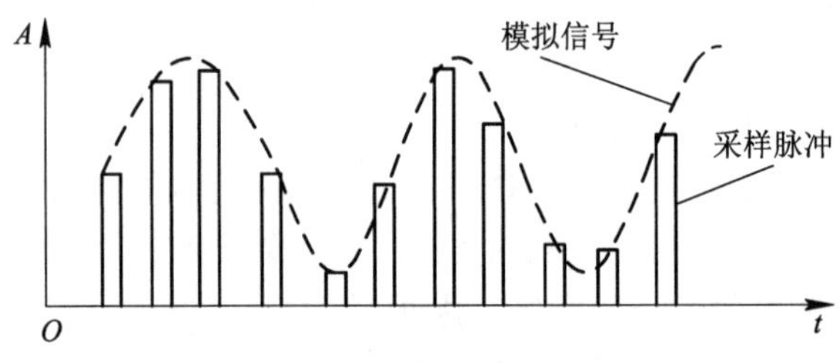

图 4-10　模拟信号的抽样

2) 量化

量化是指用有限个度量值来表示抽样后的信号的幅度值。根据量化级的选取，有均匀量化(线性量化)和非均匀量化(非线性量化)两种方法，如图 4-11 所示。

均匀量化：在整个量化区间，所有量化间距都相同。均匀量化的优点是实现起来比较容易，缺点是小信号的信噪比比较小。

非均匀量化：对大信号，量化噪声可以大一些，对小信号，量化噪声小一些，这样能够保证信号整体的信噪比一致。最常用的方法是压扩法，即对输

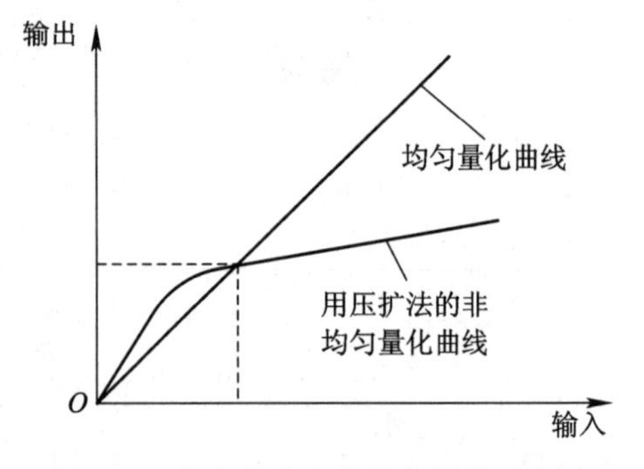

图 4-11　均匀量化和非均匀量化示意图

入的信号首先进行类似对数函数的压扩处理，小信号扩大了，而大信号压缩了，再进行均匀量化。

压扩律有两种：A 律和 μ 律。

欧洲各国和我国均采用 A 律，在 PCM30/PCM32 系统中采用；μ 律通用于北美地区和日本，在 PCM24 系统中采用。

A 律的输入电压(u_i)和输出电压(u_o)的关系如下：

$$u_o = \frac{Au_i}{1+\ln A} \quad (0 \leqslant u_i \leqslant \frac{1}{A}，小信号) \tag{4-1}$$

$$u_o = \frac{\ln Au_i}{1+\ln A} \quad (\frac{1}{A} \leqslant u_i \leqslant 1，大信号) \tag{4-2}$$

μ 律的输入电压和输出电压的关系如下：

$$u_o = \frac{\ln(1+\mu|u_i|)}{\ln(1+\mu)} \quad (0 \leqslant u_i \leqslant 1) \tag{4-3}$$

3) 编码

在 PCM32 系统中，采用 8 位码来表示一个样值，最高位是极性码，剩下的 7 位对应 128 个量化级。

2. 时分多路复用

多路复用分为频分复用方式和时分复用方式两种方式，如图 4-12 所示。

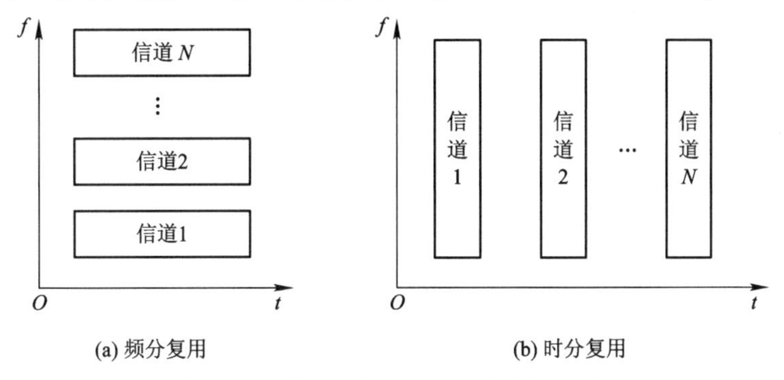

图 4-12　频分复用方式和时分复用方式

频分复用方式是将信道的可用频带划分为若干互不交叠的频段，每路信号的频谱占用其中的一个频段，以实现多路传输。

时分复用方式是把一条物理通道按照不同的时刻分成若干通信信道(如话路)，各信道按照一定的周期和次序轮流使用物理通道，这样从宏观上看，一条物理通路就可以传送多条信道的信息。

1) PCM 时分多路通信系统的基本原理

多路通信系统的基本原理如图 4-13 所示。电话通信系统中，一个周期内完成对多个用户的多路采样，每次采样的每一路采样信息通过量化编码后固定分配一个 PCM 时隙，利用同步机制，通过信道传输的 PCM 码流到达接收端后，再把固定时隙(time slot，TS)的信息分配给对应的每一路用户，完成 PCM 时分的多路通信。

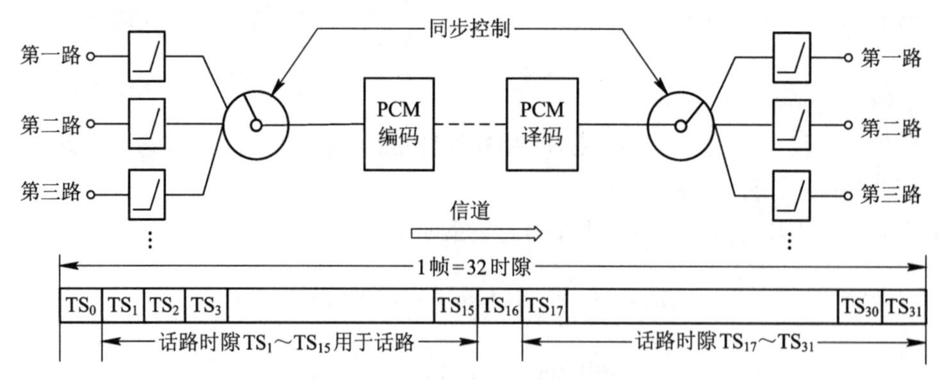

图 4-13 多路通信系统的基本原理

2) PCM30/PCM32 系统的参数

PCM30/PCM32 系统中，采样频率为 8 kHz，采样周期为 125 μs，每个时隙宽度为 125/32 = 3.9 μs，每秒传送 8000 帧，每帧 32 个时隙，每个时隙 8 bit 串行码，每位数据的宽度为 488 ns，每一路话音信号的 PCM 编码的传输速率 = 8000 Hz/s × 8 = 64 kb/s。64 kb/s 是程控数字交换机中基本的交换单位，也称为基本速率。对于 PCM30/PCM32 而言，基群的传送码率 = 8 bit/时隙 × 32 时隙/帧 × 8000 帧/秒 = 2048 kb/s。其中，30 路传输用户信息，用户信息可以是话音或数据信息；2 路传输信令信息，对应为 TS_0 和 TS_{15} 时隙。

16 个 PCM 单帧构成一个复帧，复帧周期为 125 μs × 16 = 2 ms。

3) 等级制时分复用 PCM 系统

在多路复用系统中，对一次群信号可以进一步实现多路复用，可以依次得到二、三和四次群。二次群由 4 个 PCM 基群复用而成。图 4-14 所示为 ITU-T 建议的等级制时分复用 PCM 系统。

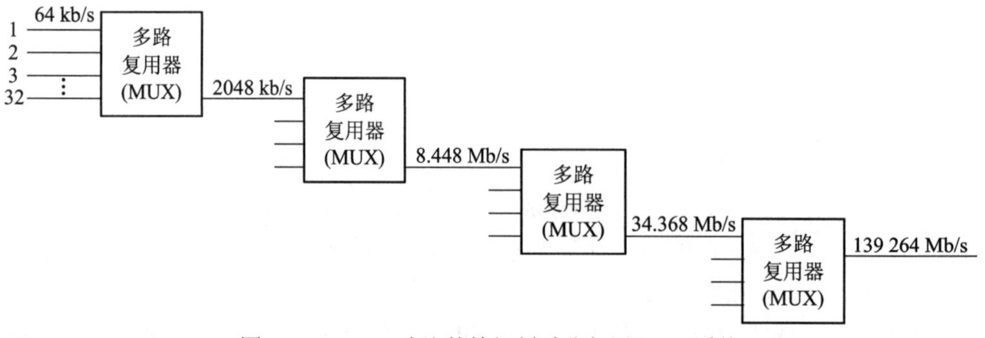

图 4-14 ITU-T 建议的等级制时分复用 PCM 系统

4.3.2 数字交换的基本过程

不同的用户和通过中继线传输的话音信号，通过交换网络转化为数字信号，通过 PCM 传输复用线进入数字交换网络中，经过交换网络输出到指定复用线的某时隙位置。

图 4-15 所示为两个用户进行通信的过程：将 A 用户的话音从上行通路的 HW_1 的 TS_2 经过数字交换网络后传送到交换网络下行通路 HW_3 的 TS_{31} 后，再传送给 B 用户，将 B 用户的话音从上行通路的 HW_3 的 TS_{31} 经过数字交换网络后传送到交换网络的下行通路的

HW_1 的 TS_2 后，再传送给 A 用户。

数字交换网络的基本功能是完成不同复用线之间不同时隙内容的交换。

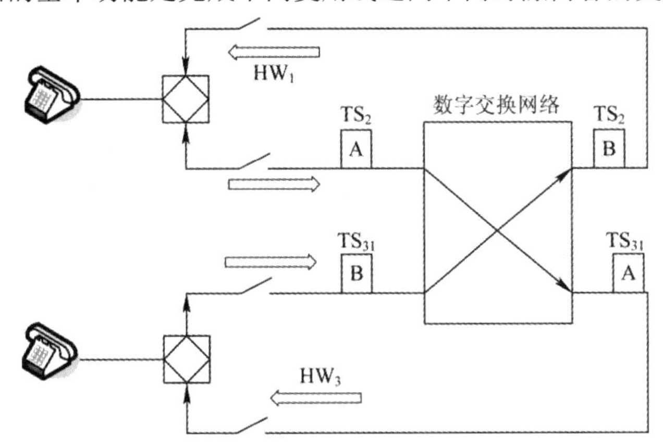

图 4-15　两个用户通过交换网络通信的过程示意图

4.4　数字程控交换机的硬件结构

数字程控交换机的硬件系统由控制部分和话路部分组成，包括用户电路、中继器、交换网络、信令设备和控制系统等。用户电路分为模拟用户线接口电路和数字用户线接口电路，中继器分为模拟中继器和数字中继器两类。

4.4.1　模拟用户线接口电路

模拟用户线接口电路(analog line circuit，ALC)是交换机与模拟用户线的接口。模拟用户线接口电路目前都是专用的集成电路，如图 4-16 所示。其主要有七大功能，即馈电(battery)、过压保护(overvoltage protection)、振铃(ringing)、监视(supervision)、编译码器和滤波(CODEC & filters)、混合(hybrid)、测试(test)，简称为 BORSCHT 功能。

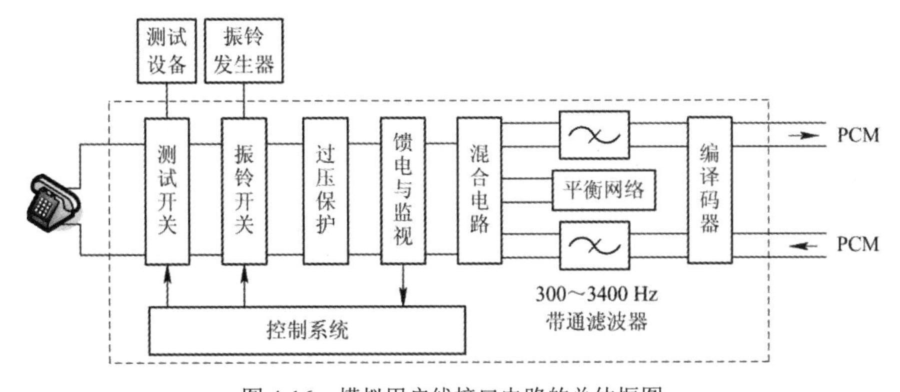

图 4-16　模拟用户线接口电路的总体框图

1. 馈电

馈电的作用是为用户话机提供通话所需的直流电源。图 4-17 所示为用户馈电原理图。

扼流圈阻止交流的话音信号通过电源回路串路。

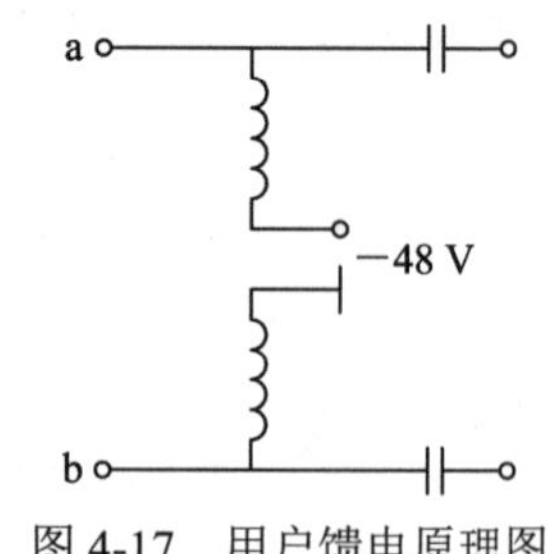

图 4-17 用户馈电原理图

2. 过压保护

为避免高压进入交换机内部而损坏交换机，系统设置了两级过压保护。第一级在总配线架上安放保安器，保安器可为热线圈或放电管，有高压时，保安器动作，可以引高压入地，但保安器的输出电压仍为上百伏，故需设置第二级过压保护。

第二级在用户电路中设置二极管钳位电路，过压保护电路如图 4-18 所示。

钳位电路将用户线(a 或 b)的电压钳位在 −48～0 V 之间。

热敏电阻 R 起限流作用，R 的阻值随电流增大而增大。

仅有第一级或第二级保护是不够的，需两级配合使用。

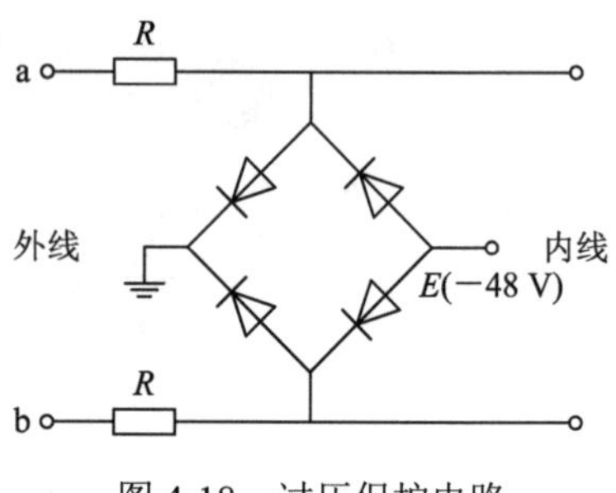

图 4-18 过压保护电路

3. 振铃

振铃开关提供振铃所需的 25～50 Hz、(90 ± 15) V 的交流电压，发送铃流。

如图 4-19 所示，振铃过程如下：控制系统发“振铃控制”→开关动作→铃流经用户线送达用户话机→振铃→用户摘机→振铃电路产生“截铃”信号→控制系统停止“振铃控制”信号→开关释放→停止振铃。

4. 监视

监视电路通过用户线回路状态来监视用户状态，包括用户的摘机、挂机状态，如图 4-20 所示。当用户摘机时，用户线直流回路接通，这时电阻上有直流流过，其电压通过放大电路放大，可作为该用户摘机的状态。当用户挂机时，用户线直流回路断开，无监视信号。

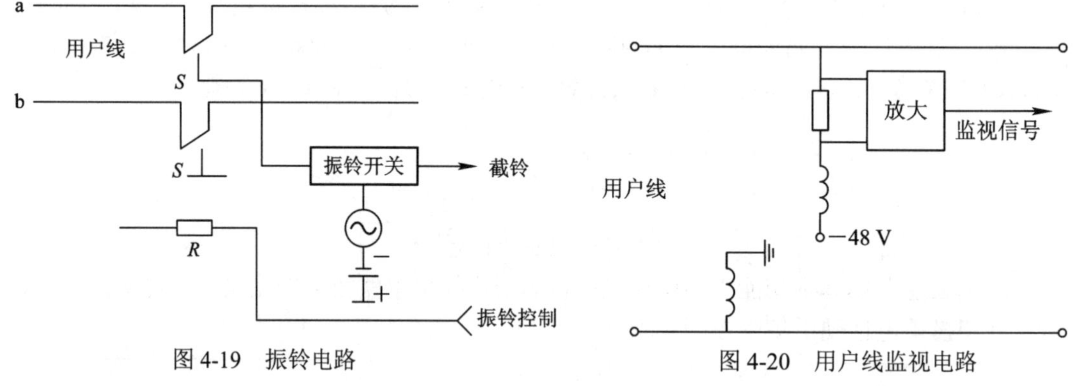

图 4-19 振铃电路　　图 4-20 用户线监视电路

5. 编译码器和滤波

编译码器和滤波电路用于实现用户线上的模拟信号与交换机内部的 PCM 信号之间的转换。如图 4-21 所示，模拟信号通过滤波后，完成数据的采样和编码，组成 PCM 码流，进入交换机内部，从交换机内部输出的 PCM 码流通过译码、数/模转换和平滑滤波后输出模拟信号。

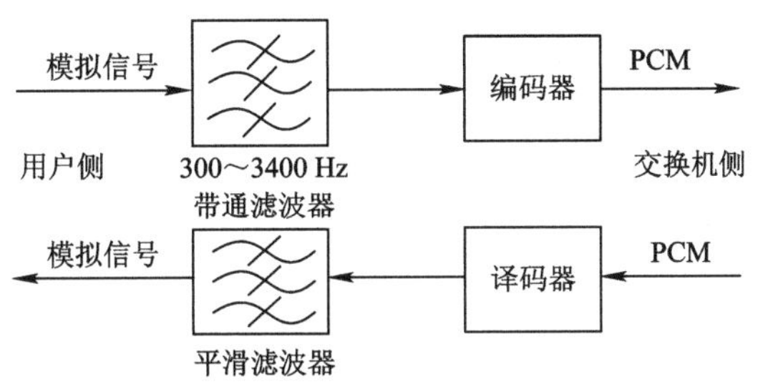

图 4-21　编译码和滤波

6. 混合(二/四线转换)

用户话机的模拟信号是二线双向 PCM 数字信号，在去话方向上要进行编码，在来话方向上要进行译码，必须采用四线制的单向传输，如图 4-22 所示。

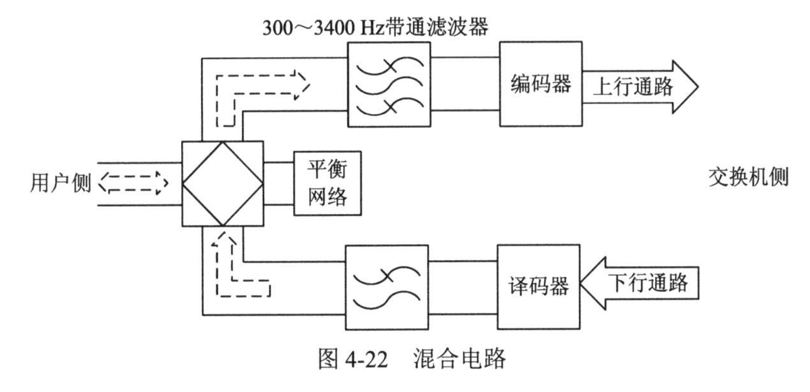

图 4-22　混合电路

7. 测试

当故障发生时，测试开关将用户内线与用户外线分开，以测定故障是局内设备故障还是局外设备故障。测试功能示意图如图 4-23 所示。

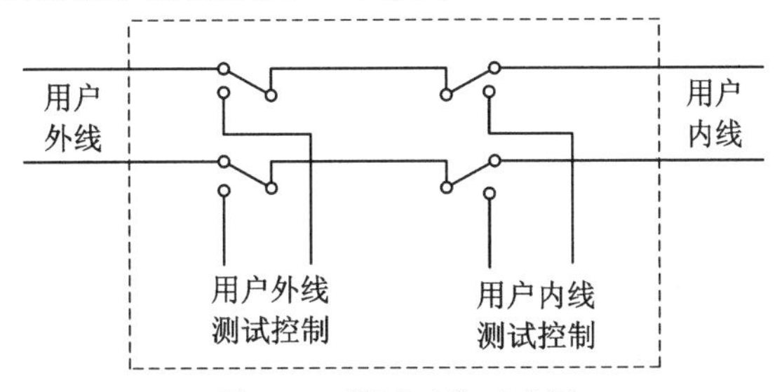

图 4-23　测试功能示意图

除了上述七项基本功能外，现代交换机的用户接口电路还可以完成极性转换、发送计费脉冲和投币电话硬币集中控制等功能。

4.4.2　中继器

中继器是数字程控交换机与其他交换机的接口，主要有模拟中继器和数字中继器两大类。

1. 模拟中继器

模拟中继器(analog trunk unit，ATU)的功能框图如图 4-24 所示。和模拟用户线接口电路的结构类似，模拟中继器主要增加了中继线路信号的监控和控制功能。

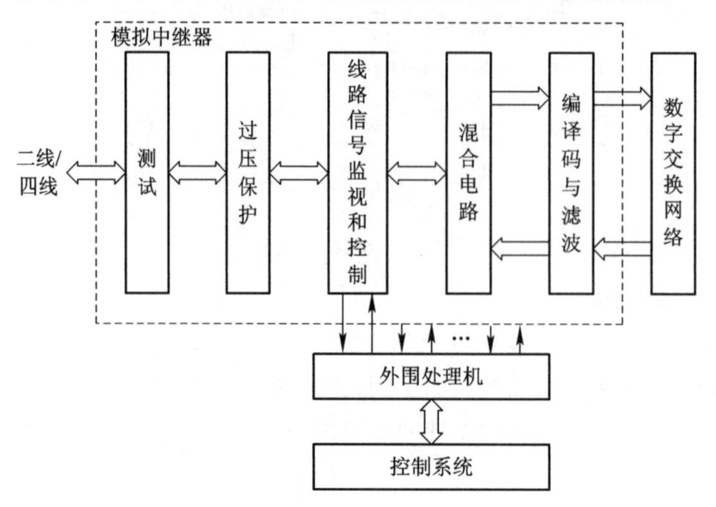

图 4-24　模拟中继器的功能框图

2. 数字中继电路

数字中继电路(digital trunk unit，DTU)是数字中继线和交换机的接口，主要实现码型变换、同步和信令控制三方面的功能，数字中继器的具体功能包括码型变换、时钟提取、帧/复帧同步、帧定位、帧和复帧定位信号插入、信令提取和插入等，如图 4-25 所示。

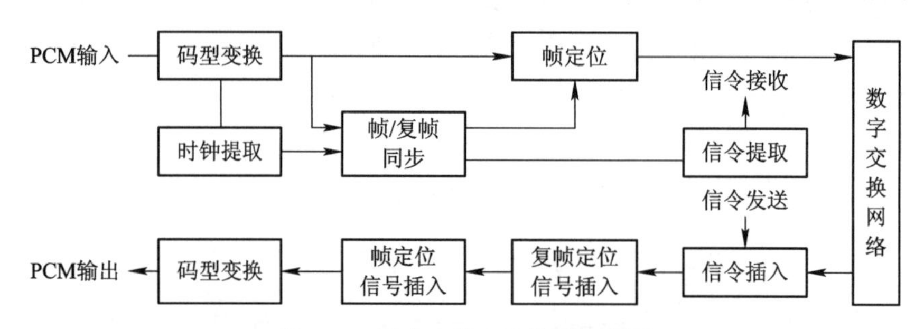

图 4-25　数字中继电路的结构框图

1) 码型变换

码型变换完成中继线上适于远距离传输的双极性的 HDB3 或 AMI 码与交换机内部单极性的 NRZ 码之间的相互转换，主要完成单极性与双极性之间、NRZ 和 HDB3(或 AMI)之间的双向转换。

2) 时钟提取

时钟是数字交换系统或数字传输系统的时间基准。各路交换设备均以内部时钟来接收和发送数据流。因此，为了在两个交换机系统之间或交换机与传输系统之间正确传输数据流，数字交换系统必须从输入的 PCM 码流中提取对端局的时钟频率作为输入基准时钟，并以此时钟信号来读取输入数据，同时，该时钟信号还作为本端系统时钟的外部参考时钟源。

时钟提取电路包括锁相环、谐振回路和晶体滤波。

3) 帧/复帧同步

帧同步就是从接收的数据流中搜索并识别到帧同步码，以确定一帧的开始，使接收端的帧结构排列和发送端的完全一致，从而保证数字信息的正确接收。帧同步码 0011011 在 PCM 偶帧的 TS_0 中。

在给定的帧同步码位上检测出同步码时判定为帧同步状态。当连续三次或四次检测的码字与帧同步不相符时，判定为帧失步状态，这时系统会在奇帧的 TS_0 发出失步警告通知对端。系统在帧失步状态下，只有连续两个偶帧都检测到同步码时，才判定为恢复帧同步状态。

如果数字中继线采用随路信令(No.1 信令)，则除帧同步外，还要有复帧同步。复帧同步就是使收、发两端的复帧中的帧与帧对齐，结构排列完全一致，以便正确接收各路标志信号。复帧同步码的位置在 F_0 的 TS_{16} 的高位的 4 bit 中，码字为 0000。

4) 帧定位

帧定位(帧调整)就是利用弹性缓存的方式，用提取的时钟控制输入码流写入弹性存储器，用本局的时钟控制从弹性存储器中读取数据到输出的码流，将数据时钟调整到本地系统时钟上，从而实现系统时钟的同步，使信号的收发频率一致。

帧定位过程如图 4-26 所示。该过程将输入的 PCM 码流与本局时钟同步(频率相位一致)，以便进入本局交换机中流通。

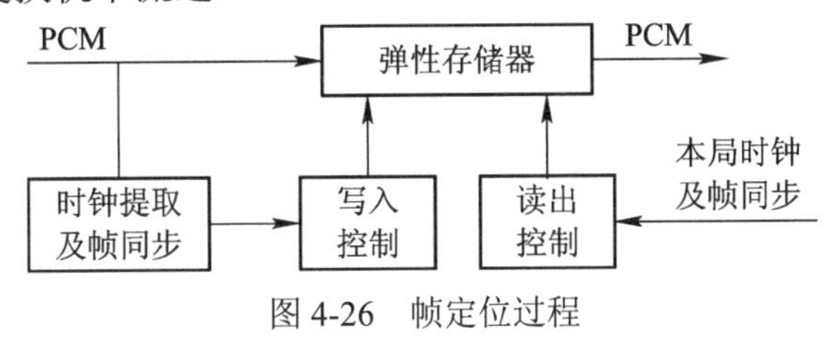

图 4-26　帧定位过程

5) 帧和复帧定位信号插入

帧和复帧定位信号插入是指在输出信号中插入帧和复帧的同步信号。对于帧同步信号，偶帧的 TS_0 同步码为“0011011”；对于复帧同步信号，F_0 帧的 TS_{16} 的前 4 位码为“0000”。

6) 信令提取和插入

信令提取和插入是指当需要使用随路信令方式时，使用 TS_{16} 来完成信令的提取(收时)和插入(发时)。

此外，数字中继器还具有检测和告警处理功能。检测包括帧/复帧同步检测、误码检测、对端告警检测等；告警处理用于完成告警比特插入。

4.4.3　信令设备

前面已经介绍，交换过程中需要信令的配合，交换机需要产生信令并将其发送出去，同时又要接收信令。在电路交换系统中，常采用带内(电话声音的频率带宽范围之内)音频信号作为信令(便于用户接收)，如图 4-27 所示。这里只介绍数字音频信号的产生、发送和接收。

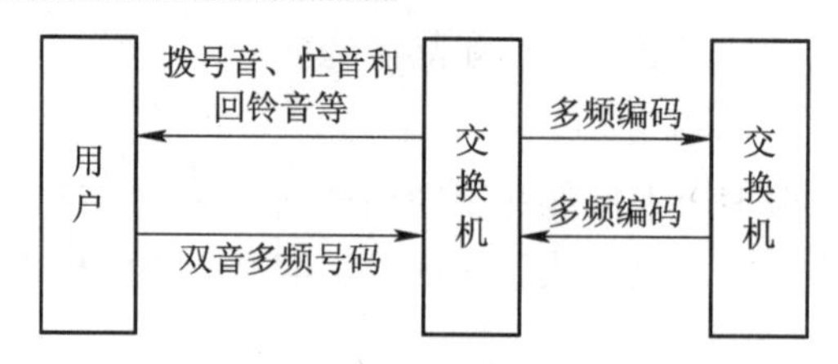

图 4-27 常用的带内音频信令

1. 数字音频信令的产生

音频信令有三种：单音、双音(多频编码、双音多频(号码))、语音通知音。

信令设备是接在交换网络上的，因此产生的信令应是数字信号。

数字单音频信令的产生原理是：取单频信号的一个周期进行采样(采样频率为 8 kHz)、量化、编码，转化为 PCM 信号，存入 ROM 中，需要时以 8 kHz 的频率循环读出(每隔 125 μs 读一个单元)。

双音频信令的产生原理与单音频信令的类似，只不过要对两个频率的信号在公共重复周期内进行 8 kHz 采样。

2. 数字音频信令的发送

数字音频信令通过数字交换网络送出，和话音信号的处理方式相同。数字音频信令可占用某个固定时隙(如 TS_{10}、TS_{16})，利用 T 接线器可将其交换到多个用户，即实现一个用户向多个用户发送音频信令(一个信号可交换给多个用户，但多个用户信号不能交换给同一用户)。

3. 数字音频信令的接收

发给用户的数字音频信令经用户电路变成模拟信号由用户话机自动接收。

发给交换机的多频信令由交换机内部的收号器接收，其接收原理如图 4-28 所示。图中，数字逻辑判断是指根据频率的组合判断信令的含义(代表什么数字)。

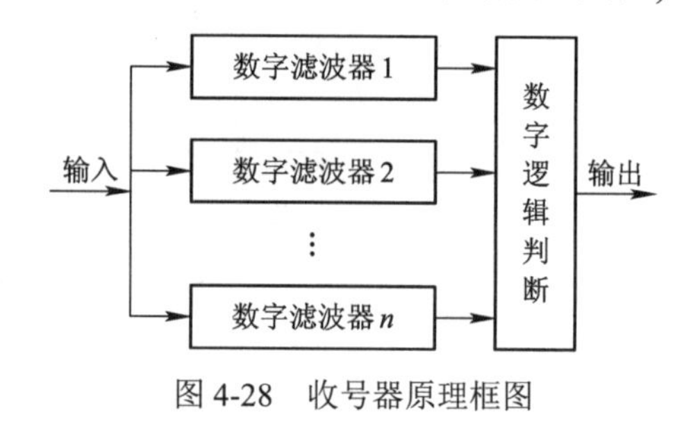

图 4-28 收号器原理框图

4.4.4 交换网络与交换单元

1. 交换网络的构成和分类

本节主要介绍交换网络的基本概念、组成及分类，它是构成数字程控交换系统话路部分的核心组成部件。

1) 交换网络的基本概念

交换网络是由若干个基本交换单元按照一定的拓扑结构和控制方式进行组合而形成的。构成交换网络的三大要素是交换单元、不同交换单元之间的拓扑连接以及控制方式。其一般结构如图 4-29 所示，网络外部由一组入线和一组出线构成，由于数字程控交换机的规模一般都比较大，交换网络的出线和入线直接对应交换机的出线和入线，所以交换网络的出线和入线的数量也很大。从交换网络的功能来看，为实现信息的交换，就需要在交换网络的入线和出线之间建立连接。由于交换网络的入线和出线数目多，因此，若将其集成在一个整体部件中，则会导致硬件控制复杂，成本高，实现难度大。所以，考虑将网络分割成较小规模的基本交换部件，再由基本交换部件整合构成更大规模的交换网络，这些基本交换部件就是交换单元。图 4-29 中的交换网络由若干个交换单元构成，每个交换单元有 i 条入线、j 条出线，交换网络总的入线为 M 条，出线为 N 条，称作 $M\times N$ 的交换网络。

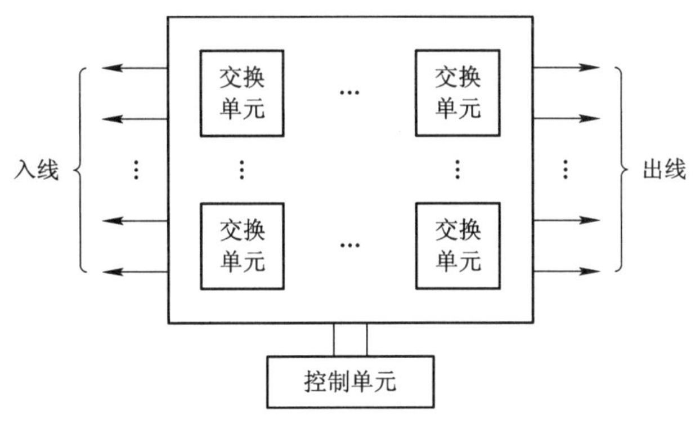

图 4-29　交换网络的一般结构

2) 交换网络的分类

交换网络可以按照如图 4-30 所示分类。图 4-31 所示为按照功能分类的三种交换网络的关系。

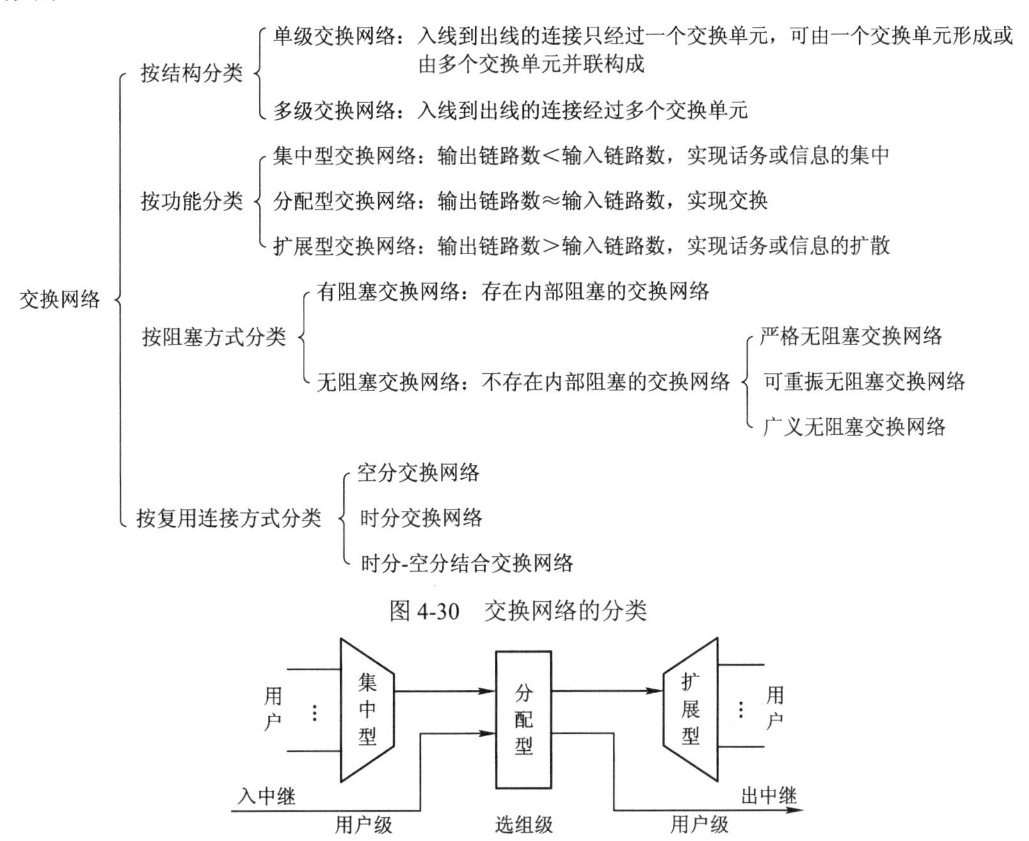

图 4-30　交换网络的分类

图 4-31　三种交换网络的关系

(1) 单级交换网络。

单级交换网络由一个交换单元或者若干个位于同一级的交换单元构成，如图 4-32 所示。单级交换网络结构简单，但难以满足用户容量和端口互联的要求。早期，由于电子元器件的限制，基本的交换单元很难兼顾容量与成本，对于一个交换网络来说，网络内部交叉结点的数量直接与网络部件的经济性相关。因此，在满足连接能力的要求之下，交换网络的设计应尽可能控制其交叉结点的数量。对于一个 $M\times N$ 的单级交换网络，如果由一个交换单元构成，则其交叉结点的数目为 $M\times N$。当入线和出线数目比较大时，交叉结点的数量会非常大。例如，当 $M=N=16$ 时，16×16 的单级交换网络总的交叉结点数为 $16\times16=256$。

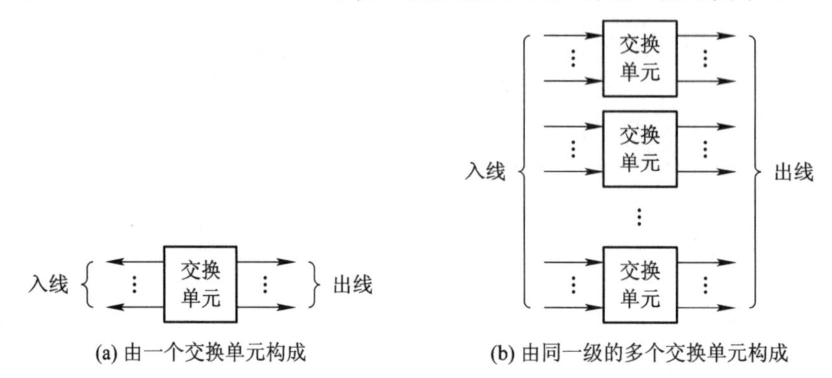

图 4-32　单级交换网络结构

考虑将该 16×16 的单级交换网络用一个两级网络来代替，每一级为 4 个 4×4 的单级网络，见图 4-33。入线和出线数仍然是 16，对于每条入线和出线，都存在一条连接通路，与 16×16 的单级交换网络完成的功能相同，但其交叉结点的总数为 $4\times4\times8=128$。由此可见，多级网络有利于减少网络内部交叉结点的总量。

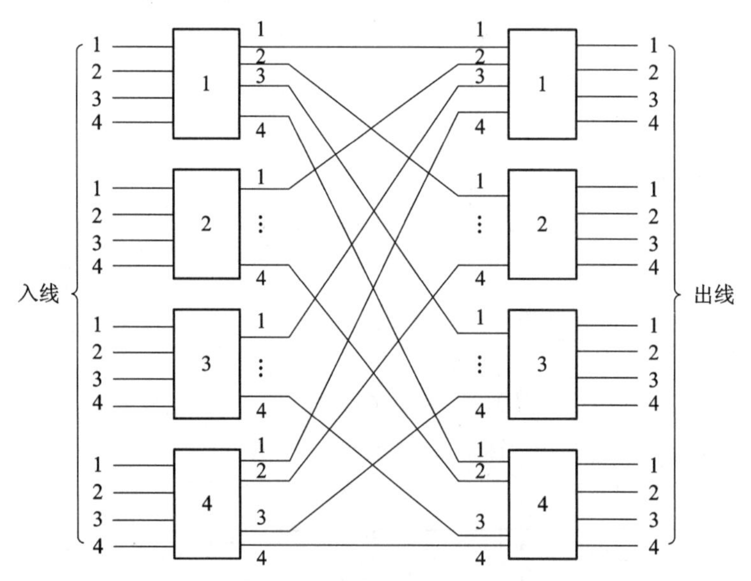

图 4-33　两级交换网络示意图

(2) 多级交换网络。

多级交换网络的信息输入端到输出端有两个或两个以上交换单元。在多级交换网络中，任意一条入线都可以到达任意一条出线，且内部通路具有共享性。由此可见，一个 N 级交换网络其各级交换单元分别为第 1，2，…，N 级，并且满足以下特点：

① 所有交换单元的入线都只与第 1 级交换单元的入线相连。

② 所有第 1 级交换单元的出线都只与第 2 级交换单元的入线连接。

③ 所有第 2 级交换单元的出线都只与第 3 级交换单元的入线连接。

④ 以此类推，所有第 $N-1$ 级交换单元的出线都只与第 N 级交换单元的入线连接。

(3) 网络阻塞与 CLOS 网络。

交换网络通常采用多级的网络结构形式，因此，从交换网络的入线到出线将经过网络内部的级间链路。当出、入线空闲时，由于网络内部的级间链路被占用而导致无法接通的现象称为交换网络的内部阻塞。显然，可以通过增加级间链路的数量来降低网络内部阻塞的概率。当链路数量大到一定程度时，内部阻塞的概率将趋于零，交换网络成为无阻塞交换网络。

无阻塞交换网络包括严格无阻塞交换网络、可重排无阻塞交换网络和广义无阻塞交换网络。

① 严格无阻塞交换网络：不管网络处于何种状态，只要连接的起点和终点是空闲的，在任何时刻都可以在交换网络中建立一个新的连接，而不会影响网络中已经存在的其他连接。

② 可重排无阻塞交换网络：不管网络处于何种状态，只要连接的起点和终点是空闲的，在任何时刻都可以在交换网络中直接或间接地对已有的连接重新选路来建立一个新连接。

③ 广义无阻塞交换网络：一个给定的网络存在着阻塞的可能，但又存在着一种精巧的选路方法，使得所有的阻塞均可避免，而不必重新安排网络中已建立起来的连接。

④ 内部阻塞。

单级交换网络不存在内部阻塞，相同容量的多级交换网络由于内部交叉结点数量比单级交换网络的大大减少，因而会出现内部阻塞。图 4-34 所示为一个 $nm\times nm$ 的两级交换网络，它的第 1 级由 m 个 $n\times n$ 的交换单元构成，第 2 级由 n 个 $m\times m$ 的交换单元构成，第 1 级同一交换单元不同编号的出线分别连接到第 2 级不同交换单元相同编号的入线上。交换网络的 nm 条入线中的任何一条均可与 nm 条出线中的任何一条接通。

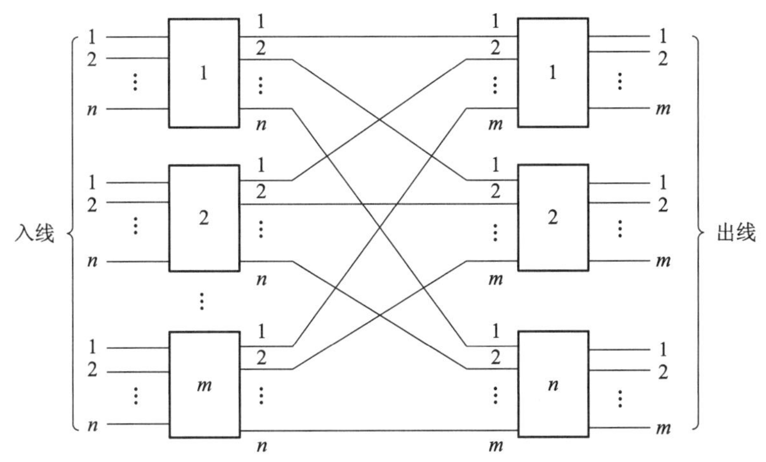

图 4-34　$nm\times nm$ 两级交换网络

由于图 4-34 所示的 $nm \times nm$ 的两级交换网络第 1 级的每个交换单元与第 2 级的每个交换单元之间仅存在一条链路，因此该类网络存在内部阻塞。例如，由 40 个 10 × 10 构成的 200 × 200 两级交换网络(见图 4-35)中，若先建立了第 1 级第 1 个交换单元的 1 号入线到第 2 级第 1 个交换单元的 1 号出线的连接后，再想建立第 1 级第 1 个交换单元的 10 号入线到第 2 级第 1 个交换单元的 10 号出线的连接，则由于唯一的级间链路被占用，因而无法建立成功。

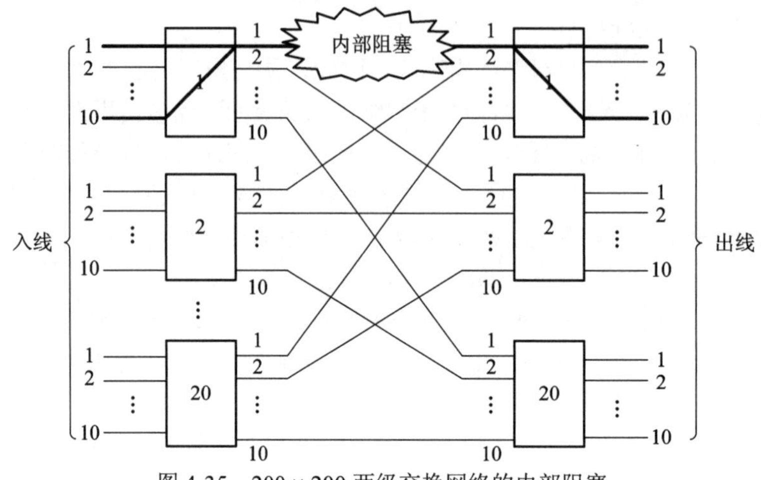

图 4-35　200 × 200 两级交换网络的内部阻塞

⑤ 无阻塞网络——CLOS 网络。

多级交换网络可以减少总的交叉结点数，这样虽然降低了构造成本，但带来了网络内部阻塞。如何解决多级网络的内部阻塞问题是亟须解决的。为了在减少网络交叉结点总数的同时使网络具有严格无阻塞特性，贝尔实验室研究员 Charles Clos 于 1953 年提出了一种基于数学方法的多级结构模型，并将其命名为 CLOS 网络。

通常所说的 CLOS 网络是指 3 级 CLOS 网络，更多级的 CLOS 网络(任意大于 3 级的奇数级网络)可以由 3 级 CLOS 网络按照构造条件递归扩展而成。如果 CLOS 网络的入线和出线数目相等，则称之为对称的 CLOS 网络，否则称为非对称的 CLOS 网络。对称的 CLOS 网络应用广泛。除非特别说明，一般都指对称的 3 级 CLOS 网络。图 4-36 为 3 级 CLOS 网络的基本结构。

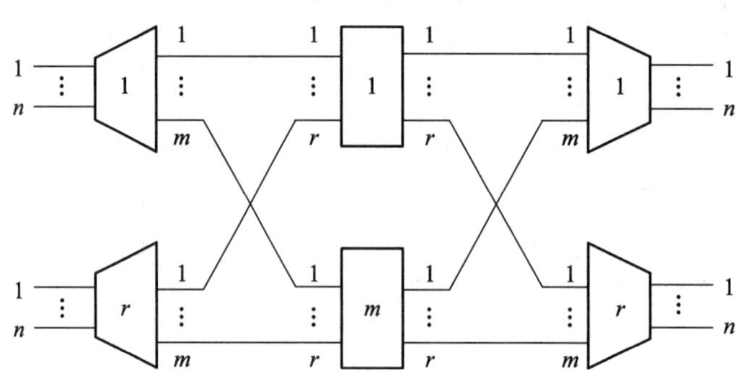

图 4-36　3 级 CLOS 网络的基本结构

CLOS 网络的一般结构为：第 1 级共有 r 个 $n \times m$ 的交换单元，第 2 级恰好有 m 个 $r \times r$ 的交换单元，第 3 级共有 r 个 $m \times n$ 的交换单元。其中，第 1 级的每个交换单元的 m 条出线分别连接到第 2 级的 m 个不同的交换单元上，同时，第 2 级的每一个交换单元的 r 条入线分别来自第 1 级的各个交换单元的一条出线，第 2 级的每一个交换单元的 r 条出线分别连接第 3 级的 r 个不同的交换单元。CLOS 网络总的入线数和出线数均为 N 条，$N = r \times n$。可以看出，CLOS 网络的每一个交换单元都和下一级的各交换单元有连接且只有一条连接链路。

对于一般情况，Charles Clos 已经证明，当第 1 级有 m 个交换单元、每个交换单元有 n 条入线、而第 3 级有 k 个交换单元、每个单元有 j 条出线时，一个 3 级无阻塞网络应满足如下条件：

(1) 第 1 级有 m 个 $n\times(n+j-1)$交换单元。

(2) 第 2 级有 $n+j-1$ 个 $m\times k$ 交换单元。

(3) 第 3 级有 k 个$(n+j-1)\times j$ 交换单元。

由于 CLOS 网络具有独特的构造，因此保证了其交换网络满足严格无阻塞的条件，即能够保证交换网络的所有空闲入线到所有空闲出线在任何情况下都可以建立新的连接。对于 $N\times N$ 的 3 级对称 CLOS 网络，其严格无阻塞充要条件是：

$$m \geqslant 2n-1 \tag{4-4}$$

读者可以自行证明该条件。

可重排无阻塞网络的充要条件是：

$$m \geqslant n \tag{4-5}$$

2. 交换单元的概念和分类

1) 交换单元的基本概念

交换单元是构成交换网络的基本部件。多个交换单元(或 1 个)按照一定的拓扑结构和控制方式，即可构成交换网络。交换单元的功能也就是交换的基本功能，即在任意的入线和出线之间建立连接，将入线上的信息传送到出线上。

交换单元无论其内部结构如何，对外呈现为一组入线和一组出线以及完成控制功能的控制端及描述内部状态的状态端，如图 4-37 所示。图中，交换单元是一个 $M\times N$ 的交换单元，入线编号为 1～M，出线编号为 1～N。若入线数与出线数相等且均等于 N，则为 $N\times N$ 的对称交换单元。

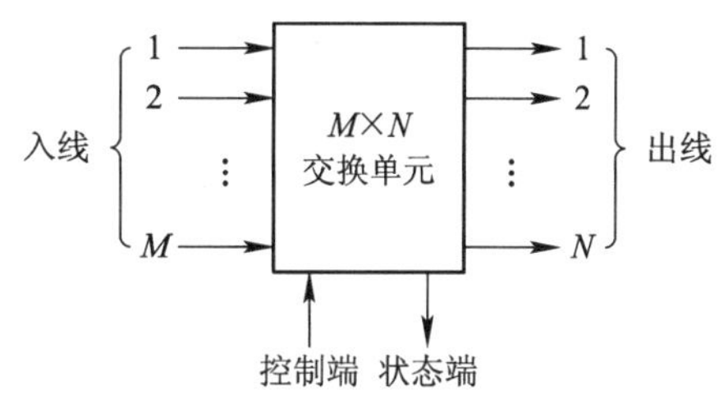

图 4-37　$M\times N$ 的交换单元

若交换单元的每条入线都能与每条出线建立连接，则称为全互连交换单元；若交换单元的每条入线只能与部分出线建立连接，则称为非全互连交换单元或部分连接交换单元。本节讨论的均为全互连交换单元。

2) 交换单元的连接

当信号到达交换单元的某条入线时，交换单元要将该信号按照要求传输到相应的出线上。具体操作分为以下两种情况。

一是信号为同步时分复用信号，信号本身只携带有用户信息，而没有指定出线地址(该地址由另外的信号(如信令)来指定)。这时，交换单元可以根据控制指令，在交换单元内部建立通道，将入线与相应的出线连接起来，入线上的输入信号沿着该内部通道在出线上输出，如图 4-38 所示。

二是信号为统计复用信号，需要交换的信息单元为分组或信元，信号中不仅携带有用户信息，还有标识码，标识码相同的分组属于同一连接。交换单元可根据该信号所携带的标识码在交换单元内部建立通道，将信号从入线交换到出线上，如图 4-39 所示。

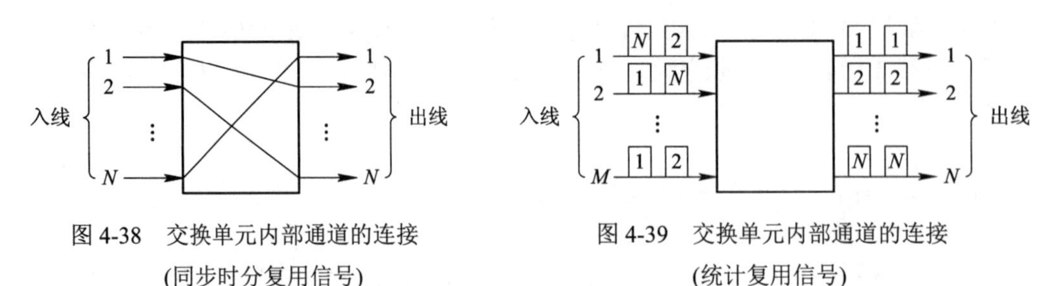

图 4-38 交换单元内部通道的连接(同步时分复用信号)

图 4-39 交换单元内部通道的连接(统计复用信号)

对于上述两种情况，在信息交换结束之后，还需要将已建立的内部通道拆除。由此可见，交换单元完成的基本功能是通过交换单元中连接入线和出线的“内部通道”完成的。建立“内部通道”就是建立连接，拆除“内部通道”就是拆除连接。

3) 交换单元的分类

交换单元一般可分为如图 4-40 所示的三类。

集中型：入线数大于出线数($M>N$)，也可称为集中器。

扩散型：入线数小于出线数($M<N$)，也可称为扩张器。

分配型：入线数等于出线数($M=N$)，也可称为分配器。

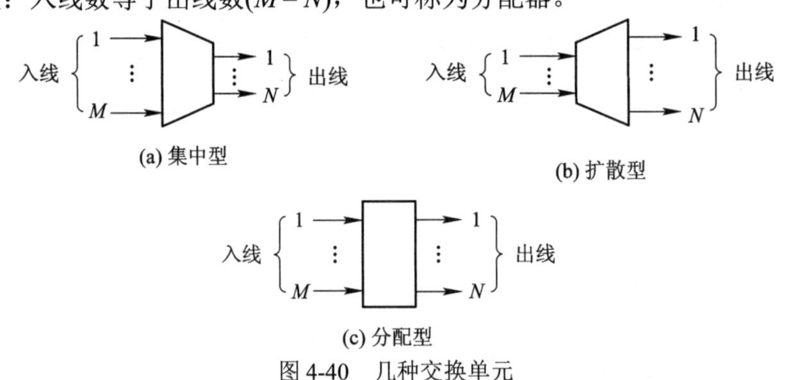

(a) 集中型

(b) 扩散型

(c) 分配型

图 4-40 几种交换单元

4) 典型的交换单元

(1) 空分交换单元。

交换单元按照交换方式的不同可分为空分交换单元与时分交换单元。空分交换单元也称为空间交换单元，空分交换单元的入线到出线之间存在着多条通路，从不同的入线上来的信息可以并行地交换到不同的出线上；空分交换单元由空间上分离的多个小的交换部件或开关部件及控制信号器件按照一定的规律连接构成，主要用于实现多条输入线与多条输出线之间信号的空间交换，不改变原信号所处的时隙位置。典型的空分交换单元有开关阵列和空间接线器(S 接线器)，下面分别介绍两种空分交换单元的内部结构和工作原理。

① 开关阵列。

开关阵列的结构非常简单，其在每条入线与每条出线之间都接上一个开关，由控制端口控制各开关的断开和接通，即当某条入线和出线交叉点的开关处于接通状态时建立连接，开关断开时则当前入线和出线的连接也断开。所有开关构成了交换单元内部的开关阵列，由此实现任意入线和出线之间的连接。图 4-41 为入线为 M 条，出线为 N 条的开关阵列交换单元，每条入线都通过一个开关与一条出线相连，共有 $M\times M$ 个开关。

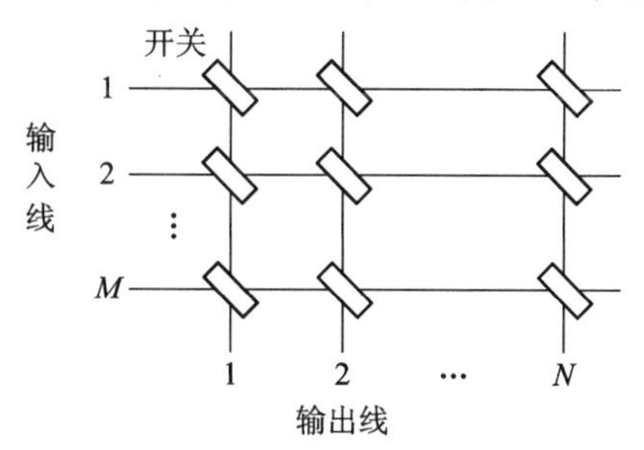

图 4-41　$M\times N$ 的开关阵列的一般结构

开关阵列具有如下特点：

• 开关控制简单，从入线到出线具有均匀的单位延迟时间。信息从任意入线到任意出线都经过相同类型的开关，因此延迟时间相同。

• 开关阵列适合构成较小容量的交换单元。如果交换单元的规模比较大，交叉点数量也会比较多，相应的控制开关数就会很多，导致设备成本和控制的复杂程度增加，实现困难。

• 开关阵列所使用的开关的材料特性决定了交换单元的性能。在实际使用中，一般有继电器、模拟电子开关和数字电子开关三种。继电器操作动作慢、体积大、噪声干扰大；模拟电子开关相比继电器在这几方面进行了改进，但其优势有限，它的损耗和延时仍然比较大；数字电子开关由简单的逻辑门构成，开关动作快，对信号交换没有损失，因此得到了广泛应用。

• 控制信号简单。开关阵列的每个交叉点开关都有一个控制端和状态端，通过控制端输入控制命令，从状态端查询开关当前的通断状态。

• 容易实现同发和广播功能。如果一条入线上的信息要同时交换至多条出线上，只需把该入线与对应相连出线上的开关接通即可，从而实现同发(同一入线上信息传送到多条出线上)和广播(同一入线上信息传送到所有出线上)。但同时需要控制同一条出线在同一时刻不能有多于一个开关都处于接通的情况，即不能有两条及以上的入线信息同时到达同一条出线上，否则会产生出线冲突。

② 空间接线器。

空间接线器(space switch)的作用是完成在不同复用线之间同一位置时隙内容的交换，即将某条输入复用线上某个时隙的内容交换到指定的输出复用线的同一位置时隙。

S 接线器主要由一个连接 n 条输入复用线和 n 条输出复用线的 $n\times n$ 的电子接点矩阵，控制存储器组以及一些相关的接口逻辑电路组成。控制存储器共有 n 组，每组控制存储器的存储单元数等于复用线的复用度，如图 4-42 所示。

第 j 组控制存储器的第 I 个单元用来存放在时隙 I 时第 j 条输入(输出)复用线应接通的输出(输入)线的线号。设控制存储器的位元数为 i，S 接线器的输入(输出)线的数目为 n，则控制存储器的位元数应满足以下关系：$2^i \geqslant n$。

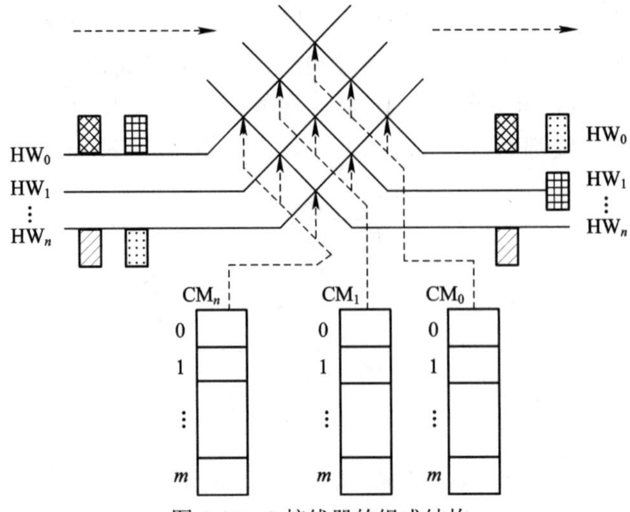

图 4-42　S 接线器的组成结构

S 接线器同样有输出控制和输入控制两种控制方式。

在输出控制方式下，控制存储器是为输出线配置的。对于有 n 条输出线的 S 接线器来说，配备有 n 组控制存储器 CM_1～CM_n。设输出线的复用度为 m，则每组控制存储器都有 m 个存储单元。CM_1 用来控制第 1 条输出线的连接，在 CM_1 的第 I 个存储单元中，存放的内容是时隙 I 时第 1 条输出线应该接通的输入线的线号。

CM_2 用来控制第 2 条输出线的连接。CM_n 用来控制第 n 条输出线的连接。

控制存储器的内容是在连接建立时由计算机控制写入的。

在输入控制方式下，控制存储器是为输入线配置的，在控制存储器 CM_q 的第 I 个单元中存放的内容是第 q 条输入复用线在时隙 I 时应接通的输出线的线号。

图 4-43 所示为 S 接线器的工作原理及两种控制方式下的交换过程。

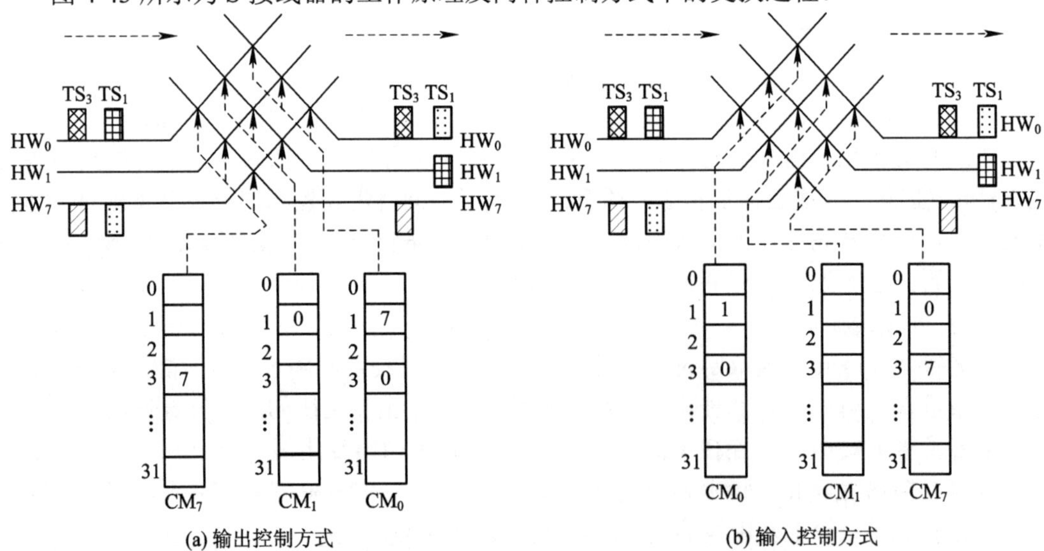

图 4-43　S 接线器的工作原理及两种控制方式下的交换过程

在图 4-43(a)输出控制情况下，要求输入母线 HW_0 的 TS_1 时隙内容交换到输出母线 HW_1 的 TS_1 时隙位置，输入母线 HW_0 的 TS_3 时隙内容交换到输出母线 HW_0 的 TS_3 时隙位置，输入母线 HW_7 的 TS_1 时隙内容交换到输出母线 HW_0 的 TS_1 时隙位置，输入母线 HW_0 的 TS_3 时隙内容交换到输出母线 HW_7 的 TS_3 时隙位置。在满足上述要求时，输出母线 HW_0 对应的控制存储器组 CM_0 的 1 号和 3 号单元应存入 7 和 0，CM_1 的 1 号存入值为 0，CM_7 的 3 号单元存入值为 7；同样，在图 4-34(b)输入控制情况下，CM_0 的 1 号和 3 号单元存入值为 1 和 0，CM_7 的 1 号和 3 号单元分别存入值为 0 和 7。

S 接线器一般都采用输出控制方式，在采用输出控制方式时可实现广播发送，即将一条输入线上某个时隙的内容同时输出到多条输出线。

(2) 时分交换单元。

前面介绍的空分交换单元对信息只进行空间交换，不会改变数据所处的时隙位置，而对于时分交换单元，由于其内部结构的不同，它们内部只存在唯一的公共通路，经过交换单元的所有信息共享公共通路，因此，对入线上各个时隙的内容按照交换连接的需求，分别在出线上不同时隙位置输出，即可完成时隙交换的功能。

根据时分交换单元内部共享的公共通路是存储器结构还是总线结构，划分为共享存储器型的交换单元和总线型的交换单元。

① 共享存储器型的交换单元——时间交换单元(T 接线器)。

在 PCM 时分复用一次群中，每一路基带信号占有帧内的一个时隙，且在每一帧都将占有相同编码的时隙，由于帧周期和时隙宽度严格固定，所以称之为同步时分复用。一个 PCM 一次群相当于 32 路 64 kb/s 的信道。这些信道称之为逻辑信道。时间交换器(time switch)(又称为 T 接线器)的基本功能是完成在同一条复用线(母线)上的不同时隙之间的交换。即将 T 接线器中输入复用线上某个时隙的内容交换至输出复用线上的指定时隙，实现由一个时隙到另一个时隙的搬移。图 4-44 表示输入码流(PCM)中时隙内容经过 T 接线器交换后输出码流(PCM)的搬移变化情况。

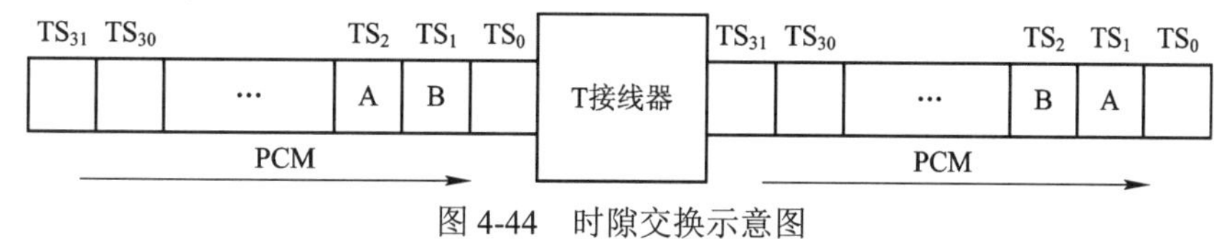

图 4-44　时隙交换示意图

T 接线器主要由话音存储器(SM)，控制存储器(CM)以及必要的接口电路(如串/并，并/串转换等)组成，如图 4-45(a)所示。SM 和 CM 都包含若干个存储器单元，其数量等于复用线的复用度。

SM 用来存储话音信号，也可以用来存储用户的数据信息以及信号音设备提供的数字化的信号音等。由于 SM 是用来存放话音信号的 PCM 编码的，所以每个单元的位元数至少为 8 位。

CM 的作用是用来存储处理机的控制命令字，控制命令字主要用来指示写入或读出的话音存储器的地址。设控制存储器的位元数为 i，复用线的复用度为 j，则应满足 $2^i \geqslant j$。

T 接线器有输出控制和输入控制方式两种控制方式。在两种控制方式下，话音存储器(SM)的写入和读出地址按照不同的方式确定。

输出控制方式也叫作顺序写入、控制读出方式。T 接线器输入线的 PCM 内容按照顺序把各个时隙写入话音存储器(SM)的相应单元；输出复用线在某个时隙应读出话音存储器的哪个单元的内容，则由控制存储器的相应单元的内容来决定。

控制存储器的第 j 个单元存放的内容 k，就是输出复用线第 j 个时隙应读出的话音存储器的地址。控制存储器的内容是在呼叫建立时由计算机写入。图 4-45(b)所示为输入的时隙 TS_2 内容交换到输出时隙 TS_{20} 的输出控制方式示意过程。语音存储器按照顺序把时隙 TS_2 的语音写入到 2 号单元，控制存储器的 20 号单元内容为 2，输出的时隙 TS_{20} 读出话音存储器第 2 个单元的内容，这样就完成了 TS_2 内容交换到输出时隙 TS_{20}。

输入控制方式也叫作控制写入，顺序读出。在采用输入控制方式时，T 接线器的输入复用线上某个时隙的内容，应写入话音存储器的哪个单元，由控制存储器相应单元的内容来决定。控制存储器的内容，是在呼叫建立时由计算机控制写入的。

输出复用线的某个时隙就依次读出话音存储器(SM)相应单元的内容，控制方式都是相对于话音存储器(SM)而言的，而控制存储器(CM)只有一种控制方式——控制写入、顺序读出的方式。图 4-45(c)所示为输入的时隙 TS_2 内容交换到输出时隙 TS_{20} 的输入控制方式示意过程。语音存储器以此为写地址把时隙 TS_2 的语音写入到 20 号单元，控制存储器的 2 号单元内容为 20，输出时隙 TS_{20} 到来时，按顺序读出语音存储器第 20 个单元的内容，完成 TS_2 内容交换到输出时隙 TS_{20}。

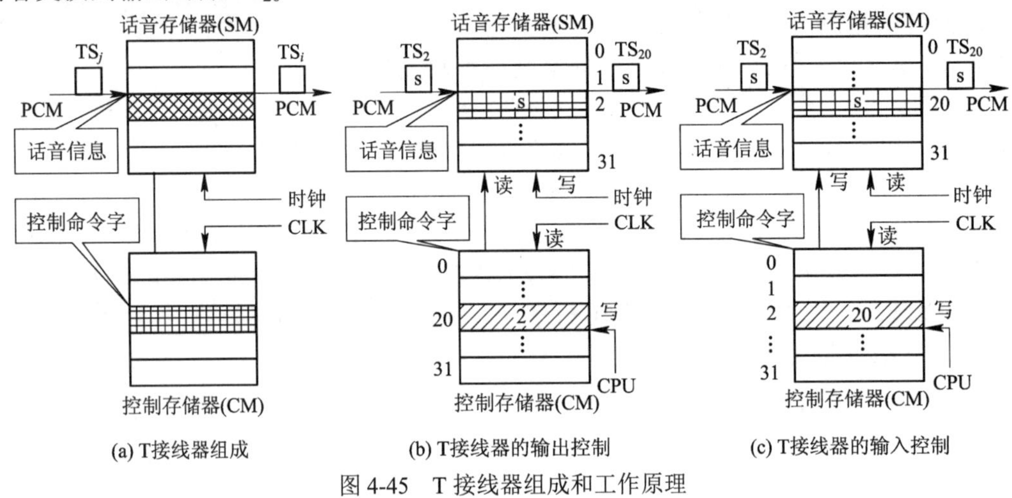

图 4-45 T 接线器组成和工作原理

② 共享总线型交换单元——数字交换单元(DSE)。

共享总线型交换单元主要是以共享内部公共的总线信道来实现信息的内部传输，通常将输入和输出数据缓存在入线和出线的存储单元中，再通过内部公共的总线信道提供所有入线和出线之间的连接，进行转发和接收数据。图 4-46 所示为总线型交换单元一般结构。由入线控制部件、出线控制部件和总线三部分组成。入线控制部件将入线上的信息经过格式变换存入缓冲存储器，再分配给该部件的时隙上将信息送到总线上。出线控制部件检测总线上的信息，将属于自己的信息读入缓冲存储中，经过格式变换，由出线送出。共享总线型交换单元的特点是可以实现三种时分复用信号(复用度为 m)的交换，但是具体实现有所不同，若入线上信息的传输码率为 n b/s，则总线上信息的传输码率为 $m \cdot n$ b/s。

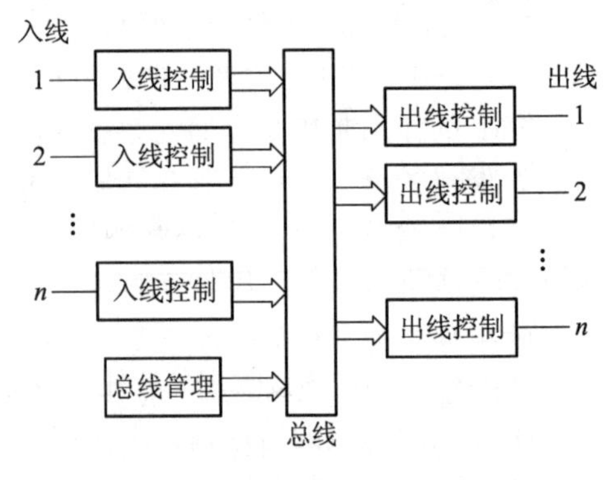

图 4-46 总线型交换单元一般结构

数字交换单元(digital switching element，DSE)

是共享总线型交换单元的典型，利用多个 DSE 可以组成大规模的数字交换网络(digital switching network，DSN)。DSE 能根据外围处理机发来的选择命令字，选择并实现内部通路的建立，既可实现时隙之间交换，又可实现复用线之间的交换。但只适用于同步时分复用信号的交换。

每个 DSE 是具有 8 片“双交换端口”的大规模集成电路(VLSI)，每片“双交换端口”上有两个交换端口，即每个 DSE 由 16 个双向交换端口组成。端口的内部组成及 DSE 的基本结构，如图 4-47 所示。每个端口包含发送部分 T 和接收部分 R，可连接复用了 32 个话路的 PCM 复用线。并行时分复用总线完成各个端口间的信息传递，该总线宽度为 39 线，其分配如下：

数据总线(D)的宽度为 16 线，将接收侧的 16 位码传送到发送侧；

端口总线(P)的宽度为 4 线，将接收侧的端口地址发送到发送侧；

信道总线(C)的宽度为 5 线，将接收侧的话路地址传送到发送侧。

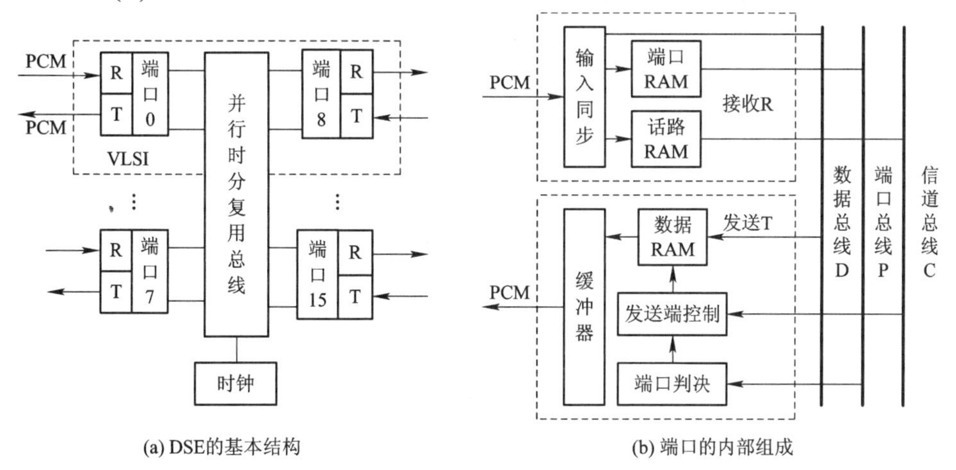

图 4-47　数字交换单元的基本结构

返回地址总线为 5 位，用于对任何“建立路由”的命令的响应；

证实线为 1 位；

时钟总线为 3 位，用于传送时钟信号；

控制总线为 5 位，用于控制信号的收/发。

交换端口的内部组成如图 4-39(b)所示。具体各部分的功能如下：

输入同步：调整帧和位定位。

端口 RAM：存储目的端口号。

话路 RAM：存储目的端口的信道号。

数据 RAM：存储传递的信息、话音等。

缓冲器：完成并/串转换。

发送端控制：控制数据 RAM 的读出。

话音信息由 PCM 通过接收端口存入相应的端口 RAM 和话路 RAM 中，通过数据总线、端口总线及信道总线，在发送端控制下把话路 RAM 中的数据写入数据 RAM 中，并通过缓冲器完成并/串转换输出，实现交换过程。

DSE 任一端口的接收部分的任一信道(时隙)可以与任一端口的发送部分的任一信道接通。

DSE 利用总线的地址选择来实现空间交换，利用存储器(数据存储器)实现时间交换。

(3) 两种接线器的特点。

① T 接线器可以实现帧内任意时隙的交换，但随着时隙数量的增加，延时增大。例如，一个 PCM 帧的时隙 1 和时隙 31 交换，需要等待时间$(31-1)\times 3.9\ \mu s = 117\ \mu s$，如果待交换的时隙之间间隔进一步增加，等待延时时间也会相应增加。另外，存储器的读写操作也需要时间。因此，T 接线器的规模不能很大，否则，对通信的实时性产生很大的影响。实际中，为了提高处理速度，在 T 接线器的输入端采用串/并转换，提高处理效率，通过并/串转换输出。随着数字交换技术和半导体芯片技术的发展，出现了越来越多的集成电路芯片，单个 T 接线器芯片的交换容量能够完成 128 × 128、256 × 256、1024 × 1024 时隙交换。图 4-48 所示为芯片内部的原理结构图。

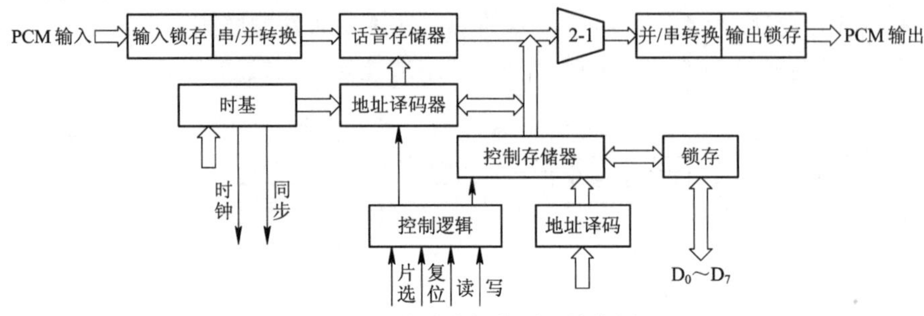

图 4-48 芯片内部的原理结构图

② S 接线器可以完成在不同复用线之间同一位置时隙内容的交换，在采用输出控制方式时可实现广播发送，将一条输入线上某个时隙的内容同时输出到多条输出线。但对同一复用线的时隙 S 连线器无法完成交换，因此，不能单独作为交换网络。为了实现大规模的交换网络，通常采用多个或多级的小型的网络来扩展交换网络的容量，称之为交换网络。

(4) 复用器和分路器。

由于数据或话音在传输时采用串行方式，在交换网络中必须以并行方式工作，故话音进入交换网络之前首先要进行串/并变换，而串/并变换使信息码率降低，为充分利用交换网络的速度，故串/并变换之后要紧跟着进行复用，串/并变换电路与复用电路结合起来简称为复用器。在交换网络输出端与复用器相对应的电路就是分路器，先分路再并/串变换。串/并变换原理如图 4-49 所示。

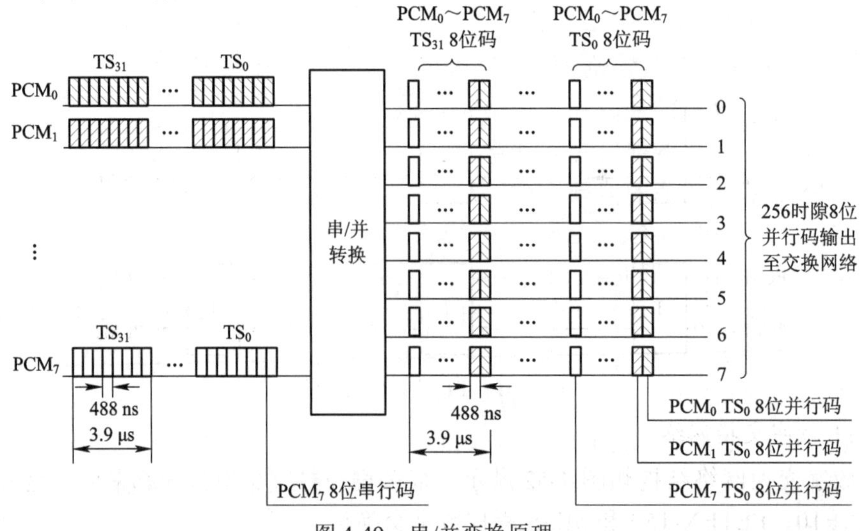

图 4-49 串/并变换原理

3. 常用的交换网络

交换网络常见的类型有 TTT 型、TST 型、STS 型和 DSN(digital switching network)。

1) T 单元的扩展

多个单 T 接线器集成电路芯片，可以构成数字交换网络。图 4-50 利用 16 个 256 × 256 的 T 接线器，可以得到一个 1024 × 1024 的 T 接线器。

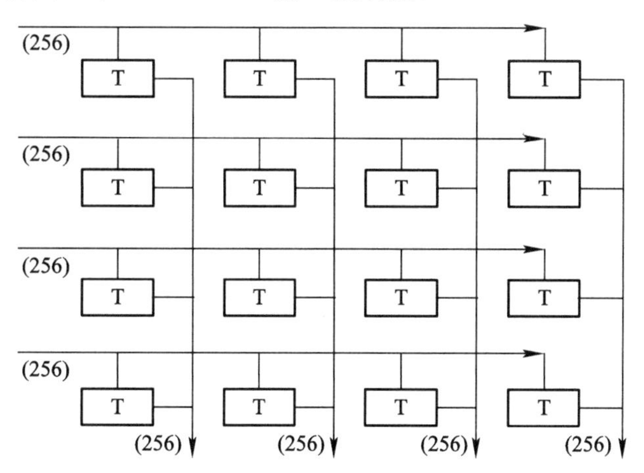

图 4-50　多个单 T 接线器构成的数字交换网络

容量扩展后所需的 T 单元的数量 k 的值是按照扩展倍数的平方增长的。即

$$K=\left(\frac{\text{扩展后的容量}}{\text{单个T单元的容量}}\right)^2$$

2) TTT 网络

利用单 T 连接器可以复接单 T 网络，还可以构成 TTT 网络，如图 4-51 所示。

该网络是一个三级时分交换网络，由 24 片 256 × 256 单 T 芯片组成，每一级有 8 个芯片，其输入和输出分别有 64 条 PCM，容量 2048 × 2048。其特点是第一级和第二级的每个单 T 芯片之间只有一条 PCM 总线相连，第二级与第三级之间也是一样。该网络是一个全利用度的网络，但存在阻塞。阻塞的原因在于各级单 T 芯片之间的连接只有一条 PCM 通路。

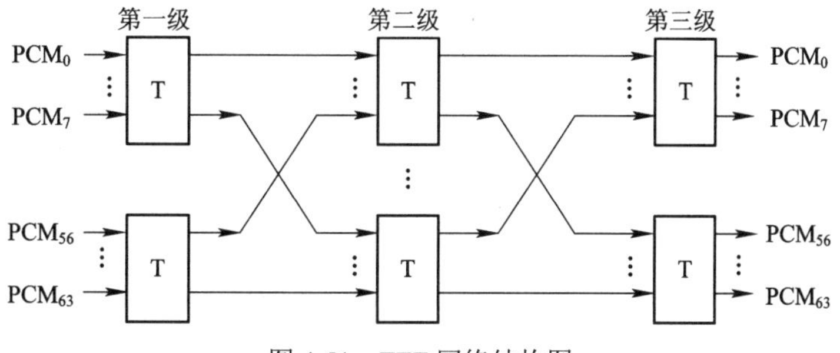

图 4-51　TTT 网络结构图

3) TST 数字交换网络

TST 数字交换网络结构如图 4-52 所示。很多程控数字交换系统都采用了这种网络结构，如 AXE10、FETEX-150 和 5ESS 程控数字交换机。

根据 T 接线器控制方式的不同，TST 数字交换网络有两种基本类型。一种是输入 T 级采用输出控制，输出 T 级采用输入控制；另一种是输入 T 级采用输入控制，输出 T 级采用输出控制。两种方式中，S 接线器控制方式不限。

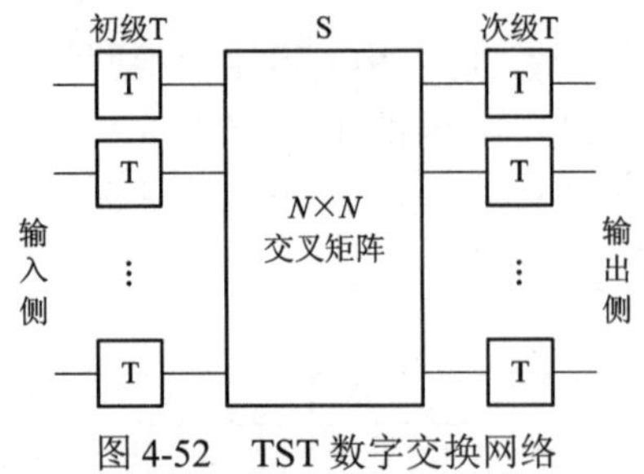

图 4-52　TST 数字交换网络

下面以图 4-53 为例简要说明 TST 网络的工作原理。假设有一对用户要进行电话通话，用户 A 的语音信息占用上行通路 HW_1 的 TS_5 时隙，要求经过网络交换后输出到用户 B 占用的下行通路 HW_6 的 TS_{20} 时隙。

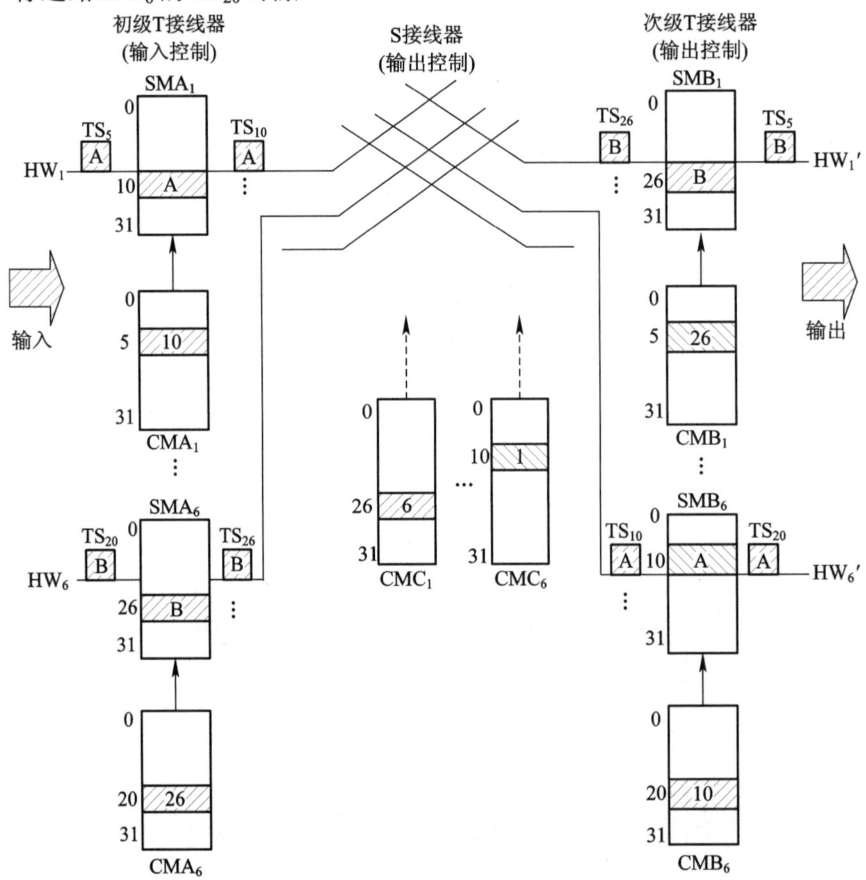

图 4-53　TST 交换网络的工作原理和工作过程

CPU 首先根据用户的需求，选择了两个空闲的内部时隙 TS_{10} 和 TS_{26}。A→B 方向上通路建立过程：在图 4-53 所示的控制方式下，初级 T 接线器的控制存储器 CMA_1 的 5 号单元写入数值 10，语音存储器 SMA_1 的 10 号单元存入用户 A 的语音信号，完成 TS_5 到 TS_{10} 的交换；在 S 接线器的控制存储器 CMC_6 的 10 号单元写入 1，完成 S 接线器输入线 1 到输出线 6 上话音信息的交换；次级 T 接线器的语音存储器 SMB_6 的 10 号语音存储单元存储用户 A 的语音信息，控制存储器 CMB_6 的 20 号单元写入数值 10，完成 TS_{10} 到 TS_{20} 的交换。

同理，B→A 方向上通路建立过程：初级 T 接线器的控制存储器 CMA_6 的 20 号单元写入数值 26，语音存储器 SMA_6 的 26 号单元存入用户 B 的语音信号，完成 TS_{20} 到 TS_{26} 的交换；在 S 接线器的控制存储器 CMC_1 的 26 号单元写入 6，完成 S 接线器输入线 6 到输出线 1 上话音信息的交换；次级 T 接线器的语音存储器 SMB_1 的 26 号语音存储单元存储用户 B 的语音信息，控制存储器 CMB_1 的 5 号单元写入数值 26，完成 TS_{26} 到 TS_5 的交换。

上述 TST 网络交换的例子中，两个用户在建立通话通路时，首先需要选择两个空闲的内部时隙。为方便处理，通常采用反相法来获取第二条通路的空闲内部时隙，即两个方向的内部时隙相差半帧。另一种常用的方法就是奇偶时隙法，即前向时隙若为偶数，则后向选择奇数。

在实际应用时，TST 网络初、次级接线器总是采用相反的工作方式，这时因为当反向内部时隙的选取采用反相法的时候，初、次级 T 接线器的控制存储器之间存在一定的关系，初、次级 T 接线器可共用控制存储器。

4) STS 网络

STS 数字交换网络结构，如图 4-54 所示。

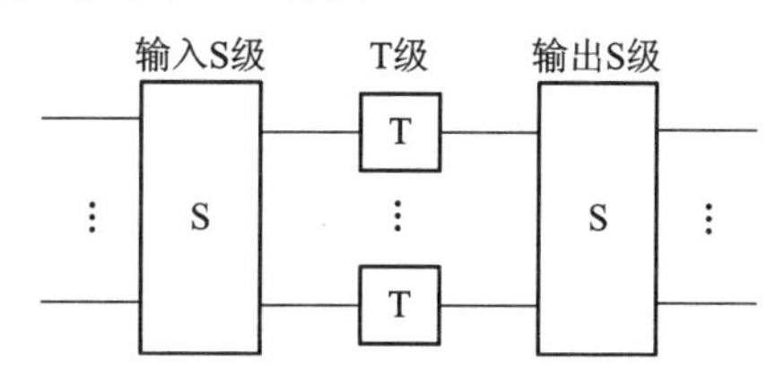

图 4-54　STS 数字交换网络结构

在该网络的连接中，第一级称为初级 S，初级采用输出控制，第三级 S 称为次级，采用输入控制，中间级 T 采用任意控制方式。图 4-55 为 STS 交换网络连接示意图。工作过程中，先找到一个空闲的内部信道(时隙)，在此内部的 PCM 线上，T 接线器在输入时隙和输出时隙上均空闲，初级输出到中间级(T 接线器)的输入，中间级(T 接线器)输出到次级的输入。

具体的交换过程读者可以自行分析。

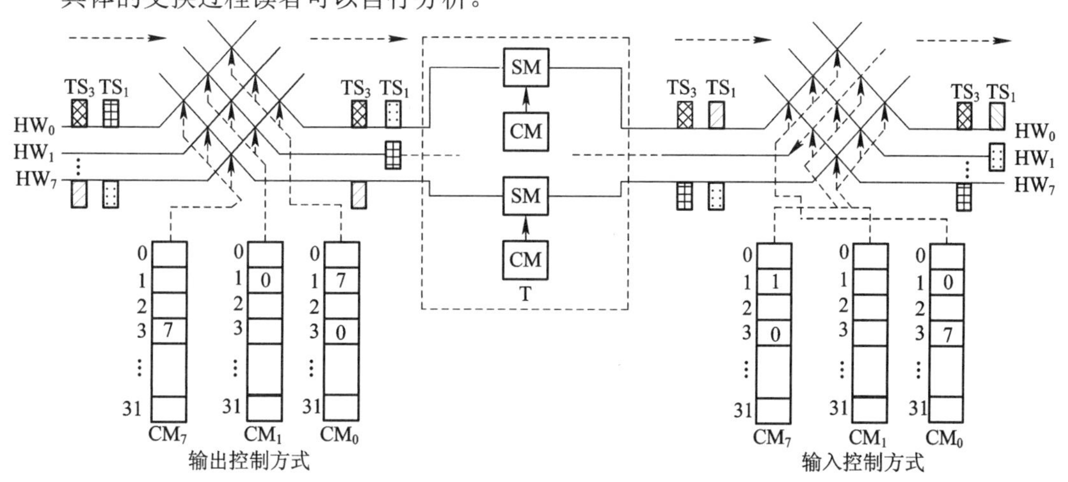

图 4-55　STS 交换网络连接示意图

5) DSN 网络

较大容量的数字程控交换机也可采用由 DSE 固定连接构成的数字交换网络(digital switching network，DSN)来实现，通过时分交换和空分交换完成用户通话连接的功能。S1240 数字程控电话交换系统就是 DSN 交换网络应用的典型实例，下面以 S1240 数字程控电话交换系统为例来说明 DSN 的组成和工作原理。

S1240 的 DSN 采用多级多平面的立体结构，最多有 4 级，分为两个部分：第一部分是入口级，也称为选面级，采用单级 DSE 结构，分别连接终端模块，热备用或负荷分担，向上连接不同平面；第二部分是选组级，采用多平面结构，最多可分 4 个平面，每个平面有 3 级，通路连接采用折叠返回方式，链路为输入输出双向。入口级和选组级均由完全相同的含有 16 个交换端口的数字交换单元 DSE 构成，不同之处仅在于它们的规模和智能程度。每个交换端口接一条 32 路双向 PCM，见图 4-56 所示。

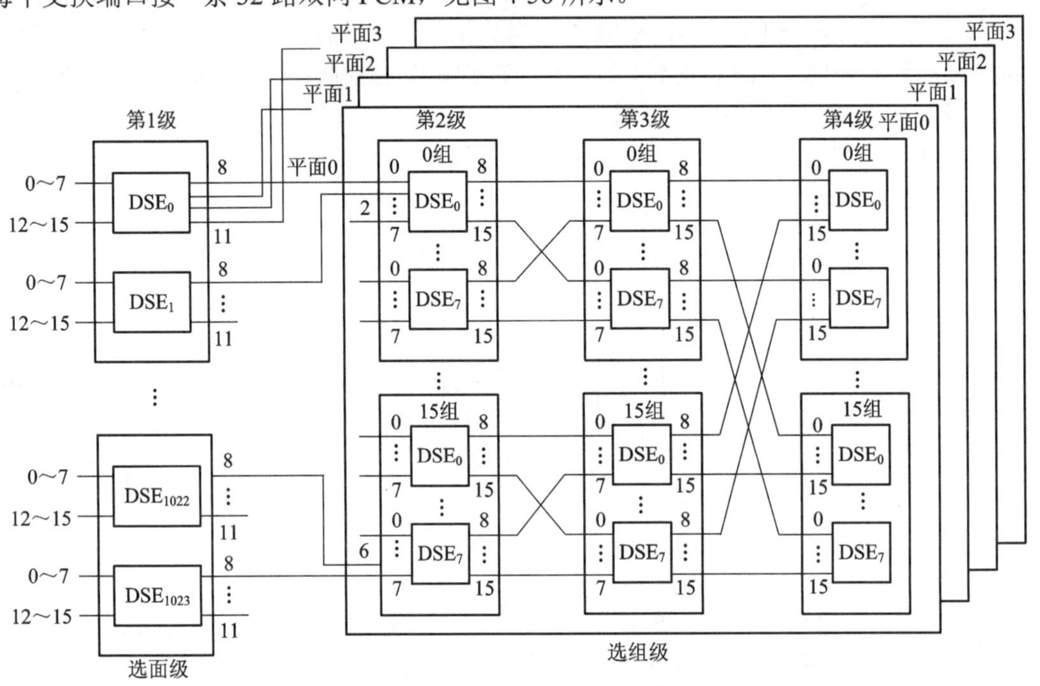

图 4-56　DSN 网络的基本结构

DSN 每个平面的级数及每级所配备的 DSE 数都取决于所连接的终端用户的个数，DSN 选组级的平面数取决于终端话务量的大小，因此程控交换系统可根据本局的实际情况配置 DSN 的级数和平面数。入口级为单级 DSE，由若干对 DSE 组成，这些 DSE 可称为接入交换器(AS)。每个 AS 的 16 个端口可以接 16 条 32 时隙的 PCM 线路，其中端口 0～7 与端口 12～15 用来连接各种终端模块，端口 8～11 分别接到选组级(即第 2 级的 4 个平面)。

选组级为 3 级 DSE，最多可以配置 4 个平面，各级之间按规律固定连接，4 个平面内选组级的内部连接是相同的。前两级每级最多有 16 组，每组最多有 8 个 DSE，最后一级只有 8 组。前两级 DSE 的端口 0～7 与前一级 DSE 相连，端口 8～15 与后一级 DSE 相连；最后一级 DSE 的 16 个端口都集中在左侧，与前一级 DSE 相连，这种结构称为单侧折叠式多级结构。且第 2、3 级之间是组内交换，即组号相同的两级间进行交叉连接，而选组级的后两级即第 3、4 级是组间交换及不同组号 DSE 之间进行交叉连接。需要注意的是建立一条网络通路不能跨越多个不同平面。

在 DSN 中，两个终端之间的信息交换，可以只经过入口级，也可以只经过选组级。如果两个终端模块同时连接在入口级的同一个 DSE 上，那么信息就可以只通过该入口级的 DSE 交换。如果两个终端模块不是连接在入口级的同一个 DSE 上，那么信息就要经过 DSN 的选组级来进行信息交换了。在 S1240 中，每一终端模块与一对选面级交换器 AS 相连，这样的操作是对通路进行双备份，保证了模块与数字交换网的可靠连接。

DSN 入口级的每个端口都具有唯一的网络地址，不同端口之间联机的建立是根据目的端口的网络地址逐级选路进行的。该网络地址有 13 bit 的编码，分为 A、B、C、D 四部分，具体含义如下：

A：4 bit，对应于第 1 级，表示终端模块所连接的入口级 DSE 的输入端口号，包括端口 0～7，端口 12～15，共 12 个，占 4 bit。

B：2 bit，对应于第 2 级，表示第 1 级 DSE 的出线应连接的第 2 级 DSE 的输入端口号，包括端口 0～7，共 8 个，编址需 4 种情况，占 2 bit。

C：3 bit，对应于第 3 级，表示第 2 级 DSE 的出线应连接的第 3 级 DSE 的输入端口 0～7，共 8 个，占 3 bit。

D：4 bit，对应于第 4 级，表示第 3 级 DSE 的出线应连接的第 4 级 DSE 的输入端口 0～15，共 16 个，占 4 bit，也等于第 2 级和第 3 级的组号。

结合 DSN 网络的连线规律，地址码 ABCD 还可以表示为：A 为终端模块的编号，B 表示第 1 级 DSE 的入线端口号，C 表示第 2 级 DSE 的入端口号，D 表示第 2 级和第 3 级 DSE 的组号，分别对应着 DSN 的 1～4 级。

当主叫终端模块要与被叫终端模块通过 DSN 建立通路连接时，就将自己的网络地址与目的端口的网络地址相比较，首先比较的是 D，因为 D 是第 2 级和第 3 级的组号；如果 D 不相同，说明主叫和被叫终端模块之间所建立的连接不在同一组，不同组之间的交换必须通过第 4 级；若 D 相同，C 不同，说明两个终端模块之间所建立的通路连接位于同一组内，同组之间的交换不需要通过第 4 级，连接的建立只涉及选组级的第 2 级和第 3 级；若 D、C 部分的地址都相同，B 不同，因为 C 是第 2 级的 DSE 端口号，则说明两个终端模块之间所建立的通路连接经过第 2 级的同一个 DSE，该通路的建立折回点在第 2 级；若 D、C、B 相同，A 不同，此时通路的建立只经过网络的第 1 级。由此，通过网络地址的比较确定通路的折回点，并发送选择命令进行逐级选路，从而建立起连接通路，完成交换功能。

6) 多级网络的相关问题

(1) 交换网络实现接收要求建立接续地址，寻找内部网络的通路，建立通路连接，释放通路。接收地址、建立和释放通路主要由硬件完成，寻找通路一般由软件完成。

对于多级连接的网络，通路选择有逐级选择和端到端条件选择方法。

逐级选择法就是在交换网络内部的每一级从其输入到输出逐级进行，直到从交换网络输出为止。该方法有盲目性，增加了阻塞的概率。

端到端条件选择方法是在指定的输入、输出端之间对交换网络的所有通路进行全面考虑，即既要考虑通路的该级可用，还要考虑该级所选通路能和后面的各级通路连接在一起，完成完整的通路。利用各级通路的忙闲状况建立忙闲状态表，组成交换网络的忙闲状态表实现通路选择。

(2) 在多级网络连接后，交换网络内部往往出现阻塞现象，造成内部阻塞的原因是时隙交换过程中，在时间和空间上出现冲突造成。当网络的规模比较大时，内部阻塞的概率很小。

阻塞是指当交换网络内部有空闲的链路而无法实现输入和输出之间的通路连接情况。

(3) 交换网络性能指标的衡量最主要的是看其承担的话务量大小。

4.5 数字程控交换机的软件系统

交换机本质上是一个计算机控制的实时信息交换系统，由硬件和软件两部分组成。其实现功能由软件和硬件共同分担。电子技术的快速发展，交换机的硬件设计通用化，成本下降，功能的扩展主要由相应的软件实现，交换机系统的功能和性能在很大程度上取决于软件系统，软件成本增加，软件的开发工作量达数百人/年。

程控交换机的运行软件是指存放在交换机处理机系统中，对交换机的各种业务进行处理的程序和数据的集合。图 4-57 所示为程控交换机的软件系统的组成。

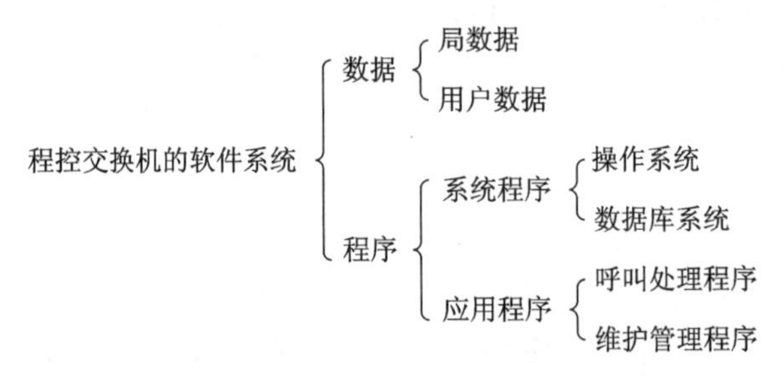

图 4-57 所示为程控交换机的软件系统的组成

4.5.1 数字程控交换机的软件系统的特点

软件是数字程控交换机的一个重要组成部分，它包括程序和数据两个部分。程序是指令的有机集合体，一个大型的程控交换机需要几十万条指令。指令中，不直接出现数据，使用参数表示，程序和数据分开。软件基本特点是：实时性强、并发性和多道程序运行、可靠性要求高、能方便地适应交换机的各种条件、软件的可维护性要求高。

1. 软件基本特点

(1) 实时性强。能及时收集外部发生的各种事件，对这些事件及时进行分析处理，并在规定的时间内做出响应。

(2) 并发性和多道程序运行。多道程序在处理机上都已开始运行，并未结束，而是交替地在处理机上运行。

(3) 可靠性要求高。要求交换机软件能长期稳定地运行，通常情况下，其可靠性指标的要求是 99.98%的正确呼叫处理及 40 年内系统中断运行时间不超过两个小时，即使在其硬件或软件系统本身发生故障的情况下，系统仍应能保持可靠运行，并能在不停止系统运行的前提下从硬件或软件故障中恢复正常。

(4) 能方便地适应交换机的各种条件。适应不同交换局在交换机功能、容量、编码方案等方面的具体要求。

(5) 软件的可维护性要求高。当硬件更新或增加新功能时，能很容易对软件进行修改。

2. 数据驱动的程序结构

数据驱动程序就是根据一些参数查表来决定需要启动的程序。这种程序结构的最大优点是，在规范发生变化时，控制程序的结构不变，只需修改表格中的数据就可以适应规范的变化。表 4-1 是初始规范和变化后规范。初始规范及变化规范后的流程图如图 4-58(a)和(b)所示。当规范发生变化，相应的程序结构发生改变，采用数据驱动的程序设计，只需要修改表格中的数据，当规范发生改变，程序结构不变。

表 4-1　初始规范和变化后规范

条 件		待执行的程序	
A	B	初始规范	变化后的规范
0	0	R1	R2
0	1	R1	R1
1	0	R2	R1
1	1	R3	R3

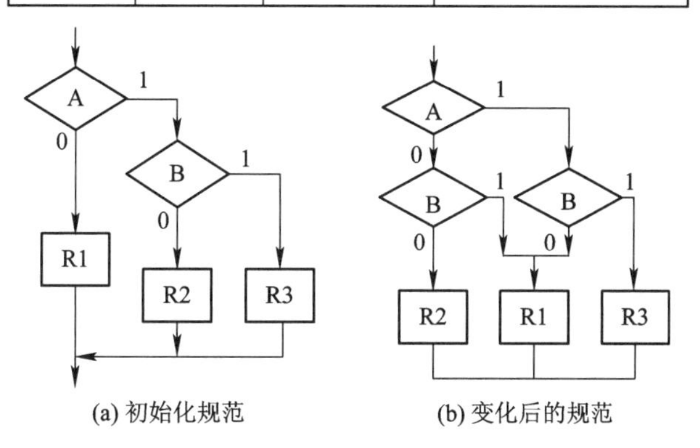

图 4-58　初始规范及变化规范后的流程图

为此，先引入一个标志位，对变量进行标记，当变量的标志位为 0，后面的数据项值指向待执行的程序代码；当变量的标志位为 1，数据项值指向下个表格的地址指针，下一个变量按照同样方式操作，这样就可以使得变量数量和表格数量保持一致。

按照上述方法，表 4-1 的规范变化变为数据表格，如图 4-59(a)和(b)所示，分别表示依据规范变化前后的数据表，依据数据表格来执行相应的程序，数据驱动程序的一般结构如

图 4-60 所示。

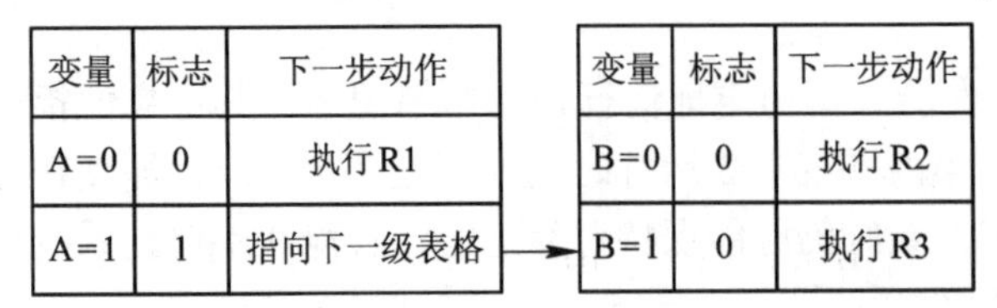

变量	标志	下一步动作
A=0	0	执行R1
A=1	1	指向下一级表格

变量	标志	下一步动作
B=0	0	执行R2
B=1	0	执行R3

(a) 规范变化前的数据表

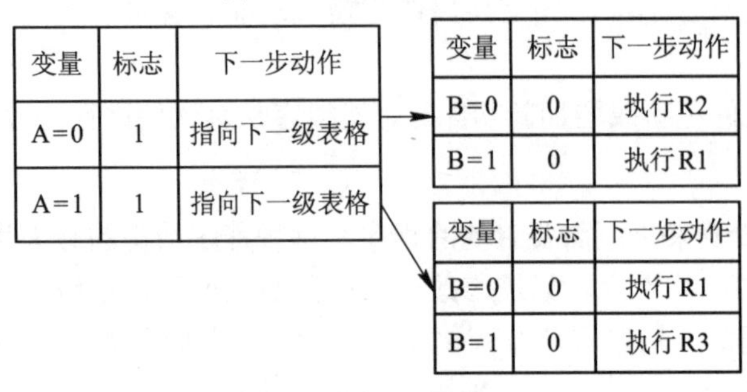

变量	标志	下一步动作
A=0	1	指向下一级表格
A=1	1	指向下一级表格

变量	标志	下一步动作
B=0	0	执行R2
B=1	0	执行R1

变量	标志	下一步动作
B=0	0	执行R1
B=1	0	执行R3

(b) 规范变化后的数据表

图 4-59 规范变化前后数据表

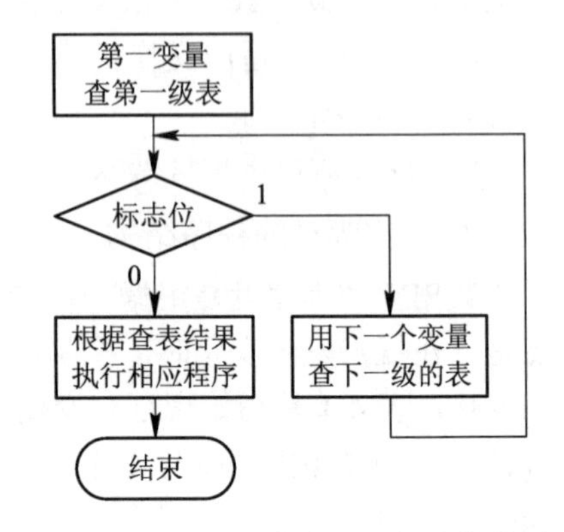

图 4-60 数据驱动程序的一般结构数据

3. 有限状态机和有限消息机

1) 有限状态机

有限状态机(finite state machine，FSM)是指能将系统(或进程)的状态定义为有限个状态，然后描述在每个状态下受到某个外部信号激励时系统作出的响应及状态转移的情况。

系统(或进程)具有有限个非空状态集和有限的输入、输出信号集合。系统在每一种稳定状态下可接受其输入信号集合中的一个子集，当接收到一个合法的输入信号时，就执行相应的动作，包括向外部输出相应的信号，然后转移到一个新的稳定状态。每一个输出信号和下一稳定状态都是原状态和输入信号的函数。

2) 有限消息机

有限消息机(finite message machine，FMM)采用了有限状态机的概念和结构。它是一种软件功能模块，实际上是一组程序，是进程的功能描述，它描述了一个进程所具有的状态，在每一状态下可能接收到的消息以及接收到某一消息后应执行的动作，包括向外部发送的消息和转到的下一稳定状态。FMM 与外部通信时通过传输消息来实现，FMM 之间无公共数据区，通过路由表确定消息去向，通过操作系统查找路由，消息收发由操作系统统一管理。

4.5.2 交换软件中程序设计语言的种类

在交换软件中常使用的设计语言有以下三类：

(1) 规范描述语言(specification and description language，SDL)：用于系统设计阶段，用来说明对程控交换机的各种功能要求和技术规范，并描述功能和状态的变化情况。

(2) 高级语言(high level language，HLL)和汇编语言(assemble language，AL)：用来编写软件程序。

(3) 人机对话语言(man-machine language，MML)：主要用于人机对话，在软件测试和运行维护阶段使用。

1. 规范描述语言 SDL

SDL 语言是 CCITT(现 ITU)建议的一种高级语言，能说明和描述一个待设计系统或一个已实现系统的行为和功能，这里，“行为”指系统在输入信号时的响应方式。该语言主要利用有限自动机模型，将系统的运行状态定义为一系列的有限状态，描述出每个状态在外部激励后的响应和状态转移情况，可以通过不同层次上的描述表示其详细程度。其优点是可以清晰显示系统结构，易于掌握控制流程。

(1) 规范描述语言 SDL 的适用范围。

凡是系统行为能用扩展的有限态自动机来有效地模拟且重点在交互作用方面的所有系统，SDL 都是适用的。例如，电话交换系统、数据交换系统、信令系统、用户接口等都可以用 SDL 来描述。

(2) SDL 语言的表示层次和表示形式。

SDL 可用在详细程度不同的层次上表示一个系统的功能。其描述系统不同细节的三个表示层次是系统、模块和进程。

SDL 具有两种表示形式，一种称为 SDL/GR(SDL 图形表示法)，其基础是一套标准化的图形符号；另一种称为 SDL/PR(SDL 正文短语表示法)，其基础是类似于程序的语句。

① 系统定义。

系统定义用来说明一个系统由几个模块组成，模块之间的相互关系及系统与外部环境的关系，一般用来构造系统模型。通过信道 C 连接各个独立的模块 B，在不同模块的进程之间通过信道中传输的信号 S 完成交互。图 4-61 表示一个系统图描述实例。图中左上角表示一个 SYS 名字的系统，右上角表示系统图共有 1 页，外界输入系统的信号 S1、S2 是通过信道 C1 与模块 B1 联系，同样输出信号 S5 是通过信道 C4 与模块 B2 完成。系统内部共使用了 S1、S2、S3、S4、S5 信号。B1 和 B2 利用 C2、C3 信道传输信号 S3 和 S4。

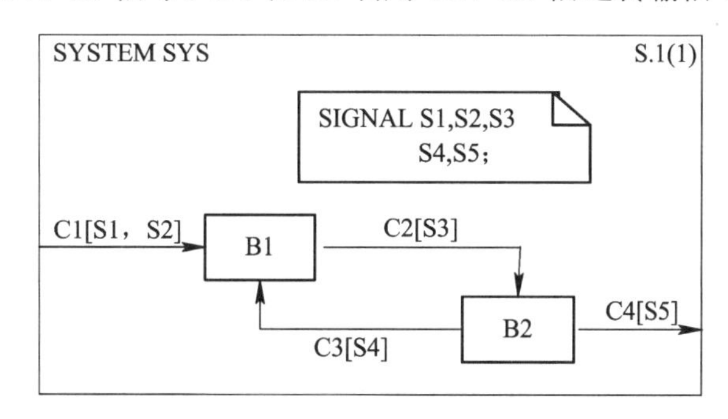

图 4-61　系统图的 SDL 表示实例

② 模块定义。

模块定义用来说明一个模块 B 由几个进程 P 组成，各个进程之间的相互关系。规定模块内部相互交互的信号类型、与信号表相对应的标识符、通信路由及信号在路由传递的标识符、数据类型等。进程之间通过信号路由表定义通信路径，确定与模块外部的信道。图 4-62 表示一个模块描述实例。

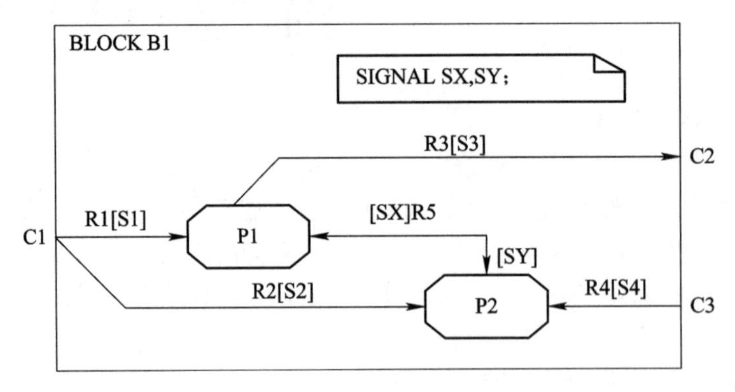

图 4-62 模块的 SDL 表示实例

③ 进程定义。

系统的第三层描述是对模块中进程的说明。进程是一种扩展的有限状态的自动机，它规定了一个系统的动态行为。进程的定义包括有进程名字、进程数量、形式参数、有效输入信号集、信号定义、过程定义、规定进程实在行为的进程体等。进程的定义通过进程图表示，其中进程体由一些有向弧连接的符号组成。SDL/GR 描述进程的主要符号如图 4-63 所示。

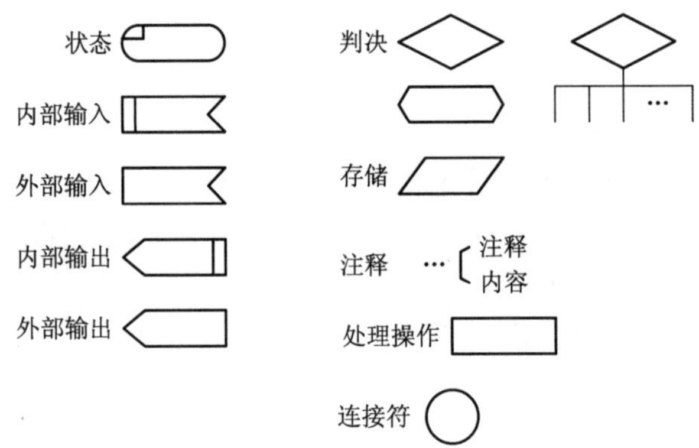

图 4-63 SDL/GR 描述进程的主要符号

2. 汇编语言(AL)和高级语言(HLL)

1) 汇编语言

汇编语言是面向处理机动作过程的语言。利用汇编语言编写的程序，运行效率高，占用存储空间少，能够较好地满足交换机软件实时性的要求。缺点是可读性差，编写效率低、可移植性差，同时汇编时的检错能力不够强，用汇编语言编写的工作软件可靠性较差。

因此，在现在的大多数程控交换机中，除了少部分实时性要求严格的程序，如拨号脉冲的接收，中断服务程序等采用汇编语言编程外，大部分程序都采用高级语言编写程序。

2) 高级语言

用于编写交换机软件的高级语言有多种，如 CHILL 语言和 C 语言等。有些交换机厂家还设计了程控交换机专用的高级语言，如瑞典爱立信公司的 PLEX 语言(用于 AXE 系统)、日本富士通公司的 FSL 语言(用于 FETEX-150)、日本 NEC 公司的 PlC 语言(用于 NEAX 61)、加拿大北方电信公司的 FROTEL 语言(用于 DMS-100)。

3. 人机对话语言 MML

MML 的语言是一种交互式人机操作和维护命令语言，用于程控交换机的操作、维护、安装和测试。MML 语言包括输入语言与输出语言。维护管理人员通过输入语言对程控交换机进行维护管理，控制交换机的运行。

交换机通过输出语言将交换机的运行状态及相关信息(话务数据、计费信息、故障信息等)报告给操作维护人员。输出信息又分为非对话输出(自动信息)和对话输出(应答信息)。

1) 输入信息——人机命令

人机命令由命令码和参数块两部分组成，格式如下：

命令名：参数名 = 参数值，参数名 = 参数值…；

命令码规定了应进行的操作，参数块给出了执行命令所需的信息。

例如，在 S-1240 系统中创建一条用户线的命令为：

CREATE-SINGLE-SUBSCR：DN =K’2412401，EN= H’1010&1;

上面的命令中用到了两个参数：电话号码 DN 和设备码 EN。

2) 输出语言

输出语言可分为非对话(自动)输出和对话(应答)输出。

非对话输出为特定事件(如告警)出现或在执行一段较长时间的任务(如话务统计)结束后的自动输出。

对话输出是对命令的回答，当操作人员输入的命令已被交换机正确执行后，即显示“命令已成功执行。”的信息及命令执行后的相关结果；若命令有错或由于某种原因无法执行时则输出拒绝执行的原因。

4.5.3　局数据和用户数据

图 4-64 所示为程控交换机系统程序的组成，包括操作系统和数据库系统。局数据和用户数据通常存储在数据库中，由数据库系统统一管理。管理和维护人员通过人机对话方式对数据库进行维护、数据修改，对交换机的运行进行控制。呼叫处理程序在呼叫过程中需要通过对数据库中各类数据的查询和分析解释，才能进行相应的处理。

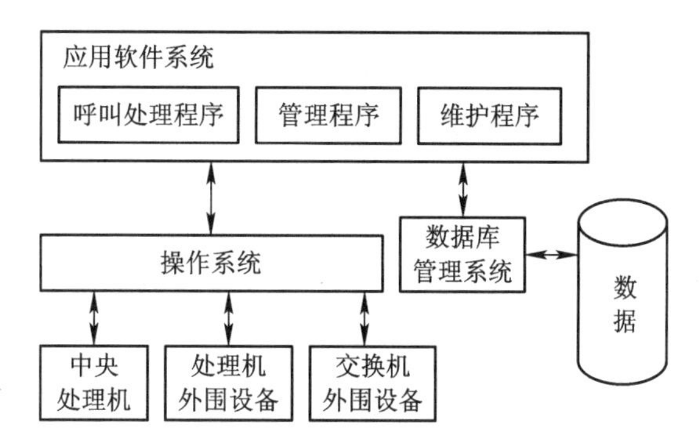

图 4-64　程控交换机系统程序的组成

数据用来描述交换机的软、硬件配置和运行环境等信息，从实用的角度来看，数据又分为局数据和用户数据。这些数据基本固定，在需要时维护管理人员也可通过人机命令修改。

1. 局数据

局数据用来描述交换机的配置及运行环境，主要包含以下内容。

(1) 配置数据：用来描述交换机的硬件和软件配置情况。硬件配置数据主要说明交换机中各种硬件设备的配置数量、安装位置、相互连接关系等内容；软件配置数据主要说明交换机中各种软件表格的配置数量，起始地址等内容。配置数据一般在交换机扩容时才需要修改。

局数据还包括交换局的号码翻译规则，如呼叫源数据、数字前缀分析表、地址翻译表等。

(2) 路由和中继数据：用于规定一个交换机设置的局向数，对应于每个局向的路由数，每个路由包含的中继群数、中继群采用的信令方式等内容。

(3) No.7 信令数据：用来描述 No.7 信令系统 MTP、TUP、SCCP、ISUP 等部分的数据。

(4) 计费数据：用来确定有关计费方式、不同局向的计费费率、费率转换时间方案等内容。

(5) 新业务提供情况：交换机能提供的新业务的种类及每种业务能提供的最大服务数等。

2. 用户数据

用户数据用来说明用户的情况，每个用户都有其特有的用户数据。用户数据主要包括以下内容。

(1) 用户电话号码、用户设备码。

(2) 用户线类别：如普通用户线、公用电话用户线、用户小交换机用户线等。

(3) 话机类别：采用拨号脉冲方式还是 DTMF 方式。

(4) 用户的服务等级：如呼出限制、本地网有权、国内长途有权、国际长途有权等。

(5) 用户对新业务的使用权及用户已登记的新业务。

(6) 用户计费数据。

3. 维护和管理程序

维护和管理程序的主要功能是管理和维护交换机运行所需的局数据和用户数据，统计话务量和话费，及时发现和排除交换机出现的软、硬件故障，使交换机正常运行。

维护和管理系统包括数据管理子系统、话务统计子系统、维护子系统、测试子系统和计费处理子系统几部分。

数据管理子系统的功能是管理一个交换机的配置数据、字冠数据和用户数据。

话务统计子系统用来统计交换机的话务量和交换设备的运行情况。其统计内容包括各个局向、路由、目的码、中继群、用户模块等的呼叫次数、平均占用时长、呼叫失败情况、处理机的占用率等。

维护子系统可用来设置系统的再启动参数、过载和拥塞的域值，对相关电路的状态进行控制(查询、闭塞、打开、复位)，跟踪监视有关呼叫的接续情况，查看各级告警信息等。

测试子系统可用来对指定用户电话、中继电路、数字交换网络、信令设备进行诊断测试。

计费子系统用来完成对有关计费数据的收集、转储、分拣、结算和汇总，直至输出各类计费报表。

4.5.4　操作系统

操作系统又称为执行控制程序，是处理机硬件与应用程序之间的接口。操作系统统一管理系统中的软、硬件资源，合理组织各个作业的流程，协调处理机的动作和实现处理机之间的通信。

程控交换机中操作系统主要功能是包括任务调度、存储器管理、进程之间的通信、处理机之间的通信、定时管理、系统监督和恢复、I/O 设备管理、文件管理等。

存储器管理的基本功能是实现对动态数据区及可覆盖区的分配与回收，并完成对存储区域的写保护；消息处理程序用来完成进程之间的通信，当收、发进程位于不同的处理机中时，则还需要有一个网络处理程序来支持不同处理机之间的通信；故障处理程序的主要功能是对系统中出现的软件、硬件故障进行分析，识别故障发生的原因和类别，决定排除故障的方法，使系统恢复正常工作能力。故障处理程序之所以设在操作系统中，一个重要的原因是它的实时性要求很高。

1. 任务调度

任务调度程序的基本功能是按照一定的优先级调度已具备运行条件的程序在处理机上运行，从而实现对多个呼叫的并发处理。

1) 程序的优先级

按照对实时性要求的不同，程序的优先级大致可分为中断级、时钟级和基本级程序。

中断级程序有两个重要特点，一个是实时性要求高，在事件发生时必须立即处理；另一个特点是事件发生的随机性，即事件何时发生事先无法确定。中断级程序主要用于故障处理和输入/输出处理。中断级程序由硬件中断启动，一般不通过操作系统调度。

时钟级程序用于处理实时性要求较高的工作(按照一定周期执行)。按照对实时性要求的不同，时钟级程序有不同的执行周期。时钟级程序主要用来发现外部出现的事件，对于发现的事件并不进行处理，而是将其送入不同的优先级队列等待基本级程序去处理。

基本级程序的功能是对外部发现的各种事件进行处理。应用程序的大部分在运行时构成进程，故基本级也称进程级。在交换软件中的进程符合有限状态机(FSM)模型。

2) 时钟级程序的调度

时钟级程序由时钟级调度程序调度执行，而时钟级调度程序是由时钟中断启动。每次时钟中断后应该调度哪些时钟级程序运行，满足各种时钟级程序的不同周期性要求。通常以一种时钟中断为基准，采用时间表作为调度的依据。

常用的时间表有比特型时间表和时区型时间表两类。下面主要介绍比特型时间表调度时钟级程序的基本原理。

(1) 比特型时间表调度时钟级程序的基本原理。

比特型时间表的数据结构包括时间计数器、时间表、屏蔽表和转移表四个表格。

时间计数器用于时钟中断的计数，每次时钟中断每次到来时，时间计数器加 1，计数器的值作为时间表的行指针，计数器以时间表的行数为模进行循环计数。

时间表用来调度需执行的程序，表中每一列对应于一个程序。在时间表中如果填入 1，表示要执行该程序，如果填入 0 则表示不执行该程序。在时间表的某一列中填入适当的“1”或“0”就可控制对应的时钟级的执行周期。

屏蔽表只有一行，表中每一列对应一个程序，其值为“1”表示允许执行该程序，其值为“0”表示不允许执行该程序。

转移表的行号对应于时间表的列号，其内容是对应的时钟级程序的入口地址。图 4-65 所示为比特型时间表。

按照图 4-65 所示的时间表中所在列的参数，第 0 列时钟每中断一次，就执行一次，如果时钟周期为 10 ms，则表示该列的程序执行周期为 10 ms。第一列中，为 0 和 1 交替，相当于时钟中断两次执行一次，程序的执行周期为 20 ms，依次计算，第 k 列中仅第 n 行为 1，其执行周期为$(n + 1) \times 10$ ms。

因此，一个时间表所能调度的程序数等于该时间表的列数，时间表能够支持的不同周期数等于时间表行数 n 的不同因子数。

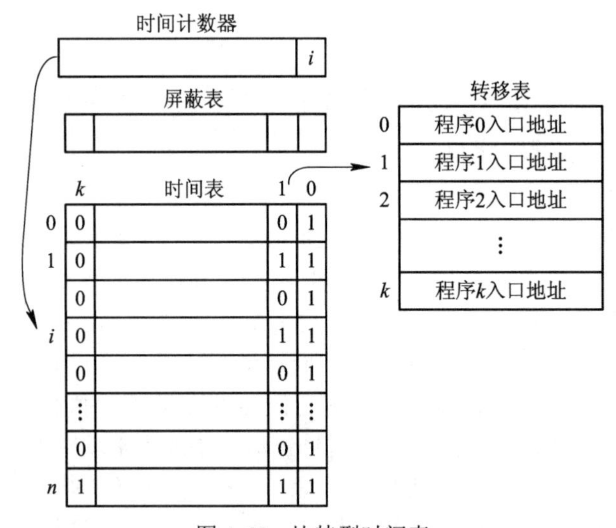

图 4-65 比特型时间表

[例 4.1] 一个时间表的总行数为 12，由于 12 有 6 个不同的因子，即 12、1、3、4、2、6，因此该时间表能支持的不同周期有 6 个。

设时钟中断周期为 8 ms，则该时间表能支持的不同时钟周期分别为 8 ms、16 ms、24 ms、32 ms、48 ms、96 ms。

(2) 时钟级程序调度程序流程。

在实际调度过程中，利用屏蔽表来确定实现动态调度过程，即通过时间表和屏蔽表的内容按位做逻辑“与”运算，其调度流程如图 4-66 所示。

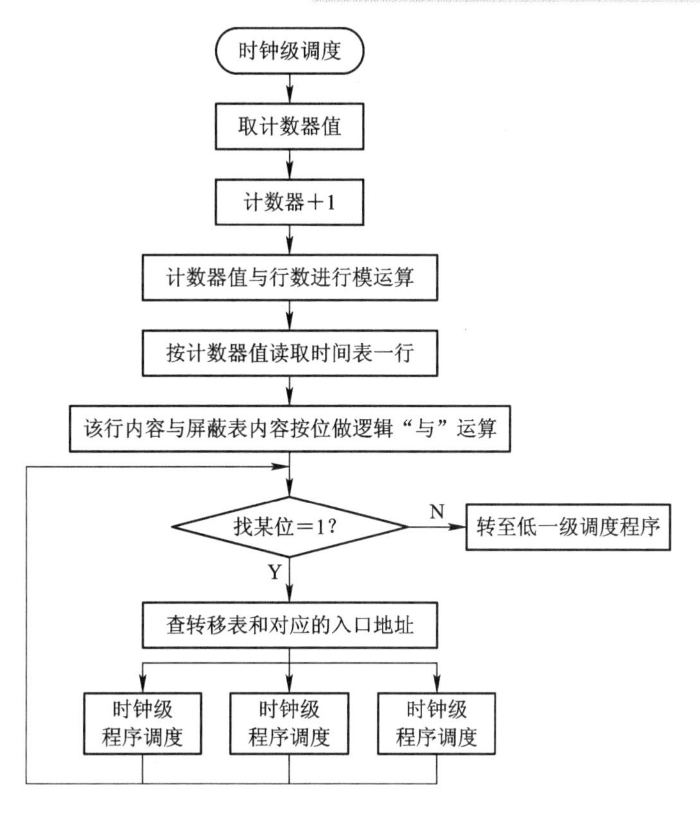

图 4-66　比特型时间表的时钟级调度流程

3) 基本级程序的调度

进程级程序按照其完成的任务又分为不同的优先级。基本级程序由任务调度程序调度执行。进程是操作系统的一个重要的基本概念，是为实现程序的并发性而引入的多道程序的执行过程。一个进程由程序、数据、进程控制块三部分构成。用来说明进程的行为模式，进程控制块是用来描述进程执行情况的一个数据块，它是进程存在的唯一标识，随着进程的创建而建立，随进程的消灭而撤销，操作系统通过进程控制块实现对进程的管理和控制。

(1) 进程的特点。

进程是由数据和有关的程序序列组成的，是程序在某个数据集上的一次运行活动，其具有如下性质。

① 进程包含了数据和运行于其上的程序。

② 同一程序同时运行于不同数据集合上时，构成不同的进程。或者说，多个不同的进程可以包含相同的程序。

一般将描述进程功能的程序称为功能描述或进程定义，将进程运行的数据集合称为功能环境。

③ 若干个进程可以是相互交往的。

④ 进程可以并发地执行。对于一个单处理机的系统来说，m 个进程 P_1，P_2，…，P_m 是交替地占用处理机并发地执行。

(2) 进程的三种状态。

① 等待状态：CPU 暂时不具备运行的条件，正等待某个事件或信号发生以便进入就绪态。

② 就绪状态：已具备运行的条件，等待系统分配处理机以便运行。

③ 运行状态：占有处理机正在运行。

进程的状态随外部事件或自身的原因发生转换。图 4-67 所示为三种状态的转换关系。

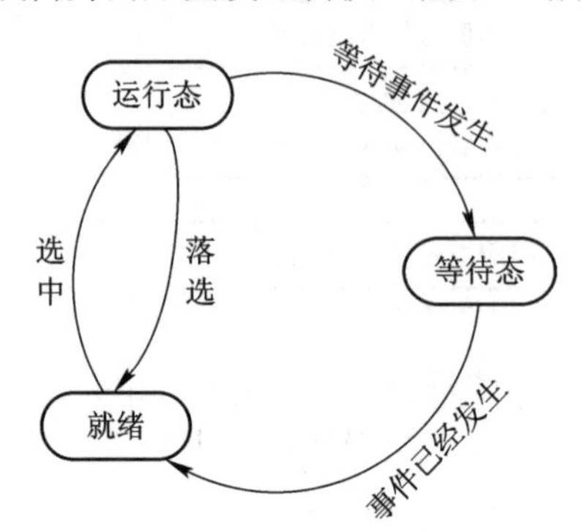

图 4-67　进程的状态变迁

(3) 进程控制块。

进程控制块(process control block，PCB)用以标识进程的存在及各种信息。PCB 是操作系统对进程进行调度和管理的基本依据。一般来说，进程控制块包括以下四类信息。

第一类：“标识信息”，用于标识一个进程。

第二类：“说明信息”，用于说明进程情况，如说明进程状态、等待原因、进程程序存放位置、进程数据存放位置等信息。

第三类：“现场信息”，用于保留进程在运行时存放在处理机中的内容。

第四类：“资源信息”，用于表示有有关该进程所占用的存储器或外设资源的记录和连接信息等。

程序和数据集合是进程实体的基础，PCB 不但标出进程的实体的物理位置，还记录了系统管理进程所需的控制信息、现场内容。每个进程都有生命周期，从创建到消亡，创建一个进程是为一个程序分配一个工作区和建立一个 PCB，消亡就是回收一个工作区和一个 PCB 的过程。

(4) 进程通信。

在程控交换系统中，业务处理往往需要多个进程配合完成，因此，进程之间需要相互通信。进程之间的通信广泛采用的方法是消息缓冲通信。

消息缓冲通信是由操作系统管理一组空闲的消息缓冲块，每个缓冲块可存入一个信息，消息缓冲块中包含消息头和消息体两部分。

消息体中包括要传送的内容，消息头中含有消息处理程序传递信息所需的控制信息，其中包括发送进程的标识和接收进程的标识、信息号、信息类型等内容。

当一个进程要向其他进程发送信息时先通过原语调用得到一个空闲的消息缓冲块，然后把所要发送的信息写入消息缓冲块中，然后通过“消息发送”系统功能调用(原语)发送此信息，由操作系统在适当时候将此消息缓冲块送交接收进程。

当一个进程需要得到一个消息才能继续运行时，可使用“消息等待”系统功能调用(原语)使进程进入等待状态。

“消息发送”原语的功能为：

① 在消息缓冲块中填上发送该消息的进程所在的处理机标识和进程标识。

② 确定消息路由。在收信进程尚未创建或发信进程尚未与收信进程有过通信联系之前，发信进程不知道收信进程的进程标识，在信息头中给出的是接收进程的共享代码段标识，这种类型的消息称为基本消息。对于基本消息，操作系统要通过查找消息路由表确定消息的接收进程。

③ 根据已确定的消息路由发送消息。如果消息的接收者在本处理机，则将消息送入相应的消息队列排队，等待调度程序在某一适当时候将消息发送给接收进程并调度接收进程运行，如果消息的接收者在另一处理机中，则调用网络处理程序发送此消息。

消息等待原语的功能如下：

① 保存现场。将调用该原语进程的现场信息和程序计数器的内容及处理机中的寄存器内容送入该进程的进程控制块(PCB)中。

② 将该进程排入等待队列，然后转入调度程序调度就绪队列中优先级最高的进程运行。

进程调度程序的功能就是从就绪队列中挑选一个进程到处理机上运行。

(5) 进程调度。

进程调度算法主要有先来先服务方法、时间片轮转法和分级调度三种。进程调度程序示意图如图 4-68 所示。图中进程调度的优先级顺序为 $Q_1 > Q_2 > Q_3$，这些调度运行的进程都可以被中断。

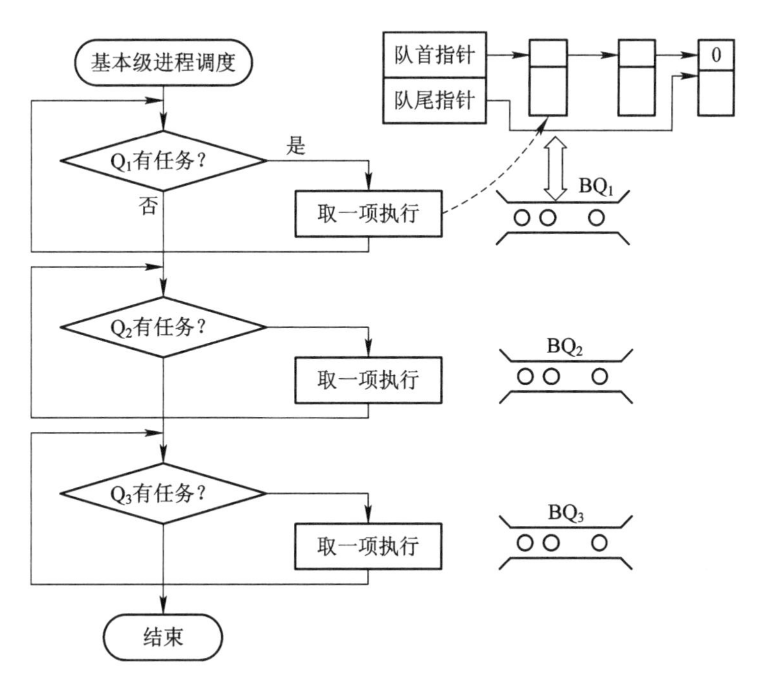

图 4-68　进程调度程序示意图

2. 处理机占用率计算

正常情况下，只有时钟级与基本级程序交替执行，每次时钟中断到来，先执行时钟级，然后执行基本级程序，如图 4-69 所示。正常情况中，在一个时钟中断周期内，处理机有一定的空闲时间，如果话务量发生变化，处理机的空闲时间也会发生变化，通常用处理机的占有率来描述处理机的负荷，处理机占用率的计算公式为：

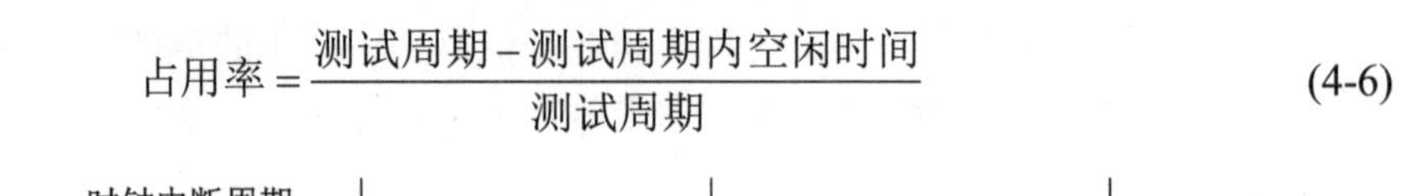

$$占用率=\frac{测试周期-测试周期内空闲时间}{测试周期} \tag{4-6}$$

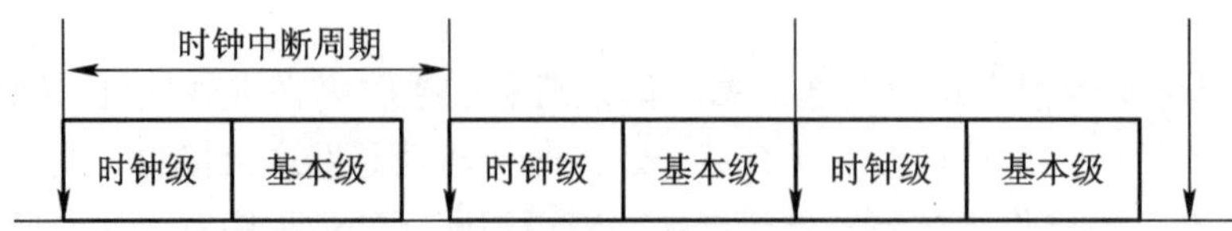

图 4-69 时钟级与基本级程序执行情况

如果通过测试发现处理机负荷过高，交换机的实际处理能力会迅速下降，为此，要求交换机设置一个占有率的阈值来控制处理机的负荷。

处理机占用率的计算原理

3. 定时管理

操作系统统一管理时间资源，为各种应用进程提供时间基准。定时管理的功能是为应用程序的各进程提供定时服务，定时服务可分为相对定时和绝对定时。对应于绝对时限和相对时限要求，操作系统提供绝对时钟管理和相对时钟管理两种管理。绝对时限是指应用程序要求监视某个未来的绝对时间；相对时限监视是指监视从应用程序提出要求开始的某一时间间隔。

应用程序在运行过程中有定时要求时，可通过原语调用向操作系统提出定时要求，通过原语的执行，为应用程序分配一个时限控制块，存入应用程序提出的时限值、进程标志等相关参数，然后将时限控制块置入相应的定时队列。

操作系统按照一定时间周期对定时队列进行处理，当到达应用程序要求的定时时间时，操作系统向设置定时的应用进程发送超时消息，并归还时限控制块。

4. 作业管理

作业是指处理机从接收到一个信号到对这个信号进行处理，得到相应结果的一系列工作步骤的集合。

作业管理的主要任务就是解决作业的进出问题，即管理作业的建立、执行与完成，包括为作业分配资源、为作业建立若干进程等。

交换机软件中，作业建立、执行与完成与处理机所接收的信号密切相关，作业的管理过程实际上是一个信号处理过程，因此，在交换机软件中称作业管理为信号处理。例如，对用户的摘机、挂机、送信号音的处理都可以看作一个个独立的作业。

由于交换机要为众多用户的呼叫处理服务，要求处理机同时建立接续服务的作业，每个作业由外部事件启动(如其他处理机传来的信号、或作业执行过程中形成的时间等)，处理机通过中断启动扫描程序来发现外部的各类事件，将其登记在不同的队列中，由此来执行相应的程序。图 4-70 所示为交换机中作业调度的一般流程示意图。

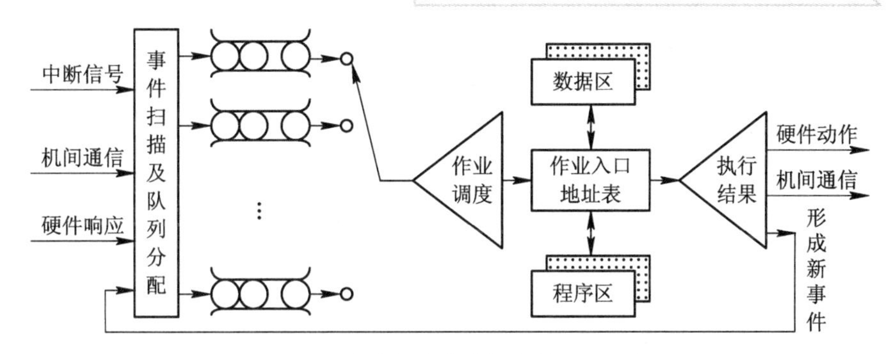

图 4-70　交换机中作业调度的一般流程

5. 存储器管理

存储器作为公用资源，需要进行统一分配、保护、共享、地址重定位，这是存储器管理的基本任务。存储器分配是存储管理的主要工作，它按照一定规则把存储器分成若干部分，以便分配给每一个可运行的作业使用。地址重定位是实现存储器重新分配的一种手段，它把作业中的逻辑地址映射成存储器中某个存储器单元的具体物理地址。存储器的保护和共享，既可避免各个作业所用存储区的相互干扰，又可实现多道作业的数据共享。

存储器的管理方法很多，在多道作业中，有分区管理和分段管理两种模式。

6. 设备管理

设备管理又称为输入输出管理(I/O 管理)，在交换机的操作系统中，设备管理主要管理 CPU 和外围环境之间的消息通信。外围环境包括外围设备、交换网络、I/O 设备等。

4.5.5　呼叫处理程序

呼叫处理程序负责整个交换机中所有呼叫的建立、监视与释放，并完成对各种电话新业务的处理。它具有实时性、并发性的基本特点。

呼叫处理程序由硬件接口、信令处理、电话资源管理、呼叫控制、呼叫服务、计费处理等程序组成。

1. 呼叫处理程序的基本原理

一次呼叫处理过程并不复杂，它包括摘机检测、接收号码、接续和启动计费、挂机检测、链路拆除和输出计费结果等。交换机必须要同时处理许多的呼叫任务，如来自用户线的始发呼叫，接收其他交换机或中继线的入局呼叫，转发到中继线的出局呼叫等。使用什么方法来同时处理这些呼叫，并保证满足实时性的要求，是交换机呼叫处理的基本功能。

交换机软件的基本工作过程以状态和状态间的迁移为基础，所以，程控交换机中一次完整的接续，是由众多状态间的迁移构成。

从进程的角度看，呼叫处理过程是由呼叫进程中各种状态及其相互转移的过程构成。例如，一个本局的呼叫处理包括的基本状态包括用户空闲状态、等待拨号状态、收号状态、振铃状态、通话状态及用户话终挂机状态。状态的建立和转移取决于激励信号(也称为事件)和呼叫进程当前的状态，在输入信号的激励下，一个状态转移到另一个新的状态，不断循环。这些激励信号主要包括外部用户摘机、呼叫拨号、中继线的入局呼叫，还包括状态转移产生的新事件、超时中断等。

下面以一次本局呼叫为例说明呼叫处理的基本过程。呼叫处理的过程可以分为输入处理、内部处理和输出三个部分。

输入处理负责采集话路设备的状态信息的变化和有关信息，只负责检测事件而不进行处理。本质上是软件和硬件之间的接口程序和硬件设备直接联系，通过周期性地扫描程序实现状态信息的采集。

内部处理程序主要任务是分析收集的信息和各类发生的事件，分配资源，并根据事件所发生的时间及与该事件有关进程的当前状态决定下一步的动作。由于对时间没有严格要求，一般情况下，采用队列方式来完成，如图 4-70 所示。

输出处理主要依据内部分析的结果完成对话路设备的驱动。

1) 输入处理

输入处理主要检测用户和中继线的状态变化。其基本的状态只有空闲和占用两种，只需要一位来描述。例如，可以用“1”和“0”来表示空闲和占用，通过本次的扫描结果与上次的保存的扫描结果进行位“异或”运算就可以检测到状态的变化。如果状态发生变化，“异或”运算的结果为“1”表明状态改变，否则，表明状态没有改变。判断状态是如何变化的，这需要从当前的扫描的位值来做判断，如当前值为“1”，表明用户从占用变为空闲。

呼叫信号的检测可以逐条线路进行，也可以逐群进行。实际上，处理机每次检测一组用户，如 8 位的处理机至少一次可以考虑 8 个用户的检测，为保证实时性，该程序由时钟级调度程序按一定周期调度运行，摘机与挂机的扫描时间为 100～200 ms，当发现用户线状态改变时，将相应事件送入队列，向用户线处理进程报告。

用户摘机，用户直流环路闭合，用户挂机，直流环路断开。设本次扫描值为 SCN，上次扫描值为 LL，0 表示环路闭合，1 表示环路断开，那么，摘机和挂机可以采用如下的逻辑运算：

摘机：$\overline{\mathrm{SCN}}\land\mathrm{LL}=1$；挂机：$\mathrm{SCN}\land\overline{\mathrm{LL}}=1$。

图 4-71 为用户摘机挂机检测流程图。图 4-72 为用户组摘机挂机检测流程图。表 4-2 所示为一组用户扫描运算结果，从表中的计算结果可知，当前时刻用户 0 和用户 5 处于摘机状态，用户 7 为挂机状态。

表 4-2 用户组摘挂机扫描结果

扫描/运算结果	用户							
	D0	D1	D2	D3	D4	D5	D6	D7
这次扫描结果(SCN)	0	1	1	1	1	0	1	1
前次扫描结果(LL)	1	1	1	1	1	1	1	0
$\overline{\mathrm{SCN}}$	1	0	0	0	0	1	0	0
$\overline{\mathrm{LL}}$	0	0	0	0	0	0	0	1
$\overline{\mathrm{SCN}}\land\mathrm{LL}$	1	0	0	0	0	1	0	0
$\mathrm{SCN}\land\overline{\mathrm{LL}}$	0	0	0	0	0	0	0	1

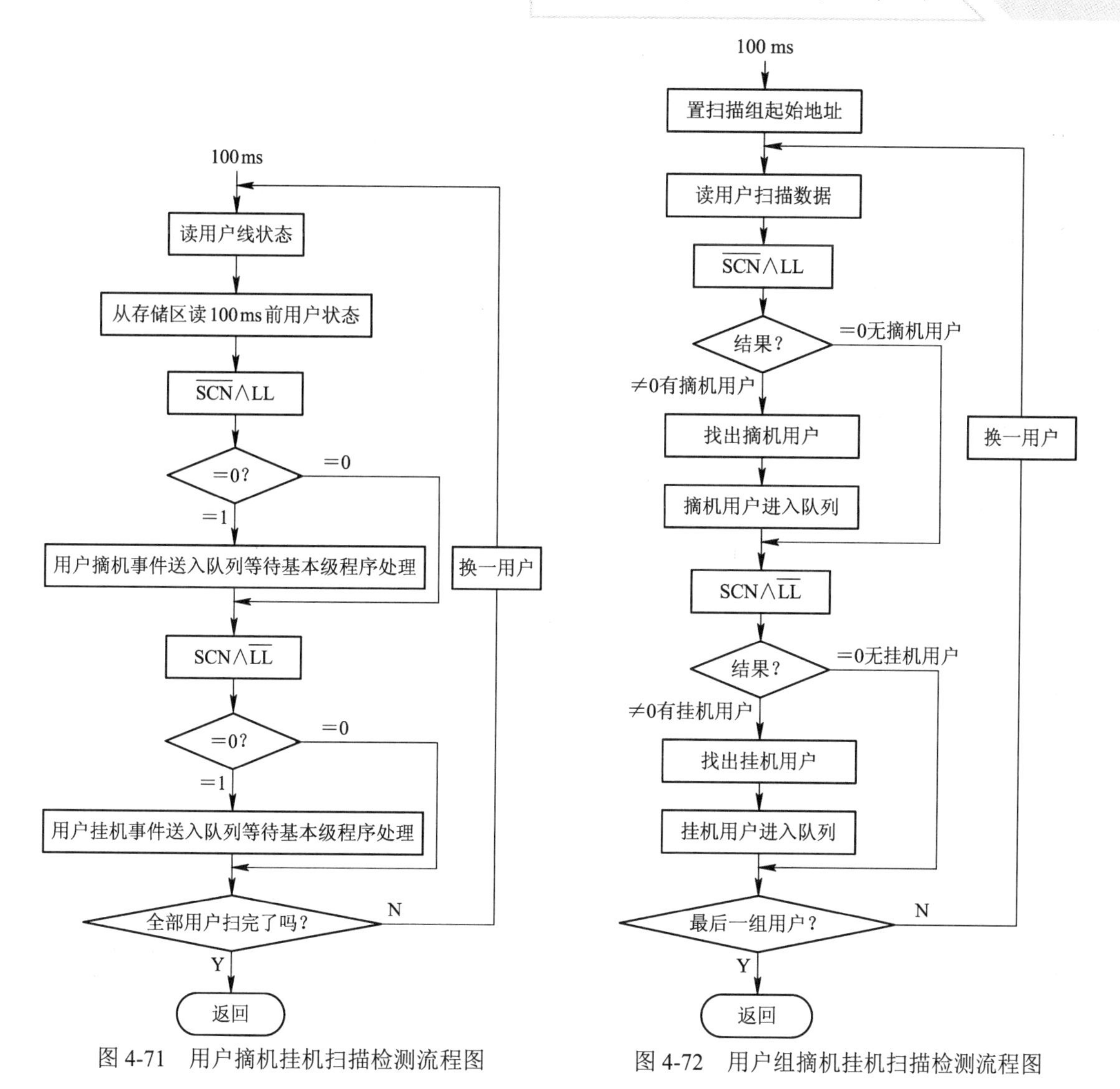

图 4-71　用户摘机挂机扫描检测流程图

图 4-72　用户组摘机挂机扫描检测流程图

2) 内部处理

当检测到用户状态的变化后，首先将向用户送拨号音并准备接收用户的号码，在此之前，还需要调用该用户的数据，判断是否满足呼叫权限的合法用户，如果属于合法用户，交换机向用户提供拨号音，等待用户拨号并接收号码，然后分析处理。判断用户是脉冲拨号还是双音多频信号(dual tone multi frequency signal，DTMF)的拨号，同时为该用户建立一个呼叫记录，对这个呼叫过程中与其有关的一些暂态数据进行处理，把该呼叫处理的来龙去脉保存在相应的数据表格中，这些数据表格主要有呼叫控制表和设备表。其中，呼叫控制表详细记录了一个呼叫的相关信息，如呼叫的状态、主叫用户信息、被叫用户信息、呼叫过程中占用的各种公用设备(如记发器、中继器、交换链路及相应连接关系)、呼叫的开始时间、应答时间、计费存储器指针等内容。在每一个呼叫建立时都要申请一个空闲的呼叫控制表，在呼叫释放时归还设备表用来记录该设备的状态，相应设备的逻辑号和设备号占用该设备的呼叫记录的号码该类设备处理中需要的信息等内容，不同的设备有其相应的设备表。例如，用户线存储器用来存储用户线的状态(忙、闲、阻塞等)，振铃标志等信息，发号器存储器用于存储需发送的号码及发送状态等信息，中继线存储器用来存储中继线的状态、中继线的类型及线路信令的收、发情况等信息。

(1) 号码接收的接口电路。

脉冲拨号通过软件来实现，对 DTMF 拨号的接收采用硬件电路来实现。脉冲拨号方式速度慢、抗干扰能力差，现在基本被淘汰而主要采用 DTMF 拨号的接收。双音多频收号器的接口电路如图 4-73 所示。由于电话用户的双音多频拨号信号通过话路传输，在数字交换机的用户电路上转换为 PCM 信号，经交换网络传送到收号器，因此，解码前将信号转换为模拟的双音频信号。经高、低通两组滤波器分离为两组，再通过带通滤波器得到单频信号，通过检波、解码，得到 4 位的 BCD 码，同时，设置状态输出端 SP 有效。现有多种 DTMF 的收发集成电路芯片，如 MITEL 公司生产的 MT8870 和 MT8880 等。

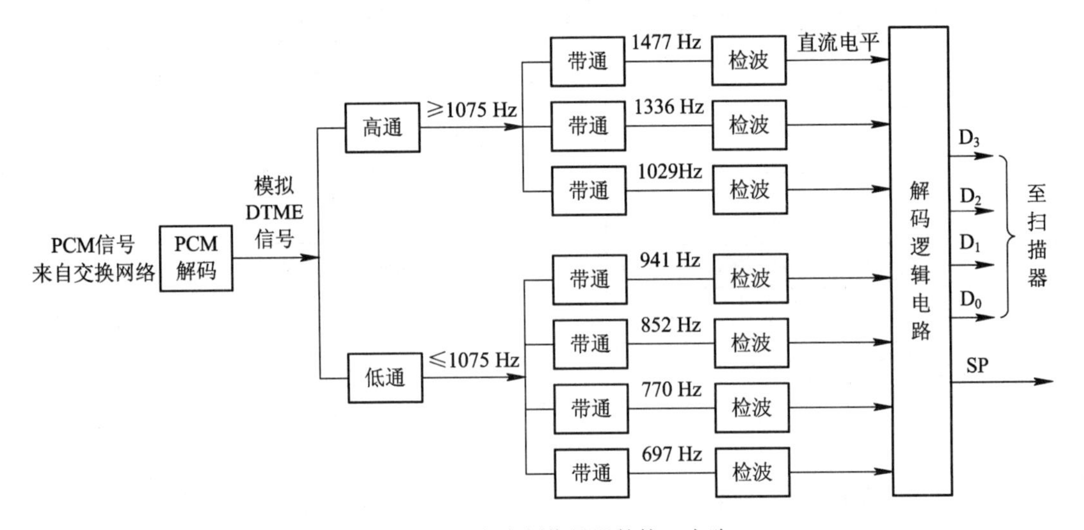

图 4-73 双音多频收号器的接口电路

在局用数字交换机中，一般采用数字滤波器直接对多频信号的 PCM 编码进行识别，由数字逻辑电路将识别到的双音多频信号编码转换为二进制数字输出，由数字扫描程序接收。

图 4-74 给出了双音多频接收程序流程图。由于双音多频信号的传输时长规定大于 40 ms，所以，双音多频接收程序的运行周期约为 20 ms，依次对每个双音多频收号器的 SP 状态进行检查，如果 SP 端有状态信号，则读出本次接收的一位号码，将接收的号码送入相应的队列。设 SP 代表信号出现，SPLL 为 SP 端上一次扫描时的值，判断信号出现的逻辑表达式为：

$$(\mathrm{SP} \oplus \mathrm{SPLL}) \wedge \mathrm{SP} = 1$$

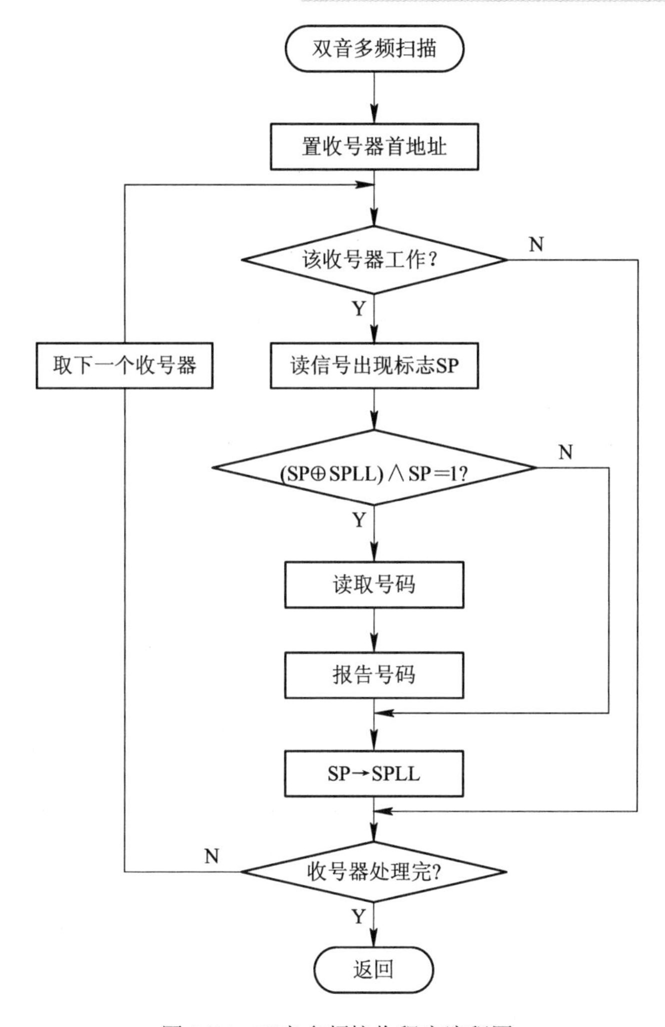

图 4-74　双音多频接收程序流程图

(2) 号码接收的用户线处理。

输出用户线或中继线的硬件地址，为该次呼叫在交换网络内建立一个连接通路，完成该本次呼叫的接续。该过程由用户线处理进程完成，它接收扫描程序送来的事件报告，将其译为电话消息并向呼叫控制进程报告，根据呼叫控制进程的命令，控制相应的接口电路动作。用户线处理进程是一个可再入程序，其程序和数据是分离的，每条用户线都有其私用的工作区，称为用户线存储器。用户线存储器的数据结构保存用户信息，包括状态、使用记发器号码、号码存储区指针、信号分配信息、定时控制块号、呼叫存储器号。图 4-75 所示为用户线处理进程从“空闲”状态至“等待数字分析”状态的简化 SDL/GR 图。在“空闲”状态下如果收到摘、挂机扫描程序送来的“摘机”报告，则向呼叫控制程序报告“主叫摘机”事件，此时对应于该用户线的呼叫控制进程还未激活，进入“等待命令”状态。该状态下收到呼叫控制进程送来的“收号”命令，启动接收号码过程。这时 T_0 定时器监视接收号码。T_0 超时时，向呼叫控制进程报告“久不拨号”；正常时，则一直接收号码完毕到“数字分析”状态，若收到“挂机”，则进入“空闲”。

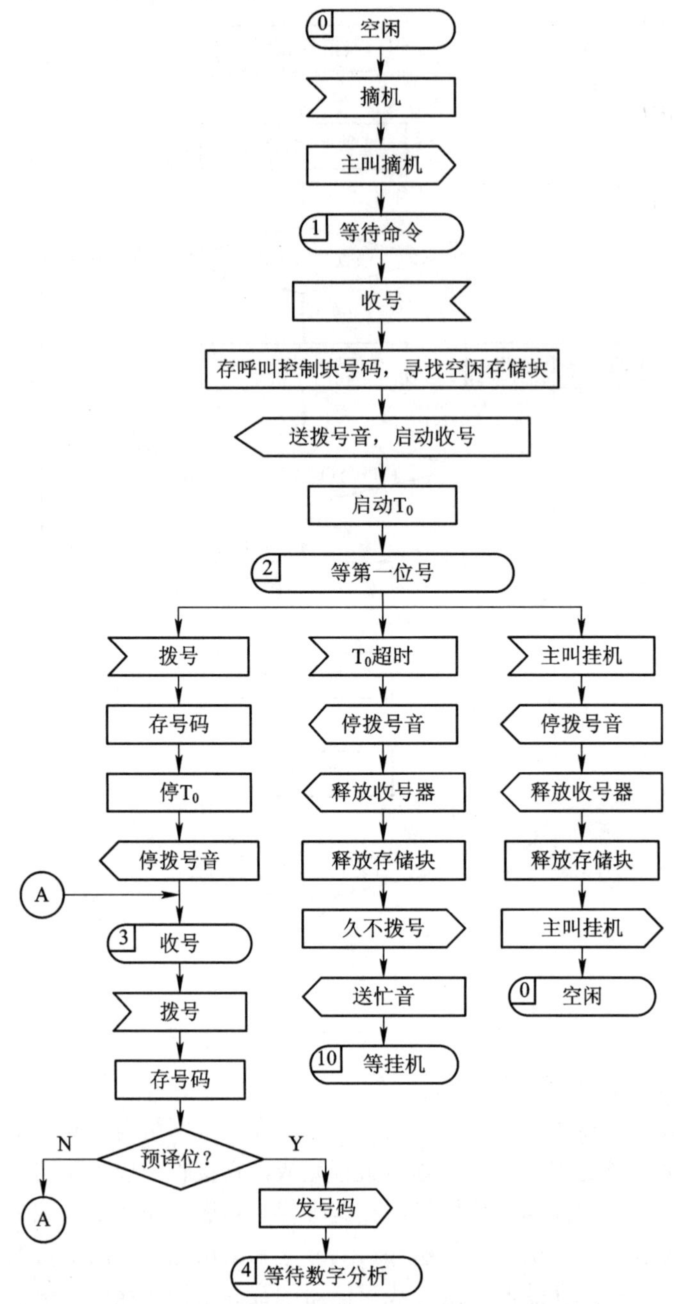

图 4-75 用户线处理进程简化 SDL/GR 图

(3) 数字分析。

分析程序的主要任务就是根据已接收到的输入信息，查找和分析相关数据，以确定交换机下一步如何进行处理。

数字分析一般通过主叫号码、呼叫号码等参数为索引，查找相关的数据库，如果是本局呼叫，主要查找相应的用户数据库，包括用户线的物理地址(设备号)、号码、用户线类别、呼出权限、新业务等内容，并将主要内容复制到该用户的呼叫控制进程的呼叫控制块(CCB)中，进行相应不同的处理。

按照呼叫方向的不同，数字分析可以分为来话分析和去话分析。来话的分析是当处理机识别到主叫用户摘机呼出后，根据主叫用户的设备码为索引去查找和分析主叫用户的用户数据，从而确定如何处理该用户发起的呼叫；去话分析是以被叫用户的电话号码作为索引去查找和分析被叫用户的用户数据，从而确定如何处理至该用户的呼叫。出局的情况下还需要决定路由和中继线路的选择。

从以上说明可看出，对一个用户的呼叫处理流程与该用户的用户数据密切相关。

因此，数字分析的基本任务是根据不同的呼叫源，以主叫用户拨发的号码等参数为索引查找相关的局数据表格，从而得到一次呼叫的路由、业务性质、计费索引、最小号长、最大位长以及呼叫的释放方式等数据。

数字分析一般分为源分析、数字准备、数字分析和任务定义四个步骤。

源分析以呼叫源码为索引检索相关局数据表格，得到对应于该呼叫源的源索引及数字分析树指针，并确定在数字分析前是否需对接收到的数字进行处理。

数字准备是指如果在源分析时确定要对接收到的数字进行处理，则根据源分析结果中给出的指针查找相应表格，按照表格中的规定对接收到的数字进行增、删、改处理。

数字分析以字冠数字为索引，检索由第一步得到的数字分析树表格，得到与该字冠对应的目的索引。在数字分析时采用表格展开法来得到结果数据。

任务定义以源索引、目的索引为指针查找相关表格得到处理该次呼叫所需的路由信息、计费方式、释放控制方式等数据。

对于出局和入局的呼叫还需要路由及中继选择。路由及中继选择的任务就是在指定的路由块中选择一条能到达指定局向的空闲中继线。

(4) 数据类型。

呼叫处理分析中要用到大量的数据，这些数据可分为暂时性数据和半固定数据。

① 暂时性数据又称为动态数据，这些数据是在呼叫处理过程中产生的，它们描述了呼叫的进展情况、相应设备的状态及各设备之间的动态链接关系。随着呼叫的进展，这些数据被呼叫处理程序不断地修改。主要有呼叫控制块(CCB)、设备表和资源状态表。

呼叫控制块中详细记录了一个呼叫的相关信息，例如，呼叫的状态、主叫用户信息、被叫用户信息、呼叫过程中占用的各种公用设备(如记发器、中继器、交换链路及相应连接关系、呼叫的开始时间、应答时间、计费存储器指针等内容)。

资源状态表记录程控交换系统的很多电话资源，如收号器、发码器、出中继器、交换网络链路等，这些资源可能处于若干状态中的一种(空闲、忙、阻塞等)，描述状态的数据用来说明全部系统资源的状态。主要的状态表有线路状态表、服务电路状态表和交换网络链路状态表等。

② 半固定数据：用以描述交换机的硬件配置和运行环境。半固定数据又可分为用户数据和局数据。

③ 输出处理。由于处理机不能用一个连续的作业来完成对一个呼叫的处理，处理机通过状态迁移过程中的作业执行来完成相应的任务，因此，呼叫输出控制程序又叫作呼叫状态管理程序。它是呼叫处理的中枢，负责控制呼叫接续的整个过程。协调指挥与硬件有关的外围模块(如用户线管理模块、记发器信号发送和接收模块、中继线路控制模块)

的工作。请求呼叫资源管理程序为呼叫分配各种公用资源，请求呼叫服务程序检索局数据和用户数据，控制完成不同类型的呼叫。图 4-76、图 4-77 为呼叫控制进程在本局呼叫时的简化 SDL 图。

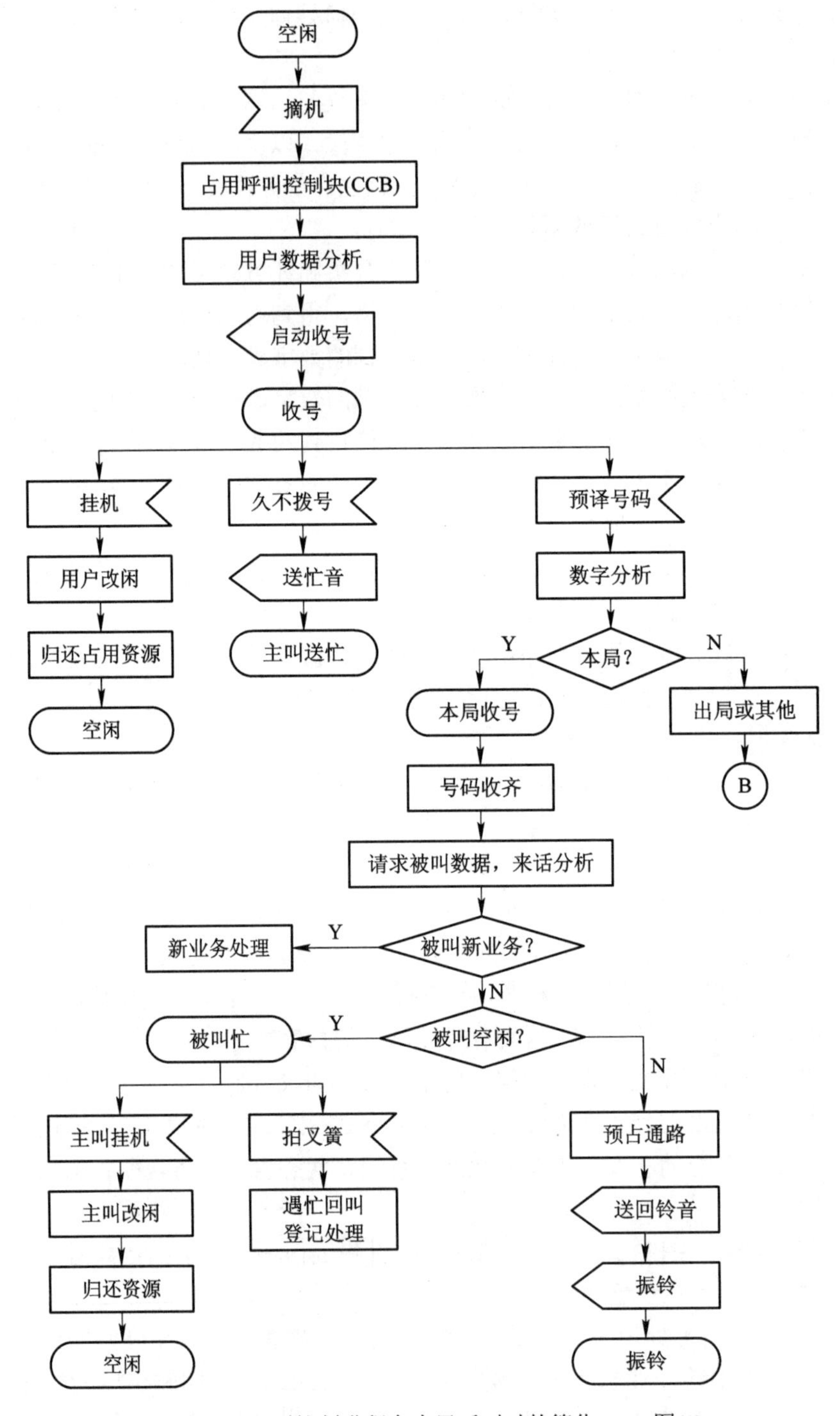

图 4-76 呼叫控制进程在本局呼叫时的简化 SDL 图(1)

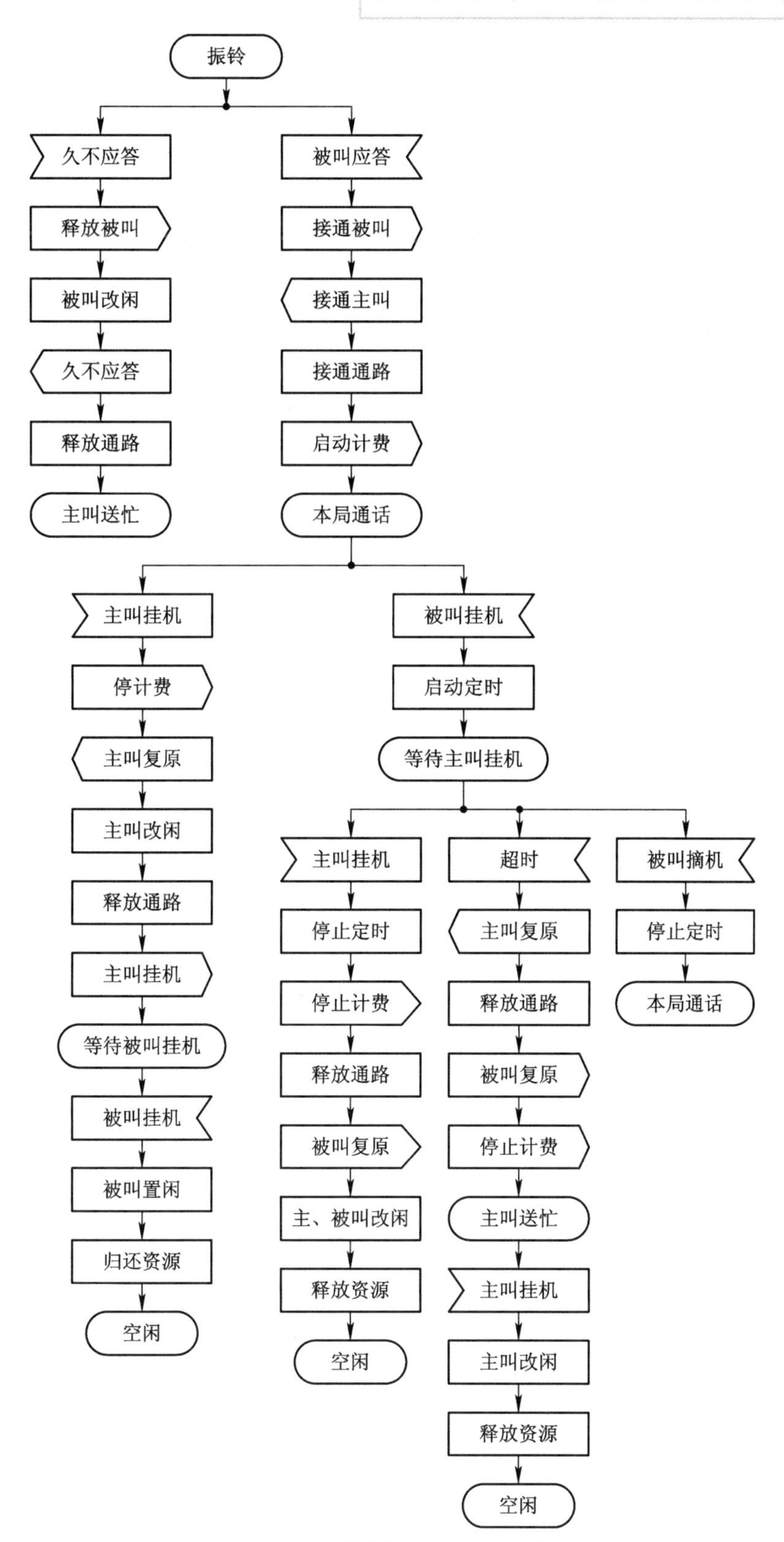

图 4-77　呼叫控制进程简化 SDL 图(2)

在图 4-76 中，用户摘机前呼叫控制进程处于空闲状态，摘机后，用户线管理进程发出“摘机”消息，申请呼叫控制块(CCB)，依据用户的设备标识查找该用户的数据，并分析用户的线路类型、呼出权限、话机类型，正常情况下，选择一条空闲的链路和一个空闲的收号器，由呼叫控制进程送出拨号音，进入“收号”状态。号码接收完毕，则分析被叫号码的数据。若在本局内，则由被叫用户线管理进程确定被叫的空闲情况。如遇忙，则发送“被叫忙”消息。若有遇忙回叫等新业务，收到用户线管理进程的“拍叉簧”信息，则进行“遇忙回叫登记处理”；如果收到用户线管理进程中的“主叫挂机”状态，则释放资源。

图 4-77 中，被叫“振铃”久不应答，则释放被叫占用的资源，并向主叫通知“久不应答”消息，进入“主叫送忙”状态。如被叫应答，连接通路接通，并启动计费。监视双方的挂机状态信息，等待释放资源。

图 4-78 为呼叫控制进程出局呼叫时从数字分析后至出局通话状态时的简化 SDL 图。该进程主要包含路由选择和中继选择，选择依据主叫所拨前几位号码来确定该字冠号码对应的路由编号，在该路由中寻找一条空闲的出中继线。根据出中继线的线路信令类型、记发器信令方式，由呼叫控制进程完成。

如果中继线信令是数字型线路信令(DLI)，记发器信令是多频互控(MFC)，则选择一个空闲的多频互控器(MFCS)。在交换网络中选择一个连接出中继和选定的 MFCS，进入“等待确认”状态。如果收到用户进程传来的号码，则继续转入等待状态。如果收到“中继占用”消息，则进一步检查其是否发来证实消息，一旦确认，进入“出局发号”状态。当发号结束时，

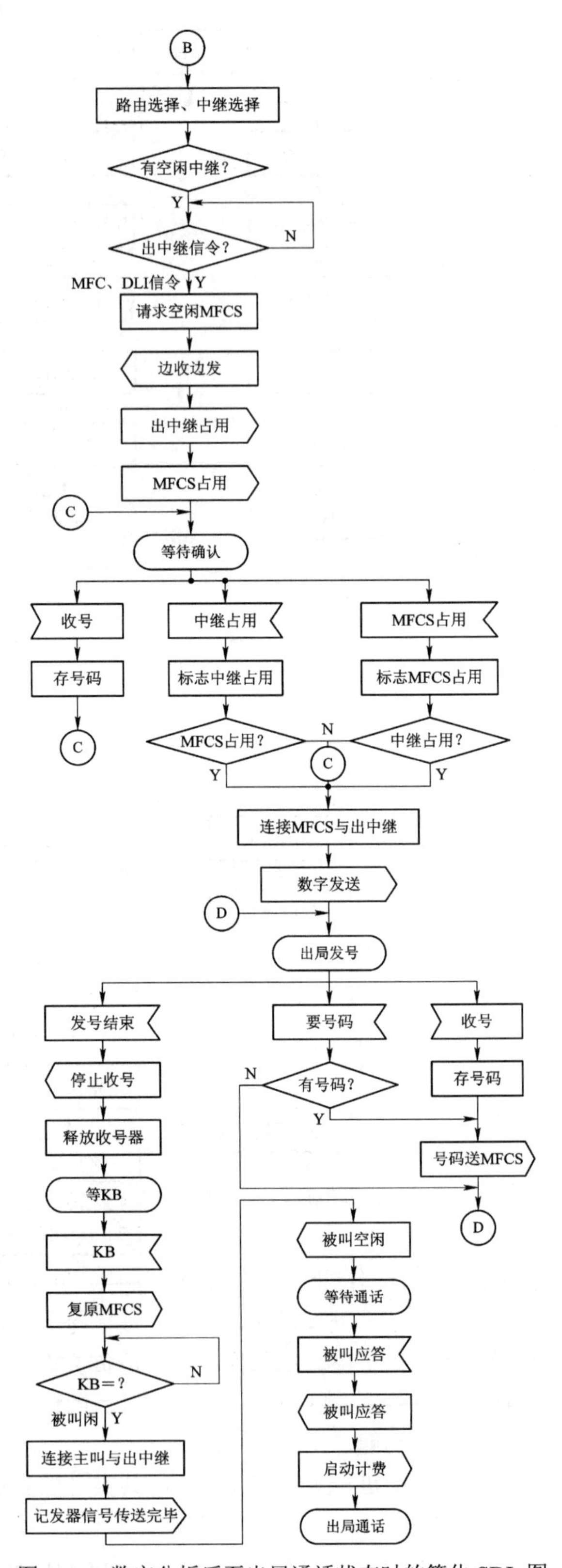

图 4-78 数字分析后至出局通话状态时的简化 SDL 图

释放发号器进入“等 KB”状态。如果“KB = 1”，则说明被叫空闲，向出中继控制进程发送“记发器信号传送完毕”消息，向用户进程发送“被叫空闲”消息后进入“等待通话”状态。被叫应答后进入“启动计费”，处于“出局通话”状态。

2. 呼叫处理程序的层次结构

按照前面的过程描述，从功能上看，呼叫处理程序由三个不同的模块组成，每个模块完成一定的功能，高层软件由低层提供支持。呼叫处理程序的层次结构和对应的软件模块如图 4-79 所示。

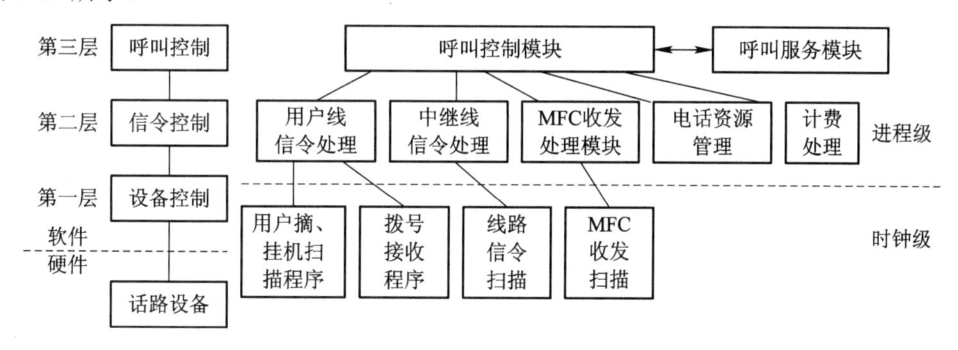

图 4-79　呼叫处理程序的层次结构与相应的软件模块

1) 第一层

第一个层次是设备控制程序(硬件接口程序)，它是终端硬件设备(话路设备)与信令处理程序、呼叫控制程序之间的接口软件。

设备控制程序的主要功能是定期搜集电路的状态信息，并以事件形式报告给信令处理软件；同时接收呼叫控制程序或信令处理程序发出的逻辑命令，并将其译成电路的工作命令，用以驱动硬件电路动作。

该层的特点是实时性高，尤其是识别外部状态变化的扫描程序要求有更高的优先级，图示中的用户摘、挂机扫描程序，拨号接收程序，线路信令扫描程序，MFC 收发扫描程序等，一般均为时钟级的程序。它们由操作系统按照一定周期调度执行，及时发现外部设备状态的变化，并将其变化送入到相应的事件或消息队列，等待信令处理程序进行处理。该层程序本身一般不对外部状态变化进行处理。

2) 第二层

呼叫处理程序的第二层主要是信令处理程序，其主要功能是将外部电路的状态变化译成相应的电话信令。信令处理软件由事件驱动。它接收硬件接口程序送来的事件报告，将其译成标准的电话消息报告给呼叫控制程序，并根据呼叫控制程序发来的命令控制信令的传送。

典型的信令处理程序包括用户线信令处理、中继线信令处理、多频互控(MFC)收发处理模块等。由于电话资源管理主要是负责管理中继线、记发器等公共设施的忙闲状态以及交换网络的各通路的闲忙状态，所以，同样是在第二层。该层的计费处理提供呼叫和各种业务的计费功能，生成话单记录。

该层按照进程进行调度管理，其实时性要求没有第一层高。

3) 第三层

第三个层主要有呼叫控制程序和呼叫服务程序，采用有限状态机的状态转移原理设计，其主要功能是对呼叫的当前状态和接收到的事件信息进行分析，调用相应的处理程序运行，对接收到的事件进行处理并协调各软件模块的工作，从而控制呼叫的进展；呼叫服务程序主要是根据呼叫控制程序的要求检索数据库、分析程序，如数字分析、路由选择等，为呼叫接续提供相关数据。

3. 信令处理程序

信令处理程序用于控制信令的发送和接收，对应于不同的信令方式，设置有相应的信令处理程序，用来完成对不同信令系统的各种规程处理。

信令处理程序可分为模拟用户线信令处理程序、中继线路信令处理程序、多频互控信令接收程序和多频互控器信令发送程序、No.7 信令处理程序等。

1) 模拟用户线信令处理程序

模拟用户线信令处理程序主要是针对模拟用户而言，包括有用户摘机和挂机程序、收号程序等，如前所述。

2) 中继线路信令处理程序

中继线路信令处理程序负责监控各类出入中继线的状况，识别线路的信号，将接收到的线路信令报告呼叫控制进程，并根据呼叫进程控制的命令发送线路信令。中继线路信令处理程序分为出中继线路信令处理程序和入中继线路信令处理程序。出中继线路信令处理程序负责发送前向信令，接收后向信令。入中继线路信令处理程序负责接收前向信令，发送后向信令。下面以数字型的出中继线路信令处理程序为例说明其功能。

出中继数字线路信令处理包括时钟级扫描程序、驱动程序和出中继信令处理进程。

(1) 数字中继线路信号的扫描程序。

局用传输线采用 PCM 数字复用线，数字中继采用数字型线路信令。在 PCM30/PCM32 的传输系统中，30 个话路的线路信令由 TS_{16} 时隙按复帧传送。其中，F_1～F_{15} 的 TS_{16} 时隙传送 30 个话路的数字信令。每个话路的线路信令每复帧传送一次，由硬件电路提取写入线路信令扫描存储器 SCN 中。由于信令信号占有 4 位，一个 PCM30/PCM32 帧占有 15 个存储器单元，加上保存上次扫描结果的存储器 LSCN，共 30 个存储器。图 4-80 所示为线路信令扫描存储器 SCN 和上次扫描存储器 LSCN 的结构。

SCN

1	第1路	第16路
2	第2路	第17路
3	第3路	第18路
	⋮	⋮
15	第15路	第30路
	b_0～b_3	b_4～b_7

LSCN

1	第1路	第16路
2	第2路	第17路
3	第3路	第18路
	⋮	⋮
15	第15路	第30路
	b_0～b_3	b_4～b_7

图 4-80 线路信号扫描存储器 SCN 和上次扫描存储器 LSCN 的结构

数字线路信令扫描程序是一个时钟级程序，按照周期 20 ms 调度运行。程序流程如图 4-81 所示。其中，i 表示第 i 个存储单元，两次扫描结果按照“抑或”操作来判断相应的信令是否发生变化，结果为 1，表明线路信令发生了变化。注意：每路线路的信令占 4 位，扫描分为高低 4 位分开判断。

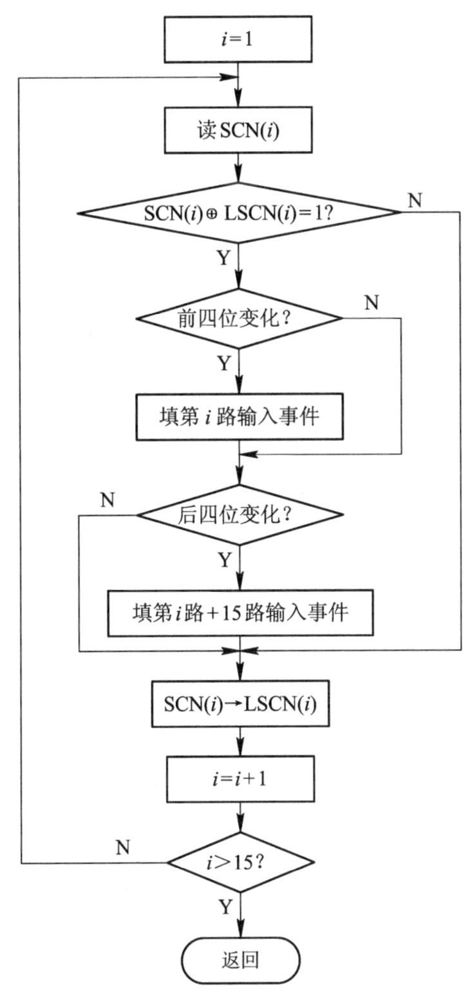

图 4-81　数字线路信号扫描程序流程

(2) 数字线路信令的驱动。

数字中继器的终端电路中发送线路信令缓冲器有 15 个单元，每个单元存放两个话路的线路信号。当需向对端局发送数字型线路信号时，只需将线路信令编码存放在发送线路信令缓冲器中的相应单元中，硬件电路会自动将其插入到相应复帧的 TS_{16} 送往对端。

一般通过设计一个标准接口过程完成此任务，在调用此接口过程时，只需在参数中说明需发送的中继线号(话路号码)和事件编码，该接口过程就能将对应于该事件编码的线路信令写入到相应的线路信令发送缓冲器中。

(3) 出中继数字线路信令处理进程。

出中继数字线路信令处理进程负责管理出中继线的状态。接收呼叫控制进程的命令，控制向对端发送前向线路信令。接收扫描程序送来的从对端发来的后向信令，将其译成电话消息并报告呼叫控制进程。出中继数字线路信令处理进程的简化 SDL 图如图 4-82 所示。

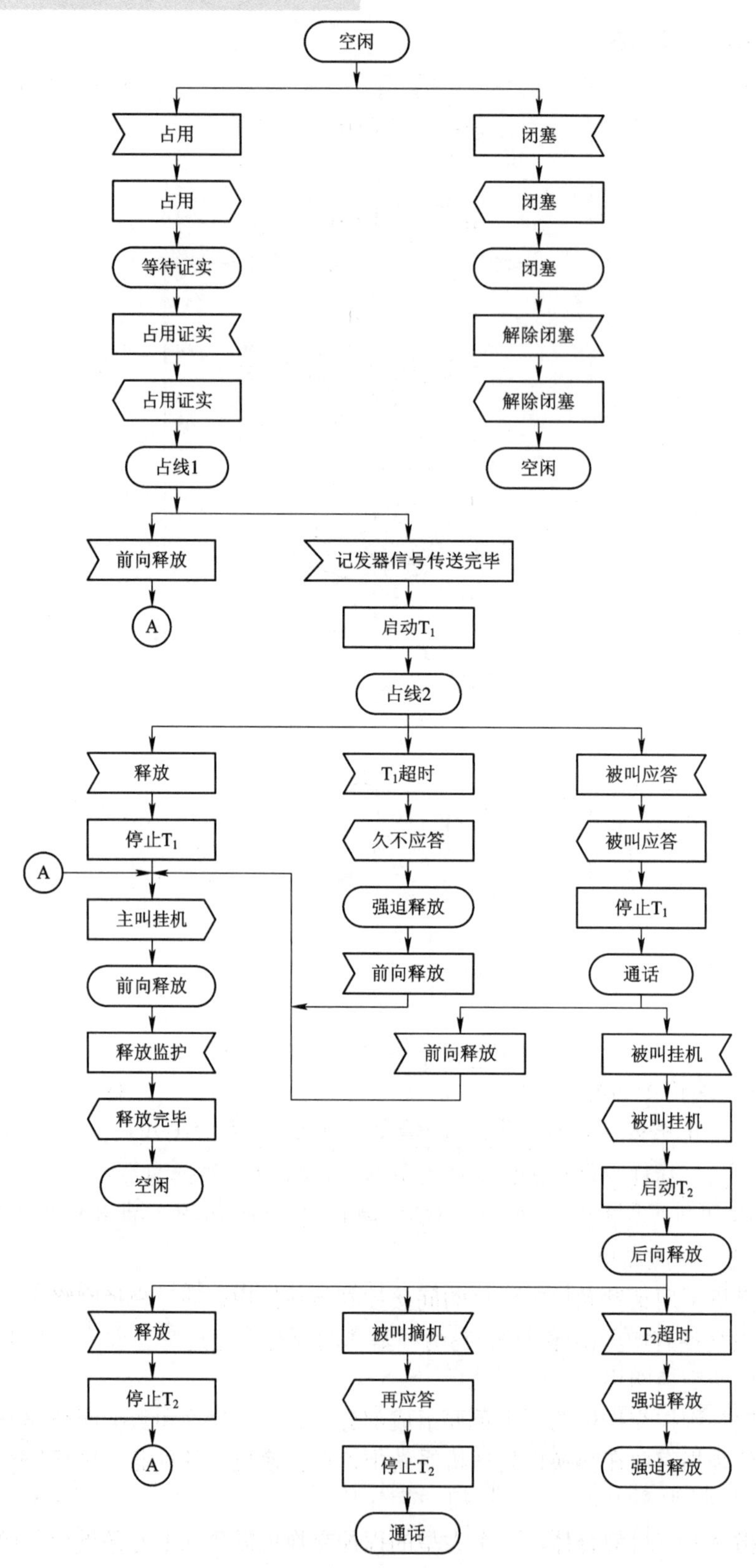

图 4-82 出中继数字线路信令处理进程简化 SDL/GR 图

3) 多频互控信令的发送和接收

(1) MFC 发送模块用于 MFC 信号的发送，即控制发送前向信号和接收后向信号。

(2) MFC 接收模块控制前向信号的接收和后向信号的发送。

4) No.7 信令系统在程控交换机上的实现

No.7 信令系统的软件和硬件功能划分如图 4-83 所示。

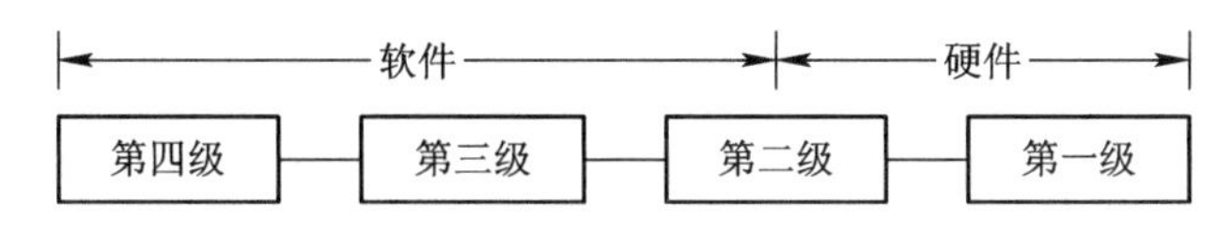

图 4-83　No.7 信令系统的软件和硬件功能划分

第一级功能由硬件实现，第二功能级则由硬件和软件实现，第三级和第四级的功能由软件实现。

No.7 信令系统处理比较复杂，不同交换机有不同的处理方法，这里不做介绍。

本 章 小 结

数字程控交换机是电话通信网络的核心设备，其主要功能是完成用户之间通信的连接。本质上，它是一个计算机完成通信接续的实时控制系统，是现代通信技术、计算机技术、控制技术和大规模集成电路相结合的产物。

按照控制系统的不同，交换系统可以分为集中控制和分散控制两大类。分散控制进一步分为分级控制方式、全分散控制方式和基于容量分担的分散控制方式。

分散控制系统中，有许多处理机，这些处理机之间的信息传输可以看成是一个通信网络系统，或者是一个计算机网络系统。多处理机的通信可以利用现有的通信信道。如利用 PCM 信道的 TS16 时隙通过数字交换网络进行通信，与话音信息一样在交换网络中传输，用不同的标志区分；也可以利用常用的计算机网络进行通信，如多总线、局域网等。

现有的数字交换机其内部全部是处理数字信号，对用户发送的模拟信息(如电话机的语音)都要通过模/数转化为数字信号，同时通过数/模转换把接收数字信号转换为模拟信号提供给电话机，这些任务由用户电路模块来完成，共计七项功能，即 BORSCHT。

用户模拟信号和数字信号的转换通过 PCM 的编码和解码完成。

数字电路用户模块和数字中继模块的功能和用户电路模块功能相似，不需要数/模和模/数转换功能，相应简单一些。

现代交换机采用话路和控制分离的间接控制体系结构，通过交换网络来完成不同时隙的交换。实现交换有空分(S)和时分(T)两种基本的单元，通过空分和时分基本单元的组合实现更大规模的交换网络。

软件是数字程控交换机的一个重要组成部分，它包括程序和数据两个部分。程控交换机的运行软件是指存放在交换机处理机系统中，对交换机的各种业务进行处理的程序和数据的集合。

程序是指令的有机集合体，一个大型的程控交换机需要几十万条指令。指令中不直接出现数据，而使用参数表示，程序和数据分开。

软件基本特点是：实时性强，具有并发性，可靠性要求高，能方便地适应交换机的各种条件，软件的可维护性要求高。

在交换软件中，常使用的设计语言有规范描述语言、高级语言和汇编语言和人机对话语言。

交换机的程序可以分为系统和应用程序两部分。系统程序包括操作系统和数据库。应用程序包括呼叫处理程序、维护和管理程序。

程控交换机的操作系统的主要任务是完成任务调度、存储管理、进程与处理机间的通信、定时管理、系统的监督和恢复。操作系统具有中断处理、任务调度和原语管理三大核心功能。

交换机的数据分为半固定数据和暂时数据两类。前者与交换机的配置、运行环境相关，后者与交换机的运行状态有关。

呼叫处理的主要功能最能体现交换机的软件特点。以状态、状态间的转移为基础、以事件数据为驱动，同时完成多用户的呼叫处理和通信接续服务。呼叫处理软件由 3 个层次的软件模块组成，第一层是设备控制程序，第二层是信令处理程序，第三层是呼叫控制程序和呼叫服务程序。

习 题 4

4-1 如何提高交换机控制系统的可靠性？

4-2 交换机采取什么措施防止高压进入交换机？

4-3 为什么数字中继电路要实现帧调整，另外数字中继电路中没有帧同步会出现什么情况？

4-4 简述 1 + 1 冗余配置三种方式的优缺点？

4-5 简要说明全分散控制方式的数字程控交换机结构。

4-6 简要说明基于容量分担的分布控制方式的数字程控交换机结构。

4-7 说明 T 接线器的基本结构、功能。

4-8 说明 S 接线器的基本结构、功能。

4-9 简要说明交换机中处理机之间的通信。

4-10 设 T 接线器的输入/输出线的复用度为 512，画出不同控制方式下将输入线的 TS_{10} 输入的内容 A 交换到输出线 TS_{172} 的交换原理图。

4-11 设 S 接线器有 8 条输入、输出复用线，复用度为 128，将输入 HW_1 的 TS_3 输入的内容 A 交换到输出线 HW_7，将输入 HW_7 的 TS_2 的内容 B 交换机到输出线的 TS_2 上，画出输出控制方式下的交换原理图。

4-12 简要说明数字程控交换机的软件的基本特点。

4-13 简要说明基于数据驱动程序的特点。

4-14 在交换机的各个阶段分别有哪些语言？

4-15 简述交换机中用户数据和局数据的基本内容。

4-16 交换机运行软件主要包括哪些部分？各部分的主要功能是什么？

4-17　操作系统的基本功能是什么？

4-18　简要说明比特型时间表调度时钟级程序的原理。

4-19　什么是进程？进程有哪些部分？简要说明进程状态之间的转换。

4-20　呼叫处理程序中用到的暂态数据有哪些？分别有什么作用？

4-21　数字分析程序的主要任务是什么？简要说明分析数据的来源及分析得到的结果有哪些？

4-22　呼叫处理程序分为哪些层？

4-23　简述呼叫控制的基本功能，画出呼叫控制进程的简化图。

第 5 章　分组交换原理与技术

5.1　分组交换技术的基本原理

分组交换数据网络(packet switched data network，PSDN)技术起源于 20 世纪 60 年代末，其技术成熟，规程完备，在世界各国得到广泛应用。我国公用分组交换数据网(CHINAPAC)骨干网于 1993 年 9 月正式开通业务，它是由原邮电部建立并由中国电信经营的第一个全国性公用分组数据通信基础网络，由国家骨干网和各省(市、区)的省内网组成。目前骨干网覆盖所有省会城市，省内网覆盖到有业务要求的所有城市和发达乡镇。通过和电话网的互连，CHINAPAC 可以覆盖到电话网通达到的所有地区。CHINAPAC 设有一级交换中心和二级交换中心，一级交换中心之间采用不完全网状结构，一级交换中心到所属二级交换中心之间采用星状结构，在北京和上海设有国际出入口，广州设有到港澳地区的出入口，以完成与国际数据的联网。

分组交换是为了适应计算机通信而发展起来的一种先进的通信手段，它以 ITU X.25 建议为基础，可以满足不同速率、不同型号的终端与终端、终端与计算机、计算机与计算机间以及局域网间的通信，实现数据库资源共享。

分组交换是一种存储转发的交换方式，它将用户的报文划分成一定长度的分组，以分组进行存储转发，因此，它比电路交换的利用率高，比报文交换的时延要小，具有实时通信的能力。分组交换利用统计时分复用原理，将一条数据链路复用成多个逻辑信道，最终构成一条主叫、被叫用户之间的信息传送通路，称之为虚电路(virtual circuit，VC)，以实现数据的分组传送。在一条电路上可以同时开放多条虚电路，供多个用户同时使用，网络具有动态路由功能和先进的误码纠错功能，网络性能最佳。

第 1 章介绍了通信网信息传输的三种交换方式。从数据交换发展的历史来看，它经历了电路交换、报文交换、分组交换发展过程，它们具有各自的优点和缺点，表 5-1 是三种交换方式特点的比较。

表 5-1 三种交换方式特点的比较

性能类别	电路交换	报文交换	分组交换
接续时间	较长，平均 15 s	较短，只需接通交换机，即可发报文	较短，虚电路连接一般小于 1 s
信息传输时延	短，偏差也小，通常在 ms 级	长，偏差很大，标准为 1 min	短，偏差较大，一般低于 200 ms
数据传输可靠性	一般	较高	高
对业务过载的反应	拒绝接收呼叫(呼损)	信息存储在交换机，传输时延增大	减小用户输入的信息流量(流量控制)，时延增大
信号传输的“透明”性	有	无	无
异种终端之间的相互通信	不可	可	可
电路利用率	低	高	高
交换机费用	一般较便宜	较高	较高
实时会话业务	适用	不适用	轻负载下使用

通过以上三种方式的比较，可得出分组交换技术是数据交换方式中一种比较理想的方式。下面对分组交换原理作进一步说明。

图 5-1 所示为分组交换的工作原理，图中有 4 个终端(A、B、C 和 D)，分别为非分组终端和分组终端。分组终端是指终端可以将数据信息分成若干个分组，并能执行分组通信协议，可以直接和分组网络相接进行通信，图中 B 和 C 是分组终端。非分组终端是指没有能力将数据信息分组的一般终端，图中 A 和 D 是非分组终端。为了能够允许这些终端利用分组交换网络进行通信，通常在分组交换机中设置分组拆装(packet assembly and disassembly，PAD)模块完成用户报文信息和分组之间的转换。在图中存在的两个通信过程分别是终端 A 和终端 C，以及终端 B 和终端 D 之间的通信。非分组终端 A 发出带有接收终端 C 地址标号的报文，分组交换机甲将此报文分成两个分组 1 和 2，存入存储器并进行路由选择，决定将分组 1 直接传送给分组交换机乙，将分组 2 通过分组交换机丙传输给分组交换机乙，路由选择完毕，同时相应路由有空闲，分组交换机将两个分组从存储器中取出送往相应的路由。其他相应的交换机也进行同样的操作。如果接收终端接收的分组是经由不同的路径传输而来的，分组之间的顺序会被打乱，接收终端必须有能力将接收到的分组重新排序，然后递交给相应的处理器。另外一个通信过程是在分组终端 B 和非分组终端 D 之间进行。分组传输经过相同的路由，在接收端局通过装、拆设备将分组组装成报文传输给非分组终端。

图 5-1 中终端 A 和终端 C 之间通信采用的是数据报方式，这种方式下，分组头部装载有关目的地址的完整信息，以便分组交换机寻径。这种方法在用户之间的通信不需要经历呼叫建立和呼叫清除阶段，对短报文通信传输效率比较高，这一点类似数据的报文交换方式。这种方式的特点是数据分组传输时延较大(分组的传输时延和传输路径有关，所以分组时延差别较大)；同时该方式对网络故障的适应性强，一旦某个经由的分组交换机出现故

障，可以另外选择传输路径。数据报文交换网络中的通信过程类似报文交换过程，只不过一个发送终端发出的是若干个数据报，而不只是一个报文。

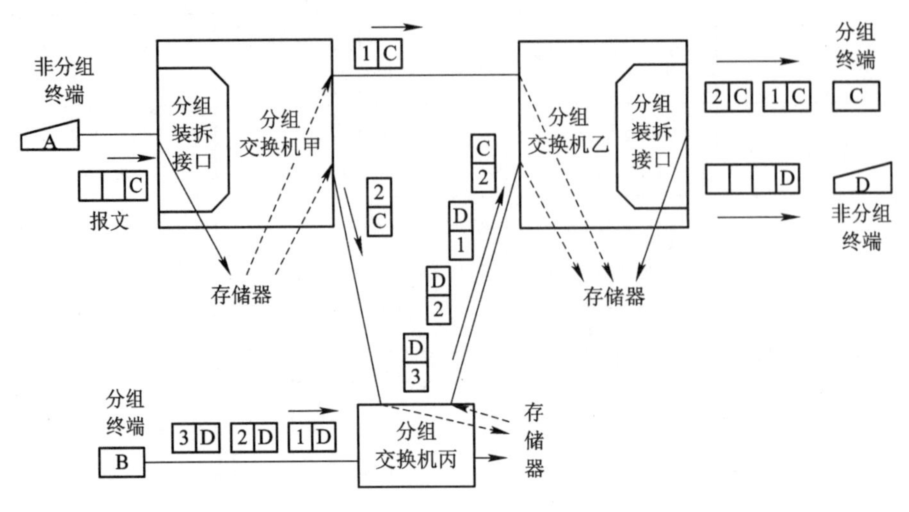

图 5-1 分组交换的工作原理

图 5-1 中终端 B 和终端 D 之间的通信使用虚电路方式，两个用户终端设备在开始互相传输数据前必须通过网络建立逻辑上的连接，每个分组头部指明的只是虚电路标识号，而不必直接是目的地址的信息；数据分组按已建立的路径顺序通过网络，在网络终点不需要对数据重新排序，分组传输时延小，但是虚电路分组交换方式中电路的建立是在逻辑上的，只是为收、发终端之间建立逻辑通道。具体地说，在分组交换机中设置相应的路由对照表，指明分组传输的路径，并没有像电路交换中确定具体电路或是 PCM 具体时隙，当发送端有数据发送，只要输出线上有空闲，数据就沿该路径传输给下一个交换节点，否则在交换机中等待。如果收发两端在通信过程中一段时间内没有数据发送、网络仍旧保持这种连接，但并不占用网络的传输资源。虚电路方式的特点是：一次通信具有呼叫建立、数据传输和呼叫释放三个阶段；数据分组中不需要包含终点的地址；对于数据量较大的通信其传输效率高，虚电路分组交换网络中的通信过程类似于电路交换过程。

5.1.1 分组交换方式

分组交换有两种方式：数据报方式(data gram，DG)和虚电路方式(virtual circuit，VC)。

1. 虚电路方式

所谓虚电路方式，就是指两终端用户在相互传送数据之前要通过网络建立一条端到端的逻辑上的虚连接(称为虚电路)。一旦这种虚电路建立以后，属于同一呼叫的数据均沿着这一虚电路传送，当用户不再发送和接收数据时，清除该虚电路。在这种方式中，用户的通信需要经历连接建立、数据传输、连接拆除三个阶段，也就是说，它是面向连接的方式。

需要强调的是，分组交换中的虚电路和电路交换中建立的电路不同。在分组交换中，以统计时分复用的方式在一条物理线路上可以同时建立多个虚电路，两个用户终端之间建立的是虚连接；而电路交换中，是以同步时分方式进行复用的，两用户终端之间建立的是实连接。在电路交换中，多个用户终端是在固定的时间段内向所复用的物理线路上发送信息，若某个时间段某终端无信息发送，其他终端也不能在分配给该用户终端的时间段内向线路上发送信息。而虚电路方式则不然，每个终端发送信息没有固定的时间，它们的分组在节点机内部的相应端口进行排队，当某终端暂时无信息发送时，线路的全部带宽资源可以由其他用户共享。换句话说，建立实连接时，不但确定了信息所走的路径，同时还为信息的传送预留了带宽资源；而在建立虚电路时，仅仅是确定了信息所走的端到端的路径，但并不一定要求预留带宽资源。我们之所以称这种连接为虚电路，正是因为每个连接只有在发送数据时才排队竞争占用带宽资源。

如图 5-2 所示，网中已建立起两条虚电路 VC1(A→1→2→3→B)和 VC2(C→1→2→4→5→D)。所有 A→B 的分组均沿着 VC1 从 A 到达 B，所有 C→D 的分组均沿着 VC2 从 C 到达 D，在 1、2 之间的物理链路上，VC1、VC2 共享资源。若 VC1 暂时无数据可送时，则网络将所有的传送能力和交换机的处理能力交给 VC2，此时 VC1 并不占用带宽资源。

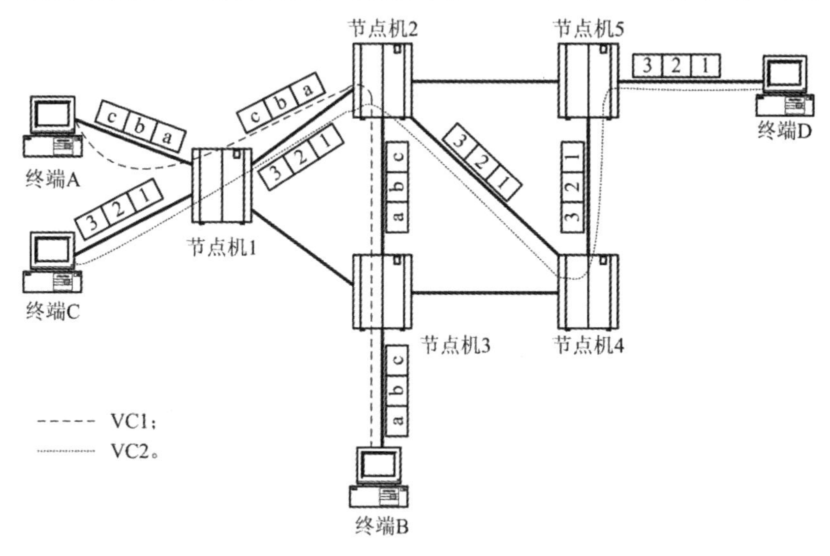

图 5-2　虚电路示意图

虚电路具有如下特点：

(1) 虚电路的路由选择仅仅发生在虚电路建立的时候，在之后的传送过程中，路由不再改变，这可以减少节点不必要的通信处理。

(2) 由于所有分组遵循同一路由，这些分组将以原有的顺序到达目的地，终端不需要进行重新排序，因此分组的传输时延较小。

(3) 一旦建立了虚电路，每个分组头中不再需要有详细的目的地址，而只需有逻辑信道号就可以区分每个呼叫的信息，这可以减少每一分组的额外开销。

(4) 虚电路是由多段逻辑信道构成的，每一个虚电路在它经过的每段物理链路上都有一个逻辑信道号，这些逻辑信道级联构成了端到端的虚电路。

(5) 虚电路的缺点是当网络中线路或者设备发生故障时，可能导致虚电路中断，必须重新建立连接。

(6) 虚电路适用于一次建立后长时间传送数据的场合，其持续时间应显著大于呼叫建立时间，如文件传送、传真业务等。

虚电路分为交换虚电路(switching virtual circuit，SVC)和永久虚电路(permanent virtual circuit，PVC)两种方式。

交换虚电路(SVC)是指在每次呼叫时用户通过发送呼叫请求分组来临时建立虚电路的方式。如果应用户预约，由网络运营者为之建立固定的虚电路，就不需要在呼叫时再临时建立虚电路，而可以直接进入数据传送阶段，称之为永久虚电路(PVC)。这种情况一般适用于业务量较大的集团用户。

2. 数据报方式

在数据报方式中，交换节点将每一个分组独立地进行处理，每一个数据分组中都含有终点地址信息，当分组到达节点后，节点根据分组中包含的终点地址为每一个分组独立地寻找路由，因此，同一用户的不同分组可能沿着不同的路径到达终点，在网络的终点需要重新排队，再组合成原来的用户数据信息。这种方式由于事先不需要建立逻辑连接，采用边传信息边寻路由的工作模式，属于无连接方式。

如图 5-3 所示，终端 A 有三个分组(a、b 和 c)要送给 B，在网络中，分组 a 通过节点 2 进行转接到达节点 3，b 通过 1、3 之间的直达路由到达节点 3，c 通过节点 4 进行转接到达节点 3，由于每条路由上的业务情况(如负荷量、时延等)不尽相同，三个分组的到达不一定按照顺序，因此在节点 3 要将它们重新排序，再送给 B。

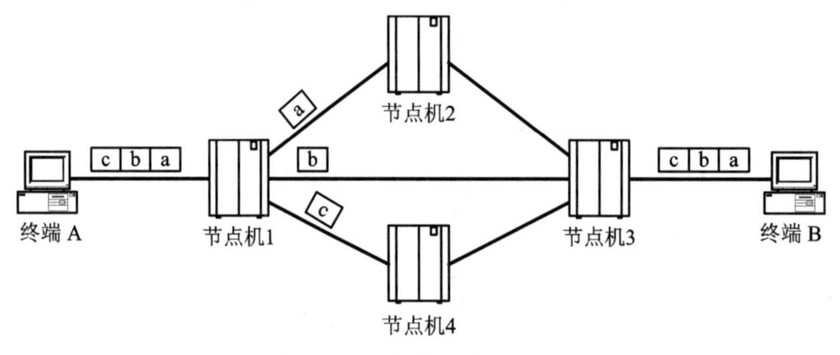

图 5-3　数据报方式示意图

数据报具有如下特点：

(1) 用户的通信不需要建立连接和清除连接的过程，可以直接传送每个分组，因此对于短报文的通信效率比较高。

(2) 每个节点可以自由地选路，以避开网中的拥塞部分，因此网络的健壮性较好。对于分组的传送比虚电路更为可靠，如果一个节点出现故障，分组可以通过其他路由传送。

(3) 数据报方式的缺点是分组的到达不按顺序，终点需重新排队，并且每个分组的分组头要包含详细的目的地址，开销比较大。

(4) 数据报适用于短报文的传送，如询问/响应型业务等。

5.1.2 统计时分复用

1. 统计时分复用概念

统计时分复用(statistic time division multiplexing，STDM)也称异步时分复用或标记复用，适用于突发性业务，即指峰值比特率大于平均比特率的业务。

谈到 STDM，有必要回顾一下时分复用(time division multiplexing，TDM)的概念。TDM

是利用时间分割方式来实现多路复用的，即多个用户同一时间内共同使用一条传输线路。它的基本原理是将线路传输的时间轮流分配给每个用户，并按一定的格式将数字化的各路信息集合在一起构成帧(一组按一定格式排列的数据，是传输单元)，每一帧分成若干时间段(时隙)携带相应的用户信息。一个时隙对应一条信道并以帧为周期在固定位置进行传送。时分复用有同步时分复用和统计时分复用两种。

图 5-4 中某个用户信息对应一个时隙，且以帧为周期占用固定位置的时隙(如时隙 0)。在通信过程中，该用户始终占用该时隙，接收方每次只要从每帧的第 0 时隙中提取信息即可。或者说，收发双方的同步是通过固定时隙来实现的，因此，这种时分复用技术又可称作同步时分复用。由于每个用户的信息都在固定的信道中传送，接收端很容易把它们分开，不需要另外的信息头来标志信息身份。同步时分复用的优点之一是传输速率高、网络时延小，这是因为所传递的信息在固定时隙以预先设定的信道带宽和速率顺序传送，终端只需按时隙进行识别，免去了目的终端对信息的重新组合，从而减小了时延。这种时分复用方式也被称为预分配资源或固定分配方式，即用户和时隙之间是一一对应的关系。正是因为信道固定为所对应的用户使用，一旦某时隙分配给某一连接，在该连接有效期间，即使所连接的用户不通信，其他用户也不能使用该时隙，所以线路的传输能力不能得到充分利用，这是同步时分复用的一个缺点。另外，若某用户在某一时刻突然有大量数据需要传送，也只能用其固定时隙来传送，这样将会造成时延或数据的丢失，所以同步时分复用也不太适用于突发性的业务。

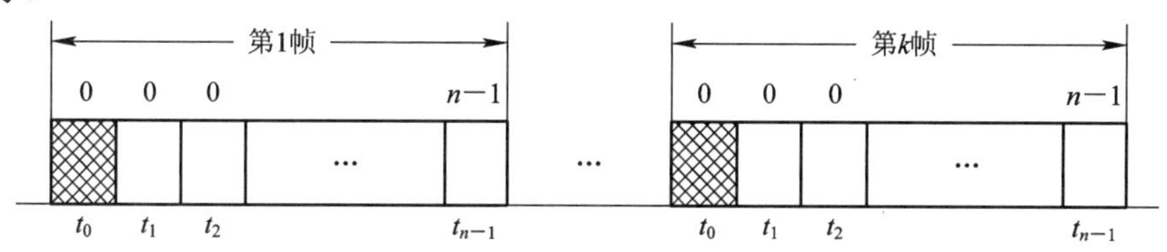

图 5-4　同步时隙复用

在 STDM 中，同样是将一条线路按照传输速率所确定的时间周期将时间划分成帧的形式，一帧又划分成若干时隙来承载用户数据，但 STDM 中的用户数据不再固定占有各帧中某个时隙，而是由网络根据用户的请求和网络的资源来动态分配，因此称之为统计时分复用。

分组交换中，执行统计复用功能的是通过具有存储能力和处理能力的专用计算机——信息接口处理机(interface message processor，IMP)来实现的，IMP 要完成对数据流进行缓冲存储和对信息流的控制功能，以来解决各用户争用线路资源时产生的冲突。当用户有数据传送时，IMP 给用户分配线路资源，一旦停发数据，则线路资源另做它用。

图 5-5 所示为 3 个终端采用统计时分方式共享线路资源的情况。来自终端的各分组按到达的顺序在复用器内进行排队，形成队列。复用器按照先进先出(First Input First Output，FIFO)的原则，从队列中逐个取出，并向线路上发送。当存储器空时，线路资源也暂时空闲，当队列中又有了新的分组时，进行发送。图 5-5 中，起初 A 用户有 a 分组要传送，B 用户有 1、2 分组要传送，C 用户有 x 分组要传送，它们按到达顺序(a、x、1、2)进行排队，因此在线路上的传送顺序为 a、x、1、2，然后终端均暂时无数据传送，则线路空闲。后来，终端 C 有 y 分组要传送，终端 A 有 b 分组要送，则线路上又顺序传送 y 分组和 b 分组。这

样，在高速传输线上，形成了各用户分组的交织传输。为了区别线路上的数据，要给数据分组添加上“标记”，因此又称之为标记复用。在接收端，不再按固定时隙关系来提取相应用户数据，而是根据所传输数据的“标记”来接收信息。

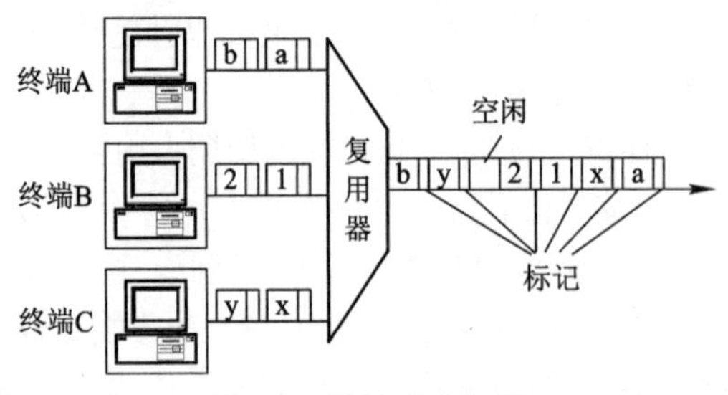

图 5-5 统计时分复用

2. 统计时分复用特点

统计时分复用的优点是：

(1) 动态分配或按需分配资源，信道利用率高，即只有当用户需要进行数据传输时才分配线路资源；当用户暂时不发送数据时，线路可为其他用户传送数据。每个终端的数据使用一个自己独有的“标记”，可以把传送的信道按照需要动态地分配给每个终端用户，所以可以充分发挥传输线路的利用率。

(2) 适用于突发性业务。当某用户出现突发性数据时，可为其分配相应数量的时隙，以减少时延和避免数据丢失。

统计时分复用的缺点是：会产生附加的随机时延和丢失数据的可能。这是由于用户传送数据的时间是随机的，若多个用户同时发送数据，则需要进行竞争排队，引起排队时延；若排队的数据很多，引起缓冲器溢出，则会丢失部分数据。

5.1.3 路由选择

1. 路由选择概念

在通信网络中，为了网络的可靠性，两个主要交换机之间一般都设置多条路由。路由选择就是交换机在多条路由中选择一条较好的路由。路由选择并不只是考虑最短路由，还要考虑通信资源的综合利用以及网络结构变换的适应能力。一条好的路由，应该使报文通过网络的平均时延较小，平衡通信网业务量能力较强。

2. 路由选择原则

在分组交换网中，分组应按下列基本原则进行路由选择。

(1) 算法简单，易于实现，减少额外开销。

(2) 算法对所有用户平等。

(3) 传输路径最佳，主要衡量指标为端到端的传输时延。

(4) 各节点工作量均衡。

(5) 具有自适应性，当网络出现故障时，能够自动选择迂回路由。

3. 路由选择方法

分组交换中路由选择分为静态法和动态法两种。

1) 静态法(固定路由)

静态法包括泛射法和固定路由表法。

(1) 泛射法(泛洪法)：也称扩散式路由法，当交换机收到一个呼叫请求分组时，先检查它是否已经收到过该分组，如果收到过，则将它抛弃，如果未收到过，只要该分组的目的节点不是本节点，就对除了该分组来源的那个节点之外的所有相邻节点广播这个请求分组，直至该分组达到目的节点。其中，最早到达目的节点的分组所经历的路径就是一条最佳路由。

(2) 固定路由表法：也称查表路由法，根据网络结构、传输线路的速率、途经交换机个数等，预先算出某一交换机至各交换机的路由表，说明该交换机至各目的交换机的路由选取的第一选择、第二选择及第三选择等，然后将此表装入交换机的主存储器内。只要网络结构不变化，此表就不做修改。呼叫请求分组根据分组的目的地址查找路由表，以获得各转接段的逻辑信道号，从而形成端到端的虚电路，路由表包含路由目的节点地址和对应输出逻辑信道号。路由表指明从该节点到网络中的任何终点应当选择的路径。分组到达节点后，按照路由表规定的路径前进。固定路由表法多用于小规模的专用分组交换网。

2) 动态法(自适应路由)

所谓自适应，是指路由选择过程中所用的路由表要考虑网内当前业务量情况、线路通信繁忙的情况，并在网络结构发生变化时及时更新，以便在新情况下仍能获得较好的路由。为了做到自适应，必须及时测量网内业务量、交换机处理能力和线路运行情况等，并把测量的结果通知各相关交换机，以便各交换机指出新的路由表。

动态法包括路由选择算法和集中式路由选择。

(1) 路由选择算法：路由由若干段链路串接而成，路由选择是按照一定准则选择端到端的最佳路由。动态法是用迭代法逐段选取虚链路，从而形成一条端到端的虚电路。在路由选择算法中，要求各节点存储全网络拓扑数据，每条链路的变换信息必须向网络所有节点广播。动态路由选择算法在 X.25 分组网中应用最为普遍。

(2) 集中式路由选择：也称自适应路由算法。由网络管理中心负责全网状态信息的定时收集、路由计算和路由表的下载，按一定算法计算出各节点的路由表，再通知各节点。这种方法所传送的路由信息开销少，实现简单，但功能过于集中，可靠性较差。

5.1.4　流量控制与拥塞控制

1. 流量控制的概念

流量控制是分组交换网的一项必不可少的重要功能，其控制机理也相当复杂。因为分组交换与电路交换不同。电路交换是立即损失制，如果路由选择时没有空闲的中继电路可供选择，则该呼叫建立就告失败。因此，在电路交换中，只要根据预测话务量配备足够多的中继电路，就能保证呼叫不阻塞，其流量控制只在交换机处理过负荷时才起作用，控制功能也较简单，主要是限制用户的发话话务量。而分组交换则不同，它是时延损失制，只要传输链路不全部阻断，路由选择总能选到一条链路，由于用户终端发送数据的时间和数量具有随机性，网络中各节点交换机的存储容量和各条线路的传输容量(速率)总是有限的，如果链路上待传送的分组过多，就会造成传送时延的增加，引起网络性能的下降，严重时甚至会使网络崩溃。这就需要采取流量控制来实现数据流量的平滑均匀，提高网络的吞吐能力和可靠性。

2. 流量控制的原因

流量控制功能在分组交换网中是必须具备的。这是因为：

(1) 为了实现双方不同速率的数据终端之间的互通，要控制速率较高的终端进入分组网的流量，即控制进入虚电路的分组数。

(2) 分组交换机的缓冲存储器处理能力是动态分配的，通信线路的资源也是动态复用的，当某一时刻某一局部区域的待通信业务量过大时，就会超过交换机与通信线路的承受能力，致使很多分组丢失，丢失的分组要重传，更加重了网络的负担，最终导致全网通过量急剧下降。因此，从网络角度看也要对各虚电路的流量与链路的流量进行控制，从而使全网的分组流量在涉及范围内防止上述拥塞现象的发生。

3. 流量控制的作用

分组交换中的流量控制有以下作用。

(1) 控制进入虚电路的分组数量，防止因分组数量过载导致网络吞吐量下降和传送时延的增加。保证网络内的数据流量平滑均匀，可提高网络的吞吐能力和可靠性，防止阻塞现象的发生。

(2) 避免死锁。死锁是指由于在通信子网中传输的数据数量过多，而网络数据处理量有限，来不及处理所有传输的数据，引起部分或全网性能下降，甚至使整个网络操作停顿而无法继续运行。为防止由于数据输入太快而导致节点之间产生死锁，必须对用户终端设备和网络之间的数据传输量加以控制。

(3) 公平分配网络资源，避免某些节点流量过多，而其他节点流量过少。

4. 流量控制的方法

分组交换网中流量控制有许多种方法，通常采用 X.25 窗口法。X.25 协议的第三层着重于传输过程中的流量控制，通过滑动窗口算法来实现，对通过接口的每一个逻辑信道使用独立的“窗口”流量控制机制；X.25 协议的第二层也是通过滑动窗口来实现的，但它是对整个接口进行流量控制。

5. 流量控制的目的

网络阻塞控制主要是要限制节点中的分组队列的长度，维持一个网中或网中某一个区域里的分组数目低于某一水平(当超过这一水平时，分组的排队时延急剧增加)，使分组的到达率低于分组的传输率(当分组到达速率接近分组的传输率时，队列长度也会急剧增加)。作为粗略的估计，链路的利用率应不超过 80%。一般可在下列几种级别上进行流量控制：

(1) 相邻节点之间点到点的流量控制，它可控制某一条链路上的流量。

(2) 用户终端设备和网络节点之间的点到点流量控制。

(3) 网络的源节点(发送节点)和终点节点(接收节点)之间的端到端流量控制。

(4) 源用户终端设备和终点用户终端设备之间的端到端流量控制。

(5) 源计算机进程和终点计算机进程之间的端到端的流量控制。

5.2　通信网的层次结构

5.2.1　通信网的层次结构

实际的数据通信过程必须完成比特流传送、流量控制、差错控制、路由选择、对话过程管理、信息加密等诸多方面的操作，不同的通信过程可以选择其中不同的组合，所以希望由单一通信实体完成所有可能要求的操作是不切实际的，同时也不利于定义具体的操作功能。人们考虑到可以将端点支持用户通信的一个通信实体变成 N 个通信实体级联的结构，如图 5-6 所示。将 N 个级联的通信实体看作一个通信实体的 N 个部件，从而得到 N 层的通信实体如图 5-7 所示。把一个通信实体分成 N 层分别描述，就可以得到 N 层的协议参考模型。

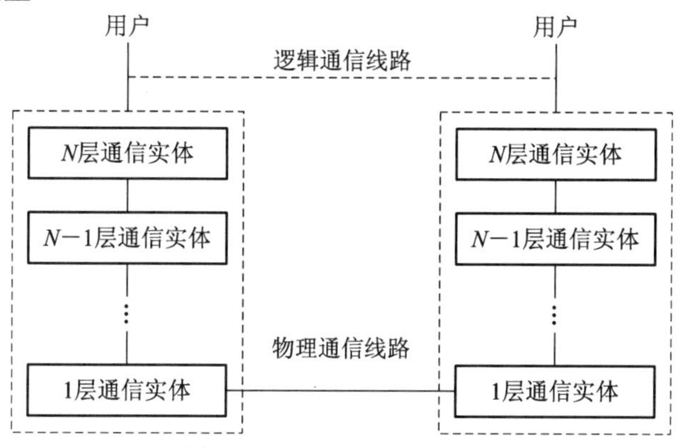

图 5-6　N 个通信实体级联

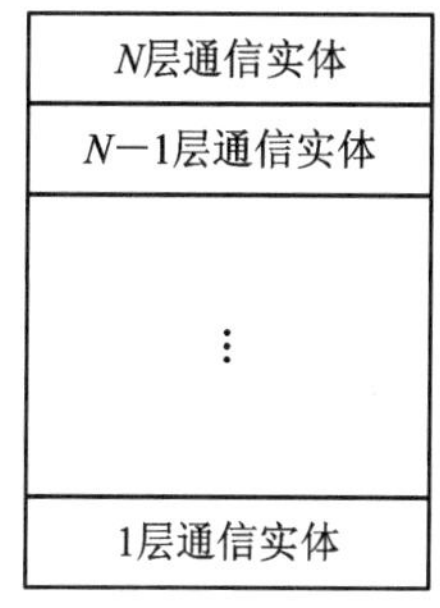

图 5-7　N 个通信实体

每层实体完成特定的功能，上层根据下层提供的功能，增加本层相应的功能，进一步后提交给更上层，最后得到可靠的通信过程。两个进行通信的通信实体的相同层次必须对该层完成的功能有统一的认识，这就是同等层之间的协议。任何同等层协议完成都是通过下层提供的逻辑传输功能实现的，而不是直接交互(任何层交互范围仅限于其相邻层)。大体上讲，采用分层结构可以有以下好处。

(1) 各层之间是独立的。某一个层并不需要知道它下面一层是如何实现的，而仅需要知道该层通过层间接口(即界面)所提供的服务。例如，当数据链路之间进行通信时，并不需要知道 MODEM 做了什么，也不需要知道在一个帧内包含了哪些具体的信息内容等。数据链路之间交互作用的目的只是成功地将帧从发送节点送到某一指定的接收节点。

(2) 灵活性好。当任何一层发生变化时，如由于技术的变化等，只要接口关系保持不变，则在这层以下各层均不受影响。此外，某一层提供的服务还可以修改，当某层提供的服务不再需要时，甚至可将该层取消。

(3) 结构上可分隔开。各层都可以采用最合适的技术来实现。

(4) 网络结构清晰，可理解程度高，易于实现和维护。这种结构使得一个庞大而又复杂系统的实现和调试简单化，适合分工生产和合作。因为整个系统已被分解为若干个易于处理的部分了。

(5) 能促进标准化工作，有利于不同生产厂家的网络通信设备的互连互通和异构网络之间的互连互通。这是由于每一层的功能和所提供的服务都已有了精确的说明。

5.2.2 OSI 协议参考模型

1. OSI 参考模型

国际标准化组织(international standardization organization，ISO)根据网络分层的原则提出了计算机互连的七层开放式系统互联参考模型(open system interconnect reference model，OSI)，将通信实体按其完成功能分为七层，分别为物理层、数据链路层、网络层、传输层、会话层、表示层和应用层，如图 5-8 所示。它上以应用进程为界，下以物理媒体为界。应用进程和物理媒介不属于 OSI 参考模型。通常将第 1～3 层功能称为低层功能(即通信传输功能)；第 4～7 层功能称为高层功能(即通信处理功能)，该功能由终端提供。

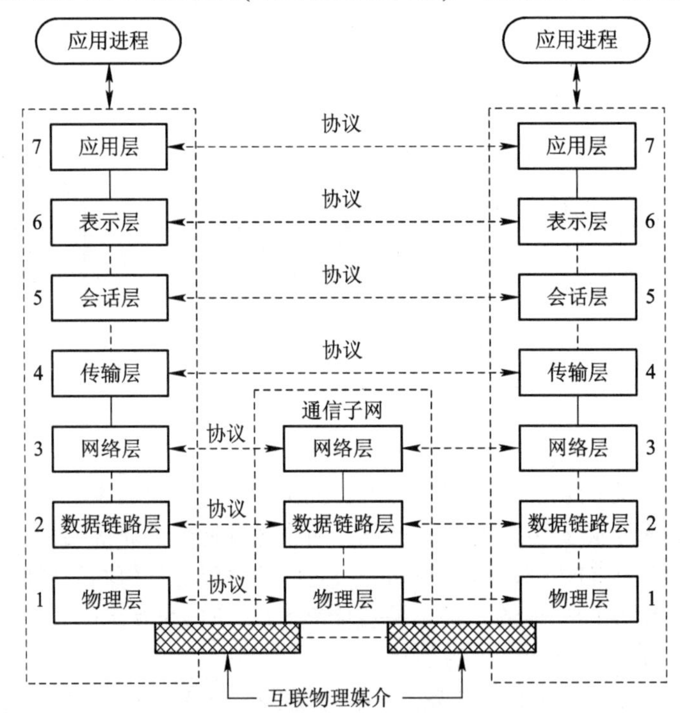

图 5-8 开放式系统互连参考模型示意图

1) 物理层

要传递信息就要利用一些物理媒介，如双绞线，同轴缆线等。但具体的物理媒介并不在 OSI 的七层之内。有人把物理媒体当作第 0 层，因为它的位置处在物理层的下面。物理层的任务就是为它的上一层(即数据链路层)提供一个物理连接，以便透明地传送比特流。在物理层上所传数据的单位是比特。

“透明地传送比特流”表明经实际电路传送后的比特流没有发生变化，因此，对传送比特流来说，这个电路好像不存在。也就是说，这个电路对该比特流来说是透明的。这样，任意组合的比特流都可以在这个电路上传送。物理层不考虑比特流所代表的含义。

物理层要考虑多大的电压代表“1”或“0”，以及当发送端输出一比特“1”时，在接收端如何识别出这是比特“1”而不是比特“0”。物理层还要确定连接电缆的插头应当有多少个引脚以及各个引脚应如何连接。物理连接并非永远在物理媒体上存在的，它要靠物理层来激活、维持和去激活。

因此，物理层主要规定与信道(传输介质)之间的物理接口标准，包括电气特性、机械特性、功能特性和工作时序。

2) 数据链路层

数据链路层负责在两个相邻节点间的线路上无差错地传送以帧为单位的数据，每一帧包括一定数量的数据和一些必要的控制信息。与物理层相似，数据链路层要负责建立、维持和释放数据链路的连接。在传送数据时，若接收节点检测到所传数据中有差错，就要通知发方重发这一帧，直到这一帧正确无误地到达接收节点为止。在每一帧所包括的控制信息中，有同步信息、地址信息、差错控制以及流量控制信息等。

这样数据链路就把一条有可能出差错的实际链路转变成为让网络层向下看起来好像是一条不出差错的链路。

3) 网络层

广域计算机网一般划分为通信子网和资源子网。对于一个通信子网来说，最多只有到网络层为止的最低三层，网络层是通信子网的最高层。在计算机网络中进行通信的两个计算机之间可能要经过许多个节点和链路，也可能还要经过好几个通信子网。在网络层数据的传送单位是分组或包。网络层的任务就是要选择合适的路由和交换节点使发送站的运输层所传下来的分组能够正确无误地按照地址找到目的站，并交付给目的站的传输层，这就是网络层的寻址功能。网络层可以为其上一层提供的有面向连接和面向无连接的服务。

当一个通信子网中到达某个节点的分组过多时，就会彼此争夺网络资源，这就可能导致网络性能的下降，有时甚至发生网络瘫痪的现象，网络层要防止产生这种网络拥塞。

4) 传输层

在传输层信息的传送单位是报文。当报文较长时，先要把它分割成好几个分组，然后再交给下一层(网络层)进行传输。

传输层的任务是弥补具有低三层功能的各种通信网的欠缺和差别，保证数据传输的质量满足高三层的要求。根据通信子网的特性最佳地利用网络资源，并以可靠和经济的方式在两个端系统(即源站和目的站)的会话层之间建立一条传输连接并透明地传送报文。或者说，传输层为上一层(会话层)提供一个可靠的端到端的服务。传输层屏蔽了会话层，使它看不见传输层以下的数据通信的细节。在通信子网中没有传输层。传输层只能存在于端系统(即主机)之中。传输层以上的各层就不再考虑信息传输的问题了。正因为如此，传输层是计算机网络体系结构中最为关键的一层。

5) 会话层

会话层也可称为会晤层或对话层。在会话层及以上的更高层次中，数据传送的单位一般都为报文。

会话层虽然不参与具体的数据传输，但它对数据传输进行管理。会话层在两个相互通信的应用进程之间，建立、组织和协调其交互。例如，确定是双工工作(每一方同时发送和接收)还是半双工工作(每一方交替发送和接收)；当发生意外时(如已建立的连接突然断了)，要确定在重新恢复会话时应从何处开始。

6) *表示层*

表示层主要解决用户信息的语法表示问题。表示层将欲交换的数据从适合于某一用户的抽象语法变换为适合于OSI系统内都使用的传送语法。有了这样的表示层，用户就可以把精力集中在他们所要交谈的问题本身，而不必更多地考虑对方的某些特性。例如，对方使用什么样的语言。

对传送的信息加密和解密也是表示层的任务之一。由于数据的安全与保密这一问题比较复杂，在七层中的其他一些层次也与这一问题有关。

7) *应用层*

应用层是OSI参考模型中的最高层。应用层确定进程之间通信的性质以满足用户的需要(这反映在用户所产生的服务请求)；负责用户信息的语义表示，并在两个通信者之间进行语义匹配。也就是说，应用层不仅要提供应用进程所需要的信息交换和远程操作，而且还要作为互相作用的应用进程的用户代理(user agent，UA)，来完成一些为进行语义上有意义的信息交换所必需的功能。

2. 举例说明

为了加深对OSI的七层概念的理解，下面对应用进程数据如何在开放系统互连环境中进行传递作进一步说明。

图5-9显示出了应用进程的数据是怎样一层接一层地传递的。简单起见，图中省去了两个开放系统之间的节点，即省去了中继开放系统。图中着重说明的是应用进程的数据在各层之间的传递过程中所经历的变化。

应用进程AP_A先将其数据交给第七层；第七层加上若干比特的控制信息就变成了下一层的数据单元；第六层收到这数据单元后，加上本层的控制信息，再交给第五层，成为第五层的数据单元；依次类推。不过到了第二层后，控制信息分成两部分分别加到本层数据单元的首部和尾部，而第一层由于是比特流的传送，所以不再加上控制信息。

当这一串的比特流经过网络的物理媒体传送到目的站时，再从第一层依次上升到第七层。每一层根据控制信息进行必要的操作，然后将控制信息剥去，将剩下的数据单元交给更高的一层。最后，把应用进程AP_A发送的数据交给目的站的应用进程AP_B。

可以用一个简单的例子来比喻上述过程：有一封信从最高层向下传送，每经过一层就包上一个新的信封；包有多个信封的信传送到目的站后，从第一层起，每层拆开一个信封后就交给它的上一层，传到最高层后，取出发信人所发的信交给收信用户。

虽然应用进程数据要经过如图5-9所示的复杂过程才能送到对方的应用进程，但这些复杂过程对用户来说，却都被屏蔽掉了，以致应用进程AP_A觉得好像是直接把数据交给了应用进程 AP_B。同理，任何两个同样的层次(如在两个系统的第四层)之间，也好像如同图5-9中的水平虚线所示的那样，可将数据(即数据单元加上控制信息)直接传递给对方。这就是所谓的“对等层”之间的通信。前面提到的各层协议，实际上就是在各个对等层之间传递数据时的各项规定在考虑协议的情况下，通信就是指对等的实体之间的数据传递。

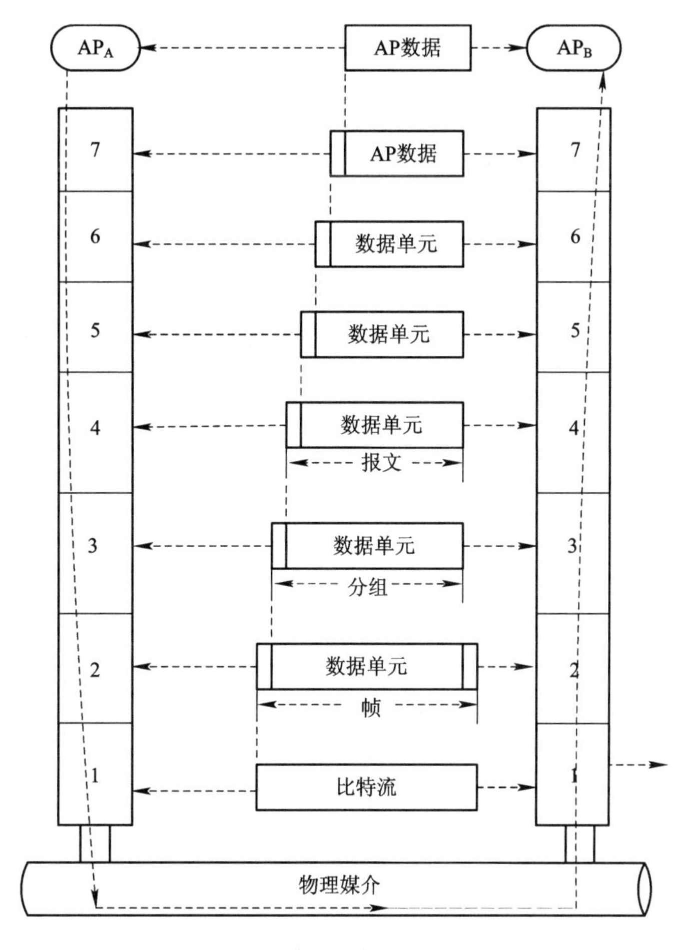

图 5-9　开放系统互连环境中的数据流

5.3　X.25 通信协议与帧中继

5.3.1　X.25 通信协议的建议

1. X.25 的定义

X.25 建议是 ITU-T 作为公用数据网的用户-网络接口协议提出的，它的全称是公用数据网络中通过专用电路连接的分组式数据终端设备(digital terminal equipment，DTE)和数据电路终接设备(data circuit-terminating equipment，DCE)之间的接口。这里的 DTE 是用户设备，即分组型数据终端设备(执行 X.25 通信规程的终端)，具体可以是一台按照分组操作的智能终端、主计算机或前端处理机；DCE 是指 DTE 所连接的网络分组交换机(packet switch，

PS)，如果 DTE 与交换机之间的传输线路是模拟线路，那么 DCE 也包括用户连接到交换机的调制解调器。

2. X.25 的特点

(1) 可靠性高。X.25 是面向连接的，它能够提供可靠的虚电路服务，保证服务质量；X.25 具有点到点的差错控制，可以逐段独立进行差错控制和流量控制，全程的误码率在 10^{-11} 以下；X.25 每个节点交换机至少与另外两个交换机相连，当一个中间交换机出现故障时，能通过迂回路由维持通信。

(2) 信道利用率高。X.25 利用统计时分复用及虚电路技术大大提高了信道利用率。

(3) 具有复用功能。当用户设备以点对点方式接入 X.25 网时，能在单一物理链路上同时复用多条虚电路，使每个用户设备能同时与多个用户设备进行通信。X.25 具有流量控制和拥塞控制功能，它采用滑动窗口技术来实现流量控制，并有拥塞控制机制以防止信息丢失。

(4) 便于不同类型用户设备的接入。X.25 网内各节点向用户设备提供了统一的接口，使得不同速率、码型和传输控制规程的用户设备都能接入 X.25 网，并能相互通信。

(5) X.25 建议规定了丰富的控制功能，这也增加了分组交换机处理的负担，限制了分组交换机的吞吐量和中继线速率的进一步提高，而且分组的传输时延比较大。X.25 端口可以支持的最高速率是 2 Mb/s。

3. X.25 相关建议

建议涉及分组交换的规程有许多，ITU-T 制定了一系列标准。表 5-2 列出了与 X.25 相关的一些建议。

表 5-2 X.25 相关建议

编号	主 要 内 容
X.3	公用数据通信网分组拆/装(PAD)功能
X.20	公用数据通信起止式传输业务 DTE 和 DCE 之间的接口
X.20bis	公用数据网 V.21 建议兼容的、起止式 DTE 和 DCE 之间的接口
X.21	公用数据网内同步式 DTE 和 DCE 之间的接口
X.21bis	同步式 V 系列调制解调器接口设计的 DTE 在公用数据网的应用
X.24	公用数据网上 DTE 和 DCE 之间的接口
X.25	公用数据网络中通过专用电路连接的分组式 DTE 和 DCE 之间的接口
X.26	在数据通信领域内通常与集成电路设备一起使用的不平衡双流交换电路的电特性
X.27	在数据通信领域内通常与集成电路设备一起使用的平衡双流交换电路的电特性
X.28	公用数据网中存取报文分组装/拆设备的起止式 DTE 和 DCE 之间的接口
X.29	公用数据网中分组式中断与分组装/拆功能之间的控制信息及用户数据的交换规程
X.32	通过 PSTN、ISDN 或 CSPDN 以分组模式终端操作并接入分组交换网的 DTE 和 DCE 之间的接口
X.75	在分组交换的公用数据网内的国际电路上用于传递数据的终端和转换呼叫的控制规范

4 X.25 分层协议

X.25 建议将数据网的通信功能划分为三个层次，即物理层、数据链路层和分组层。其中每一层的通信实体只利用下一层所提供的服务。每一层接收到上一层的信息后，加上控制信息(如分组头、帧头)，最后形成在物理媒介上传送的比特流，如图 5-10 所示。

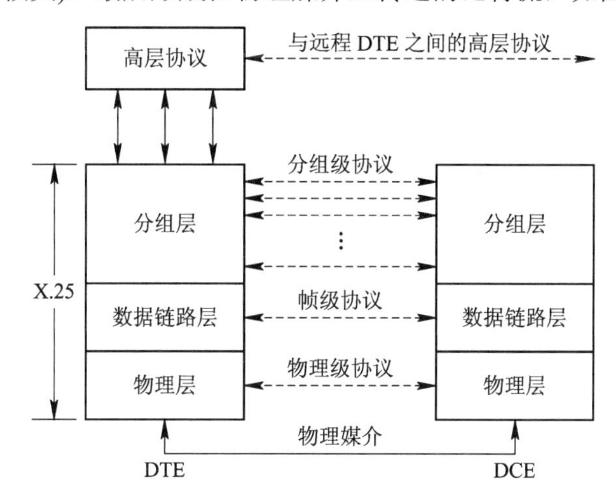

图 5-10　X.25 的协议结构

1) 物理层

物理层定义了 DTE 和 DCE 之间建立物理信息传输通路的过程，可以采用 X.21、X.21bis 以及 V 系列等建议。物理层提供了一条传送比特流的管道。X.21 建议规定：采用 ISO 4903 规定的 15 针连接器和引线分配(通常使用 8 线)；电气特性为平衡型；进行同步串行传输；采用点到点全双工方式；适用于交换电路和租用电路。

X.21 是为了在数字电路上使用而设计的，如果是模拟线路(如地区用户线路)，X.25 建议还提供了另一种物理接口标准 X.21bis，它与 V.24/RS 232 兼容。

2) 数据链路层

数据链路层是在物理层提供的双向的比特传输管道上实施信息传输的控制，X.25 的数据链路层采用了高级数据链路控制规程(high-level data link control，HDLC)的子集平衡型链路接入协议(link access procedures balanced，LAPB)。

数据链路层规定了在 DTE 和 DCE 之间的线路上交换帧的过程。链路层规程要在物理层的基础上执行一些控制功能，以保证帧的正确传送。链路层的主要功能包括：在 DTE 和 DCE 之间有效地传输数据；确保接收器和发送器之间信息的同步；监测和纠正传输中产生的差错；识别并向高层协议报告规程性错误；向分组层通知链路层的状态。

(1) HDLC 简介。

HDLC 是由 ISO 定义的面向比特的数据链路协议的总称。面向比特的协议是指传输时，以比特作为传输的基本单位。HDLC 是最重要的数据链路控制协议，它的传输效率较高，能适应数据通信的发展，因此广泛地应用在公用数据网上。同时，它还是其他许多重要数据链路控制协议的基础。为了满足各种应用的需要，HDLC 定义了三种类型的站点(station)、两种链路配置及三种数据传送模式。

① 站点的类型。

站是指链路两端的通信设备。HDLC 定义了三种类型的站点。

主站：负责控制链路的操作。主站只能有一个，由主站发出的帧称为命令。

从站：在主站的控制下操作。从站可以有多个，由从站发出的帧称为响应。主站为链路上的每个从站维护一条独立的逻辑链路。

复合站：兼具主站和从站的特点。复合站发出的帧可能是命令，也可能是响应。

② 链路配置。

链路配置分为非平衡配置和平衡配置两种。

非平衡配置：由一个主站和一个或多个从站组成，可以是点到点链路，也可以是点到多点链路。

平衡配置：由两个复合站组成，只能是点到点链路。

③ 数据传送方式。

数据传送方式分为正常响应方式、异步平衡方式以及异步响应方式三种方式。

正常响应方式：适用于非平衡配置，只有主站才能启动数据传输，从站只有在收到主站发给它的命令帧时，才能向主站发送数据。

异步平衡方式：适用于平衡配置，任何一个复合站都可以启动数据传输过程，而不需要得到对方复合站的许可。

异步响应方式：适用于非平衡配置，在主站没有发来命令帧时，从站可以主动向主站发送数据，但仍由主站负责对链路的管理。

(2) LAPB 的帧结构。

LAPB 采用平衡配置方式、点到点链路及异步平衡方式来传输数据。LAPB 的帧结构如图 5-11 所示。

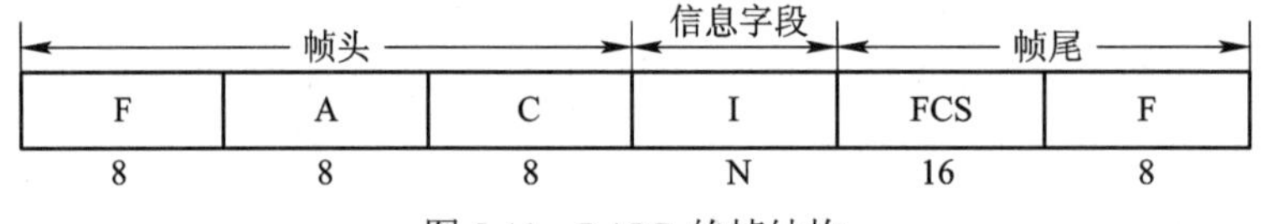

图 5-11 LAPB 的帧结构

① 标志(flag，F)：编码为 01111110。F 为帧的限定符，所有的帧都应以 F 开始和结束。一个标志可作为一个帧的结束标志，同时也可以作为下一帧的开始标志；F 还可以作为帧之间的填充字符，当 DTE 或 DCE 没有信息要发送时，可连续发送 F。

正常情况下，为了防止在其他字段出现伪标志码，要进行插 0/删 0 操作，即在发送站将 5 个连 1 之后插入一个 0；在接收端，再进行相反的操作，将 5 个连 1 之后的 0 删掉。但是，如果发送方想要放弃正在发送的帧，则发送 7～15(包括 7，不包括 15)个连 1 来表示，即当接收端检测到大于等于 7 但小于 15 个连 1 之后，就放弃收到的帧。而如果出现 15 个以上的连 1，则表示该链路进入空闲状态。

② 地址字段(address，A)：由一个八位位组组成。在 HDLC 中点到多点的链路上，该字段表示的是送出响应信息的从站的地址；在 LAPB 中点到点的链路上，它表示的总是响应站的地址，其作用是用于区分两个传输方向上的命令帧/响应帧，即它表示的是命令帧的接收者和响应帧的发送者的地址。

③ 控制字段(control，C)：由一个八位位组组成，主要作用是指示帧的类型。LAPB 控制字段的分类格式如表 5-3 所示。

表 5-3　LAPB 帧控制字段的分类格式

<table>
<tr><td>控制字段/bit</td><td>8</td><td>7</td><td>6</td><td>5</td><td>4</td><td>3</td><td>2</td><td>1</td></tr>
<tr><td>信息帧(I 帧)</td><td colspan="3">N(R)</td><td>P</td><td colspan="3">N(S)</td><td>0</td></tr>
<tr><td>监控帧(S 帧)</td><td colspan="3">N(R)</td><td>P/F</td><td>S</td><td>S</td><td>0</td><td>1</td></tr>
<tr><td>无编号帧(U 帧)</td><td>M</td><td>M</td><td>M</td><td>P/F</td><td>M</td><td>M</td><td>1</td><td>1</td></tr>
</table>

信息帧又称为 I 帧(information frame)，由帧头、信息字段 I 和帧尾组成。I 帧用于传输高层用户的信息，即在分组层之间交换的分组，分组包含在 I 帧的信息字段中。I 帧的 C 字段的第 1 位为“0”，这是识别 I 帧的唯一标志，第 2～8 位用于提供 I 帧的控制信息，包括发送顺序号 N(S)、接收顺序号 N(R)和探寻位 P。其中，N(S)是所发送帧的编号，以供双方核对有无遗漏及重复；N(R)是下一个期望正确接收帧的编号，发送 N(R)的站用它表示已正确接收编号为 N(R)以前的帧，即编号到 N(R)-1 的全部帧已正确接收。I 帧可以是命令帧，也可以是响应帧。

监控帧又称为 S 帧(supervisory frame)，没有信息字段，其作用是用来保证 I 帧的正确传送。监控帧的标志是 C 字段的第 1、2 位为“01”，SS 用来进一步区分监控帧的类型。监控帧有三种：接收准备好(RR)、接收未准备好(RNR)和拒绝帧(REJ)。RR 用于在没有 I 帧发送时向对端发送肯定证实信息；REJ 用于重发请求；RNR 用于流量控制，通知对端暂停发送 I 帧。监控帧带有 N(R)，但没有 N(S)。S 帧的第 5 位为探寻/最终位(P/F)。S 帧既可以是命令帧，也可以是响应帧。

无编号帧又称 U 帧(unnumbered frame)，其作用不是用于实现信息传输的控制，而是用于实现对链路的建立和断开过程的控制。识别无编号帧的标志是 C 字段的第 2、1 位为“11”。第 5 位为 P/F 位。M 用于区分不同的无编号帧，包括置异步平衡方式(SABM)、断链(DISC)、已断链方式(DM)、无编号确认(UA)、帧拒绝(FRMR)等。其中，SABM、DISC 分别用于建立链路和断开链路，均为命令帧；UA 和 DM 分别为对前两个命令帧的肯定和否定响应，为响应帧；FRMR 表示接收到语法正确但语义不正确的帧，它将引起链路的复原，为响应帧。

所有的帧都含有探寻/最终比特(P/F)位。在命令帧中，P/F 位为探寻比特(P)，如 P = 1，就是向对方请求响应帧；在响应帧中，P/F 位为最终比特(F)，如 F = 1，表示发送的这个帧是一个对命令帧的响应结果。后面将详细介绍 P/F 位的功能。

④ 信息字段(information，I)：为传输用户信息而设置的，用来装载分组层的数据分组，其长度可变。在 X.25 中，长度限额一般装一个分组长度，即 128 字节或 256 字节。

⑤ 帧校验序列(frame check sequence，FCS)：每个帧的尾部都包含一个 16 位的帧校验序列(FCS)，用来检测帧的传送过程是否有错。FCS 采用循环冗余码，可以用移位寄存器实现。

上述各类帧的工作过程说明和作用如表 5-4 所示。

表 5-4 各类帧的工作过程说明和作用

分类	名 称	缩写	命令/响应帧(C/R)	作 用
信息帧		I 帧	C/R	传输用户数据
监控帧	接收准备好	RR	C/R	向对方表示已经准备好接收下一个 I 帧
	接收未准备好	RNR	C/R	向对方表示“忙”状态，这意味着暂时不能接收新的 I 帧
	拒绝帧	REJ	C/R	要求对方重发编号从 N(R)开始的 I 帧
无编号帧	置异步平衡方式	SABM	C	用于在两个方向上建立链路
	断链	DISC	C	用于通知对方，断开链路的连接
	已断链方式	DM	R	表示本方已与链路处于断开状态，并对 SABM 做否定应答
	无编号确认	UA	R	对 SABM 和 DISC 的肯定应答
	帧拒绝	FRMR	R	向对方报告出现了用重发帧的办法不能恢复的差错状态，将引起链路的复原

(3) 链路的操作过程。

数据链路层的操作分为三个阶段：链路建立、信息传输和链路断开，如图 5-12 所示。

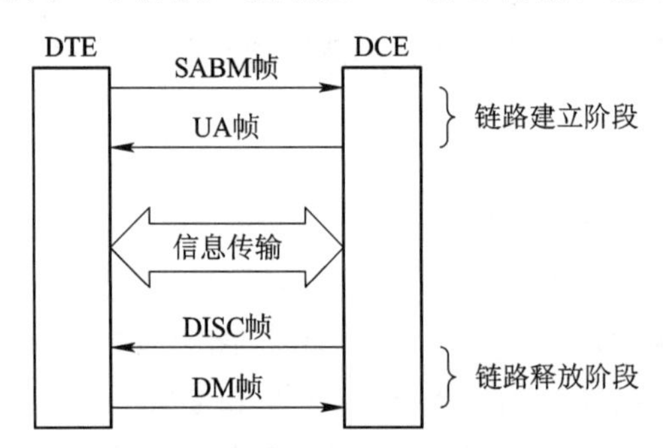

图 5-12 数据链路层的操作

① 链路建立。

DTE 通过发送连续的标志(F)来表示它能够建立数据链路。原则上，DTE 或 DCE 都可以启动数据链路的建立，通常由 DTE 启动。在数据链路建立之前，DCE 或 DTE 都应当启动链路断开这一过程，以确保双方处于同一阶段。DCE 还能主动发起 DM 响应帧，要求 DTE 启动链路建立过程。

下面以 DTE 发起过程为例来进行说明。如图 5-13 所示，DTE 通过向 DCE 发送置异步平衡方式(SABM)命令启动数据链路建立过程，DCE 接收到后，如果认为它能够进入信息传送阶段，将向 DTE 回送一个 UA 响应帧，数据链路建立成功；DCE 接收到后，如果它认为不能进入信息传送阶段，它将向 DTE 回送一个 DM 响应帧，数据链路未建立。

为了区分 DCE 主动发送的要求，一般要求 SABM 命令帧置 P = 1，DCE 的响应帧 UA 或 DM 的标志位为 1。这样根据收到 DM 的标志位是否为 1 即可知道其含义，从而做出不同的处理。

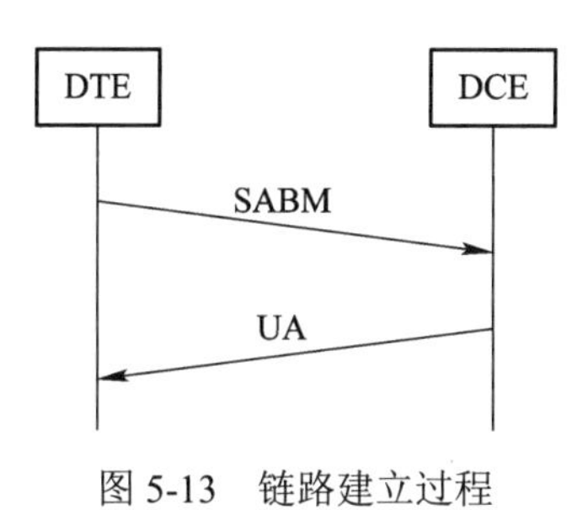

图 5-13　链路建立过程

② 信息传输。

当链路建立之后，就进入信息传输阶段，在 DTE 和 DCE 之间交换 I 帧和 S 帧。双方都可以通过 I 帧开始发送用户数据，帧的序号从 0 开始。I 帧的 N(S)和 N(R)字段是用于支持流量控制和差错控制的序号。LAPB 在发送 I 帧序列时，会按顺序对它们编号，并将序号放在 N(S)中，这些编号以 8 还是 128 为模，取决于使用的是 3 位序号还是 7 位序号。N(R)是对接收到的 I 帧的确认。有了 N(R)，LAPB 就能够指出希望接收的下一个 I 帧的序号。S 帧同样也用于流量控制和差错控制。其中，接收就绪(RR)帧通过指出希望接收到的下一个帧来确认接收到的最后一个 I 帧。在接收端无 I 帧发送时就需要使用 RR 帧。接收未准备好(RNR)帧和 RR 帧一样，都可用于对 I 帧的确认，但它同时还要求对等实体暂停 I 帧的传输。当发出 RNR 的实体再次准备就绪之后，会发送一个 RR。拒绝帧(REJ)的作用是指出最后一个接收到的 I 帧已经被拒绝，并要求重发以 N(R)序号为首的所有后续 I 帧。

利用 I 帧和 S 帧提供的 N(S)和 N(R)字段实现网络的差错控制和流量控制的总结如下：

• 差错校正：采用肯定/否定证实、重发纠错的方法。发现非法帧或出错帧予以丢弃；发现帧号跳号，则发送 REJ 帧通知对端重发。为了提高可靠性，协议还规定了定时重发功能，即在超时未收到肯定证实时，发端将自动重发。

• 流量控制：采用滑动窗口控制技术，控制参数是窗口尺寸 t，其值表示最多可以发送多少个未被证实的 I 帧。设最近收到的 I 帧或监控帧的证实帧号为 N(R)，则本端可以发送的 I 帧的最大序号为$(\mathrm{N(R)} + t - 1)\bmod 8\ (1 \leqslant t \leqslant 7)$，称为窗口上沿。$t$ 值的选定取决于物理链路的传播时延和数据的传送速率，应保证在连续发送 t 个 I 帧之后能收到对第 1 个 I 帧的证实。对于卫星电路等长时延链路，t 值将大于 7，此时应采用扩充的模 128 帧结构。

窗口机制为 DCE 和 DTE 提供了十分有效的流量控制手段，任一方可以通过延缓发送证实帧的方法，强制对方延缓发送 I 帧，从而达到控制信息流量的目的。还有一种更为直接的拥塞控制方法是，当任一方出现接收拥塞(忙)状态时，可向对方发送监控帧 RNR。对方收到此帧后，将停止发送 I 帧。“忙”状态消除后，可通过发送 RR 或 REJ 帧通知对方。

③ 链路断开。

链路断开过程是一个双向的过程，任何一方均可启动拆除链路的操作。这既可能是由于 LAPB 本身因某种错误而引起的中断，也可能是由于高层用户的请求而引起的中断。以 DTE 发起为例，如图 5-14 所示，若 DTE 要求断开链路，它向 DCE 发送 DISC 命令帧，DCE

若原来处于信息传输阶段，则用UA响应帧确认，即完成断链过程；若DCE原来已经处于断开阶段，则用DM响应帧确认。基于和建立链路同样的考虑，要求DISC命令帧置P = 1，其对应的响应帧UA或DM置F = 1。拆除链路后要通知第三层用户，说明该连接已经中止。所有未被确认的I帧都会丢失，而这些帧的恢复工作则由高层负责。

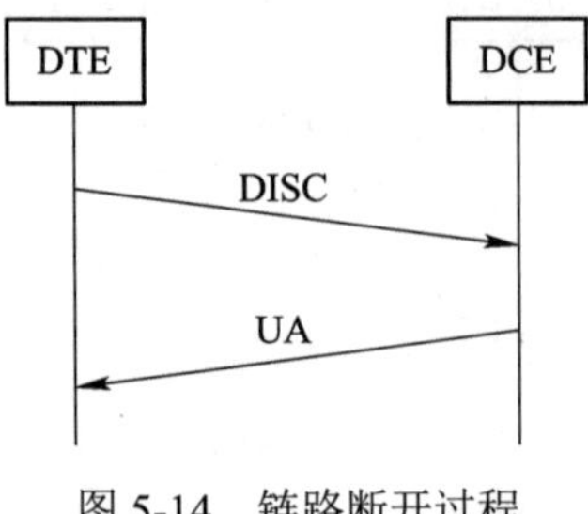

图5-14 链路断开过程

④ 链路恢复。

链路恢复指的是在信息传送阶段收到协议出错帧或者FRMR帧，即遇到无法通过重发予以校正的错帧时，自动启动链路建立过程，使链路恢复初始状态，两端发送的I帧和S帧的N(S)和N(R)值恢复为零。

3) 分组层

X.25的分组层对应于OSI的网络层，二者虽然叫法不同，但其功能是一致的。分组层是利用链路层提供的服务在DTE-DCE接口上交换分组。它是将一条数据链路按动态时分复用的方法划分为许多个逻辑信道，允许多台计算机或终端同时使用高速的数据信道，以充分地利用逻辑链路的传输能力和交换机资源，实现通信能力和资源的按需分配。分组层的功能包括：X.25的接口为每个用户呼叫提供一个逻辑信道，并通过逻辑信道号(logical channel number，LCN)来区分与每个用户呼叫有关的分组；为每个用户的呼叫连接提供有效的分组传输，包括顺序编号、分组的确认和流量控制过程；提供交换虚电路(SVC)和永久虚电路(PVC)，提供建立和清除交换虚电路连接的方法；监测和恢复分组层的差错。

(1) 分组格式。

X.25的分组层定义了每一种分组的类型和功能。分组的格式如图5-15所示，它由分组头和分组数据两部分组成。

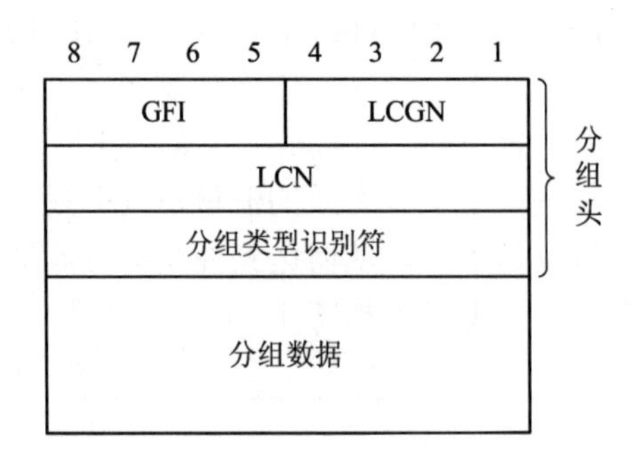

图5-15 分组格式

① 通用格式识别符(general format identifier，GFI)：4 bit，为分组定义了一组通用功能。GFI的格式如图5-16所示。

8	7	6	5
Q	D	S	S

图 5-16　GFI 的格式

其中，Q 比特用来区分传输的分组包含的是用户数据还是控制信息，前者 Q = 0，后者 Q = 1。D 比特用来区分数据分组的确认方式，D = 0 表示数据分组由本地确认(DTE-DCE 接口上确认)，D = 1 表示数据分组进行端到端(DTE-DTE)确认。SS 用于区分工作方式，SS = 01 表示按模 8 方式工作，SS = 10 表示按模 128 方式工作。

② 逻辑信道群号(logical channel group number，LCGN)和逻辑信道号(logical channel number，LCN)：共 12 bit，用于区分 DTE-DCE 接口上许多不同的逻辑信道。X.25 分组层规定一条数据链路上最多可分配 16 个逻辑信道群，各群用 LCGN 区分；每群内最多可有 256 条逻辑信道，用信道号 LCN 区分。除了第 0 号逻辑信道有专门的用途外(为所有虚电路的诊断分组所保留)，其余 4095 条逻辑信道均可分配给虚电路使用。

③ 分组类型识别符：由一个八位位组组成，用来区分各种不同的分组。X.25 的分组层共定义了四大类，如表 5-5 所示。

表 5-5　X.25 的分组类型

<table>
<tr><th colspan="2">类　型</th><th>DTE-DCE</th><th>DCE-DTE</th><th>功　能</th></tr>
<tr><td colspan="2">呼叫建立分组</td><td>呼叫请求
呼叫接受</td><td>入呼叫
呼叫连接</td><td>建立 SVC</td></tr>
<tr><td rowspan="4">数据传送分组</td><td>数据分组</td><td>DTE 数据</td><td>DCE 数据</td><td>传送用户数据</td></tr>
<tr><td>流量控制分组</td><td>DTE RR
DTE RNR
DTE REJ</td><td>DCE RR
DCE RNR</td><td>流量控制</td></tr>
<tr><td>中断分组</td><td>DTE 中断
DTE 中断证实</td><td>DCE 中断
DCE 中断证实</td><td>加速传送重要数据</td></tr>
<tr><td>登记分组</td><td>登记请求</td><td>登记证实</td><td>申请或停止可选业务</td></tr>
<tr><td rowspan="3">恢复分组</td><td>复位分组</td><td>复位请求
DTE 复位证实</td><td>复位指示
DCE 复位证实</td><td>复位一个 VC</td></tr>
<tr><td>重启动分组</td><td>重启动请求
DTE 重启动证实</td><td>重启动指示
DCE 重启动证实</td><td>重启动所有 VC</td></tr>
<tr><td>诊断分组</td><td>—</td><td>诊断</td><td>诊断</td></tr>
<tr><td colspan="2">呼叫清除分组</td><td>清除请求
DTE 清除证实</td><td>清除指示
DCE 清除证实</td><td>释放 SVC</td></tr>
</table>

(2) 分组层操作过程。

分组层采用虚电路工作，整个通信过程分三个阶段：呼叫建立阶段、数据传输阶段和虚电路释放阶段。

下面简单介绍一下接续过程。设有两个 DTE(DTEA 和 DTEB)；通过 DCEA 和 DCEB

两个 DCE 设备连入网络。虚电路的建立和清除过程如下：

① DTEA 对 DCEA 发出一个呼叫请求分组，表示希望建立一条到 DTEB 的虚电路。该分组中含有虚电路号，在此虚电路被清除以前，后续的分组都将采用此虚电路号。

② 网络将此呼叫请求分组传送到 DCEB。

③ DCEB 接收呼叫请求分组，然后给 DTEB 送出一个呼叫指示分组，这一分组具有与呼叫请求分组相同的格式，但其中的虚电路号不同，虚电路号由 DCEB 在未使用的号码中选择。

④ DTEB 发出一个呼叫接收分组，表示呼叫已经接受。

⑤ DTEA 收到呼叫接通分组(该分组和呼叫请求分组具有相同的虚电路号)，此时虚电路已经建立。

⑥ DTEA 和 DTEB 采用各自的虚电路号发送数据和控制分组。

⑦ DTEA(或 DTEB)发送一个释放请求分组，紧接着收到本地 DCE 的释放确认分组。

⑧ DTEA(或 DTEB)收到释放指示分组，并传送一个释放确认分组。此时 DTEA 和 DTEB 之间的虚电路就清除了。

进一步以图 5-17 为例，说明分组交换中虚电路的建立及交换过程。图中 DTEA 与 DTEB、DTEC 与 DTED 之间要进行数据通信，首先按照上述方法建立虚电路，图中用虚电路 1 和虚电路 2 来表示这两个通信。在虚连接建立阶段生成了交换机 1 和交换机 2 的路由表。之后，DTEA 的数据分组从交换机 1 的 1 号端口的逻辑信道 12 进入，经查找路由表后由端口 3 的逻辑信道 11 上输出，当分组传送到交换机 2 的 2 号端口时，逻辑信道号仍然为 11，查找交换机 2 的路由表之后，从端口 3 的 50 号逻辑信道输出，从而被传送到目的终端 DTEB。在该条虚电路拆除之前，DTEA 与 DTEB 之间的数据就沿着该条虚电路(12→11→50)进行传送。同理，DTEC 到 DTED 的数据分组的传输和交换也依据相应的路由表进行。

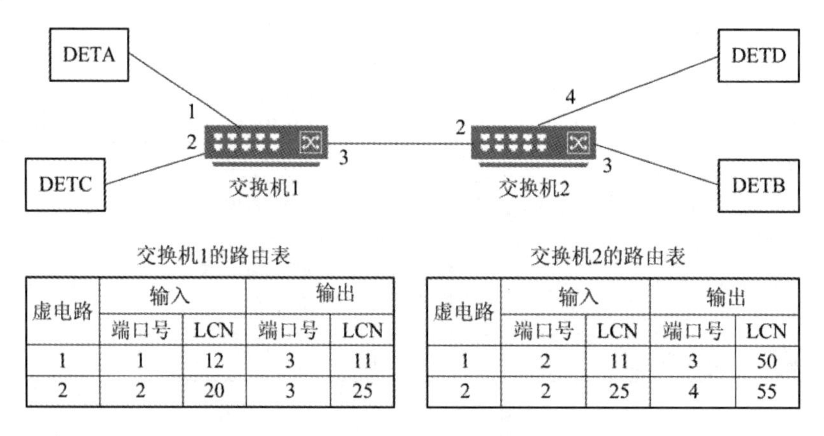

交换机1的路由表

虚电路	输入		输出	
	端口号	LCN	端口号	LCN
1	1	12	3	11
2	2	20	3	25

交换机2的路由表

虚电路	输入		输出	
	端口号	LCN	端口号	LCN
1	2	11	3	50
2	2	25	4	55

图 5-17 虚电路方式下的数据分组交换

5.3.2 帧中继协议的建议

由于分组交换技术在降低通信成本、提高通信的可靠性和灵活性方面取得了巨大的成功，20 世纪 70 年代中期以后的数据通信网几乎全部采用这一技术。随着技术的进步，分组交换网的性能也在不断提高，数据分组通过交换机的传输时延从几百毫秒减少到几毫秒。

20 世纪 80 年代以来，数字通信、光纤通信以及计算机技术取得了飞速的发展，人们对通信业务的需求要求愈来愈高，希望各种数据通信业务能够在一个网络内统一进行传输，随之提出了综合业务数字网(integrated services digital network，ISDN)的概念，以便实现业务与数据传输的无关性，这对数据通信的速率及实时性提出了更高的要求，而原有的建立在模拟通信网上的分组交换网能力几乎已达到极限。

与此同时，计算机终端的智能化和处理能力不断提高，使得端系统完全有能力完成原来由分组网络所完成的功能，例如，端系统可以进行差错纠正等。此外，分布在不同地域的局域网(LAN)之间的互连成为实际的需要，高性能光纤传输媒体也大量投入使用，人们希望分组交换技术能适应新的传输和交换的要求，从而提出了快速分组传输处理技术——帧中继(frame relay，FR)。

帧中继设计思想非常简单，它将 X.25 协议中规定的网络节点之间、网络节点和用户设备之间的每段链路上的数据差错重传控制推到网络边缘的终端来执行，网络只进行差错检查，从而简化了节点机之间的处理过程。

1. 帧中继的定义

帧中继(FR)是在分组交换技术的基础上，在通信环境改善和用户对高速传输技术需求的推动下发展起来的。FR 将分组交换协议作了简化。FR 技术主要用于传递数据业务，它使用一组规程将数据信息以帧的形式有效地进行传送，是一种广域网通信的方式。FR 可以通过在 X.25 上更新软件实现，可以在 DDN(digital data network)上配置端口实现；可以作为 Internet 的用户接入方式，也可以作为 ISDN 的承载业务；在以 ATM 为骨干的网络中，FR 仍可作为良好的用户接入方式。当数据业务速率集中在 2 Mb/s 内时，使用 FR 业务是最经济有效的。

以 X.25 为代表的分组数据转发从源点到终点的每一步都要进行大量的处理，在每一节点都要对数据信息进行存储和处理，建立帧头、帧尾，并检查数据信息是否有误码。与 X.25 相反，帧中继只使用物理层和数据链路层的一部分执行它的交换功能。图 5-18 为开放系统互连(OSI)、电路交换方式(TDM)、X.25 和帧中继协议参考模型的示意图。从图 5-18 中可以看到，采用 TDM 技术的电路交换方式仅完成物理层的功能，而 X.25 协议完成低三层的功能。

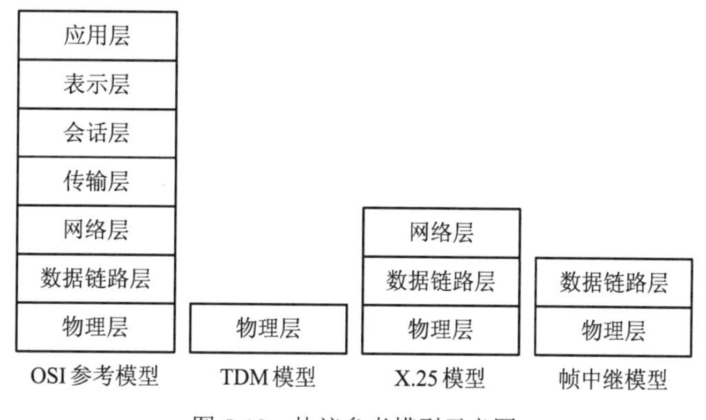

图 5-18 协议参考模型示意图

2. 帧中继的特点

1) 优点

帧中继具有如下优点：

(1) 可靠性强，处理能力强。随着传输误码率低的光纤的广泛使用，FR 可将 X.25 分组网中通过节点的分组重发和流量控制来纠正差错和防止拥塞的处理过程从低层移到端系统中去实现，从而简化了节点的处理过程，缩短了处理时间，有效利用了高速数字传输信道，改善和提高了网络性能，与此同时高层网络功能不受任何影响。X.25 协议包括 OSI 模型的低三层，其数据传送单元为分组，分组的寻址和选路由第三层通过逻辑信道号(LCN)完成。帧中继协议只包含 OSI 模型的最低两层，而且第二层只保留其核心功能，称为数据链路核心协议。其传送数据单元为帧，帧的寻址和选路由第二层通过数据链路连接标识(data link connection identifier，DLCI)完成。

图 5-19(a)、(b)分别示出 X.25 和帧中继的分层协议功能。由图可见，X.25 交换沿着分组传输路径，每段都有严格的差错控制机制，网络协议处理负担很重，而且为了重发差错，发送出去的分组在尚未证实之前必须在节点中暂存。帧中继则十分简单，各节点完成有限的差错控制功能，即只进行检错而不进行纠错，中间节点遇到错误直接丢弃，无须重传机制，差错纠正的功能由两端终端完成，流量控制同样留给终端去完成。

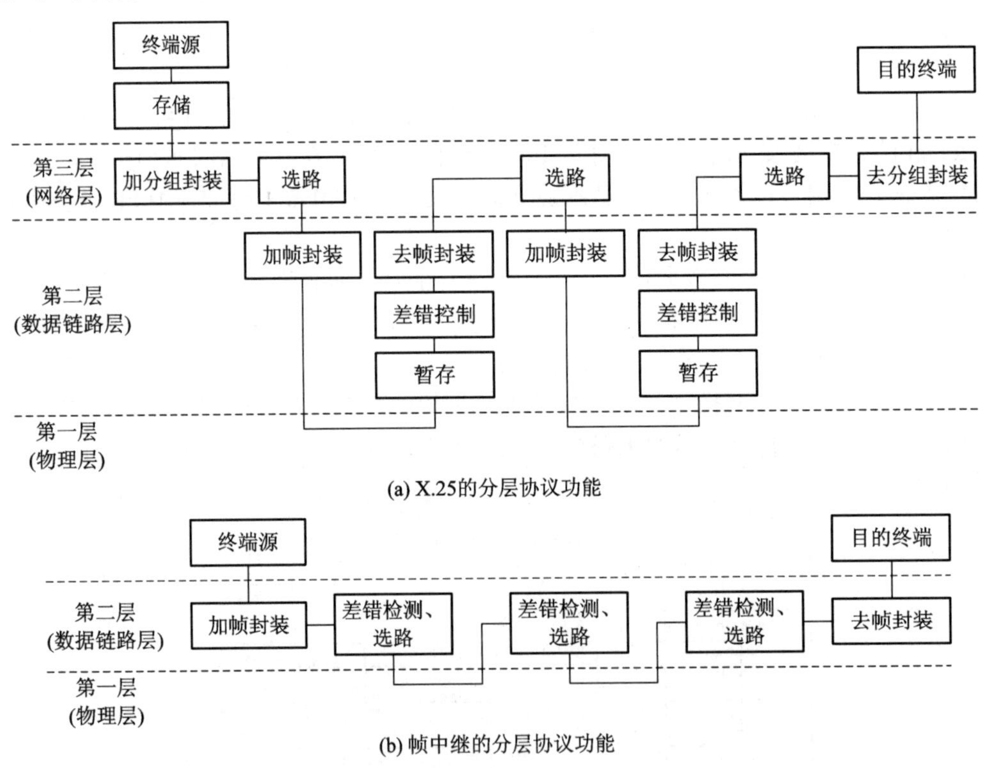

图 5-19 X.25 和帧中继的分层协议功能

(2) 吞吐量高、时延小、适合突发性业务。因为 FR 不在节点使用差错控制和流量控制，当 FR 交换机收到一个帧的首部时，只要一查出帧的目的地址就立即进行转发，因此在 FR 网络中，一个帧的处理时间比 X.25 网络中约减少一个数量级。这样 FR 网络的吞吐量要比 X.25 网络提高一个数量级以上，而且因为 FR 不采用存储转发技术，所以时延小，相对 X.25 技术，传输速率高。FR 用户的接入速率在 64 kb/s～2 Mb/s，甚至可达到 34 Mb/s。FR 的帧信息长度远比 X.25 分组长度要长，最大帧长度可达 1600 字节/帧，适合于封装局域网的数据单元，适合传送突发业务(如压缩视频业务、WWW 业务等)。

(3) 灵活可靠的组网方式。采用 PVC(永久虚电路)使得用户可以在传输数据之前设定路由，不同的用户和上网条件随时选择最佳路由，而不必像租用线业务一样，即使没有业务发生也存在物理连接的线路，浪费网络资源。另外，在一条物理连接上能够提供多个逻辑连接(PVC 或 SVC)，所需进网端口数相应减少，进网设备也相应减少，用户接入费用也随之相应减少。

(4) 按需分配带宽。虽然用户在支付了一定数量的金额购买的是承诺信息速率，但是突发性数据发生的时候，在网络允许的范围内，可以使用更高的速率。

(5) 兼容性好。FR 保护了用户对网络接口和网络对网络接口的详细定义，不同的厂家制造的系统可以互通。它可以兼容 X.25、SNA、DECNET、TCP/IP 等多种网络协议，为各种网络提供快速稳定的连接。

2) 缺点

帧中继存在的缺点如下：

(1) 差错控制能力较差，不适合在误码率高的线路上传输。

(2) 在提供更高速率链路上能力不足，目前最高提供 T3/E3 速率。

(3) 对新业务(如 IP 语音和多媒体等应用)支持不足。

3. 帧中继的标准

FR 对应的主要标准为 ITU-TQ.922，它作为端到端的数据传输的一种选择。相关的协议主要有：

(1) ITU I.233：定义了由 FR 提供的业务，也定义了 FR 协议中的全部功能。

(2) ITU I.370：定义了在 FR 中用来管理网络拥塞的程序，接入信令和数据链路控制的功能在 ITU Q.922 的“核心方面”中定义。

(3) ITU Q.933：为在 FR 网络上建立和维护虚连接所使用的信令信息定义了协议。

4. 帧中继的分层结构

帧中继分为物理层和数据链路层，分别与 OSI 的下两层对应，如图 5-20 所示。

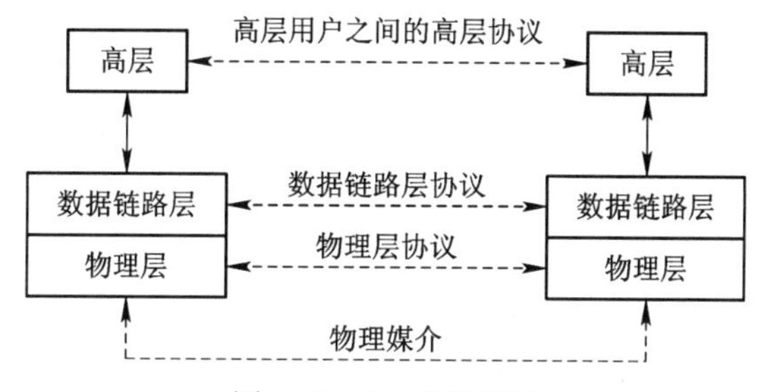

图 5-20　RF 分层结构

5. 帧中继协议

FR 的帧格式由帧方式承载业务链路接入规程(link access procedures to frame mode bearer services，LAPF)定义，包含在 ITU-TQ.922 建议中，如图 5-21 所示。

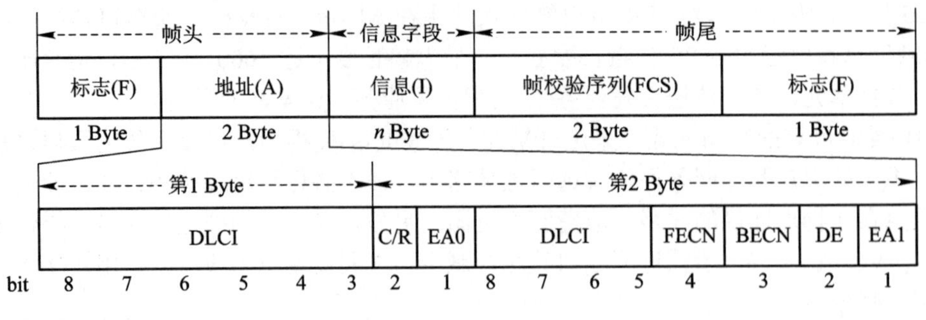

图 5-21 FR 帧格式

FR 的帧格式和 X.25 的数据链路层帧格式 LAPB 类似，主要区别是 FR 的帧格式中没有控制字段(C)，而且地址字段较 LAPB 丰富。下面以地址字段为 2 Byte 为例简要介绍各字段意义。

(1) 标志字段(flag，F)：1 Byte，是一个独特的 01111110 比特序列，用于指示一帧的开始与结束。

(2) 地址字段(address，A)：一般为 2 Byte，也可扩展为 3 Byte 或 4 Byte。地址字段由数据链路控制标识符(data link control identifier，DLCI)组成，DLCI 的长度取决于地址字段的长度，当地址字段分别为 2、3、4 Byte 时，DLCI 分别为 10 bit、16/17 bit、23 bit。图 5-21 中地址字段为 2 Byte，DLCI 占 10 bit。DLCI 值用于标识节点与节点之间的逻辑链路、呼叫控制和管理信息(见表 5-6)。对于 2 Byte 地址字段的 DLCI，从 16～1007 共 992 个地址供 FR 使用，采用统计时分复用技术。

表 5-6 FR 的 DLCI 说明(2 Byte 地址字段)

DLCI	用　途
0	传递 FR 呼叫控制报文
1～15	保留
16～1007	分配给 FR 过程使用
1008～1022	保留
1023	链路管理

(3) 命令/响应(command/response，C/R)：1 bit，C/R 与高层的应用有关，FR 本身并不使用。

(4) 地址扩展(extend address，EA)：为 2 bit，各占用地址字段 2 Byte 的第一位。当 EA 为 0 时，表示下一个字节仍为地址字段，当 EA 为 1 时表示地址字段到此为止。

(5) 前向显示拥塞通知(forward explicit congestion notification，FECN)：1 bit，若某节点将 FECN 置 1，则表明与该帧同方向传输的帧可能受到网络拥塞的影响而产生时延。

(6) 后向显示拥塞通知(backward explicit congestion notification，BECN)：1 bit，若某节点将 BECN 置 1，则指示接收者与该帧相反方向传输的帧可能受到网络拥塞的影响而产生时延。

(7) 丢弃指示(discard eligibility，DE)：1 bit，当 DE 置 1，表明在网络发生拥塞时，为了维持网络的服务水平，该帧与 DE 为 0 的帧相比应先丢弃。由于采用了 DE 比特，用户就可以比通常允许的情况多发送一些帧，并将这些帧的 DE 位置 1。当然 DE 为 1 的帧属于不太重要的帧，必要时可以丢弃。

(8) 信息字段(information，I)：信息字段长度为 1600～2048 Byte 不等。信息字段可传送多种规程信息，如 X.25、局域网等，为 FR 与其他网络的互连提供了方便。

(9) 帧校验序列(frame check sequence，FCS)：由 2 Byte 组成，用于进行差错控制，采用 CRC 进行校验，当 FCS 检测出差错时，就将此帧丢弃，差错的恢复由终端去完成。

6. FR 交换原理

帧中继取消了数据报方式，仅采用虚电路方式向用户提供面向连接的数据链路层服务。帧中继在数据链路层进行统计时分复用，其转发过程类似于 X.25 中的 LCN，它是利用 DLCI 来标识逻辑链路的。当帧通过网络时，节点交换机首先提取帧头的 DLCI 值，然后在相应的转发表中寻找对应的输出端口及输出的 DLCI 值，从而将帧准确转发给下一个节点交换机，如此逐段进行转发操作，直至将帧送到目的用户处。

与 X.25 网中的重传机制不同，在转发过程中，当帧中继的交换节点检测到出错时，将立即中断此次传输，并丢弃该错误帧，帧中继把完全的差错控制由交换节点转移到用户终端负责。

7. FR 与 X.25 的比较

FR 在许多方面非常类似于 X.25，也被称为第二代 X.25。FR 与 X.25 的比较如表 5-7 所示。

表 5-7　FR 与 X.25 的比较

比较内容	X.25	FR
分层结构	三层(物理层、数据链路层、分组层)	两层(物理层、数据链路层)
传输媒介	铜线	光纤
差错控制和流量控制	由节点完成，点到点	由终端完成，端到端
逻辑连接的复用和交换	由第三层(分组层)处理	由第二层(数据链路层)处理
数据链路层规程	LAPB(平衡链路接入规程)	LAPF(帧方式承载业务链路接入规范)
网络时延	较大(每个 X.25 节点进行帧校验产生的时延为 5～10 ms)	较大(每个 RF 节点进行帧校验产生的时延小于 2 ms)
最大传输速率	2 Mb/s	34 Mb/s
呼叫控制信令	带内信令(呼叫控制分组与用户数据分组在同一条虚电路上传输)	公路信令或带外信令(呼叫控制信令与用户数据分别在不同的虚电路上传送)
连接方式	面向连接的虚电路	面向连接的虚电路

本 章 小 结

本章主要介绍了分组交换的原理与技术的相关概念。从电路交换、报文交换、分组交换发展过程及历史出发，说明了分组交换技术是数据交换方式中一种比较理想的方式。首先介绍了分组交换技术基本的原理，包括分组交换方式、统计时分复用、路由选择、流量控制与拥塞控制四个方面；然后介绍了通信网的层次结构、OSI 协议参考模型，以使读者对分组交换应用的物理环境有深刻的认识和理解；最后，对公用数据网络中通过专用电路连接的分组式数据终端设备(DTE)和数据电路终接设备(DCE)之间的接口协议——X.25 通信协议、FR 协议作了介绍，不但使读者了解分组交换的原理与技术，而且对其所采用的通信协议也有一个全面的认识。

习 题 5

5-1 描述 X.25 的定义和主要特点。

5-2 描述 FR 的定义和主要特点，并与 X.25 作比较。

5-3 面向连接的服务和无连接的服务有何区别?

5-4 什么是虚电路？有何特点?

5-5 什么是统计时分复用？有何特点?

5-6 路由选择的作用是什么？什么样的路由最佳?

5-7 为什么要进行流量控制？分组交换网经常采用什么方法进行流量控制?

5-8 SVC 和 PVC 的含义是什么？二者有何区别?

5-9 X.25 链路层采用什么规程？FR 帧格式采用什么规程？二者有何区别?

第6章　ATM原理与技术

6.1　异步转移模式(ATM)基础

从20世纪70年代开始，通信技术迅速发展，通信系统中出现了许多新的通信业务，如可视图文、遥测、监视、电子邮件、可视电话、会议电话、图文电视、点播视频、高清晰电视等。由于业务种类不同，对传输和交换有着不同的要求。

首先，各种传输业务对误差和延时的要求不同。对于语音业务而言，有限的错误一般不会影响用户的通信过程，但如果通信延时较大，通信则会变得非常艰难；文本类的数据通信允许有一些延时；图像或视频类的通信要求低延时和低误码率。

其次，各种业务对传输和交换的要求不同。数据传输业务往往具有较大的突发性，采用分组交换方式可以满足要求，信道利用率高，但时延难以预测；而电路交换方式在处理突发性方面显得无能为力，信道利用率低，但实时性好。

为了满足上述多样化业务的传输要求，在现代通信系统中对传输信道广泛采用多路复用技术，传输宽带化又同时促进了交换技术的发展，以实现同一网络支持不同业务。因此，交换技术的发展也是围绕实现宽带化或依据峰值速率分配带宽来进行的。由于传输、复用和交换越来越密不可分，因此人们通常使用传送方式(transfer mode，也译为转移模式)来统一描述传输、复用和交换方式。依据通信传输方式的同步和异步特点，转移模式分为同步转移模式(synchronous transfer mode，STM)和异步转移模式(asynchronous transfer mode，ATM)。同步转移模式中主要的交换技术为电路交换、快速电路交换技术等，异步转移模式中的主要的交换技术为ATM的高速分组交换技术。

在通信网络的发展过程中，源于分组交换的数据通信和源于电路交换的电信网络各有其独特的交换和传送控制方法。位于各个不同网络中的用户要实现业务互通，必须通过网间的互通网关来实现，这样不仅不能充分利用网络资源，在网络设备的运营管理方面也会带来大量的管理困难。人们开始寻求一种通用的通信网络，以适应现在和将来各种不同类型信息业务的传递要求。CCITT(ITU-T)于1972年在G.702建议中首次提出将语音、数据、图像等信息综合在一个网络内的设想，即综合业务网络(integrated service digital network，

ISDN)的概念。

ISDN 的一个基本思想是要实现网络和业务种类的无关性，即用同一个网络提供各种不同的通信业务。在 ISDN 的发展过程中，首先在传统的数字交换网络中实现单一业务向综合业务的过渡，然后逐步实现窄带 ISDN(narrowband ISDN，N-ISDN)业务。N-ISDN 在一定程度上实现了网络和业务种类无关的基本要求，但 N-ISDN 主要存在以下局限：

(1) N-ISDN 的信息传输速率有限。

(2) N-ISDN 是在数字电话网的基础上发展起来的，网络内部的交换是基于 64 kb/s 的电路交换方式，而电路交换方式对技术发展的适应性较差。

(3) N-ISDN 虽然也综合了分组交换业务，但是这种综合仅在用户-网络接口上实现。

人们曾设想在 ISDN 的用户线上附加宽带信道，如高速数字用户环路(high speed digital subscriber line，HDSL)、非对称数字用户环路(asymmetric digital subscriber line，ADSL)等宽带接入技术，其速率依然有很大限制。此外，未来究竟需要哪些宽带业务，这些宽带业务所需的数据传输速率究竟是多少，也很难确定。

ITU-T 于 1986 年提出了宽带综合业务网络(broadband integrated service digital network，B-ISDN)的概念。1988 年，ITU-T 提出 ATM 作为未来 B-ISDN 的信息转移模式。ATM 是一种信息传送、交换、复用的综合技术，是一种宽带交换技术。一般把宽带交换网络称为 ATM 网络。

ATM 具有如下特点：

(1) 异步的统计时分复用技术。ATM 作为一种异步传输的特殊分组技术，它保证了满足数据突发性传输的要求，信道利用率高。ATM 采用统计复用技术，将一条物理信道划分为多个具有不同传输特性的虚电路来为用户服务，协议简单，可以实现网络资源的按需分配，满足网络与业务种类无关的要求。

(2) 固定的信元长度。ATM 采用短的、固定的信元长度，具有电路交换的特点，即时延小，实时性高，同时可以采用硬件电路实现，能满足多媒体业务传输的要求。

(3) 支持多业务的传输平台，并提供服务质量保障。ATM 采用面向连接的虚电路传输技术，通过不同的适配来满足不同业务对传输的要求，并提供流量控制、拥塞控制以及信元的优先级设置等措施来满足用户和业务的服务质量要求。

1. ATM 网络的基本组成

ATM 网络主要由节点交换机、端点用户设备、传输设备和传输链路组成，如图 6-1 所示。ATM 网络的结构和电话网的结构类似，基本含义也相同，包括公用 ATM 网络和专用 ATM 网络。网络的核心——交换设备分为公用 ATM 交换机和专用 ATM 交换机。公用 ATM 交换机节点之间采用网络与网络之间的接口(network and network interface，NNI)，通过传输链路连接成公用 ATM 网络，它由电信管理部门经营和管理，通过公共用户网络接口(user and network interface，UNI)连接各种专用 PBX 交换机、局域网 LAN 和工作站等。作为骨干网，公共 ATM 网络应能保证与现有各种网络的互通，支持包括普通电话在内的各种现有业务。另外它必须有一整套维护、管理和计费功能。目前还没有一个商用的公共 ATM

网络，有关公用 ATM 网络的协议也在不断完善之中。专用 ATM 网络是指一个单位或部门范围内的 ATM 网络。由于专用 ATM 网络的规模比公用 ATM 网络的小，而且不需要计费等管理规程，因此专用 ATM 网络首先进入实用，新的 ATM 设备和技术也往往先于专用 ATM 网络中使用。专用 ATM 网络主要用于局域网互联或直接构成 ATM LAN，从而在局域网上提供高质量的多媒体业务和高速数据传输。

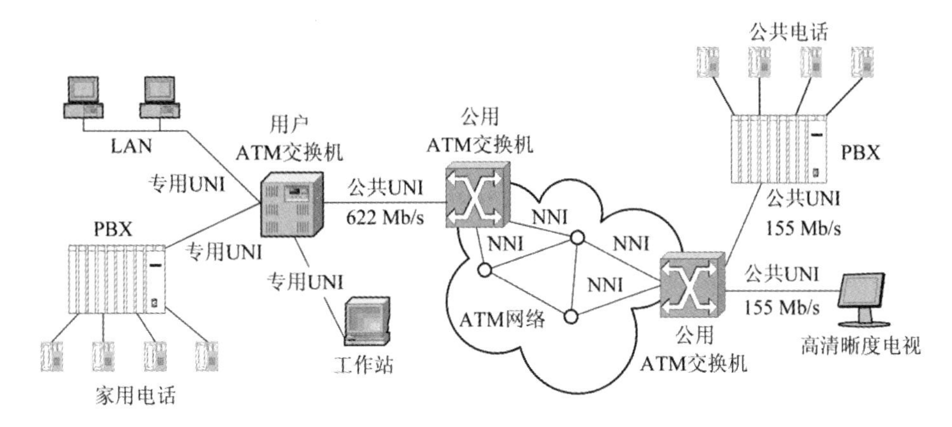

图 6-1 ATM 网络的基本结构

2. ATM 的传送模式

ATM 技术是实现 B-ISDN 的核心技术，它是以分组传送模式为基础融合了电路传送模式高速化的优点发展而成的，可以满足各种通信业务的需求。电路交换采用同步转移模式(STM)。如图 6-2(a)所示，在 STM 中，对于一个 PCM 帧而言，周期为 125 μs，STM 靠帧内的时隙位置来识别不同的用户信道，每个用户信道都占用固定位置的时隙。ATM 的传送模式如图 6-2(b)所示，本质上它是一种高速分组传送模式。ATM 将话音、数据及图像等所有的数字信息分解成长度固定(48 字节)的数据块，并在各数据块前装配由地址、丢失优先级、流量控制、差错控制(HEC)信息等构成的信元头(5 字节)，形成 53 字节的完整信元。ATM 采用异步时分复用的方式将来自不同信息源的信元汇集到一起，在一个交换节点机的缓冲器内排队，然后按照先进先出的原则将队列中的信元逐个输出到传输线路，从而在传输线路上形成首尾相接的信元流。在每个信元的信头中，虚通路标识符(virtual path identifier，VPI)/虚信道标识符(virtual channel identifier，VCI)作为地址标志，ATM 交换机根据信头中的地址标志来选择信元的输出端口进行信元转移。由于信息源产生信息的过程是随机的，所以信元抵达队列也是随机的。速率高的业务信元到来的频次高，速率低的业务信元到来的频次低。这些信元都按到达的先后顺序在队列中排队，队列中的信元按输出次序复用在传输线路上。这样，具有同样标志的信元在传输线上并不对应某个固定的时隙，也不是按周期出现的。也就是说，信息传送标识和它在时域的位置之间没有任何关系，信息识别只是按信头的标志来区分。由于 ATM 的这个复用特性，ATM 模式也被称作标志复用或统计复用模式。这样的传送复用模式使得任何业务都能按实际需要来占用资源，对某个业务，传送速率会随信息到达的速率而变化，而且不论任何业务的特性如何(速率高低、突发性大小、质量和实时性要求如何)，网络都按同样的模式来处理，真正做到了完全的业务综合，网络资源得到了最大限度的利用。

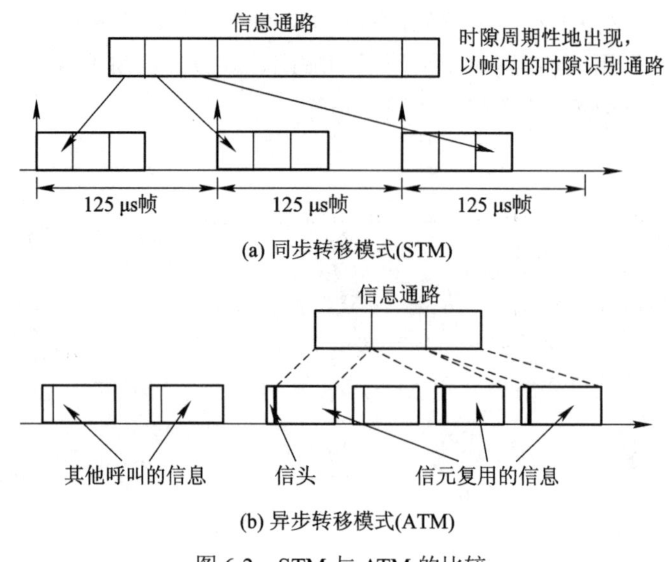

图 6-2 STM 与 ATM 的比较

6.1.1 ATM 信元结构

1. ATM 信元的组成

ATM 信元结构和信元编码是在 I.361 建议中规定的，由 53 字节的固定长度数据块组成。其中，前 5 字节是信头，后 48 字节是与用户数据相关的信息段。信元的组成结构如图 6-3 所示。信元从第 1 个字节开始顺序向下发送，在同一字节中从第 8 位开始发送。信元内所有的信息段都以首先发送的比特为最高比特(most significant bit，MSB)。

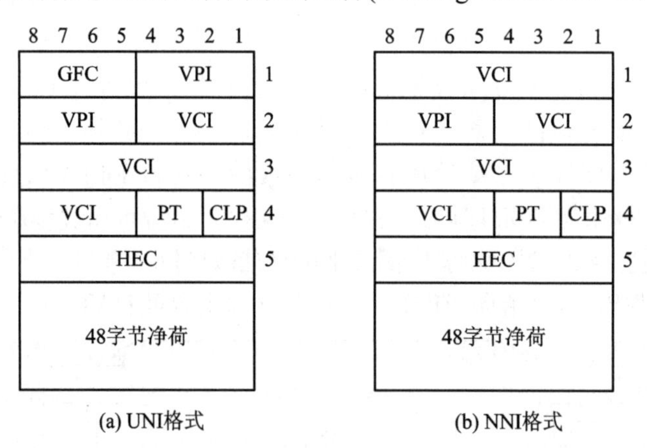

图 6-3 信元的结构

2. ATM 信头

图 6-3 给出了 ATM 信元的信头格式。UNI 格式信元结构和 NNI 格式信元结构稍有不同。

ATM 信元头各部分的功能如下：

GFC(generic flow control)：一般流量控制，占 4 bit。GFC 控制用户终端方向的信息流量，减小用户侧出现的短期过载。

VPI：虚通路标识符。UNI 和 NNI 中的 VPI 字段分别是 8 bit 和 12 bit，可分别标识 256 条和 4096 条虚通路。

VCI：虚信道标识符。VCI 用于选择虚信道路由，它既适用于 UNI，也适用于 NNI。该字段有 16 bit，故共有 65 536 条虚信道。

PT(payload type)：信息类型指示段，也叫净荷类型指示段，占 3 bit，用来标识信息字段中的内容是用户信息还是控制信息。

CLP(cell loss priority)：信元丢失优先级，占 1 bit，用于表示信元的相对优先等级。在 ATM 网络发生过载、拥塞时，可以扔掉某些信元，优先级低的信元先于优先级高的信元被抛弃。CLP 可用来确保重要的信元不丢失。CLP = 0，表示信元的优先级高；CLP = 1，表示信元的优先级低。

HEC(header error check)：信头差错控制，占 8 bit，用于信头差错的检测、纠正及信元的定界。这种无须任何帧结构就能对信元进行定界的能力是 ATM 信元特有的优点。ATM 信元由于信头的简化，从而大大简化了网络的交换和处理功能。

3. 虚通路与虚信路(VP/VC)

ATM 采用面向连接的快速分组交换方式，在传送信息前，首先要建立虚电路的逻辑连接。和传统的分组交换的虚电路类似，ATM 交换也有虚电路连接的建立、维持和释放三个基本功能。两个用户要进行通信，首先应建立虚电路的连接，在此逻辑连接完成的基础上，以恒比特或可变比特速率进行通信，通信完毕后释放该连接。和传统的分组交换一样，虚电路的连接通常也有永久性虚连接和交换式虚连接两种。ATM 有虚通道(virtual path，VP)和虚电路(virtual channel，VC)两种连接方式，对应地有虚通道连接和虚电路连接两种逻辑连接方式，即 VPC(virtual path connection)和 VCC(virtual channel connection)。VPC 是 VPC 端点之间的 VP 级端到端的连接，由多条 VP 链路串接而成，VPI(虚通道标识)等用来识别一条 VP。VPC 端点(VPC endpoint)是 VPC 的起点和终点，是 VCI 产生、变换或终止的地方。VCC 是 VCC 端点之间的 VC 级端到端的连接，由多条 VC 链路串接而成；VCI(虚信道标识)等用来识别一条 VC。VCC 端点(VCC endpoint)是 VCC 的起点和终点，是 ATM 层及其上层交换信元净荷的地方，也就是信息产生的源点和被传送的目的点。

传输线路(信道)、VP 链路和 VC 链路之间的关系如图 6-4 所示。在一个物理通道中可以包含一定数量的 VP，而在一条 VP 中又可以包含一定数量的 VC。

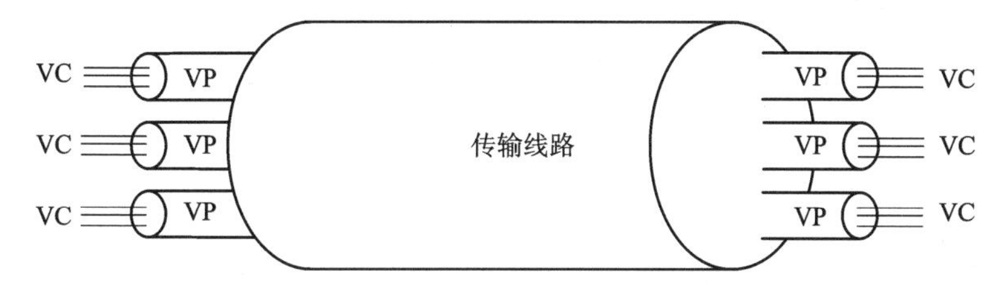

图 6-4　传输线路、VP 链路和 VC 链路之间的关系

一个端到端的连接一般由若干段串接而成，每一段称为链路。对应于两种连接方

式，有 VP 链路和 VC 链路，它们分别用 VPI 和 VCI 标识。一个端到端的逻辑连接中各段标识符一般不同，所以，VPI 和 VCI 只有局部意义。一个物理链路包含多条 VP 链路，一个 VP 链路中又包含多条 VC 链路。同一个 VP 链路内的不同 VC 具有相同的 VPI 标识、不同的 VCI 标识；不同的 VP 内的 VC 具有不同的 VPI 和 VCI 标识符。

需要指出的是，VC 一般是在两个端点用户间建立一个单向的逻辑连接，用来单向传送用户信元，通过在信元头中加一个 16 位的 VCI 来表示属于哪个信道，以识别不同的用户，实现端用户业务的接入；VP 用来描述一组虚信道通过网络的单向路由，它由若干虚信道组成，主要实现交换机之间，以及用户端设备和交换机的连接。当交换机之间连接时，VPI 采用 NNI 的 12 Bit 标识；当用户端设备和交换机连接时，VPI 采用 UNI 的 8 bit 标识。

信息在从端到端的逻辑连接中转移时，经过每一段逻辑链路，都需要修改相应的标识符。由于 ATM 连接分为 VPC 和 VCC 两种，因此对应的交换过程也分为 VP 交换和 VC 交换。

1) VP 交换

VP 交换只提供 VP 连接的交换，实现输入信元的 VPI 值到输出信元的 VPI 值的映射。在此类交换中，被交换的 VP 链路中所包含的所有 VC 链路作为整体被交换。VP 交换的示意图如图 6-5 所示。

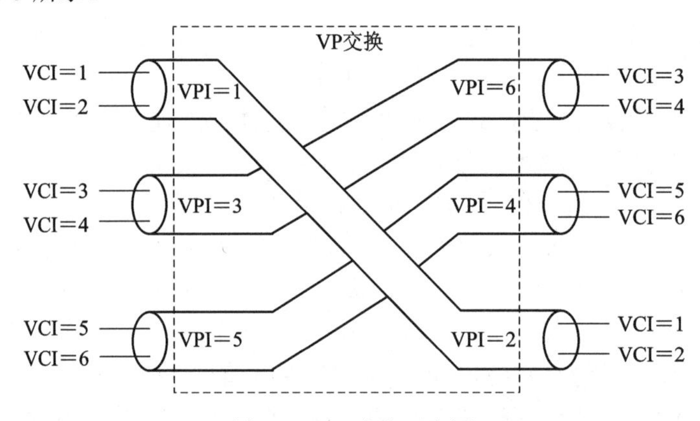

图 6-5 VP 交换示意图

通过 VP 交换后，实现了输入 VPI 到输出 VPI 之间的映射。例如，图 6-5 中输入的 VPI = 1 的 VP 被交换到输出端后，VPI = 2，VP 中的各 VC 保持不变，VC 链路被成组交换，保持了各 VC 链路的 VCI 值不变。VP 交换实现较为简单，可以看成传输信道中的某个等级的数字复用线进行交叉连接。

VP 交换大多用于骨干网中大量的 VC 连接的成组交换，通常不需要信令功能，由网管控制实现。

2) VC 交换

由前面内容可知，VPI 和 VCI 作为逻辑链路标识，只具有局部意义。也就是说，每个 VPI/VCI 的作用范围只局限在链路级。信元流过 VPC/VCC 时可能要经过多次中继，交换节点在读取信元的 VPI/VCI 的值后，根据本地转发表，查找对应的输出 VPI/VCI 进行转发并修改原来的 VPI/VCI 值。VC 交换示意图如图 6-6 所示。

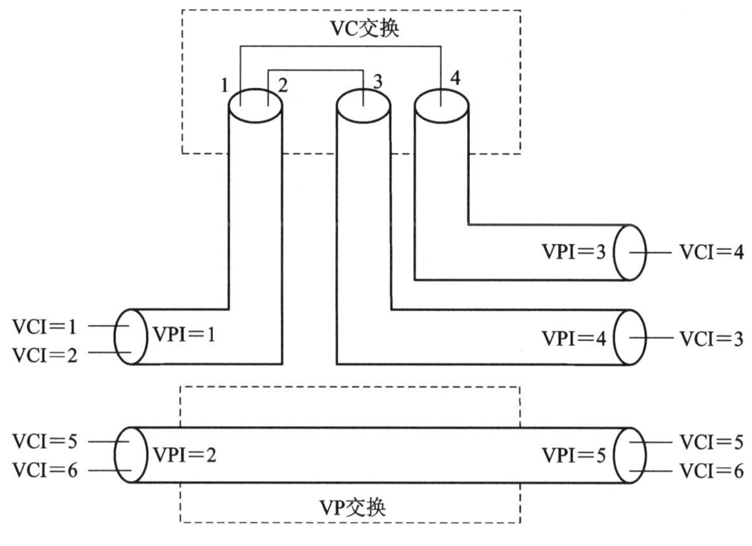

图 6-6　VC 交换示意图

由图 6-6 可以看出，VC 交换的功能涵盖了 VP 交换(输入的 VPI = 2 的 VP 链路被交换到输出端后，VPI = 5，VP 链路中的各 VC 链路保持不变)，除提供 VP 交换外，还提供不同 VP 中各 VC 之间的信息交换。图 6-6 中，输入端 VPI/VCI 为 1/1 的逻辑链路经 VC 交换后，在输出端 VPI/VCI 的值改变为 3/4，而输入端同一 VP 中的另一条逻辑链路经过 VC 交换后 VPI/VCI 的值改变为 4/3。

6.1.2　ATM 协议参考模型

ITU-T I.321 建议提出的 ATM 协议参考模型继承了 N-ISDN 协议模型的优点，用分开平面的概念来分离用户、控制和管理功能。因此，ATM 协议参考模型包括三个平面：用户平面(U 平面)、控制平面(C 平面)和管理平面(M 平面)，见图 6-7。

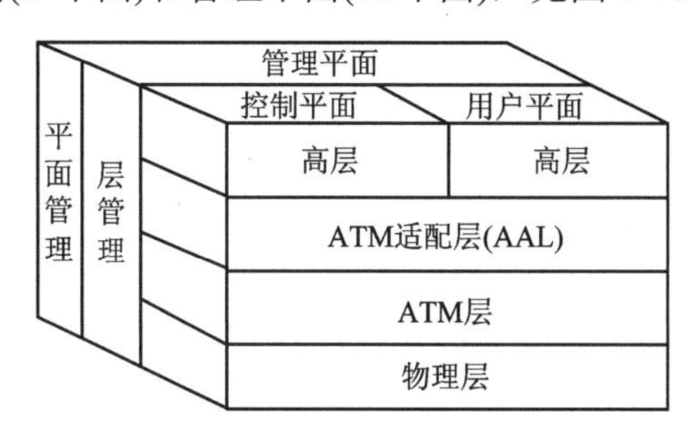

图 6-7　ATM 协议参考模型

(1) 用户平面：负责提供用户信息传送、端到端流量控制和恢复操作。

(2) 控制平面：负责建立网络连接，管理连接以及连接的释放。控制平面主要完成信令功能。

(3) 管理平面：包括平面管理和层管理。平面管理没有分层结构，它负责所有平面的协调；层管理负责各层中的实体管理，并执行运行、管理和维护(OAM)功能。

每个平面均采用分层结构。为实现综合交换、复用和传输，设计了业务无关层，它就是协议参考模型中的 ATM 层；为实现对不同类型业务的不同处理，设计了一组平行的业务相关层，即 ATM 适配层(ATM adaptation layer，AAL)；物理层则对 ATM 层屏蔽不同物理媒介的差异。因此也就有了 ATM 四层模型，即物理层、ATM 层、AAL 层和高层。表 6-1 给出了各层的功能。

表 6-1　ATM 各层的功能

层　号		层 功 能
AAL	CS	会聚
	SAR	拆装
ATM		一般流量控制 信头产生和处理 VPI/VCI 处理 信元复用和解复用
PHY	TC	信元速率解耦 信头处理 信元定界 传输帧生成和恢复
	PM	比特传递 定时校准 线路编码光电转换

1. 物理层

物理层利用通信线路的比特流传送功能实现 ATM 信元的传送。这种传送功能是不可靠的。通过物理层传送的 ATM 信元可能丢失，它的信息域部分也可能发生错误。但是，在顺序传送多个 ATM 信元时，传送过程不会发生顺序的颠倒。

物理层(PHY)包含两个子层：物理媒介子层(physical media dependent sublayer，PM)和传输会聚子层(transmission convergence sublayer，TC)。PM 子层的功能依赖于传输媒介的外部特性(光纤、微波、双绞线等)，主要功能有比特传递、定时校准、线路编码和电光转换等。TC 子层负责会聚物理层操作，它不依赖于具体媒介。TC 子层主要完成如下功能：

(1) 传输帧生成和恢复。发送侧将 ATM 信元装入传输帧结构中，接收侧从收到的帧中取出 ATM 信元。具体的操作取决于物理层上帧的类型。例如，信元可以装在 SDH 帧中，也可以装在 PDH 帧中。

(2) 信元定界。在源端点，TC 子层负责定义信元的边界；在接收端点，TC 子层从接收到的连续比特流中确定各个信元的起始位置，恢复所有信元。ITU-T 建议利用信元头中的前四个字节和 HEC 来定界。

ATM 信元之间的定界不同于借助特殊分隔符的方法，具体如图 6-8 所示。信元定界定义了三种不同的状态：搜索态、预同步态和同步态。在搜索态，系统对接收信号进行逐比特的 HEC 检验。使用循环冗余检验(cyclic redundancy check，CRC)法检测出 5 Byte 数据字，用 CRC-8 除 5 Byte 字，就能确定 HEC 域值。当余数为“0”，就可断定 5 Byte 数据字是 ATM

信元信头，即可确定信元边界。当发现了一个正确的 HEC 检验结果后，系统进入预同步态。在预同步态，系统认为已经发现了信元的边界，并按照此边界找到下一个信头进行 HEC 检验；若能够连续发现 m 个信元的 HEC 检验都正确，则系统进入同步态；若发现一个不正确的 HEC，则跳回搜索态。在同步态，系统对信元逐个地进行 HEC 检验，连续发现 n 个不正确的 HEC 检验结果后，系统跳回到搜索态。HEC 域可用于检测和纠正单比特差错。IUT-T 建议 $m = 7$ 和 $n = 6$ 是信元定界的适当值。ATM 信元定界方法没有采用分组交换系统的比特填充和特定的帧头及帧尾码，不改变信元的实际长度，效率更高。

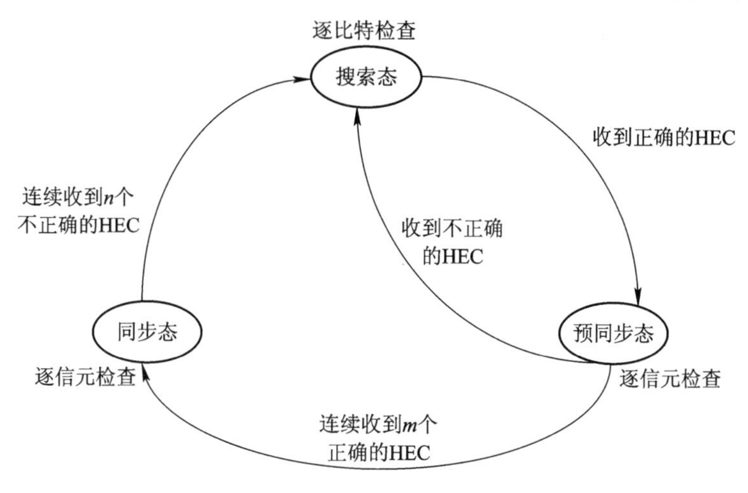

图 6-8 信元定界方法

(3) 信头处理。在源端点，TC 子层负责产生信头差错控制域(head error check，HEC)；在接收端点，TC 子层负责对 HEC 进行处理，以确定该信头在传送过程中是否出错。

(4) 信元速率解耦。ATM 层送来的信元速率可能和线路上的信息传送速率不一致。为了填补信元间的空隙，发送端插入空闲信元(以适配传输线路上的带宽容量)，接收端剔除空闲信元。

与 OSI 模型相比，ATM 物理层大体包括了 OSI 的物理层和数据链路层。其中，PM 子层相当于 OSI 物理层；TC 子层相当于 OSI 数据链路层，但其功能大大简化了，只保留了对信头的校验和信元定界功能。

2. ATM 层

ATM 层利用物理层提供的传送功能，向外部提供传送 ATM 信元的能力。ATM 层是与物理层相互独立的。不管信元是在光纤、双绞线上还是在其他媒介上传送，无论速率如何，ATM 层均以统一的信元标准格式完成复用、交换和选路。ATM 层具有以下四个主要功能：

(1) 信元复用和解复用。ATM 层在源端点负责对来自各个逻辑连接的信元进行复接，在目的端对接收的信元流进行解复用。

(2) VPI/VCI 处理。ATM 层在每个 ATM 节点为信元选路，建立端到端的逻辑连接。ATM 逻辑连接是通过 VPI 和 VCI 来识别的。

(3) 信头产生和处理。在呼叫建立阶段，各节点分配 VPI/VCI；在信息传送阶段，各节点翻译 VPI/VCI，如在目的端点可以把 VPI/VCI 翻译成服务接入点(SAP)。

(4) 一般流量控制。在用户网络接口(UNI)处，ATM 层用 ATM 信头中的一般流量控制域来实现流量控制。

总之，ATM 层的主要工作是产生 ATM 信元的信头并进行处理。ATM 层可以为不同的用户指定不同的 VPI/VCI。ATM 层具有 OSI 网络层的功能。

3. AAL 层

AAL 层介于 ATM 层和高层之间，负责将不同类型业务信息适配成 ATM 信元。适配的原因是由于各种业务(语音、数据和图像等)所要求的业务质量(如时延、差错率等)不同。在把各个业务的原信号处理成信元时，应消除其质量条件的差异。换个角度说，ATM 层只统一了信元格式，为各种业务提供了公共的传输能力，并没有满足大多数应用层(高层)的要求，故需要用 AAL 层来做 ATM 层与应用层之间的桥梁。

AAL 层具有 OSI 传输层、会话层和表示层的功能。

4. 高层

高层根据不同的业务(数据、信令或用户信息等)特点，完成其端到端的协议功能，如支持计算机网络通信和 LAN 的数据通信，支持图像和电视业务及电话业务等。高层对应于 OSI 的应用层。传送用户信息的端到端 ATM 协议模型见图 6-9。

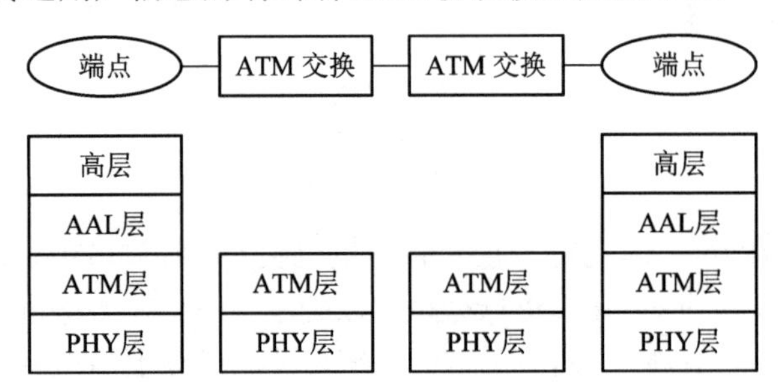

图 6-9 端到端 ATM 协议模型

物理层、ATM 层、AAL 层的功能全部或部分地呈现在具体 ATM 设备中，比如在 ATM 终端或终端适配器中。为了适配不同的应用业务，需要有 AAL 层功能支持不同业务的接入；在 ATM 交换设备和交叉连接设备中，需要用到信头的选路信息，因而需要 ATM 层功能的支持；在传输系统中需要物理层功能的支持。

6.2 ATM 交换的基本原理

ATM 网从概念上讲是分组交换网，每一个 ATM 信元在网中独立传输。ATM 网又是面向连接的通信网，端到端接续是在网络通信开始以前就建立的。因此，ATM 交换机基于存储的路由选择表，利用信头中的路由选择标识符(VPI 和 VCI)把 ATM 信元从输入线路传送到指定的输出线路。建立在交换节点上的接续主要执行两个功能：对于每一个接续，它指配唯一的用于输入和输出线路的接续识别符，即 VPI/VCI 标识符；它在交换节点上建立路由选择表，以对每一接续提供其输入和输出接续识别符之间的联系。

所谓交换，在 ATM 网中是指 ATM 信元从输入端逻辑信道到输出端逻辑信道的消息传递。输出信道的确定是根据连接建立信令的要求在众多输出信道中进行选择的。ATM 逻辑信道具有物理端口(线路)编号、虚通路和虚信道标识符。为了提供交换功能，输入端口必须与输出端口相关联；输入 VPI/VCI 与输出的标识符相关。

ATM 交换的基本原理如图 6-10 所示。图中的交换节点有 N 条入线(I_1～I_N)、N 条出线(O_1～O_N)，每条入线和出线上传送的都是 ATM 信元，并且每个信元的信头值(VPI 和 VCI)表明该信元所在的逻辑信道。不同的入线(或出线)上可以采用相同的逻辑信道值。ATM 交换的基本任务是将任一入线上任一逻辑信道中的信元交换到所需的任一出线上的任一逻辑信道上。例如，图中入线 I_1 的逻辑信道 x 被交换到出线 O_1 的逻辑信道 k 上，入线 I_1 的逻辑信道 y 被交换到出线 O_N 的逻辑信道 m 上。这里的交换包含了两方面的功能：一是空间交换，即将信元从一条传输线传送到另一条编号不同的传输线上，这个功能又叫作路由选择；另一个功能是时间交换，即将信元从一个时隙改换到另一个时隙。在 ATM 交换中，逻辑信道和时隙之间并没有固定的关系，逻辑信道是靠信头的 VPI/VCI 值来标识的，因此实现时间交换要靠信头翻译表来完成。例如，I_1 的信头值 x 被翻译成 O_1 上的 k 值。如图 6-10 所示，空间交换和时间交换功能可以用一张信头、线路翻译表来实现。

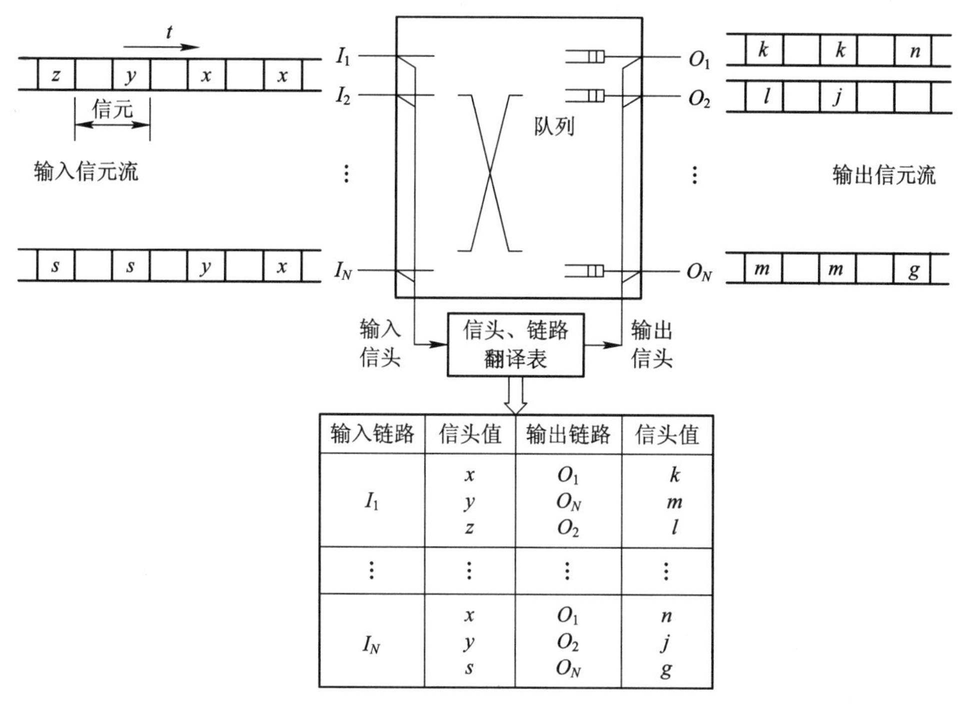

输入链路	信头值	输出链路	信头值
I_1	x y z	O_1 O_N O_2	k m l
⋮	⋮	⋮	⋮
I_N	x y s	O_1 O_2 O_N	n j g

图 6-10　ATM 交换的基本原理

由于 ATM 是一种异步转移方式，在逻辑信道上信元的出现是随机的，而在时隙和逻辑信道之间没有固定的对应关系，因此很有可能存在竞争(或称碰撞)。也就是说，在某一时刻，可能会发生两条或多条入线上的信元都要求转到同一输出线上。例如，I_1 的逻辑信道 x 和 I_N 的逻辑信道 x (假定它们的时隙序号相同)都要求交换到 O_1，前者使用 O_1 的

逻辑信道 *k*，后者使用 O_1 的逻辑信道 *n*，虽然它们占用不同的 O_1 逻辑信道，但由于这两个信元将同时到达 O_1，而在 O_1 上的当前时隙只能满足其中一个的需求，因此另一个必须被丢弃。为了防止在碰撞时引起信元丢失，因此交换节点中必须提供一系列缓冲区，用于信元排队。

综上所述，我们可以得出这样的结论，ATM 交换系统执行三种基本功能：路由选择、排队和信头翻译。对这三种基本功能的不同处理，就产生了不同的 ATM 结构和产品。

6.3 ATM 交换机的模块结构和组成

6.3.1 ATM 交换机的模块结构

图 6-11 所示为一个基本的 ATM 交换机的模块结构。从图 6-11 中可以看出，ATM 交换系统功能结构由输入模块(input module，IM)、输出模块(output module，OM)、信元交换机构(cell switch fabric，CSF)、接续容许控制(connection admission control，CAC)和系统管理(system management，SM)等功能模块构成。

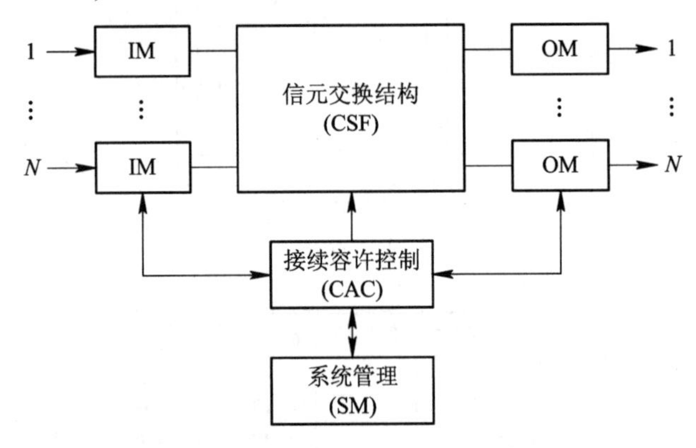

图 6-11 ATM 交换机的模块结构

各功能模块的主要作用简述如下：

(1) 输入模块接收输入信元并为信元通过交换单元准备路由选择。输入模块的主要功能是接收输入信号，提取 ATM 信元。其涉及的功能处理包括光电信号的转换、数字比特流的恢复、信元定界、信元速率解耦(丢弃空闲信元)。路由选择要求每个信元具有下述功能：信头差错检查；VPI/VCI 有效性检查及翻译；输出端口的确定；信令信元和接续容许路由选择的排序；管理信元和系统管理路由选择的排序；每一 VPI/VCI 的占用和网络参数控制(UPC 和 NPC)；内部标识符的加入。内部标识符在输入模块被加进每个信元，在输出模块再被剔除，它包含两类信息：内部路由选择和内部管理。由于内部标识符只用于交换机系统内部，所以可由交换系统设计者自行决定其内容。

(2) 输出模块：执行与输入模块相反的功能。一般认为输出模块比输入模块简单，主要功能是为 ATM 信元流的物理传输做准备。其功能包括：内部标识符的提取和处理；VPI/VCI 值的插入；HEC 域的产生和信头的装入；CAC 信令信元、SM 管理信元和用户业务数据信元流的混合输出；信元速率的匹配(加入空闲信元)；光电信号的转换。

(3) 信元交换结构：在模块间传递信元，主要是把用户业务信元通过自律选路从输入模块转送到输出模块。除选路功能外，它还有以下功能：信元缓冲；汇集和多路复用；故障容错；广播发送或同播发送；信元调度处理；信元丢弃；拥塞检测。

(4) 接续容许控制：处理和翻译信令信息，并决定是否容许接续。它执行虚路径和虚通路的接续建立、更改及终止等功能。它负责以下功能：高层信令协议；信令信元的产生或翻译；信令网络接口；VPC/VCC 交换资源的分配；VPC/VCC 的容许或拒绝；UPC/NPC 参数的产生。

6.3.2　ATM 交换机的组成

ATM 交换机由硬件和软件两大部分组成。

1. 硬件结构

ATM 交换机硬件如图 6-12 所示，分为三部分：交换单元、接口单元和控制单元。

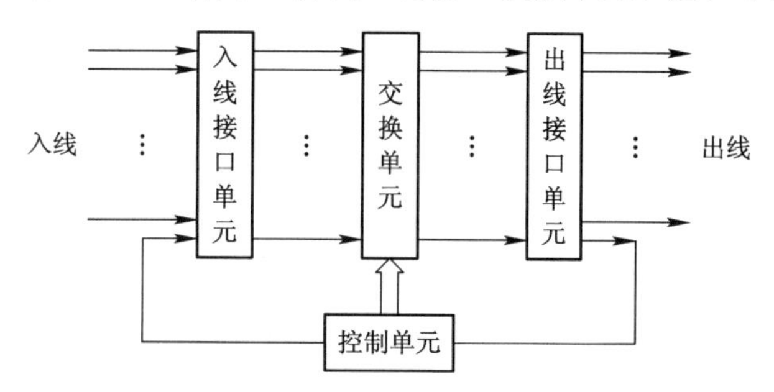

图 6-12　ATM 交换机组成机构图

1) 交换单元

交换单元是 ATM 交换机的核心，用于完成交换的实际操作，即将输入信元交换到所需的出线上。交换单元根据路由标签选择交换路径，由硬件自选路由完成交换过程。交换单元的核心是交换结构(switch fabric)。小型交换机的交换单元一般由单个交换结构构成，而大型交换机的交换单元则由多个交换结构互连而成。

2) 接口单元

接口单元用于连接各种终端设备和其他网络设备。接口单元又分为入线接口单元和出线接口单元。入线接口单元对各入线上的 ATM 信元进行处理，使其适合 ATM 交换单元处理，即由物理层向 ATM 层提交的过程，将比特流转换成信元流；出线接口单元则对 ATM 交换单元送出的 ATM 信元进行处理，使其适合在线路上传输，即由 ATM 层向物理层提交的过程，将信元流转换成比特流。

3) 控制单元

控制单元根据信令控制交换并完成运行、维护管理功能。

2. 软件结构

ATM 交换机由软件进行控制和管理。软件主要指指挥交换机运行的各种规约，包括各种信令协议和标准。交换机必须按照预先规定的各种规约工作，自动产生、发送、接收、识别工作中所需要的各种指令，使交换机受到正确控制并合理地运行，从而完成交换机的任务。

1) ATM 交换机的软件的三个功能块

(1) 流量管理控制：在 UNI 处采用基本流量控制(GFC)对用户流量进行管理。

(2) 操作与维护控制：采用操作与维护信元(OAM)对物理层和 ATM 层进行管理。

(3) 系统功能控制：负责采集和处理各种管理信息，协调系统其他功能块的工作。大多数系统功能控制涉及告警、测量、统计和其他类型信息。

2) 三个功能块分成的七个功能区

(1) 连接控制：在呼叫建立阶段执行一组操作，根据用户的业务特性和服务要求，确定用户所用的网络资源，接收或拒绝一个 ATM 连接。

(2) 配置管理：负责对 ATM 交换机的资源进行配置管理。

(3) 故障管理：负责对 ATM 交换机的运行故障进行管理，包括故障检测、故障定位、故障报告、连通检查和连接核对等。

(4) 性能管理：对 ATM 交换机运行的各种性能指标进行管理，通过连续性能监测和报告，评价系统运行功能指标，包括信息流速率、误码率等。

(5) 计费管理：负责采集用户占用网络资源的信息，进行计费管理。用户计费可以在线或脱机处理。

(6) 安全管理：负责安全监测，控制对系统数据的存取和对系统的接入，确保数据的完整性，以保护交换机的正常运行。

(7) 系统功能：负责采集和处理各种管理信息，协调系统其他功能块的工作。

由于各厂家对 ATM 交换机的软件采用不同的语言和方式进行编程，一般不对外公布，而且即使是同一厂家的各种 ATM 交换机的指令和命令也不一样，所以在此只对 ATM 交换机的软件作简单介绍。

6.4 ATM 交换结构

前面说过，交换单元(switch unit)是 ATM 交换机的核心，而交换结构(switch fabric)又是交换单元的核心。小型交换机的交换单元一般由单个交换结构构成，而大型交换机的交换单元则由多个交换结构按照一定的拓扑结构组成，称为交换网络。下面就来讨论交换结构(交换网络)的分类、组成和工作原理。ATM 交换结构的分类如图 6-13 所示。

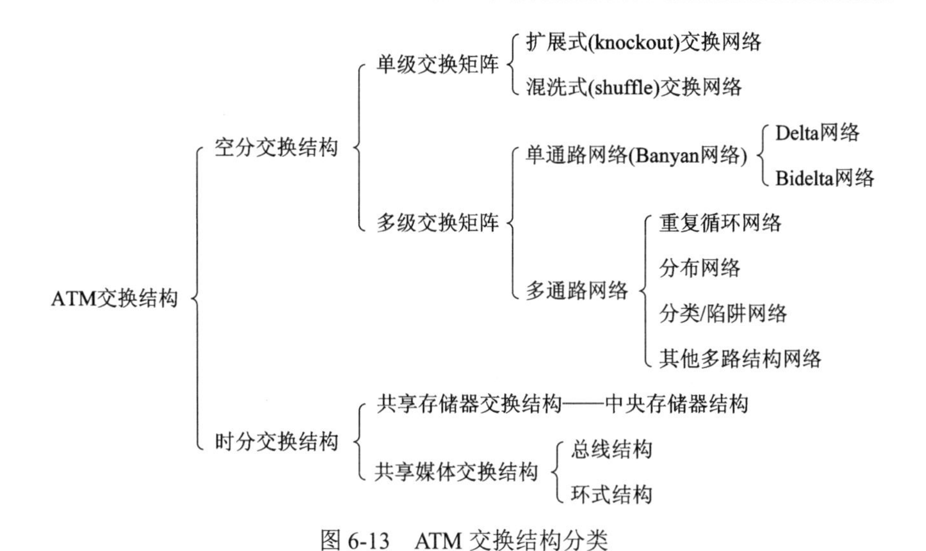

图 6-13　ATM 交换结构分类

6.4.1　空分交换结构

ATM 交换的最简单方法是将每一条入线和每一条出线相连接，在每条连接线上装上相应的开关，根据信头 VPI/VCI 决定相应的开关是否闭合，以接通特定输入和输出线路，从而将某入线上的信元交换到指定出线上。最简单的实现方法就是空分交换结构(见图 6-14)，也称交换矩阵。它的基本原理来源于纵横制交换机。

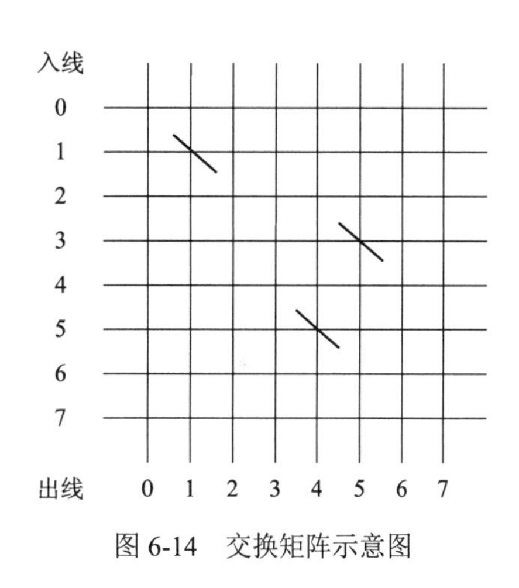

图 6-14　交换矩阵示意图

交换矩阵的优点是输入/输出端口间的一组通路可以同时工作，即信元可以并行传送，吞吐率和时延特性较好；缺点是交叉节点的复杂程度随入线和出线的 N^2 函数增长，导致硬件复杂，因此其规模不宜过大。空分交换矩阵分为单级交换矩阵和多级交换矩阵两种类型。

1. 单级交换矩阵

单级交换矩阵只有一级交换元素与输入/输出端口相连。单级交换矩阵包括扩展式(knockout)交换网络和混洗式(shuffle)交换网络。下面仅介绍混洗式交换网络。

混洗式交换网络如图 6-15 所示。其主要原理是利用反馈机制将发生冲突的信元返回输入端重新寻找合适的输出端。图中的虚线为反馈线，利用这种反馈可使某一输入端的信元在任意一个输出端输出。很明显，一个信元要到达合适的输出端可能需要重复几次，因此该网络又叫循环网络。例如，从输入端口 2 到输出端口 8 的信元，先从输入端口 2 到输出端口 4，然后反馈到输入端口 4，再从输入端口 4 到输出端口 8。构成这种网络只需少量的交换元素，但其性能并不太好，关键原因是内部延迟较长。

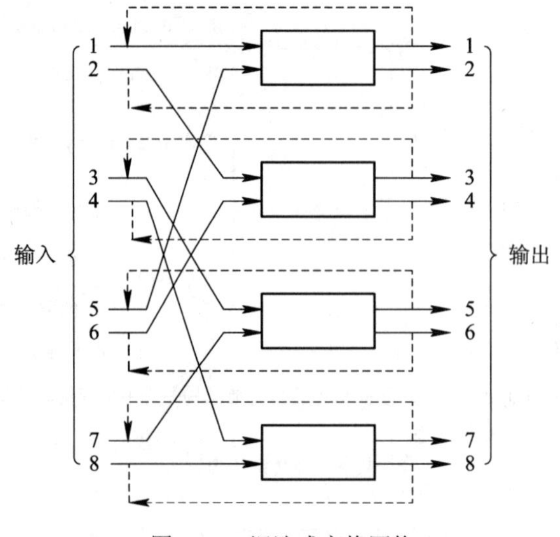

图 6-15 混洗式交换网络

2. 多级交换矩阵

多级交换矩阵由多个交换元素互连组成，它可以克服单级交换矩阵交叉节点数过多的缺点。多级交换矩阵又可分为单通路网络和多通路网络两种。

1) 单通路网络

从一个给定的输入端到达一个输出端只有一条通路，最常见的就是“榕树”——Banyan网络(见图 6-16)。该网络因其布线像印度的一种榕树的根而得名。Banyan 网络的每个交换元素的规模都为 2×2 (两个输入和两个输出)。其交叉节点小于单级网络，如 8×8 单级交换网络的交叉节点为 64，而 8×8 三级 Banyan 网络只有 48 个交叉节点。

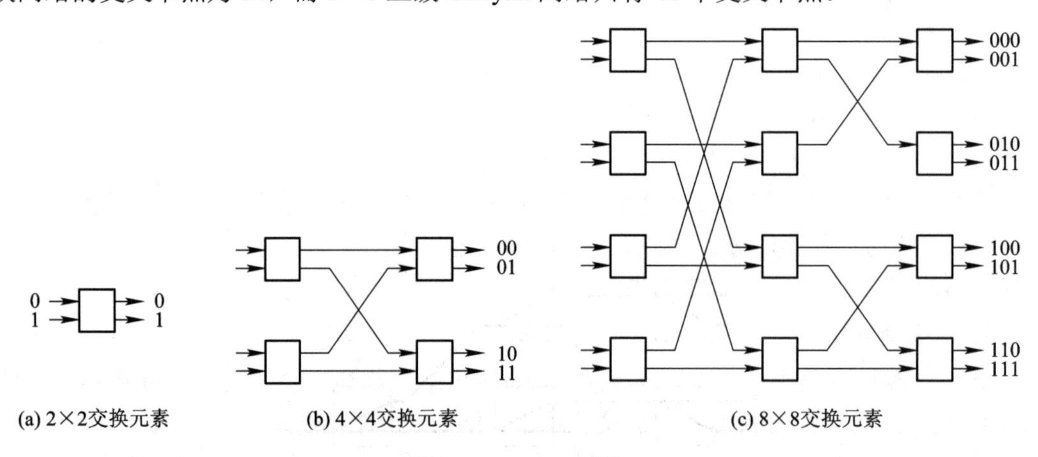

(a) 2×2交换元素 (b) 4×4交换元素 (c) 8×8交换元素

图 6-16 Banyan 网络

Banyan 网络的优点是结构简单，模块化，可扩展，信元交换时延小。如图 6-17 所示，每个 2×2 交换元素可以根据控制比特对输入信元路由进行选择。如果控制比特为 0，则信元被送至输出上端；如果控制比特为 1，则信元被送至输出下端。多级 Banyan 网络由多个控制比特逐级进行控制，每一级交换元素由 1 bit 控制。例如，8×8 交换元素用 3 bit 控制，高位控制第一级，中间位控制第二级，低位控制第三级。

Banyan 网络的构成方法是：$N \times N$ 网络由 $\frac{N}{2}$ 个 2×2 交换元素再加两个 $\frac{N}{2} \times \frac{N}{2}$ 交换元素组成，将第一个 $\frac{N}{2} \times \frac{N}{2}$ 交换节点的 $\frac{N}{2}$ 个入线与 $\frac{N}{2}$ 个 2×2 节点的上出线相连，将第二个 $\frac{N}{2} \times \frac{N}{2}$ 交换节点的 $\frac{N}{2}$ 个 2×2 节点的下出线相连。在 L 级的 Banyan 网络中，只有相邻级的交换元素进行互连，网络的每一条通路都要经过 L 级。Banyan 网络又分成规则的和不规则的 Banyan 网络。规则的 Banyan 网络由相同的交换元素(2×2 交换元素)构成；不规则的 Banyan 网络可以使用不同类型的交换元素。本节仅介绍规则的 Banyan 网络。

根据上述方法构成的多级互连网络的几种变形分别称为 Banyan 网络、Baseline 网络和洗牌-互换网络，如图 6-17 所示。由于这几种网络的构成都是相同的，区别只是排列位置不同，所以也常常将其统称为 Banyan 网络。

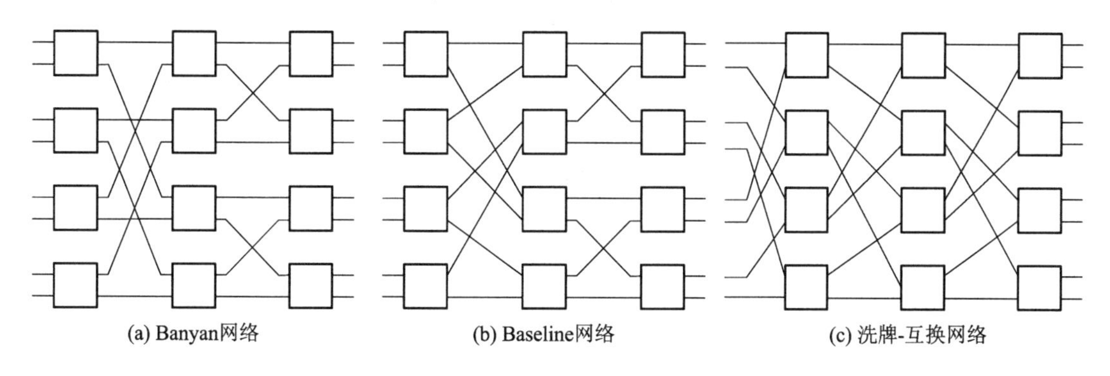

图 6-17　Banyan 网络及其变形

Banyan 网络具有唯一路径特性和自选路由功能。

唯一路径特性指任何一条入线与任何一条出线之间存在且仅存在一条通路。

自选路由功能指不论信元从哪条入线进入网络，它总能到达指定出线。由于到达指定的输出端仅有唯一一条通路，因此路由选择十分简单，即可由输出地址确定输入和输出之间的唯一路由。如图 6-18 所示，给定输出地址 011，无论信元从哪个端口进入 Banyan 网络，都会从端口 3 输出。

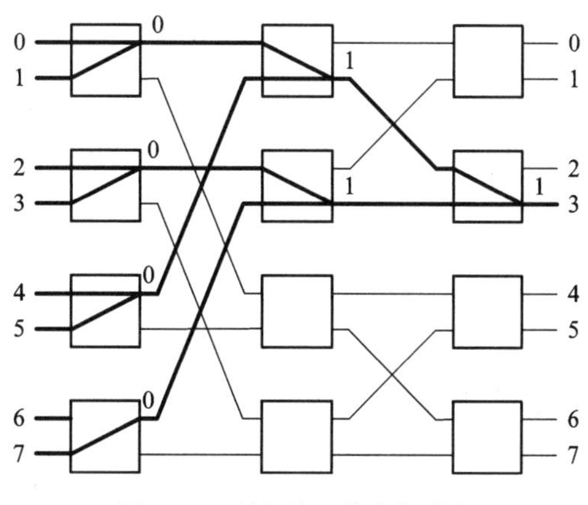

图 6-18　到出端 3 的全部路径

Banyan 网络的缺点是会发生内部阻塞，如图 6-19 所示，端口 0 进入的信元要求交换到出端口 2，端口 4 进入的信元要求交换到出端口 3，在网络内部发生了阻塞现象，这是由于网络的一条内部链路可以被多个不同的输入端同时使用造成的。

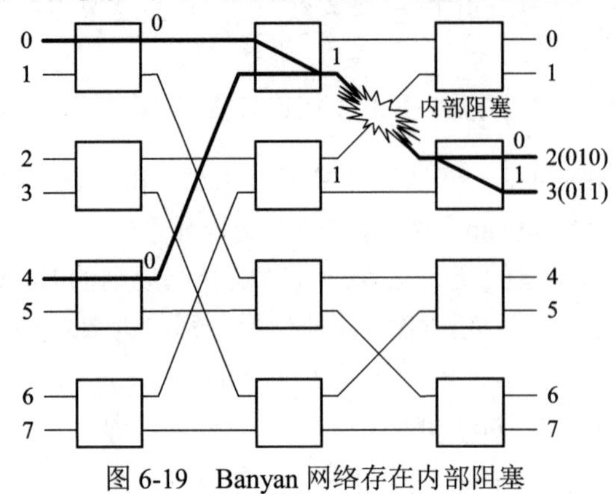

图 6-19　Banyan 网络存在内部阻塞

Delta 网络是 Banyan 的子级。$N \times N$ 的 Delta-b 网络由 $\log_b N$ 级 $b \times b$ 个交换元素构成，每级由 $\frac{N}{b}$ 个交换元素组成。图 6-20 所示为 4 级 Delta-2 网络结构。

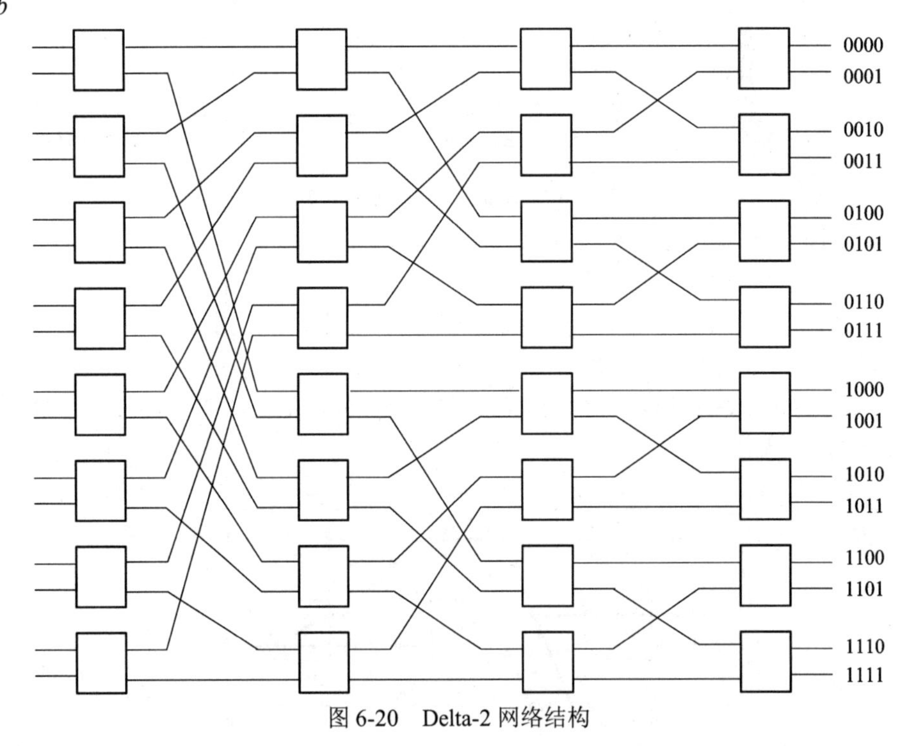

图 6-20　Delta-2 网络结构

2) 多通路网络

在多通路网络中，从一个输入端到一个输出端存在着多条可选的通路，优点是可以减少或避免内部拥塞。多通路网络的类型较多，本节仅介绍 Benes 网络、基于 Banyan 的多通路网络和 Batcher-Banyan 分布式网络。

(1) Benes 网络。这是一个 $2 \cdot \mathrm{lb}N-1$ 级、每级有 $\frac{N}{2}$ 个 2×2 基本交换元素的交换网络(其中，N 为交换网络的入线/出线数)。Benes 网络的构造方法是：输入级有 $\frac{N}{2}$ 个 2×2 交换单元，中间级有 2 个 $\frac{N}{2}\times\frac{N}{2}$ 子网络，输出级有 $\frac{N}{2}$ 个 2×2 交换单元，输入级和输出级的每个交换单元均以一条链路连接到中间级的每个子网络，再将中间子网络按照上述方法继续分解，直到中间子网络就是 2×2 交换单元为止。图 6-21 为按照上述方法构造的 8×8 的 Benes 网络。

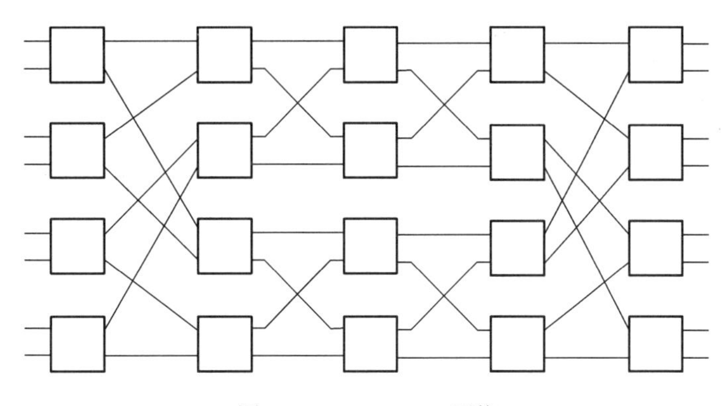

图 6-21　8×8 Benes 网络

(2) 基于 Banyan 的多通路网络。这种网络是使用多种方法增加 Banyan 网络内部链路而构成的多通路网络。常用的多路通路网络类型有：增长型 Banyan、扩展型 Banyan、膨胀型 Banyan 及复份型 Banyan。

(3) Batcher-Banyan 分布式网络。这种网络是通过在 Banyan 网络前增加 Batcher 网络而构成的。这里 Batcher 网络的作用是将信元尽可能均匀地分配到 Banyan 网络的各个输入端，对进入 Banyan 网络的信元重新排列，以减少内部阻塞的发生。图 6-22 所示的网络即为一个 Batcher-Banyan 网络，首先通过 Batcher 网络将信元进行排序，之后它们进入后面的 Banyan 网络就不会发生阻塞现象了。

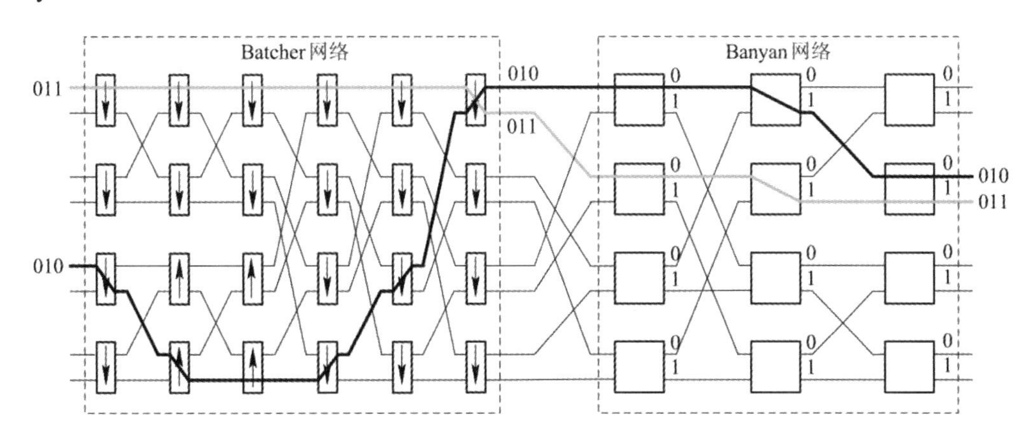

图 6-22　Batcher-Banyan 分布式网络

图 6-22 中的基本比较部件叫作比较–交换器。有↑符号的叫作出线升序比较器–交换器，其功能是比较两个入线要连接到出线的号码。若上面的号码大于下面的号码，则进行交叉连接；否则进行平行连接。有↓符号的叫作出线降序比较–交换器，其功能是比较两个入线要连接到的出线的号码。若上面的一个大于下面的一个，则进行平行连接；否则进行交叉连接。

6.4.2 时分交换结构

时分交换结构的设计基于程控交换机中的时分复用和局域网中的共享媒体的思想，因此时分交换结构分为共享存储器交换结构和共享媒体交换结构两类。共享媒体又分为共享总线和共享环形总线两种。下面分别介绍这几种交换结构的工作原理。

1. 共享存储器交换结构(中央存储式)

共享存储器交换结构的本质是异步时分复用(asynchronous time division，ATD)，它借鉴同步时分复用(synchronous time-division multiplexing，STM)中时分交换的概念，也是将信道分成等长的时隙，但 STM 中的一个时隙为固定处理一个话路所需要的时间，而 ATD 中的一个时隙为处理一个信元所需要的时间(不同的端口其速率和时隙不同)。假定 ATM 交换机具有 N 个输入端口、N 个输出端口，端口速率为每秒 V 个信元，则 ATM 交换机中的一个时隙定义为以端口速率传输或接收一个信元的时间，即 $1/V$。例如，155.520 Mb/s 的端口速率为 $155.520\times 10^6/8/53 = 366\ 792$ 信元/s，此时一个时隙为 $1/366\ 792 = 2.7\ \mu s$，这也就是 ATM 交换机的工作周期。

共享存储器类似于程控交换机中的 T 接线器。它由数据存储器(共享存储器)、控制存储器、复用器和分用器组成。共享存储器交换结构如图 6-23 所示。

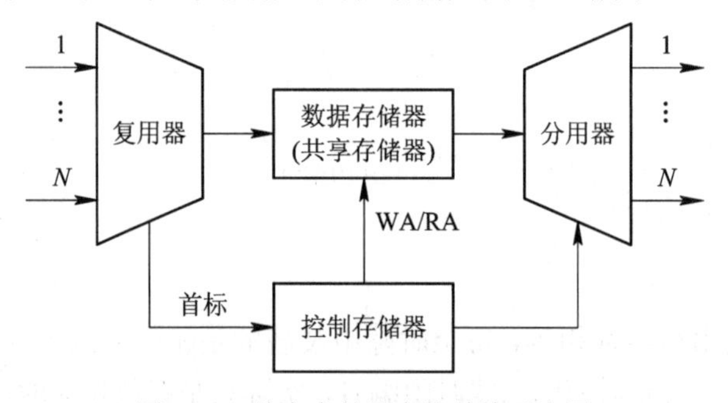

图 6-23 共享存储器交换结构示意图

时隙交换器(time slot interval，TSI)是典型的共享存储器交换结构中的关键组成单元。TSI 本质上可以看作一个缓冲区，该缓存区从输入线某时隙中读取数据，然后向特定的输出时隙写入该信息单元，相当于对一条线路上的不同时隙内容进行互换。在同步时分复用中，线路上的不同时隙相当于不同的子信道，时隙交换也就相当于线路交换。如果对 $m\times n$ 线路进行交换，则在进入 TSI 时，先将 m 条线路上的信息复合在一条线路的不同时隙中，该线路由 m 个时隙组成信息帧，然后经过 TSI 将 m 个时隙置换成由 n 个时隙组成帧的输出信道，再将此信息分路成 n 条线路。这样原先 m 条输入线路上的信息就输出到 n 条线路上，完成了信息交换。TSI 的基本原理如图 6-24 所示。

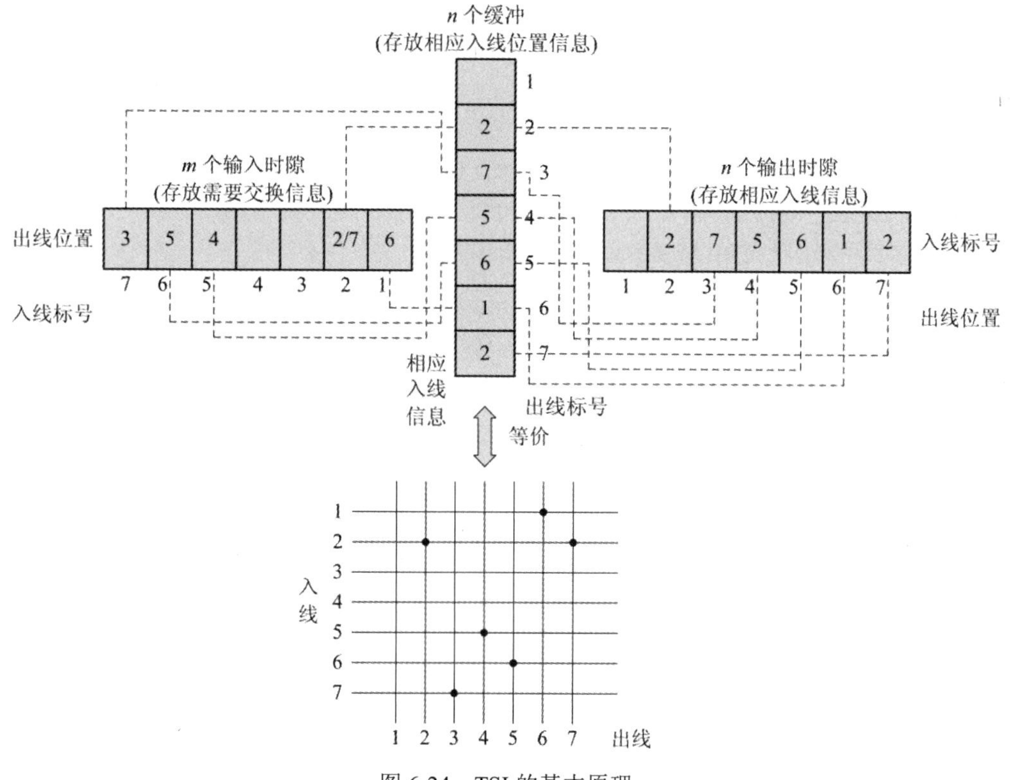

图 6-24 TSI 的基本原理

1) 输入时隙

输入时隙数和输入线路数相等，每个时隙中装载的信息包括两部分：输出线路编号和该输入时隙号对应的入线上的传输信息。图 6-24 所示的输入时隙方框中填写的是信息输出线路编号。如果看到在某些方框中可以填写多个输出线路编号(如 2/7)，则表明该时隙对应的入线信息将广播到多条出线上，即一对多连接。另外可以看到，在输入时隙方框中没有重复的输出线路编号，这是因为同一出线只可以输出一种信息。输入时隙方框下填写输入时隙编号及对应的入线编号。

2) 输出时隙

输出时隙数和输出线路数相等，每个时隙中装载的是相应入线上的信息。图 6-24 所示的输出时隙方框中填写的是对应的入线时隙编号，实际只是存放相应的信息。可以看到，一个出线时隙中只能填写一个入线编号，但时隙号可以相同。输出时隙方框下填写的是输出时隙编号，即对应的出线编号。

3) 缓存区

缓存区完成将输入时隙中的信息交换到特定的输出时隙中，即将输入时隙中的信息根据其输出时隙的编号填入相同编号的缓存区中，将缓存信息按照顺序方式读到输出时隙中，从而实现信息交换的目的。

共享存储器交换结构的优点是缓存器的利用率高，处理突发业务灵活，所需缓存器的数量少。如果某个输出端口的业务量很大，则可以为该端口分配较多缓存空间，甚至可将全部缓存空间为某一端口使用。共享存储器交换结构的缺点是要求共享存储器和控制器的处理速度比端口速率快 N 倍，这限制了交换机的容量。因为交换机一次只能写入/读出一个信元，所以共享存储器必须在 $1/(NV)$ 时间内写入/读出一个信元。例如，对 155.520 Mb/s 的端口速率，端口数为 32× 32 的交换机的共享存储器的工作周期要求为 2.7/32 = 8.5 ns。控制器也必须以与共享存储相同的速率处理信元首标，而且控制器还要处理多优先等级和复杂的信元调度，要求其工作速率更高，多点接续和广播传递还会增加控制器的复杂性，因此限制了用共享存储器交换结构组成大容量交换机。

2. 共享媒体交换结构

1) 共享总线交换结构

共享总线交换结构的交换机使用高速时分复用总线，它由时分复用(TDM)总线、串/并转换(S/P)、并/串转换(P/S)、地址筛选(A/F)及输出缓冲器几部分组成，如图 6-25 所示。总线技术最早用于计算机系统的设计，后来又应用于局域网。S1240 程控交换机的数字交换网络采用的就是总线结构。但是共享总线交换结构的工作方式既不同于计算机系统的仲裁机制，也不同于局域网的载波监听多路访问/冲突检测(carrier sense multiple access/collision detection，CSMA/CD)方式。在 ATM 交换机中，共享总线交换结构采用的是时分复用方式，它将一个信元时隙分为若干时间片，对 N 条入线的信元分时进行处理。降低交换结构内部处理速度，信元进入交换结构时，首先要进行串/并转换。目前一般采用 32 位或 64 位以上的总线来提供尽可能高的传输能力。共享总线交换结构采用输出缓冲器，以获得较佳的吞吐量。

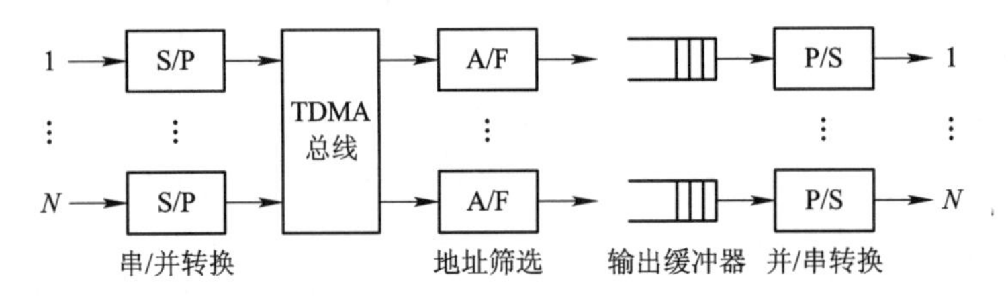

图 6-25　共享总线交换结构示意图

2) 共享环形总线结构

共享环形总线结构是高速局域网所采用的一种信息交换形式。ATM 交换单元可以采用如图 6-26 所示的结构设计。所有入线、出线和环形网络相连，如果环的传输容量等于所有入线容量之和，则可以采用开槽(时隙)方法，为每个入线分配时隙，入线在相应的时隙将其上的信元送上环路，而在任意出线处进行 VPI/VCI 判断，查看信元是否由该出线接收。

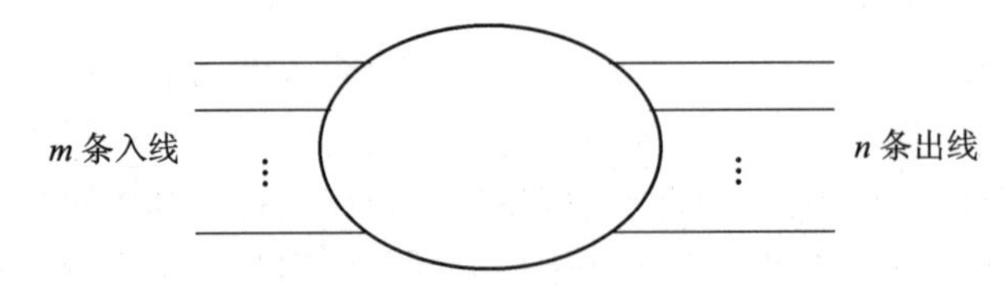

图 6-26　共享环形总线结构示意图

共享环形总线结构和共享总线交换结构相比，其优点在于：如果采用某种合适的策略安排出线和入线位置，并且不将时隙固定分配给特定的入线，出线可以强制将接收时隙置空(即释放时隙)，那么一个时隙可以在一次回环中使用多次，这样可以使实际传输效率超过 100%，但同时需要许多额外的设计和计算开销。

6.5　ATM 交换网络的路由选择

由于工艺、技术、制造等多方面限制，直接使用空分、时分交换结构组建的 ATM 交换机其容量是有限的。对于大规模的 ATM 交换机，常常都是用上述基本交换结构互连来构成交换网络的。

在交换网络中，多个交换结构间(空分交换结构还包括交换元素间)需要有路由选择功能。路由选择方法主要有四种类型(类型Ⅰ、Ⅱ、Ⅲ、Ⅳ)，参见表 6-2。这里涉及两个参数：确定路由的时间和选路信息放置的位置。

表 6-2　ATM 交换网络的路由选择分类

确定路由的时间	选路信息放置的位置	
	路由标签(基于信元)	路由表(基于网络)
面向连接(基于连接)	Ⅰ	Ⅲ
无连接(基于信元)	Ⅱ	Ⅳ

(1) 确定路由的时间：可以在整个连接期间只作一次选择，即交换同一连接的所有信元沿着相同的路由顺序到达出口；也可以为每个信元单独选择，即交换网络内部是无连接的，同一连接的信元可以沿不同的路由，不按原顺序到达出口，这样就需要在出口重新排序。

(2) 选路信息放置的位置：一种是将路由标记在信元前面一起传送；另一种是将路由信息放在路由表中，根据路由表进行信元交换。

以上两种参数的不同组合就产生了表 6-2 中类型Ⅰ、Ⅱ、Ⅲ、Ⅳ 4 种路由选择策略。下面介绍经常使用的路由选择方法：自选路由法(self-routing)和路由表控制法(table-controlled)。

1. 自选路由法(路由标签法)

在自选路由法中(类型Ⅰ和Ⅱ)，需要在交换机的输入单元中进行信头变换和扩展。信头变换指 VPI/VCI 的转换，它只在交换机的输入端进行一次；扩展指为每个输入信元添加一个路由标签，因此自选路由法也称路由标签法。该路由标签基于对输入信元的 VPI/VCI 值的分析，进行路由选择，所以说它是基于信元的。大多数基于空分交换结构的交换机设计都采用自选路由法。路由标签必须包含交换网络的每一级路由信息，如果一个交换网是由 L 级组成的，那么该路由标签将有 L 个字段，字段中含有相应级交换单元的输出端口号，例如，由 16×16 基本交换元素组成的 5 级交换网络，需要 5×4 = 20 bit 的路由标签。注意，这里的路由标签和信头 VPI/VCI 标记不同，路由标签仅用于交换机网络内部作为路由选择，VPI/VCI 则标识整个通信网络中的连接过程。

图 6-27 所示为自选路由交换模块的工作原理。

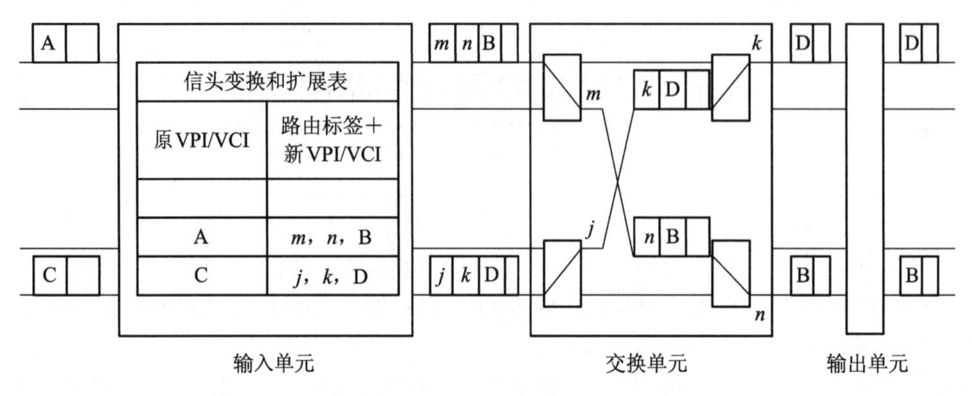

图 6-27 自选路由交换模块工作原理

如有两个信元在进行交换前的信头 VPI/VCI 值为 A 和 C，当它们进入 ATM 交换机后，输入单元根据信头变换和扩展表将信头值变成相应的 B 和 D，并分别在信头前添加上路由标签 *m*、*n* 和 *j*、*k*。交换单元根据路由标签寻找输出路由，*m*、*n* 和 *j*、*k* 分别表示相应交换单元的输出端口号，路由标签仅作用于交换单元内部，信元输出时，信头仅是交换后的新 VPI/VCI 值。

如果路由选择中同时存在选路级(指定选择)和随机分配级(任意选择)，那么还应通过适当的编码指示出是指定选择还是任意选择。对于面向连接的类型 I，路由标签必须含有所有级的完整路由信息(包括随机分配级)。对于基于信元无连接的类型 II，路由标签只需要选路级的信息，随机分配级可以为每一信元选择一条出线。

在自选路由法中，进入交换机的信元长度大于 53 Byte，这将增加额外的带宽开销，并要求交换机的内部处理速度比端口速率高。如某交换机的自选路由标签为 3 Byte，则该交换机内部传送的信元长度为 56 Byte，当端口速率为 155.520 Mb/s 时，要求交换机的内部处理速度为 164.32 Mb/s。

2. 路由表控制法(标记选路法)

在路由表控制法中(类型 III、IV)，交换单元中每级交换元素都有一张信头变换表，每级都要进行信头变换。它利用信元头中的 VPI/VCI(标记)标识交换结构中的路由表，当信元到达每级交换结构时，通过相应的路由表确定交换路由，因此又叫标记选路法。在路由表控制法中，不用添加任何标签，因此信元本身的长度不会改变。图 6-28 所示为路由表控制法构成的交换网中的信头处理原理。

如有两个信元在进行交换前的信头 VPI/VCI 值为 A 和 D，当它们进入 ATM 交换机后，输入单元不对它们进行处理，交换单元中的每级交换结构根据相应的路由表寻找输出路由，信头每经过一次交换结构就变换一次值，最后输出的信头 VPI/VCI 值变成 C 和 F。路由表的内容是在每次呼叫建立阶段被更新的，每一个路由表中都含有新的 VPI/VCI 值 B、E、C、F 和输出端口号 *m*、*n*、*j*、*k*。

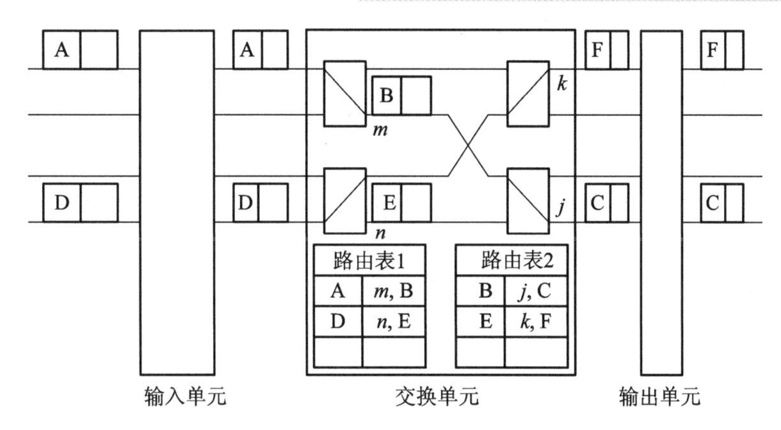

图 6-28　路由表控制交换模块工作原理

对于类型Ⅲ，因同一连接的信元走的是同一通路，可以对同一个连接提供同一条路由指示。如路由表无翻译功能，则路由表内容必须具有全局意义；如路由表有翻译功能，则路由表内容可以具有局部意义。对于类型Ⅳ，因同一连接的信元可以走不同的通路，因此各路由表中必须含有相同或至少是相关的路由信息，以保证相同连接的所有信元都能到达正确的目的地。路由表控制法不依赖交换结构本身的特性，可采用任意形式的交换结构互连成交换网络，点对多点通信虽然实现简单，但要求交换结构保存大量选路信息和翻译表，需要较大的存储容量。

自选路由法和路由表控制法各有优点，自选路由法在寻路效率方面要高些，更适合构造大型交换网络。

6.6　ATM 技术的发展与应用

1. ATM 技术与 IP 技术的发展

ATM 技术起源于 20 世纪 80 年代后期，由 ITU-T 针对电信网支持宽带多媒体业务而提出。经过近十年的研究，到 20 世纪 90 年代中期，ATM 技术已基本成熟，主要体现在以下几个方面：

(1) ITU-T 和 ATM 论坛制定的相关的国际标准基本齐全。

(2) 多个电信设备厂商和计算机网络设备厂商推出了商用化的 ATM 设备。

(3) ATM 网络的建设也得到了长足的发展，全世界许多网络(公用网或专用网)都已安装并使用了 ATM 网络设备。

与此同时，IP 技术也得到了迅猛发展，IP 技术与以太网技术的无缝结合使得 ATM 到桌面应用的市场前景十分暗淡。而且，IP 技术还在广域网领域积极扩展，实现了与 SDH/WDM 技术相结合的应用，大有取代 ATM 而成为将来宽带通信网核心技术的势头。

IP 技术成功的关键是其概念、方法与思想。例如，其层次结构的包容性与开放性，以及简单、实用、有效的原则。IP 技术是互联网的核心，对高层协议而言，就是通过统一的 IP

协议层(第三层)屏蔽了各种低层协议和物理网络技术(如 X.25、DDN、以太网、令牌环、帧中继、ATM、SDH、WDM)的差异，实现了“IP over everything”的目标。其另一个目标是实现“everything on IP”，其中的“everything”是指所有业务，包括数据、图像和话音等，这些业务既有实时的也有非实时的。

目前有人认为，随着 IP 技术和互联网的发展，未来的电信网将由 IP 技术一统天下，而 ATM 技术将退出历史舞台。但仔细比较 IP 技术和 ATM 技术，ATM 仍具有以下优势。

(1) 对于网络(电信网或计算机网)建设而言，它的发展是不会随着新技术的出现而发生突变(革命)的，而只能是逐步演进。现有电信网已形成的资源十分庞大，不可能在一夜之间消失。

(2) 现有的 IP 网络虽然通过采用新技术(如 IP over SDH 或 IP over WDM)在一定程度解决了传送带宽的瓶颈问题，但仍然还是传统的路由器加专线的组网方式，存在逐跳寻址与转发等问题，不能保证服务质量(QoS)和信息安全。

(3) ATM 技术所具有的端到端 QoS 保证、完善的流量控制和拥塞控制、灵活的动态带宽分配与管理、支持多业务，以及技术综合能力等方面的优势，目前仍是 IP 技术所不及的。

(4) IP 与 ATM 都是基于分组(包)交换的技术，而且都有各自的优势，因此，在电信网与互联网融合与演变的过程中都将发挥作用。目前 IP 技术的优势在于提供统一的数据应用平台，而 ATM 技术的优势在于提供统一的网络平台。

2. ATM 的应用领域

(1) 支持现有电信网逐步从传统的电路交换技术向分组(包)交换技术演变。

支持现有电话网(如 PSTN/ISDN)的演变，并作为其中继汇接网。

支持并作为第三代移动通信网(要支持移动 IP)的核心交换与传送网。

支持现有数据网(FR/DDN)的演变，作为数据网的核心，并提供租用电路，利用 ATM 实现校园网或企业网间的互连。

(2) 作为 Internet 骨干传送网、互连核心路由器，并支持 IP 网的持续发展。

(3) 与 IP 技术结合，取长补短，共同作为未来信息网的核心技术。

将 IP 与 ATM 技术结合起来，利用 ATM 网络为 IP 用户提供高速直达数据链路，既可以使 ATM 网络运营部门充分利用 ATM 网络资源，发展 ATM 网络上的 IP 用户业务，又可以解决 Internet 网络发展中遇到的瓶颈问题，进一步推动 IP 业务的发展。

3. ATM 技术的发展方向

(1) 简化 ATM 技术的研究。

ATM 技术的缺点之一就是网络的复杂性，为了推动 ATM 技术的应用，就必须对 ATM 技术进行简化和优化，以达到简化网络，降低网络成本的目的。另外，在流量控制、网络管理等方面也应进行相应的研究工作。

(2) 大力开展 ATM 与 IP 技术相结合的研究。

目前，IP 与 ATM 结合技术主要分为两大类：重叠技术和集成技术。

采用重叠技术时，ATM 端点使用 ATM 地址和 IP 地址(或 MAC 地址)两者来标识，网络中设置服务器完成 ATM 地址和 IP 地址(或 MAC 地址)的地址映射功能，在发端用户得到收端用户的 ATM 地址之后，建立 ATM SVC 连接并在其上传送 IP 数据包。重叠技术的优点是采用标准的 ATM 论坛或 ITU-T 的信令标准，与标准的 ATM 网络及业务兼容；缺点是传送 IP 包的效率较低。

采用集成技术时，ATM 层被看作 IP 层的对等层，ATM 端点只需使用 IP 地址来标识，在建立连接时使用非标准的 ATM 信令协议。采用集成技术时，不需要地址解析协议，但增加了 ATM 交换机的复杂性，使 ATM 交换机看起来更像一个多协议的路由器。这方面的典型技术有 IP 交换、多协议标签交换(MPLS)等。

集成技术的优点是传送 IP 包的效率比较高，不需要地址解析协议；缺点是与标准的 ATM 技术融合较为困难。

通过对各种 IP 与 ATM 结合技术的研究已得出结论：即重叠技术(如 LANE、IPOA、MPOA 等)更适用于专用网或规模小的网络；而集成技术(如 IP 交换、MPLS 等)则更适用于规模大的公用网。ITU-T 已于 2000 年 3 月通过了在公用 ATM 网络上传送 IP 信息的建议 Y.1310(公用 ATM 网络传送 IP)，该建议明确了在采用 ATM 技术的公共网络(包括业务提供网络和承载网络)上传送 IP 信息的推荐技术解决方案是多协议标签交换(MPLS)，并且明确公用 ATM 网络支持的 IP 目标业务是 DiffServ、IntServ 和 IP VPN。

通信网络总的技术发展方向有传输与交换相结合(即 MPLS 技术)和分组数据的直接光网络传送(即 Packet(IP)Over Optical 技术)等。

本 章 小 结

本章主要介绍了 ATM 原理与技术的相关概念。为了克服电路交换和分组交换在当今通信突发性强、瞬时业务量大的情况下的不足，提出了异步转移模式(ATM)的概念，并对 ATM 技术的基本知识，如 ATM 信元结构、ATM 协议参考模型等概念做了详细介绍。为了进一步了解 ATM 中的关键技术，本章重点介绍和讨论了 ATM 交换机模块结构和组成，ATM 交换结构及 ATM 网络的路由选择等概念。使读者对 ATM 技术从概念、原理到基本应用有了一个全面的了解和认识。最后介绍了 ATM 技术的发展及应用。

习 题 6

6-1 何谓 ATM？它有哪些特点？为什么说 ATM 综合了电路交换和分组交换的优点？ATM 是怎样实现异步时分复用和异步交换的？

6-2 ATM 地址由几个 Byte 构成？用什么方式表示？ATM 格式的各部分的含义是什么？地址由几部分组成，有哪几种格式？

6-3 ATM 的基本业务量参数有哪些？试解释各参数的意义。ATM 网络的业务类型有哪些？其意义是什么？

6-4 请画出 ATM 信元的组成格式，并说明在 UNI 上和 NNI 上的信元格式有何不同？

6-5 请说明 ATM 信元的净荷信息可以有哪几种类型？

6-6 在一个信元中，VPI/VCI 的作用是什么？

6-7 在 ATM 参考模型中，控制面的作用是什么？为什么在交叉连接设备中可以没有控制面？

6-8 请简述 ATM 参考模型中物理层的内容及其作用是什么？

6-9 请简要叙述 ATM 层的作用是什么？

6-10 在 ATM 传送过程中，ATM 系统对传送中的信元误码是如何处理的？

6-11 在 ATM 系统中，什么叫虚通路？什么叫虚信道？它们之间存在着什么样的关系？

6-12 在 ATM 网络中，VCC 的含义是什么？

6-13 参照图 6.7，如果要把入线 I_1 上的逻辑信道 x 交换到出线 O_2 的逻辑信道 z 上，以及把入线 I_N 上的逻辑信道 x 交换到出线 O_2 的逻辑信道 y 上，请画出 ATM 交换的入线和出线上信元复用排列图，并填写交换控制用的信头、链路翻译表的内容。

6-14 简述 ATM 交换机的基本组成及各部分的功能。

6-15 简述 ATM 交换原理。其交换的实质是什么？

6-16 路由选择有哪几种类型，它们是怎样分类的？

6-17 路由标签方式和路由表方式的主要区别是什么？

6-18 ATM 交换机依据所用的信元交换机构的不同可划分为哪几种交换机类型？并说明这几种交换机类型的特点。

6-19 ATM 交换机的输入/输出模块的作用是什么？

6-20 ATM 交换机的输入模块由哪些功能模块组成？并简要叙述各功能模块所完成的主要功能。

6-21 在一个 ATM 交换机中，呼叫的建立或拆除动作都由哪些功能模块来实现？

6-22 ATM 交换机的输出模块由哪些功能模块组成？并简述其完成的主要功能。

6-23 在 ATM 交换中，请求式连接和半永久虚电路连接有什么不同？

第 7 章　IP 交换技术

7.1　IP 协议

7.1.1　IP 地址

1. IP 地址的格式

IP 地址的长度是 32 bit，根据高位比特的值，可以将其分成 A、B、C、D、E 类，具体格式见表 7-1。通常将 32 bit 地址用分成 4 节的十进制数字表示，如 11011011 10000000 00000100 00000001 是一个 C 类地址，可记为 219.128.4.1。

表 7-1　IP 地址的格式

高位比特	格　式	类　型
0	7 bit 网络号，24 bit 主机号	A
10	14 bit 网络号，16 bit 主机号	B
110	21 bit 网络号，8 bit 主机号	C
1110	组播地址	D
111110	保留为今后使用	E

A 类地址的范围是 1.0.0.0～127.255.255.255；B 类地址的范围是 128.0.0.0～191.255.255.255；C 类地址的范围是 192.0.0.0～223.255.255.255。

A 类网络总共只有 128 个，目前很难再申请到。B 类网络也不多。一般单位只能申请到 C 类地址，且往往是在 C 类网络中再做细分。近年来，Internet 网络发展很快，IP 地址更加紧张。

网络号和主机号为全 0 和全 1 的 IP 地址，是特殊格式的 IP 地址，它的组合见表 7-2。

为了保护 IP 地址空间，减少 IP 地址消耗，在 A 类、B 类和 C 类地址中分别预留了部分地址空间，以便各单位内部计算机互连。这些预留的地址称为私有 IP 地址，它们的使用限于单位内部网络，无法在公用互联网上使用。在公用互联网上使用的 IP 地址都必须向有关管理机构申请，这些 IP 地址称为公开 IP 地址。

私有 IP 地址空间如下：

A 类地址：10.0.0.0～10.255.255.255，1 个 A 类网络。

B 类地址：172.16.0.0～172.31.255.255，共 16 个连续的 B 类网络。

C 类地址：192.168.0.0～192.168.255.255，共 256 个连续的 C 类网络。

表 7-2 特殊的 IP 地址

网络号	主机号	含 义
全 0	全 0	本机
全 1	全 1	有限广播(向本地网络发广播，无须知道本地网络的网络号)
全 0	X	代表本地网络的主机 X，用于源地址，主机不知道网络号，目前一般不使用
全 1	—	目前一般不使用(RFC950)
X	全 0	本地网络(如 134.211.0.0)
X	全 1	向某个网络发广播(如 134.211.255.255)

注：① 请求注解文件(require for comment，RFC)是互联网技术文件的格式文档。RFC 经过长期的试用和改进，才正式成为互联网标准。

② “X”表示某个具体的值。

2. 划分子网

为了提高 IP 地址的使用效率，可将一个网络划分为多个子网，即采用借位的方式，从主机位的最高位开始借位，变为新的子网位，所剩余的部分仍为主机位。这样使得 IP 地址的结构分为三部分：网络位、子网位和主机位。

1) 掩码

掩码(mask)用于识别 IP 地址的网络部分/主机部分。每一个网络都选用 32 位的掩码，掩码中的 1 对应 IP 地址的网络位，掩码中的 0 对应 IP 地址的主机位。子网掩码(subnet mask)则是掩码中的一部分，可以进一步划分出子网。例如，IP 地址 134.211.32.1 和掩码 255.255.0.0，将这两个数进行二进制数逻辑与(AND)运算，得出的结果：网络部分是 134.211，IP 地址中的剩余部分就是主机号 32.1。

2) 三类地址的子网划分

三类地址的掩码如下：

A 类：11111111.00000000.00000000.00000000，即 255.0.0.0。

B 类：11111111.11111111.00000000.00000000，即 255.255.0.0。

C 类：11111111.11111111.11111111.00000000，即 255.255.255.0。

通过子网掩码，可以进一步在各类网络中进行子网划分。子网掩码的定义具有灵活性，允许子网掩码中的“0”和“1”位不连续。但是，这样的子网掩码给分配主机地址和理解路由表都带来了一定的困难，并且极少的路由器支持在子网中使用低序或无序的位。因此在实际应用中通常各网点采用连续方式的子网掩码。

例如，网络号为 134.211 的一个 B 类网络，如果子网掩码位是 0.0.240.0(整个掩码为 255.255.240.0，即 11111111.11111111.11110000.00000000)，则该网络可进一步划分为 14 个

子网，这 14 个子网号是 X.X.0001～X.X.1110，每个子网主机号有 $2^{12}-2=4094$ 个，整个网络掩码被表示为 255.255.240.0 或 134.211.240.0/20，其中 /20 明确指明网络掩码的网络位为 20 位。

3) 超网

超网(supernetting)是与子网类似的概念，都是根据子网掩码将 IP 地址分为独立的网络地址和主机地址。但是，与子网把大网络分为若干小网络相反，超网则是把一些小网络组合成一个大网络。

假设现在有 16 个 C 类网络(201.66.32.0～201.66.47.0)，它们可以用子网掩码 255.255.240.0 统一表示为网络 201.66.32.0。但是，并不是任意的地址组都可以这样做，例如，16 个 C 类网络 201.66.71.0～201.66.86.0 就不能形成一个统一的网络。

4) 无类别域间路由

互联网上的主机数量增长超出了原先的设想，虽然还远没达到 2^{32}，但地址已经出现匮乏。1993 年发表的 RFC1519——无类别域间路由(classless inter-domain routing，CIDR)是一个尝试解决此问题的方法。

基于类别的地址系统工作得不错，它在有效的地址使用和少量的网络数目间做出了较好的折中。但是随着互联网的成长，出现了两个主要的问题：

第一，已分配的网络数目的增长使路由表大得难以管理，这在一定程度上降低了路由器的处理速度。

第二，僵化的地址分配方案使很多地址被浪费，尤其是 B 类地址十分匮乏。

为了解决第二个问题，可以分配多个较小的网络。例如，采用多个 C 类网络，而不是一个 B 类网络。虽然这样能够很有效地分配地址，但是会加剧路由表的膨胀，会使第一个问题更突出。

CIDR 丢弃了地址分类的概念，用表示网络位比特数量的网络前缀取代了 A 类、B 类和 C 类地址划分。前缀长度不一，从 13 到 27 位不等，而不是分类地址的 8 位、16 位或 24 位。这意味着地址块可以成群分配，主机数量既可以少到 32 位，也可以多到 50 万个以上。网络前缀的长度由掩码决定。

在 CIDR 中，地址根据网络拓扑结构来分配。连续的一组网络地址可以分配给一个服务提供商，使整组地址作为一个网络地址。例如，一个服务提供商被分配了 256 个 C 类地址(213.79.0.0～213.79.255.0)，服务提供商给每个用户分配一个 C 类地址，但服务提供商外部的路由表只通过一个表项——掩码为 255.255.0.0 的网络 213.79.0.0 来分辨这些路由。如果可以重新组织现有的地址，则互联网骨干路由器广播的路由数量将大大减少，但在实际操作上可行性不高，因为将带来巨大的管理负担。

7.1.2 域名服务

Internet 中的每台计算机都有自己的地址号码(即 IP 地址)，它的长度为 32 bit，通常用十进制数表示，分为 4 个小节，如 202.119.25.11。由于地址太长，难以记忆，给使用带来不便，因此互联网建立了域名服务系统(domain name system，DNS)。网络上的每台计算机都有自己的名字，如长安大学的 WWW 服务器的名字是 www.chd.edu.cn，其中，cn 表示中国，edu 表示教育网，chd 表示长安大学，www 表示 WWW 服务器。用户通信时直接使用对方计算机的名字，网络软件会自动通过域名服务器查询对方的具体地址号码。就像电话网中的 114 查号台能根据用户名查出电话号码一样，Internet 域名服务器(DNS)是将域名地址与 IP 数字地址来回转换的一种 TCP/IP 服务，并且是在用户不知道的情况下由计算机自动进行的，这种服务极大地方便了用户的通信。

IP 地址的各部分并不直接与子域名字一一对应。域名形象易记，并有简单的规范：.com 表示公司企业；.net 表示网络服务机构；.edu 表示教育部门；.gov 表示政府部门；.org 表示非营利组织；.mil 表示军事部门等。

国家域 .cn 表示中国，.jp 表示日本，.us 表示美国。国家域省略时表示美国。

域名系统通过 DNS 协议和客户/服务器处理模式，提供计算机域名和 IP 地址间的翻译，这种翻译过程称为域名解析。其中的服务器是名字服务器，对客户机提出的域名或地址进行翻译。客户机也称为客户端解答器，客户程序利用客户端解答器查询计算机域名对应的 IP 地址。每个客户端解答器再向一个或多个名字服务器查询。

域名解析过程如图 7-1 所示。客户提供计算机名，客户程序利用例程“客户端解答器”向名字服务器发出域名查询请求，名字服务器解答查询，将计算机域名翻译成 IP 地址，然后将 IP 地址返回给客户端解答器，最后提交给客户程序。名字服务器可以从缓存、数据库或其他名字服务器中获得所需的 IP 地址。域名系统也可以提供相反的翻译过程，即从 IP 地址到域名的翻译。

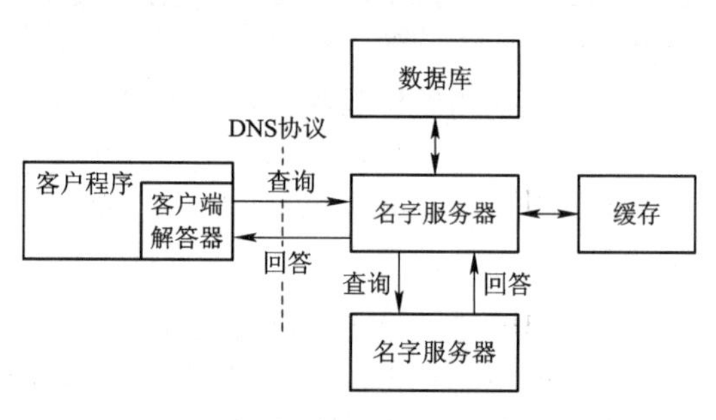

图 7-1 域名解析过程

7.1.3 IP 数据报分组格式

作为数据报协议，IP 协议在网络中传输的基本单位是 IP 分组。IP 分组由分组首部和数据两部分构成。首部的最小单位是 20 B，其中的地址信息用来进行路由选择。数据部分的最大长度接近 64 KB，不过由于物理子网的最大传输单元(MTU)的限制，IP 分组在传输时可能要分段为小的单元，到达终点后再进行重装。

IP 分组的格式如图 7-2 所示。

<table>
<tr><td>b0～b3</td><td>b4～b7</td><td>b8～b15</td><td colspan="2">b16～b31</td></tr>
<tr><td>Version</td><td>IHL</td><td>Type of Service</td><td colspan="2">Total Length</td></tr>
<tr><td colspan="3">Identification</td><td>Flags</td><td>Fragment Offset</td></tr>
<tr><td colspan="2">Time to Live</td><td>Protocol</td><td colspan="2">Header Checksum</td></tr>
<tr><td colspan="5">Source Address</td></tr>
<tr><td colspan="5">Destination Address</td></tr>
<tr><td colspan="4">Options</td><td>Padding</td></tr>
<tr><td colspan="5">Data</td></tr>
</table>

图 7-2 IP 分组的格式

图 7-2 中，各字段的含义如下：

(1) Version：版本，4 bit。当前使用的版本是 IPv4 和 IPv6。

(2) IHL：首部长度，4 bit，可表示的最大数值是 15 个单位(一个单位是 4 B)。首部长度的最小值为 5。

(3) Total Length：总长度，16 bit。

(4) Type of Service：服务类型，8 bit。其含义如下：

b0～b2：优先级(precedence)。

b3：时延(delay)，0 为正常时延，1 为低时延。

b4：吞吐量(throughput)，0 为正常，1 为高吞吐量。

b5：可靠性(reliability)，0 为正常，1 为高可靠性。

b6：C bit，是新增加的，表示更低廉费用的路由。

b7：保留(reserved)，以备未来使用。

(5) Identification：标识，16 bit，用于区分不同的分组，便于分段后的重装。该项和寿命(time to live)配合使用，可保证分组标识不重复，使分段的重装不混淆。

(6) Flags：标志，3 bit。其含义如下：

b0：保留，必须为 0。

b1：DF，0 为允许分段，1 为不允许分段(don’t fragment)。

b2：MF，0 为最后一段，1 表示还有后续分段(more fragments)。

(7) Fragment Offset：段偏移，13 bit，表示一个分段在分组中的位置，单位为 8 Byte。

(8) Time to Live：寿命，8 bit，单位是 s。寿命的建议值是 32 s。

(9) Protocol：上层协议的类型，8 bit。

(10) Header Checksum：首部校验和，16 bit。

(11) Source Address：源地址，32 bit。

(12) Destination Address：目的地址，32 bit。

(13) Options：可选参数，长度可变。有时钟、安全、路由等方面的可选参数。

(14) Padding：填充，用于保证首部的长度，是 32 bit 的倍数，用 0 来填充。

7.2 路由器的工作原理

7.2.1 路由器的基本概念

1. 路由器的定义

在解释路由器的概念之前，先介绍路由的概念。路由是指在网络中把信息从信源传送到目的节点的行为和动作，而路由器正是执行这种行为和动作的机器。

路由器的主要功能有：

(1) 网络互连：支持各种 LAN 和 WAN 接口，主要用于互连 LAN 和 WAN，实现不同网络的互相通信。

(2) 数据处理：提供分组过滤、分组转发、优先级、复用、加密、压缩和防火墙等功能。

(3) 网络管理：提供配置管理、性能管理、容错管理和流量控制等功能。

路由器工作在 OSI 第三层(网络层)上，具有连接不同类型网络的能力并能够选择数据传送路径。路由器通过转发数据包来实现网络互连，通过与网络上的其他路由器交换路由和链路信息来维护路由表，根据收到的数据包中的网络层地址以及路由表来决定输出端口以及下一跳的地址，并且重写链路层数据包头以实现数据包的转发。

路由器是 Internet 上最重要的设备之一，Internet 的核心机制是“存储-转发”的数据传输模式，所有在网络上流动的数据都是以数据包的形式被发送、传输和接收处理的。接入 Internet 的任何一台计算机要与其他计算机相互通信并交换信息，就必须拥有唯一的网络地址。数据并不是从它的出发点直接被传送到目的地的，相反地，数据在传送之前要按照特定的标准划分成长度一定的数据包。每个数据包中都加入了目的计算机的网络地址，这样的数据包在网上传输的时候才不会“迷路”。

2. 路由器的分类

路由器的分类方法各异，下面按照交换能力、系统结构、网络位置、设备功能以及接口性能进行分类。

(1) 根据交换能力的不同，路由器可分为高端路由器和中低端路由器。交换能力的划分界限通常随技术的发展而不断变化，且各厂家的划分原则并不完全一致。当前 12000 系列以上的路由器为高端路由器，7500 以下系列路由器为中低端路由器；在 12000 系列出现以前，7500 系列路由器为高端路由器，2500 以及 4500 系列路由器为中低端路由器。

(2) 根据系统结构的不同，路由器可分为模块化结构路由器和非模块化结构路由器。模块化结构路由器可以按照需求灵活配置，如端口模块、交换模块、处理器模块以及电源模块等。非模块化路由器的端口配置通常是固定的。通常中高端路由器为模块化结构，低端路由器为非模块化结构。

(3) 根据网络位置的不同，路由器可分为核心路由器和接入路由器。核心路由器位于网络中心，通常使用高端路由器。核心路由器要求有快速的包交换能力与高速的网络接口，通常是模块化结构路由器。接入路由器位于网络边缘，通常使用中低端路由器，要求相对低速的端口以及较强的接入控制能力。随着技术的发展，边缘路由器需要完成的工作越来越多，除了接入用户以外，还需要对用户流量作识别和控制，接入的用户数量越来越多，接入用户的带宽需求也越来越高。因此，随着对边缘路由器性能的要求越来越高，出现了将高端路由器用在网络边缘的需求。

(4) 根据设备功能的不同，路由器可分为通用路由器和专用路由器。一般所说的路由器为通用路由器，专用路由器通常是为实现某种特定功能对路由器接口、硬件等作专门优化而制成的。

(5) 根据接口性能的不同，路由器可分为线速路由器和非线速路由器。线速指在接口媒体能力范围内以最大速度收发数据包。特定端口上的线速能力和转发数据包的大小有关，由于路由器数据包转发中的最大工作量是查找路由表，因此转发的包越小，媒体最大能力下每秒需要转发的包就越多。一般情况下，不指明包长的线速都是指最小包的线速。通常线速路由器是高端路由器，能以媒体速率转发数据包；中低端路由器是非线速路由由器。一些新的宽带接入路由器也有线速转发能力。

3. 路由器的组成

路由器在网络层/互连网络层(IP 层)提供分组转发服务，多协议路由器可以连接使用完全不同的网络层、数据链路层和物理层协议的网络。路由器操作的 OSI 层次比网桥/集线器高，网桥/集线器不能判断网络号，而路由器可以，所以路由器提供的服务更完善。

如图 7-3 所示，一个典型的路由器由转发部分和控制部分组成。其中转发部分由输入端口、输出端口、交换结构组成；控制部分由路由处理器、路由表和路由协议组成。下面主要介绍构成路由器的四要素：输入端口、输出端口、交换结构和路由处理器。路由协议将在 7.2.2 节详细介绍。

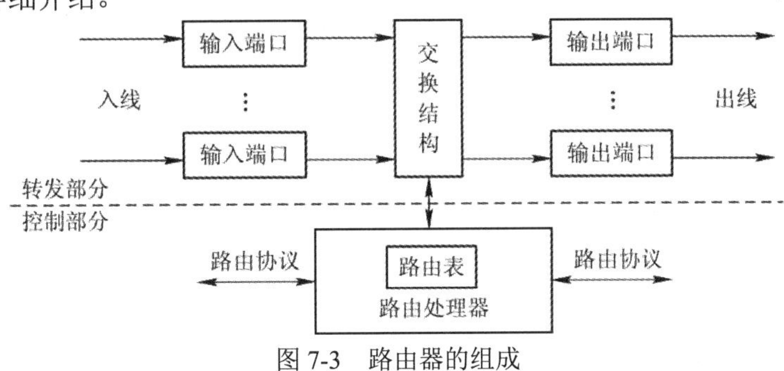

图 7-3 路由器的组成

1) 输入端口

输入端口是物理链路的连接点，也是数据包的接收点，它的设计遵循物理链路设计标准。输入端口的主要功能包括：

(1) 数据链路层帧的封装与解封装。

(2) 在一些路由器的设计中，转发表被下发到各个输入端口。输入端口根据转发表可以直接进行查表并将数据送往输出端口，从而减轻路由处理器的负担。

(3) 为了提供 QoS 功能，输入端口可以根据预先指定的策略对接收的数据包进行分类。

(4) 输入端口还要运行数据链路层协议(如 SLIP、PPP 等)或者网络层协议(如 PPTP)。

(5) 把一些特定的控制数据包(利用 RIP、OSPF、BGP 等路由信息的数据包)送给路由处理器，由主处理器更新路由表。

2) 输出端口

输出端口的主要功能包括排队和缓冲管理，在交换网络以比接口速度更快的速率传送数据包时，这种功能显得尤其重要。输出端口使用复杂的调度算法(如 RED 算法、WFQ 算法等)实现 QoS 功能。另外，输出端口还要执行与输入端口类似的功能。

3) 交换结构

交换结构完成输入端口和输出端口的互连。交换结构有简单的 Crossbar 交换和复杂的 Perfect、Shuffle、Clos 交换等许多实现方法。常用的交换结构主要有 3 种：共享总线结构、共享存储器结构和空分交换开关结构，参见图 7-4。

(1) 共享总线结构：如图 7-4(a)所示，共享总线是时分复用的，即在某一时刻只允许一个端口接收或发送数据。这种方式的不足在于：总线是共享的，一次只能处理一个数据包，处理一个数据包要经过两次总线传输(输入一次，输出一次)，路由器的交换能力受限于共享总线的带宽。

(2) 共享存储器结构：如图 7-4(b)所示，用一个共享的存储器完成数据包的交换，先将接收到的数据包从输入端口存入共享存储器，处理器通过查找路由表为该数据包选择合适的输出端口，再将该数据包送到输出端口。数据从进入路由器到输出，只需要一次存储，提高了路由器的性能，但其交换速度受限于存储器的访问速度。

(3) 空分交换开关结构：如图 7-4(c)所示，采用空分交换开关阵列代替共享总线，数据包直接从输入端口经过空分交换开关送到输出端口，多个数据包可同时通过不同线路进行传送，从而消除共享总线带宽的限制，大大提高了路由器的吞吐量。目前，这是高速路由器选择的最佳方案。

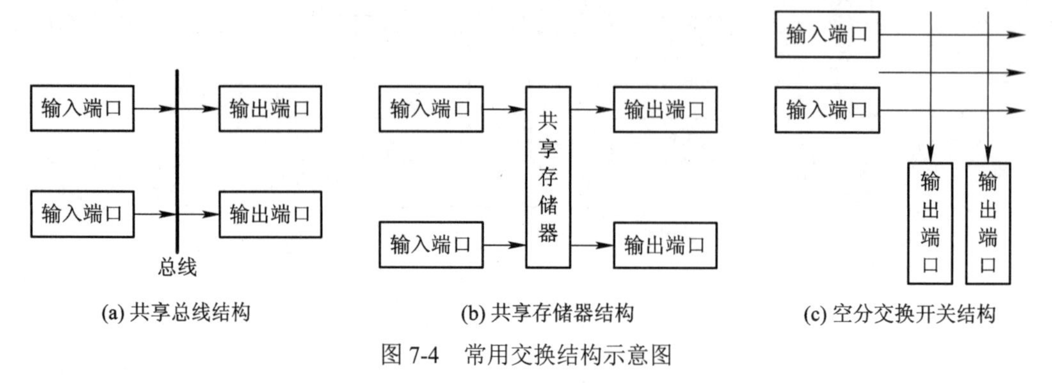

(a) 共享总线结构　　(b) 共享存储器结构　　(c) 空分交换开关结构

图 7-4　常用交换结构示意图

4) 路由处理器

路由处理器运行系统软件和各种路由协议，实现维护路由表和计算转发表等功能。其部分功能可以用软件实现，也可以用硬件实现。对路由处理器的软件与硬件分工的优化也是影响路由器性能的主要因素。

7.2.2 路由协议

路由协议(routing protocol，RP)使路由器能够与其他路由器交换有关网络拓扑和可达性的信息。任何路由协议的首要目标都是保证网络中所有的路由器都具有一个完整准确的网络拓扑数据库。这一点是十分重要的，因为每一个路由器都要根据这个网络拓扑信息数据库来计算各自的转发表。正确的转发表能够提高 IP 分组正确到达目的地的概率；不正确或不完整的转发表意味着 IP 分组不能到达其目的地，更坏的情况是它可能在网络上循环一段较长的时间，白白消耗了带宽和路由器上的资源。

路由协议主要运行于路由器上，是用来确定到达路径的，它包括 RIP、IGRP、EIGRP、OSPF。路由协议作为 TCP/IP 协议族中的重要成员之一，其选路过程实现得好坏会影响整个 Internet 网络的效率。按应用范围不同，路由协议可分为两类。在一个自治系统(autonomous system，AS，指在一个互连网络中把整个 Internet 划分为许多较小的网络单位，这些小的网络有权自主地决定在本系统中采用何种路由选择协议)内的路由协议称为内部网关协议(interior gateway protocol，IGP)。AS 之间的路由协议称为外部网关协议(exterior gateway protocol，EGP)。这里网关是路由器的旧称。现在正在使用的内部网关路由协议有以下几种：RIP-1、RIP-2、IGRP、EIGRP、IS-IS 和 OSPF。其中，前四种路由协议采用的是距离向量算法，IS-IS 和 OSPF 采用的是链路状态算法。对于小型网络，采用基于距离向量算法的路由协议易于配置和管理，且应用较为广泛，但在面对大型网络时，不但其固有的环路问题变得很难解决，所占用的带宽也迅速增长，以至于网络无法承受。因此对于大型网络，采用链路状态算法的 IS-IS 和 OSPF 较为有效，并且已经得到了广泛的应用。IS-IS 与 OSPF 在质量和性能上的差别并不大，但 OSPF 更适用于 IP，较 IS-IS 更具有活力。Internet 工程任务组(Internet engineering task force，IETF)始终致力于 OSPF 的改进工作，其修改节奏要比 IS-IS 快得多。这使得 OSPF 正在成为应用广泛的一种路由协议。现在，无论是传统的路由器设计还是即将成为标准的 MPLS(多协议标记交换)，均将 OSPF 视为必不可少的路由协议。

外部网关协议最初采用的是 EGP。EGP 是为一个简单的树形拓扑结构设计的。当前越来越多的用户和网络加入 Internet，这给 EGP 带来了很多的局限性。为了摆脱 EGP 的局限性，IETF 边界网关协议工作组制定了标准的边界网关协议 BGP。

1. 常用路由协议分析

路由分为静态路由和动态路由，其相应的路由表称为静态路由表和动态路由表。静态路由表由网络管理员在系统安装时根据网络的配置情况预先设定，网络结构发生变化后由网络管理员手工修改路由表。动态路由随网络运行情况的变化而变化，路由器根据路由协议提供的功能自动计算数据传输的最佳路径，由此得到动态路由表。

根据路由算法，动态路由协议可分为距离向量路由协议(distance vector routing protocol)和链路状态路由协议(link state routing protocol)。距离向量路由协议基于 Bellman-Ford 算法，主要有 RIP、IGRP(IGRP 为 Cisco 公司的私有协议)；链路状态路由协议基于图论中非常著名的 Dijkstra 算法，即最短优先路径(shortest path first，SPF)算法，如 OSPF。在距离向量路由协议中，路由器将部分或全部路由表传递给与其相邻的路由器；而在链路状态路由协议中，路由器将链路状态信息传递给在同一区域的所有路由器。

2. 静态路由协议

静态路由协议通过静态路由表实施。静态路由表在开始选择路由之前就被网络管理员建立，并且只能由网络管理员更改，所以只适于网络传输状态比较简单的环境。静态路由协议具有以下特点：

(1) 无须进行路由交换，因此节省了网络的带宽、CPU 的利用率和路由器的内存。

(2) 具有更高的安全性。在使用静态路由的网络中，所有要连到网络上的路由器都需在邻接路由器上设置其相应的路由，这在某种程度上提高了网络的安全性。

有的网络环境情况下必须使用静态路由，如 DDR、使用 NAT 技术的网络环境。

静态路由协议具有以下缺点：

(1) 管理者必须真正理解网络的拓扑并正确配置路由。

(2) 网络的扩展性能差。如果要在网络上增加一个网络，管理者必须在所有路由器上增加一条路由。

(3) 配置烦琐，特别是当需要跨越几台路由器通信时，其路由配置更为复杂。

3. 动态路由协议

1) 动态路由协议的分类

动态路由协议分为内部网关协议(IGP)和外部网关协议(EGP)。内部网关协议 IGP 可以分为距离矢量路由协议和链路状态路由协议，如图 7-5 所示。

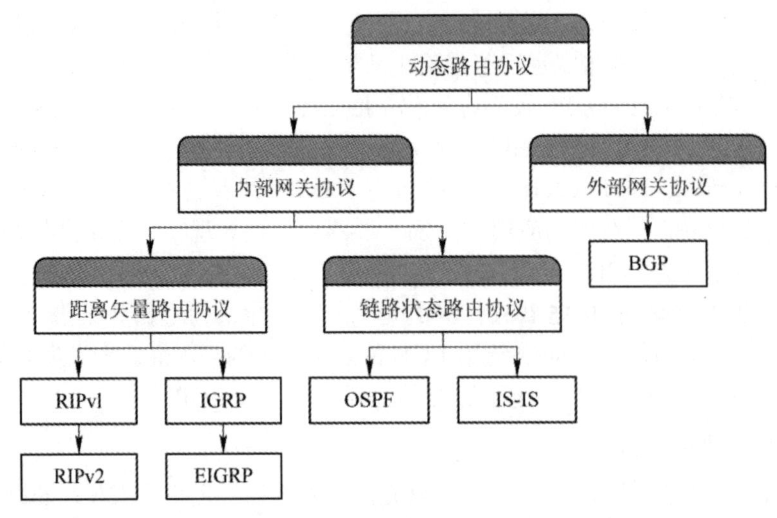

图 7-5　动态路由协议的分类

(1) 距离矢量路由协议：使用跳数或向量来确定从一个设备到另一个设备的距离，不考虑每跳链路的速率。距离向量路由协议不使用正常的邻居关系，当出现以下两种情况时可获知拓扑的改变和路由的超时：情况一，路由器不能直接从连接的路由器收到路由更新；情况二，路由器从邻居收到一个更新，通知它网络的某个地方拓扑发生了变化。

在小型网络(少于 100 个路由器，或需要更少的路由更新和计算环境)中，距离向量路由协议运行得相当好。当小型网络扩展为大型网络时，该算法计算新路由的收敛速度极慢，而且在计算过程中，网络处于一种过渡状态，极可能发生循环并造成暂时的拥塞。另外，当网络底层链路技术多种多样、带宽各不相同时，距离向量算法对此会视而不见。距离向量路由协议的这种特性不仅造成了网络收敛的延时，而且消耗了带宽。随着路由表的增大，需要消耗更多的 CPU 资源，并消耗了内存。

(2) 链路状态路由协议：没有跳数的限制，使用图形理论算法或最短路径优先算法。链路状态路由协议有更短的收敛时间，支持 VLSM(可变长子网掩码)和 CIDR。链路状态路由协议在直接相连的路由之间维护正常的邻居关系，允许路由更快收敛。链路状态路由协议在会话期间通过交换 Hello 包(也叫链路状态信息)创建对等关系，这种关系加速了路由的收敛。

链路状态路由协议不像距离向量路由协议那样，更新时发送整个路由表，而是只广播更新的或改变的网络拓扑，这使得更新信息量更小，节省了带宽和 CPU 的利用率。另外，如果网络不发生变化，则更新包只在特定的时间(通常为 30 min～2 h)内发出。

2) 常用动态路由协议的分析

(1) 路由信息协议(RIP)：这是路由器生产商之间使用的第一个开放标准，是最广泛的路由协议，在所有 IP 路由平台上都可以得到。当使用 RIP 时，一台 Cisco 路由器可以与其他厂商的路由器连接。RIP 有两个版本，即 RIPv1 和 RIPv2，它们均基于经典的距离向量路由算法，最大跳数为 15 跳。

RIPv1 是族类路由(classful routing)协议，因路由上不包括掩码信息，所以网络上的所有设备必须使用相同的子网掩码，不支持VLSM。RIPv2可发送子网掩码信息，是非族类路由(classless routing)协议，支持VLSM。

RIP使用UDP数据包更新路由信息。路由器每隔30 s更新一次路由信息，如果在180 s内没有收到相邻路由器的回应，则认为去往该路由器的路由不可用，即该路由器不可到达。如果在240 s后仍未收到该路由器的应答，则把有关该路由器的路由信息从路由表中删除。RIP具有以下特点：

① 不同厂商的路由器可以通过RIP互联。

② 配置简单。

③ 适用于小型网络(小于15跳)。

④ RIPv1不支持VLSM。

⑤ 需消耗广域网带宽。

⑥ 需消耗CPU、内存资源。

RIP的算法简单，但在路径较多时收敛速度慢，广播路由信息时占用的带宽资源较多，它适用于网络拓扑结构相对简单且数据链路故障率极低的小型网络。

(2) 内部网关路由协议(IGRP)：由Cisco公司于20世纪80年代开发，是一种动态的、长跨度(最大可支持255跳)的路由协议，使用度量(向量)来确定到达一个网络的最佳路由，由延时、带宽、可靠性和负载等来计算最优路由。IGRP在同一个自治系统内具有高跨度，适合复杂的网络。Cisco IOS允许路由器管理员对IGRP的网络带宽、延时、可靠性和负载进行权重设置，以影响度量的计算。

像RIP一样，IGRP使用UDP发送路由表项。每个路由器每隔90 s更新一次路由信息，如果270 s内没有收到某路由器的回应，则认为该路由器不可到达；如果630 s内仍未收到应答，则IGRP进程将从路由表中删除该路由。

与RIP相比，IGRP的收敛时间更长，但传输路由信息所需的带宽减少。此外，IGRP的分组格式中无空白字节，从而提高了IGRP的报文效率。但IGRP为Cisco公司专有，仅限于Cisco产品。

(3) 增强的内部网关路由协议(EIGRP)：随着网络规模的扩大和用户需求的增长，原来的IGRP已显得力不从心，于是，Cisco公司又开发了增强的IGRP(即EIGRP)。EIGRP使用与IGRP相同的路由算法，但它集成了链路状态路由协议和距离向量路由协议的优点，同时加入了散播更新算法(DUAL)。EIGRP具有如下特点：

① 快速收敛。快速收敛是因为使用了散播更新算法，通过在路由表中备份路由来实现，也就是到达目的网络的最小开销和次最小开销(也叫适宜后继，feasible successor)路由都被保存在路由表中，当最小开销的路由不可用时，快速切换到次最小开销路由上，从而达到快速收敛的目的。

② 减少了带宽的消耗。EIGRP不像RIP和IGRP那样，每隔一段时间就交换一次路由信息，它仅当某个目的网络的路由状态改变或路由的度量发生变化时，才向邻接的EIGRP路由器发送路由更新。因此，其更新路由所需的带宽比RIP和EIGRP小得多，这种方式叫触发式(triggered)。

③ 增大了网络规模。对于RIP，其网络最大只能是15跳，而EIGRP最大可支持255跳。

④ 减少了路由器CPU的利用。路由更新仅被发送到需要知道状态改变的邻接路由器，

由于使用了增量更新，因此 EIGRP 比 IGRP 使用的 CPU 更少。

⑤ 支持可变长子网掩码。

⑥ IGRP 和 EIGRP 可自动移植。IGRP 路由可自动重新分发到 EIGRP 中，EIGRP 也可将路由自动重新分发到 IGRP 中。

⑦ EIGRP 支持三种路由协议(IP、IPX、AppleTalk)。

⑧ 支持非等值路径的负载均衡。

⑨ 因 EIGIP 是 Cisco 公司开发的专用协议，因此，当 Cisco 设备和其他厂商的设备互联时不能使用 EIGRP。

(4) 开放式最短路径优先(OSPF)协议：一种为 IP 网络开发的内部网关路由选择协议，由 IETF 开发并推荐使用。OSPF 协议由三个子协议组成：Hello 协议、交换协议和扩散协议。其中，Hello 协议负责检查链路是否可用，并完成指定路由器及备份指定路由器；交换协议完成主、从路由器的指定并交换各自的路由数据库信息；扩散协议完成各路由器中路由数据库的同步维护。OSPF 协议具有以下优点：

① OSPF 能够在自己的链路状态数据库内表示整个网络，这极大地减少了收敛时间，并且支持大型异构网络的互联，提供了一个异构网络间通过同一种协议交换网络信息的途径，并且不容易出现错误的路由信息。OSPF 支持通往相同目的的多重路径。

② OSPF 使用路由标签区分不同的外部路由。

③ OSPF 支持路由验证，只有互相通过路由验证的路由器之间才能交换路由信息，并且可以对不同的区域定义不同的验证方式，从而提高了网络的安全性。

④ OSPF 支持费用相同的多条链路上的负载均衡。

⑤ OSPF 是一个非族类路由协议，路由信息不受跳数的限制，减少了因分级路由带来的子网分离问题。

⑥ OSPF 支持 VLSM 和非族类路由查表，有利于网络地址的有效管理。

⑦ OSPF 使用 AREA 对网络进行分层，减少了协议对 CPU 处理时间和内存的需求。

(5) 外部或域间路由协议(BGP)：用于连接 Internet。BGPv4 是一种外部的路由协议，可认为是一种高级的距离向量路由协议。在 BGP 网络中，可以将一个网络分成多个自治系统。自治系统间使用 eBGP 广播路由，自治系统内使用 iBGP 广播路由。Internet 由多个互相连接的商业网络组成，每个企业网络或 ISP 必须定义一个自治系统号(ASN)。这些自治系统号由 IANA(Internet assigned numbers authority)分配，共有 65 535 个可用的自治系统号。其中，65 512～65 535 为私用保留。当共享路由信息时，这个号码也允许以层的方式进行维护。

BGP 使用可靠的会话管理，TCP 中的 179 端口用于触发 Update 和 Keepalive 信息到它的邻居，以传播和更新 BGP 路由表。在 BGP 网络中，自治系统有 Stub AS(只有一个入口和一个出口的网络)和 Transit AS(当数据从一个 AS 到另一个 AS 时，必须经过 Transit AS)。如果企业网络有多个 AS，则在企业网络中可设置 Transit AS。

IGP 和 BGP 最大的不同之处在于运行协议的设备之间通过的附加信息的总数不同。IGP 使用的路由更新包比 BGP 使用的路由更新包容量更小(因此 BGP 承载更多的路由属性)。BGP 可在给定的路由上附上很多属性。当运行 BGP 的两个路由器开始通信以交换动态路由信息时，使用 TCP 端口 179，它们依赖于面向连接的通信(会话)。

BGP 必须依靠面向连接的 TCP 会话来提供连接状态，因为 BGP 不能使用 Keepalive 信息(在普通头上存放有 Keepalive 信息，用于允许路由器校验会话是否 Active)。标准的 Keepalive 是从一个路由器送往另一个路由器的信息，它的传送不使用 TCP 会话。路由器使用电路上的这些信号来校验电路没有错误或没有发现电路。

在以下这些情况下，需要使用 BGP：

① 当用户需要从一个 AS 发送流量到另一个 AS 时。

② 当流出网络的数据流必须手工维护时。

③ 当用户连接两个或多个 ISP、NAP(网络访问点)和交换点时。

在以下三种情况下不能使用 BGP：

① 当用户的路由器不支持 BGP 所需的大型路由表时。

② 当 Internet 只有一个连接时，使用默认路由。

③ 当用户的网络没有足够的带宽来传送所需的数据(包括 BGP 路由表)时。

7.2.3　路由器的工作原理

图 7-6 所示为连接两个网络的路由器的基本组织结构。图中的网络 1 和网络 2 可以是以太网、令牌总线网、令牌环网或广域网，这些网络通过路由器进行互连。

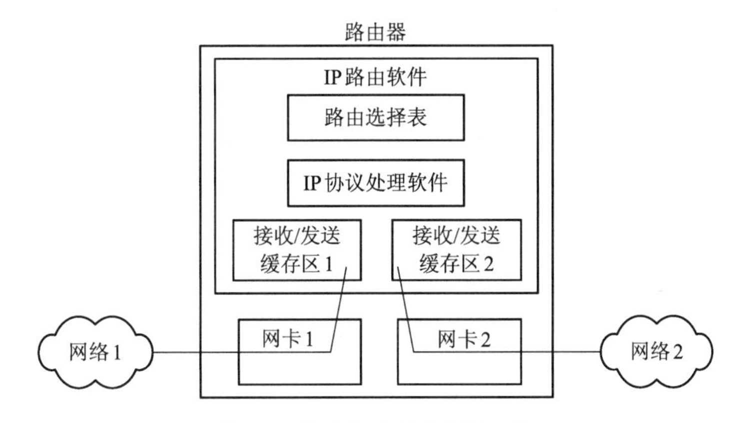

图 7-6　路由器的基本组织结构

路由器实际上也是一台计算机，多了一些连接不同网络介质类型的网卡而已，并且其基本操作也非常简单。路由器的两个基本功能为：其一，直接将报文转发到正确的目的地；其二，维护在路由器中用来决定正确路径的路由选择表。下面介绍路由器的报文转发原理和路由选择表的维护过程。

1. 路由器的报文转发原理

在图 7-6 的路由器中，网卡 1 和网卡 2 实现 TCP/IP 协议的低两层协议功能。它们负责接收来自各自所连网络的数据报文，并将接收正确的报文帧滤除其低两层包封，然后将 IP 报文存入路由器中对应的报文接收缓存区；同时还负责完成存储在发送缓存区中待发的 IP 报文到与其相连的下一网络的数据包物理传送功能。

当路由器接收到一个报文时，IP 协议处理软件首先检查该报文的生存时间，如果其生存时间为 0，则丢弃该报文，并给其源站点返回一个报文超时的 ICMP 消息。如果生存期未到，则接着从报文头中提取 IP 报文的目的 IP 地址，也就是读取 IP 报文的第 17～20 字节的内容。然后，通过图 7-7 所示的网络掩码屏蔽操作过程从目的 IP 地址中找出目的地网络号，再利用目的地网络号从路由选择表中查找与其相匹配的表项。如果在路由选择表中未找到与其相匹配的表项，则将该报文放入默认的下一路径的对应发送缓存区中进行排队输出；如果找到了匹配表项，则将该 IP 报文放入该表项所指定的输出缓存区的队列中进行排队输出。IP 协议处理软件经过寻径并按路由选择表的指示把原 IP 数据报放入相应输出缓存器的同时，它还将下一路由器的 IP 地址递交给对应的网络接口软件，由接口软件完成数据报的物理传输。图 7-8 中给出了一个简化的路由器 IP 协议处理软件的流程框图。

A类地址	10 · 5 · 200 · 1
二进制格式	0000 1010. 0000 0101. 1100 1000. 0000 0001
掩码	1111 1111. 0000 0000. 0000 0000. 0000 0000
二进制与网络号	0000 1010. 0000 0000. 0000 0000. 0000 0000
B类地址	131 · 5 · 200 · 1
二进制格式	1000 0011. 0000 0101. 1100 1000. 0000 0001
掩码	1111 1111. 1111 1111. 0000 0000. 0000 0000
二进制与网络号	1000 0011. 0000 0101. 0000 0000. 0000 0000
C类地址	202 · 5 · 200 · 1
二进制格式	1100 1010. 0000 0101. 1100 1000. 0000 0001
掩码	1111 1111. 1111 1111. 1111 1111. 0000 0000
二进制与网络号	1100 1010. 0000 0101. 1100 1000. 0000 0000

图 7-7　IP 地址与网络掩码屏蔽操作过程

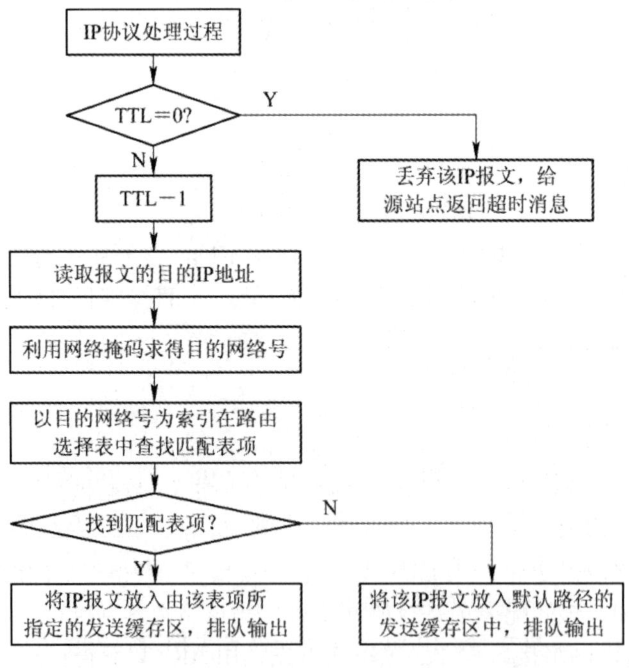

图 7-8　简化的路由器 IP 协议处理软件流程框图

IP 软件不修改原数据报的内容，也不会在上面附加内容(甚至不附加下一路由器的 IP 地址)。网络接口软件收到 IP 数据报和下一路由器地址后，首先调用 ARP 完成下一路由器 IP 地址到物理地址的映射，利用该物理地址形成帧，并将 IP 数据报封装进该帧的数据区中，最后由子网完成数据报的真正传输。

下面以图 7-9 所示的一个互联网通信实例来分析路由器的工作原理。这里各通信子网的 IP 编码分别为 202.56.4.0、203.0.5.0 和 198.1.2.0，路由器 1 与网络 1 和网络 2 直接相连，与网络 1 连接的网络接口的 IP 地址为 202.56.4.1，与网络 2 连接的网络接口的 IP 地址为 203.0.5.2；路由器 2 与网络 3 和网络 2 直接相连，与网络 2 连接的网络接口的 IP 地址为 203.0.5.10，与网络 3 连接的网络接口的 IP 地址为 198.1.2.3。用户 A 要传送一个数据文件给用户 B，现在来看各个路由器的工作过程。

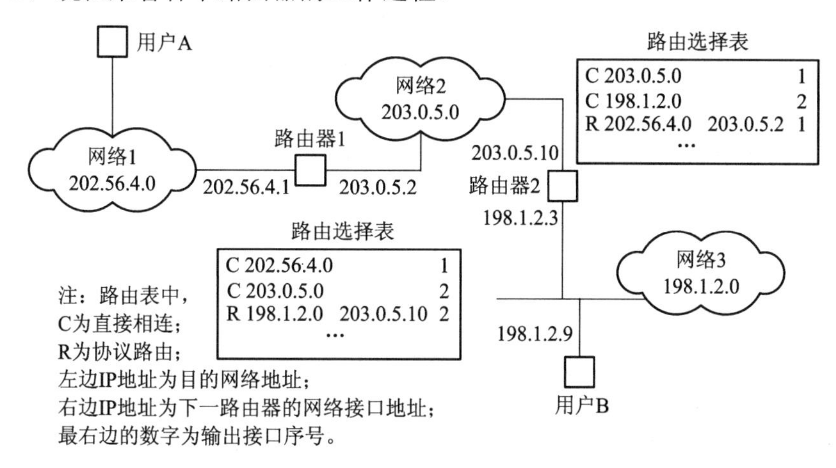

图 7-9 一个互联网通信实例

用户A把数据文件以IP数据报形式送到默认路由器1,其目的站点的IP地址为198.1.2.9。

第一步，报文被路由器 1 接收，它通过网络掩码屏蔽操作确定了该 IP 报文的目的网络号为 198.1.2.0。

第二步，通过查找路由选择表，路由器 1 在路由表中找到与其匹配的表项，获得输出接口号为 2 和下一站的 IP 地址为 203.0.5.10。下一站的地址是指下一个将要接收报文的且与本路由器连接在同一物理网络上的路由器的网络接口的 IP 地址。

第三步，路由处理软件将该 IP 数据报放入 2 号网络接口的发送缓存区中，并将下一站的 IP 地址递交给网络接口处理软件。

第四步，网络接口软件调用 ARP 完成下一站路由器 IP 地址到物理地址(MAC 地址)的映射。在一个正常运行的互联网中，一般来说，路由器会在高速缓存器中记录其相邻路由器的网络接口对应 IP 地址的 MAC 地址，因此不必每接收一个 IP 报文都使用 ARP 来获得下一站的 MAC 地址。获得下一站的 MAC 地址后，将原 IP 数据报封装成适合网络 2 传送的数据帧，排队等待传送。

报文被传送到路由器 2 后，通过上述路由表查找操作，获得与目的地 IP 地址匹配的表项。由表项内容可知，该匹配表项是目的网络号，与该路由器直接相连。由于报文已到达最后一个路由器，所以网络接口软件必须每次首先调用 ARP 以获得目的主机的 MAC 地址，然后对原 IP 报文进行数据帧包装，接着报文就可以直接发送给目的主机。

2. 路由选择表的生成与维护

路由选择表是关于当前网络拓扑结构的信息并为网间所有的路由器共享。这些信息包括哪些链路是可操作的、哪些链路是高容量的等，共享的具体信息内容由所采用的路由信息协议决定。维护路由选择表功能就是利用路由信息协议，随着网络拓扑的变化不断地自动更新路由选择表的内容。

路由选择表的生成可以是手工方式，也可以是自动方式。对于可适应大规模互联网的TCP/IP 协议，其获取路由信息的过程显然应该采取自动方式。任何路由器启动时，都必须获取一个初始的路由选择表。不同的网络操作系统，获取初始路由选择表的方式可能不同，总的来说，有以下三种方式。

第一种，路由器启动时，从外存读入一个完整的路由选择表；系统关闭时，再将当前路由选择表(可能经过维护更新)写回外存，供下次使用。

第二种，路由器启动时，从与本路由器直接相连的各网络的地址中推导出一组初始路由，当然通过初始路由只能访问相连网络上的主机。

第三种，路由器首先从周围网络地址中得出初始路由表，再从周围路由器中获取稍远一些网络的路由信息。

在 Internet 中，由于随时可能增加新的主机和网络，并且新增加的网络可采用任意方式和运行中的因特网互连，同时存在某些网络因故障或其他原因而退出互联网服务，这些都可以导致因特网的拓扑结构发生变化。作为直接反映网络拓扑结构变化的路由选择表则必须跟踪这些动态变化，否则会发生寻径错误。因此，在因特网的路由器中不可能一次性装入一个完整且正确的路由选择表，只有动态地更新才能适应网络拓扑的动态变化。可见，无论哪种情况，初始路由选择表总是不完善的，需要在运行过程中不断地加以补充和调整，这就是路由选择表的维护。在因特网中，路由选择表初始化和更新维护的典型过程属上述第三种情况。

7.3 IP 交换技术

7.3.1 IP 交换的基本概念

1996 年，美国加州的一个小公司提出了一种革命性的思想，称为 IP 交换(IP switching)。它将一个路由处理器捆绑在一个 ATM 交换机上，去除了交换机中所有 ATM 论坛信令和路由协议，这样的一个结构称为 IP 交换机。ATM 交换机由与之相连的 IP 路由处理器控制；IP 交换机作为一个整体运转，执行通常的 IP 路由协议，并进行传统的逐跳方式的 IP 分组转发。当检测到一个大数据量、长持续时间的业务流时，IP 路由处理器就会与其邻接的上行节点协商，为该业务流分配一个新的虚通路和虚信道标识(VPI/VCI)来标识属于该业务流的信元，同时更新 ATM 交换机中连接表对应的内容。一旦这个独立的处理过程在路由通路上的每一对 IP 交换机之间都得到执行，每一个 IP 交换机就可以简单地把交换连接表中的上行和下行节点的表项入口正确地连接起来。这样，最初的逐级跳选路方式的业务流最终被转变成了一个 ATM 交换的业务流。

IP 交换机可看作是 IP 路由器与 ATM 交换机的组合，其中 ATM 交换机去除了 ATM 信令和协议，并受 IP 路由器控制。IP 交换可提供两种信息传送方式：一种是 ATM 交换，另一种是基于逐跳(hop-by-hop)方式的传统 IP 交换。采用何种方式取决于数据流的类型，对于连续的、业务量大的数据流采用 ATM 交换；对于持续时间短、业务量小的数据流采用传统 IP 传输技术。

IP 交换技术主要有以下几种：

(1) Ipsilon IP 交换：改进 ATM 交换机，去除 ATM 控制器中的信令和协议，加上 IP 交换机控制器，与 ATM 交换机通信。该技术适用于机构内部的 LAN 和校园网。

(2) Cisco 标签交换：给数据包贴上标签，此标签在交换节点读出，判断包传送路径。该技术适用于大型网络和 Internet。

(3) 3Com 快速 IP 交换(Fast IP)：侧重数据策略管理、优先原则和服务质量。Fast IP 协议保证实时音频或视频数据流能得到所需的带宽。Fast IP 支持其他协议(如 IPX)，可以运行在除 ATM 外的其他交换环境中。客户机需要有设置优先等级的软件。

(4) IBM 聚类基于路由的 IP 交换(aggregate route-based IP switching，ARIS)：与 Cisco 的标签交换技术相似，包上附上标记，借以穿越交换网。ARIS 一般用于 ATM 网，也可扩展到其他交换技术。边界设备是进入 ATM 交换环境的入口，含有第三层路由映射到第二层虚路由的路由表。ARIS 允许 ATM 网中同一端两台以上的计算机通过一条虚电路发送数据，从而减少网络流量。

(5) 基于 ATM 的多协议(multi-protocol over ATM，MPOA)：ATM 论坛提出的一种规范。经源客户机请求，路由服务器执行路由计算后给出最佳传输路径，然后建立一条交换虚电路，即可穿越子网边界，不用再做路由选择。

7.3.2　IP 交换协议

IP 交换机使用了两种协议：Ipsilon 流管理协议(Ipsilon flow management protocol，IFMP)和通用交换机管理协议(general switch management protocol，GSMP)。IFMP 用于相邻的 IP 交换机对某个数据流的信元进行重新标记。IFMP 协议消息从 IP 交换机传递到其上游邻机。IFMP 功能包括关联协议和重定向协议，前者发现链路上的对等 IP 交换机，后者管理指派给某个数据流的标志(VPI/VCI)。GSMP 被 IP 交换机控制器用于管理 ATM 交换机的资源，它能使 IP 交换机控制器建立和释放跨越 ATM 交换机的连接。

1. IFMP

IFMP 作为 IP 交换机网络中分发数据流标记的协议，它在跨越外部数据链路的相邻的 ATM 交换机控制器(或者在 IP 交换机的入口或出口)之间工作。具体来说，下游 IP 交换机(接收端)利用它通知上游交换机(发送端)在某一时间段内为某个数据流赋予某个 VPI/VCI 值。数据流用流标识符来标记。下游 IP 交换机必须在一定时间段内更新数据流的状态，否则数据流的状态将被删除。

IFMP 仅在相邻的 IP 交换机之间操作，与其他 IP 交换机的工作方式和功能无关。换句话说，IP 交换机从下游 IP 交换机接收到 IFMP 重定向消息后不会向其上游邻机发送类似的消息。IFMP 的基本目的是分发与某个数据流相关的新的 VPI/VCI 值，以便加速转发功能并有可能基于每个数据流进行交换，从而提高总吞吐量。

IFMP 消息的发送端用 IPv4 的分组头封装 IFMP 信息，目的端 IP 地址是外部链路另一端的对等 IP 交换机。对等 IP 交换机的 IP 地址通过关联协议获得。IFMP 重定向协议支持以下五种类型的消息：

(1) 重定向消息。重定向消息通知相邻的上游 IP 交换机在某时间段内把某个标记赋予某个数据流。

(2) 重声明消息。重声明消息通知相邻的上游 IP 交换机解除一个或多个流与标记的关联关系，并释放这些标记以便数据流标识符字段能够分配给其他数据流。当网络拓扑变化或者下游 IP 交换机的标记不够时，有必要进行这种操作。解除关联关系的数据流重新采用缺省的转发工作方式释放标记，以便将来使用。每个重声明消息的元素包含数据流类型字段、数据流标识符长度字段、标记字段和数据流标识符字段。

(3) 重声明确认消息。在每个上述的重声明消息成功地释放了一个或多个标记后，相邻的 IP 交换机利用重声明确认消息给出确认。

(4) 标记范围消息。上游 IP 交换机向下游 IP 交换机发出标识范围消息，响应包含标记的重定向消息，指明上游 IP 交换机(发送端)不能分配该标记。标记范围消息包含了最小和最大的标记值，上游 IP 交换机只能支持此范围内的标记值。

(5) 出错消息。出错消息是对 IFMP 的重定向消息的响应，用来通知下游的 IP 交换机，发送端由于处于异常状态(例如数据流类型未知)而无法成功处理重定向消息。

2. GSMP

GSMP 是一个简单、通用的交换机管理和控制协议，用于对 IP 交换机内部交换机资源的管理。GSMP 运行在 IP 交换机内部的 IP 交换机控制器和 ATM 交换机之间，使 IP 交换机控制器能够建立和释放穿越该交换机的连接、在点到多点连接中加入和删除叶节点、管理交换机端口、请求配置信息。ATM 交换机也可以给使用 GSMP 的 IP 交换机控制器主动地提供事件信息。

GSMP 按照主从方式、请求-响应方式工作。IP 交换机控制器向 ATM 交换机发送请求，ATM 交换机在动作完成后给予响应。GSMP 支持五种消息：连接管理消息、端口管理消息、统计消息、配置消息和事件消息。

(1) 连接管理消息。IP 交换机控制器用连接管理建立、删除、修改和证明穿越 ATM 交换机模块的连接。连接管理消息类型有六种：增加分支、删除分支、删除树、检查树、全部删除和转移分支。

GSMP 连接管理中，管理单播和组播连接没有区别。同样地，加入分支命令也可用于建立一个单播连接或在已有的点到多点连接中加入新的分支。另外，大多数连接管理消息占一个 ATM 信元，所以开销是最小的且处理是快速的。

(2) 端口管理消息。端口管理消息用于激发(引起)交换机端口运行后向循环测试并重新配置。当交换机端口被激发，所有到达特定输入端的链接被删除，只有 IP 交换式连接能获得由 GSMP 控制的在端口的 VPI/VCI 标记空间。新的端口段号是在每一次端口被激发后由交换机产生的任意 32 位长的号。由端口产生的所有 GSMP 请求都必须包含一个相匹配的端口段号，否则请求将被忽略。端口管理消息有七种：启动、停止、内部环路测试、外部环路测试、双向环路测试、复位输入端口和复位时间标签。

(3) 统计消息。统计消息使 IP 交换机控制器对收集到的端口流量、错误率等 ATM 交换机的运行数据进行统计计数。

(4) 配置消息。配置消息使 IP 交换机控制器发现 ATM 交换机模块的容量和功能，交换机配置消息包括 MAC 地址信息等全局配置信息。端口配置信息包括可动态分配的 VPI/VCI 最大/最小值、每秒传输的信元数、接口类型、端口的管理类型、输出端口分配给虚连接的不同优先级数目。全部端口配置消息返回一组配置记录，每一个配置记录对应一个交换机端口。

(5) 事件消息。事件消息能使 ATM 交换机通知 IP 交换机控制器一些事件，如端口打开、端口关闭等。

7.3.3　IP 交换机的组成与工作原理

IP 交换机由 ATM 交换机硬件和一个 IP 交换机控制器组成，如图 7-10 所示。ATM 交换机主要利用 ATM 具有固定长度信元、硬件实现高速交换的特性来完成数据包的快速交换。IP 交换机控制器由流分类器、IP 路由软件和控制软件组成，用于控制 ATM 交换机工作。

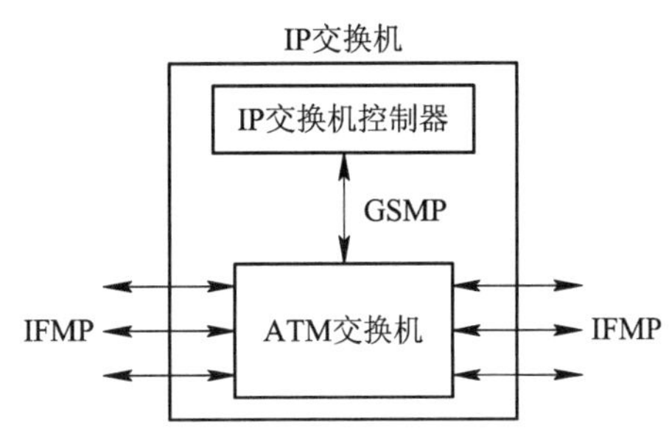

图 7-10　IP 交换机组成

在如图 7-10 所示的 IP 交换机结构中，保留了 ATM 交换机，用标准 IP 路由软件取代 ATM 信令和协议，用流分类器决定是否要交换一个流，并用驱动器来控制 ATM 交换机。系统启动阶段，在 IP 交换机及其邻接交换机的控制软件之间建立一条默认的虚信道，然后用这条信道作为默认的 IP 数据包传送路径。在 ATM 交换机和 IP 交换机控制器之间运行 GSMP 控制协议，使得 IP 交换机控制器能对 ATM 交换机进行完全控制。在 IP 交换机之间运行 IFMP 协议，可以使两个 IP 交换机之间传送连接信息。

IP 交换的基本概念是流的概念。一个流是从 ATM 交换机输入端口输入的一系列有先后关系的 IP 包，它将由 IP 交换机控制器的路由软件来处理。

如图 7-11 所示，IP 交换的核心是把输入的数据流分为两种类型——面向流业务和突发业务。面向流业务是指持续期长、业务量大的用户数据流。突发业务是指持续期短、业务量小、呈突发分布的用户数据流。

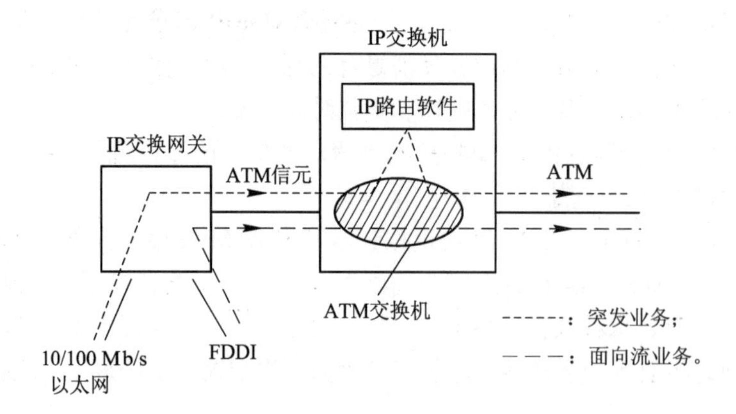

图 7-11 IP 交换机对输入业务流进行分类传送

持续期长、业务量大的用户数据流包括：文件传输协议(FTP)数据、远程登录(telnet)数据、超文本传输协议(HTTP)数据、多媒体音频、视频数据等。

持续期短、业务量小、呈突发分布的用户数据流包括：域名服务器(DNS)查询、简单邮件传输协议(SMTP)数据、简单网络管理协议(SNMP)数据等。

持续期长、业务量大的用户数据流在 ATM 交换机中直接进行交换。多媒体音频及视频数据常常要求进行广播和组播通信，将这些数据流在 ATM 交换机中进行交换，有利于 ATM 交换机的广播和多点发送。持续期短、业务量小、呈突发分布的用户数据流通过 IP 交换机控制器中的 IP 路由软件完成传送，即采用和传统路由器类似的存储-转发方式，采用这种方法省去了建立 ATM 虚连接的开销。

对于需要进行 ATM 交换的数据流，必须在 ATM 交换机内建立 VC。ATM 交换要求所有到达 ATM 交换机的业务流都用一个 VCI 来进行标记，以确定该业务流属于哪一个 VC。IP 交换机利用 IFMP 来建立 VCI 标签和每条输入链路上传送的业务流之间的关系。

与传统路由器相比，IP 交换机还增加了直接路由。IP 交换与传统路由器的数据转发方式比较示意如图 7-12 所示。

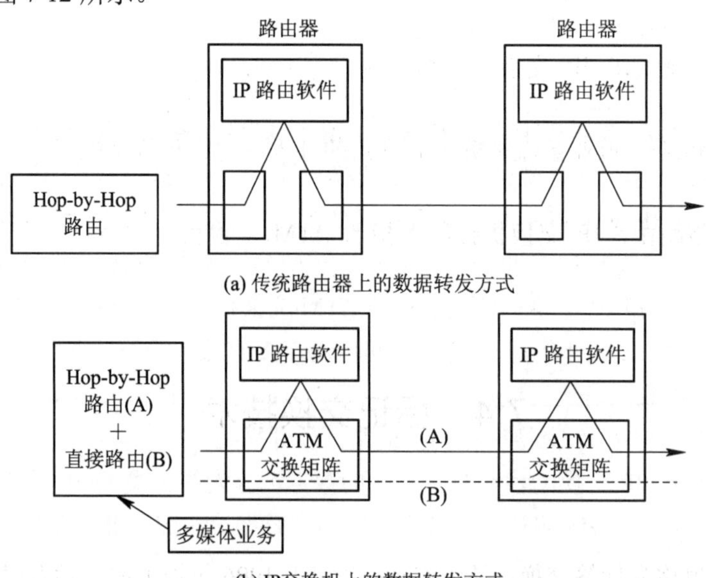

图 7-12　IP 交换机与传统路由器的数据转发方式比较

IP 交换机通过直接交换或跳到跳的存储-转发方式实现 IP 分组的高速转移，其工作原理如图 7-13 所示，共分如下六步进行。

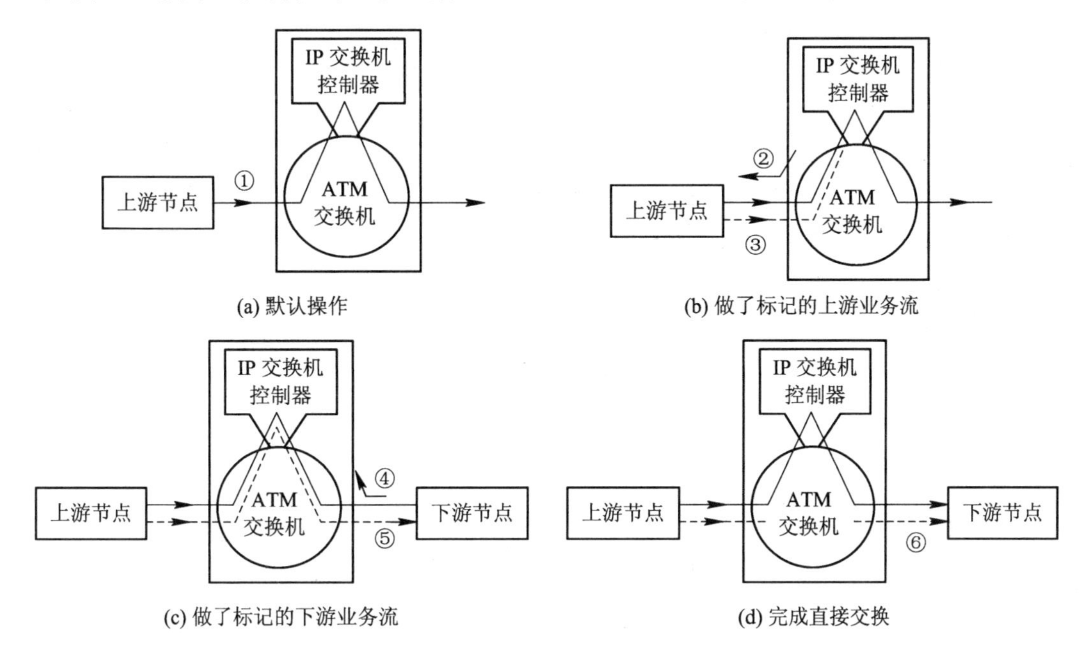

图 7-13　IP 交换机的工作原理

(1) 在 IP 交换机内的 ATM 输入端口从上游节点接收到输入业务流，并把这些业务流送往 IP 交换机控制器中的选路软件中进行处理，如图 7-13(a)所示。IP 交换机控制器根据输入业务流的 TCP 或 UDP 信头中的端口号码进行流分类。

(2) 一旦一个业务流被识别为直接进行 ATM 交换，那么 IP 交换机将要求上游节点把该业务流放在一条新的虚通路上，如图 7-13(b)所示。

(3) 如果上游节点同意建立虚通路，则该业务流就在这条虚通路上进行传送。

(4) 下游节点也要求 IP 交换机控制为该业务流建立一条呼出的虚电路，如图 7-13(c)所示。

(5) 通过(3)和(4)，该业务流被分离到特定的呼入虚通路和特定的呼出虚通路上，如图 7-13(c)所示。

(6) 通过旁路路由，IP 交换机控制器指示 ATM 交换机完成直接交换，如图 7-13(d)所示。

7.4　标记交换技术

标记交换，也称为标签交换，是由 Cisco 公司于 1996 年推出的一种多层因特网交换技术，将路由技术与交换技术集成在一起。标记交换是一种新的 IP 交换方案，给每个 IP 信息包加了一个标记。标记交换机(可以是路由器，也可以是 ATM 交换机)根据标记(而不是根据始发 IP 的目的地址)进行信息包交换。IP 地址和标记之间的映射维持是通过单独的标记分布协议(tag distribution protocol，TDP)来实现的。TDP 已演变为称为多协议标签交换(MPLS)的工业技术标准。

标记交换的基本原理是：在位于交换网络系统边缘的路由器中，先将每个输入数据单元的第三层地址映射为简单的标记，然后将带有标记的数据单元转化为打了标记的 ATM 信元。带有标记的 ATM 信元被映射到 ATM 虚电路上，由 ATM 交换机进行标记交换，与 ATM 交换相连的路由处理器用来保存标记信息库，以便寻找第三层路由。这些信元在另一个边缘路由器中，经过一个逆过程，恢复出原始的数据单元，再发给用户。其交换过程如图 7-14 所示。

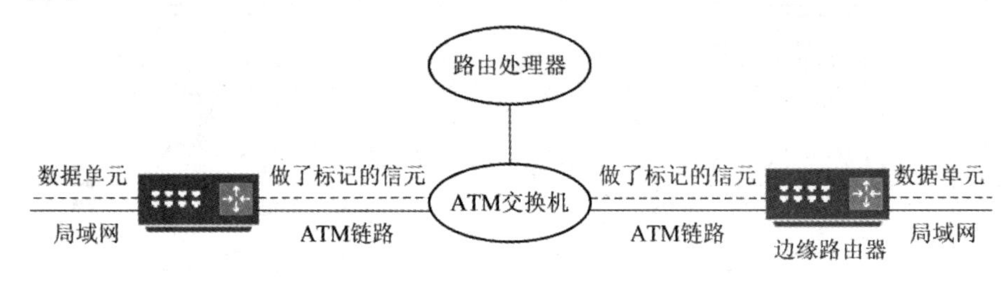

图 7-14　标记交换技术的交换过程

7.4.1　标记交换部件

标记交换部件包括转发部件与控制部件。转发部件运用信息包所携带的标记信息(tag)和标记交换机所维护的标记转发信息来完成信息包的转发。控制部件负责在一组互连的标记交换机中维护正确的标记转发信息。

1. 转发部件

标记交换所用的基本转发模式是以标签交换的构想为基础的。当一个带有标记的信息包被标记交换机收到时，该交换机用这个标记作为其 TIB(tag information base)中的一个索引。TIB 的每一个项都包括一个进站标记、一个或多个表单子项(出站标记、出站接口、出站链路级信息)。如果交换机发现一个项的进站标记与该信息包所携带的标记相同，那么交换机就会对该项的每个子项(出站标记，出站接口、出站链路级信息)进行处理，即用出站标记替换信息包中的标记，用出站链路级信息替换信息包中的链路级信息(如 MAC 地址)，并通过出站接口，将此信息包转发出去。

从以上对转发部件的介绍中，我们可以发现如下几点：

首先，转发决策是以精确匹配算法为基础的，该算法用一个固定长度、相当短的标记作为索引。相对于传统的用于网络层的最长匹配转发而言，它使用了一个简化的转发过程。反过来，这确保了更高的转发性能(每秒更多的信息包数)。这个转发过程，简单到足以允许直接的硬件实施。

其次，转发决策与标记的转发粒度无关。例如，同一转发算法适用于多路广播与单路广播，一个单路广播项只会有一个单一的子项(出站标记、出站接口，出站链路级信息)，而一个多路广播会有一个或许多个子项(对于多访问链路，在这种状况下，出站链路级信息将包括一个多路广播 MAC 地址)。这就说明了同一转发模式是如何运用标记交换来支持不同的路由功能的(如多路广播、单路广播等)。这一简单的转发过程必须与标记交换的控制部件不相耦合。新的路由(控制)功能可以被方便地部署，而无须干扰转发模式。这就意味着：当增添新的路由功能时，没必要重新优化转发性能(通过修改硬件或软件)。

标记信息可以以多种途径的方式封装在信息包中。

2. 控制部件

标记交换所必需的是标记与网络层路由之间的联编概念。为了提供良好的伸缩性能，同时适应多种路由功能，标记交换可支持很大范围的转发粒度。在一个极端上，一个标记可能被关联(联编)到一组路由上。更具体地说，是与这个组内路由的网络可达性(network layer reachability)联系在另一个极端上。一个标记可能被联系到一个单独的应用流上(如一个 RSVP 流)，也可能被联系到一个多路广播树上。

控制部件负责产生标记联编信息，然后在标记交换机中将这个标记联编信息进行分配。控制部件是一系列模块的集合，每个模块均可支持一项特定的路由功能。为了支持新的路由功能，可随时增添新的模块。下面对这些模块进行简要介绍。

1) 基于目的的路由

在基于目的的路由中，路由器是根据信息包中携带的目的地址和转发信息库(forward information base，FIB)中存贮的信息(由路由器维护)来作转发决策的。路由器是用其从路由协议(如 OSPF、BGP)中接到的信息来构造其 FIB 的。为了以标记交换支持基于目的的路由，一个标记交换机可以像一个路由器一样参与路由协议(如 OSPF、BGP)，并使用这些协议中接到的信息来构造其 FIB。

进行标记分配及标记信息库(TIB)管理的三种许可方法包括下行标记分配、下行按需标记分配及上行标记分配。在下行分配中，信息包中携带的标记是由链路的下行端的交换机(就数据流的方向而言)产生并联编到前缀码上的。在上行分配中，标记是在链路的上行端被分配和联编的。按需分配意味着只有在上行交换机要求去做时，标记才由下行交换机分配和发布。下行按需标记分配和上行标记分配在 ATM 网络中较常用。在下行分配中，交换机负责生成应用于进站数据信息包的标记联编，并从其毗邻的交换机接收出站信息包的标记联编。在上行分配中，交换机负责为出站标记生成标记联编，如应用于离开此交换机的数据信息包的标记，并从其毗邻交换机接收进站信息包的联编。

下行标记分配方案操作如下：交换机为其 FIB 中的每一个路由分配一个标记。用设置给这个分配标记的进站标记，在其标记信息库(TIB)中生成一项，然后把这个(进站)标记与这个路由之间的联编通知给其他的邻接标记交换机。这个通知是通过将此联编置于现有的路由协议上或者通过使用一个独立的标记分配协议(TDP)来实现的。一个标记交换机接收到一个路由的标记联编信息，并且此信息是由该路由的下一次跳转所生成的，则这个交换机就把这个标记(作为联编信息的一部分携带)放入与此路由关联的那个 TIB 项的出站标记中。这就产生了出站标记与路由之间的联编。

下行按需标记配置方案操作如下：交换机为其 FIB 中每个路由指定下一次跳转，然后向下一次跳转发布一个请求(通过 TDP)，索要此路由的标记联编。当下一个跳转接收到这个请求时，它就分配一个标记，以设置给这个被分配标记的进站标记，在其 TIB 中产生一项，然后再把这个(进站)标记与这个路由之间的联编返回至发出此原始请求的交换机。当交换机接收到这个联编信息后，它就会在其 TIB 中生成一项，并将此项中的出站标记设置成从下一个跳转接收到的值。

上行标记分配使用如下方案：如果一个标记交换机有一个或多个点到点接口，则它为其 FIB 中那些下一个跳转通过这些接口之一可及的每一个路由分配一个标记，用设置给此被分配标记的出站标记，在其 TIB 生成一项，然后把这个(出站)标记与这个路由之间的联编通知(通过 TDP)给下一个跳转。恰巧是下一个跳转的标记交换机接收到这个标记联编信息时，这个交换机把这个标记(作为联编信息的一部分被携带)放在与这个路由相关联的那个 TIB 项的进站标记之中。

一旦一个 TIB 项填有进站与出站标记，这个标记交换机就能通过使用标记交换转发算法联编到这些标记上的路由来进行信息包转发。当一个标记交换机中任意一个出站标记与一个路由间生成了一个联编时，这个交换机除了填充其 TIB 之外，还需使用这个联编信息来修改其 FIB。这样可以确保此交换机为原先未标记的信息包增加标记。需要注意的是，一个标记交换机需要维护的标记的总数不能超过这个交换机 FIB 中路由的数目。然而，某些情况下，一个单一标记可能与一组路由相连，而非与一个单一路由相连。这样，所需要的状态就要比标记被分配给单一流的情况要少得多。

一般来说，一个标记交换机将试图以它可达的所有路由的进站和出站标记来填充其 TIB，从而实现所有的信息都能由简单的标签交换转发。因此，标记分配是由拓扑结构(路由)驱动的，并非由流量驱动。这是由于引起标记分配的 FIB 项的存在，而并非由于数据信息包的到达。使用与路由相关联的标记而非流也意味着：没有必要为所有的流执行的分类过程，以决定是否合为一个流指派一个标记。反过来，这也简化了整体方案，并使其在流量方式出现改变时，更加强健与稳定。请注意，当标记交换被用于支持基于目的地的路由功能时，标记交换并不完全消除执行正常的网络层转发的需求。首先，向一个先前未标记的信息包增加一个标记，需要正常的网络层转发。这个功能可能由第一个跳转路由器执行，或者由能够参与标记交换路径上的第一个路由器执行。另外，一个标记交换机无论何时把一个路由聚合(通过使用层次路由技术只应用于标记交换机所维护路由的一个子集)到一个单一标记中，并且这些路由不共享一个公共的下次跳转时，该交换机需要为携带此标记的信息包执行网络层转发。作为结果，大多数情况下，信息包转发要交换算法。

2) 路由知识层

路由知识层是控制部件的一个模块。IP 路由体系结构把网络建模为一个路由功能域的集合。在一个域内，路由是通过内部路由功能(如 CSPF)来提供的，而跨域的路由是通过外部路由功能(如 BGP)来提供的。然而，承载传输流量的域(如 Internet service provider 形成的域)内所有路由器必须要维护内部路由提供的和外部路由提供的信息，这就产生了如下问题。

首先，这种信息的数量并非无关紧要。因此，它使路由器增添了额外的资源需求。此外，路由信息容量的增加也增加了路由的收敛时间。反过来，这又降低了系统的整体性能。

标记交换允许内部与外部选路功能不相耦合，这样，只要求处于一个域边界上的标记交换机维护外部路由提供的路由信息，而其他域内的交换机只需维护该域的内部路由所提供的路由信息(它通常要比外部路由信息小得多)。反过来，这又减小了非边界交换机上的选路由负载，并缩短了选路收敛时间。为了支持这项功能，标记交换允许一个信息包携带并非一个而是一个组织为栈的标记集合。一个标记交换机既可以交换栈顶的标记，也可以退栈，还可以交换标记并且把一个或多个标记压入栈。当一个信息在不同域的两个(边界)标记交换机之间被转发时，此信息包的标记栈只包含一个标记。

其次，当一个信息包在一个域内被转发时，此信息包中的标记栈将包含不是一个而是两个标记(第二个标记是被此域的入口边界标记交换机压入的)。栈顶的标记提供一个适当的出口边界标记交换机的信息包转发，同时栈中的第二个标记提供在此出口交换机处正确的信息包转发。此栈由出口交换机或由倒数第二个(相对于出口交换机而言)交换机来退栈。用于上述情况的控制部件与基于目的地路由所用到的部件极为类似。实际上，仅有的实质差别是：在上述情况中，标记联编信息将分布于物理邻接的标记交换中或在一个单一域内的边界标记交换中。

3) 多点广播

对多点广播来说，生成树的构想是必不可少的。多点广播路由过程(如 PIM)负责构造这种树(以收发信机作叶子)，同时多路广播转发功能负责沿着这种树转发多路广播信息包。

为了用标记交换来支持多点广播转发功能，每个标记交换机都通过一个多点广播树与一个标记进行如下关联。

当一个标记交换机生成一个多点广播转发项(为一个共享的或一个资源特定的树)及此项的出站接口列表时，此交换机还将生成本地标记(每个出站接口一个)。交换机在其 TIB 中生成一项，并以每个出站接口的此信息进行填充(出站标记、出站接口、出站 MAC 头)，把一个本地生成的标记放入此出站标记域中。这就产生了一个多点广播树与标记之间的一个联编。然后这个交换机通过每个与此项关联的出站接口通知这个标记(与此接口相关联的)与此树之间的聚束。

当一个标记交换机从另一个标记交换机接收到一个多点广播树与标记之间的联编时，如果另一个交换机是上行毗邻交换机(相对这个多路广播树而言)，则这个本地交换机将把此联编中携带的标记放入到与此树关联的 TIB 项的进站标记部件中。当一个标记交换机集合通过一个多访问子网被互连起来，多点广播的标记分配过程必须在这些交换机中协调进行。在其他情况下，多点广播的标记配置过程可能与基于目的地路由中使用的标记过程相同。

4) 灵活的路由(显式路由)

基于目的的选路功能，其基本特性之一就是信息包中用于转发此信息包的仅有信息是目的地地址。此特性在确保高度伸缩路由的同时，也限制了影响信息包所采取的实际路径的能力；反过来，这又限制了在多条链路中平均分配流量的能力，即从使用度高的链路上取下流量并转移到使用度较低的链路上。对于支持不同分类服务的 Internet 服务提供商(ISP)来说，基于目的的路由也限制了他们根据类型所用的链路来分离不同类型的能力。当今，一些 Internet 服务提供商使用帧中继或 ATM 来克服基于目的选路施加的这些限制，凭借标记的灵活粒度，标记交换能够克服这些限制，而无须使用帧中继或 ATM。为了提供与基于目的路由所决定的路径不同的路径转发功能，标记交换的控制部件允许在不对应基于目的路由路径的标记交换机中安装标记联编。

7.4.2 ATM 中的标记交换

由于标记交换转发模式是基于标签交换的，而 ATM 转发也是基于标签交换的，所以标记交换技术可以通过实施标记交换的控制部件的方式方便地应用于 ATM 交换机中。标记交换所需的标记信息可以在 VCI 域中被携带。如果需要两级标记，则 VPI 域同样可用。尽管 VPI 域的规模限制了切实可行的网络的大小，然而，对于大多数一级标记的应用来说，VCI 域是足够的。

为了获得必要的控制信息，交换机应该能(最小化地)在网络层路由协议(如 OSPF、BGP)中以对等体参与工作。此外，如果交换机必须执行路由信息聚合，则为了支持基于目的地的单路广播路由，交换机应该能够为部分流量执行网络层转发。在一个 ATM 交换机上以标记交换来支持基于目的的路由功能，可能要求此交换机维护与一条路由(或者拥有相同的下一个跳转的一组路由)相关联的几个标记。这可以避免从不同的上行标记机到来后并行地发向相同的下一个跳转的包的情况发生。ATM 交换机的标记分配和 TIB 维护过程可以采用下行按需标记分配或上行标记分配方案。因此，ATM 交换机能够支持标记交换，但它至少需要在交换机上实施网络层路由协议与标记交换控制部件。它可能还需要支持某些网络层的转发。

在一个 ATM 交换机上实施标记交换将简化 ATM 交换机与路由器的集成——一个能够完成标记交换的 ATM 交换机，对于一个邻接的路由器来说，将作为一个路由器出现。这样就可能为覆盖模型提供一个可变的、更具伸缩能力的候选方案，它去除了 ATM 选址、路由与信令方案的必要性。因为基于目的的转发方法是由拓扑结构驱动的，而不是由流量驱动的，所以这个方法在 ATM 交换机上的应用既不依赖于高的呼叫建立率，也不依赖于流的持久性。

在一个 ATM 交换机上实施标记交换，并不排除在同一交换机上支持传统的 ATM 控制面板(如 PNNI)。标记交换与 ATM 控制面板将以互不相见的方式(通过划分 VPI/VCI 空间及其他资源，以便这两个部件互不干扰)进行操作。

7.4.3 服务质量

为了给经过一个路由器或标记交换机的信息包提供一定范围的业务质量，我们需要两个机制：第一，需要将信息包分类；第二，需要保证信息包的处理能为每个类型都提供适当的 QoS 特性(带宽、丢失等)。

在信息包第一次被分类后，标记交换机就会提供一个属于特定类的简单标记包的方法。初始分类将由网络层或更高层头中携带的信息来完成。对应于这个结果类型的一个标记将被应用于这个信息包。然后，被标记的信息包就可以被沿途的标记交换路由器高效地处理，而无须再次被分类。实际的包的调度与排队是大体正交的，关键在于标记交换允许简单的逻辑用于发现识别信息包被调度的状态。

以 QoS 为目的，对标记交换的正确使用很大程度上依赖于 QoS 的部署。例如，当 RSVP 用于要求特定的 QoS 的一类信息包时，则有必要为 RSVP 话路分配一个标记，这可以由 TDP

或 RSVP 的扩充来完成。

7.4.4 标记交换移植策略

由于标记交换是在一对邻接的标记交换机之间执行的，又由于标记联编信息可以按成对原则来分配，所以标记交换可以以一种非常简单的渐增方式来引出。例如，一旦一对相邻的路由器被转变为标记交换机，这两个交换机中的每一个都将为发向另一个交换机的信息包作上标记，从而使另一个交换机可以使用标记交换。由于标记交换机与路由器使用相同的路由协议，所以标记交换机的引出不会对路由器产生任何影响。

随着越来越多的路由器允许实现标记交换，标记交换所提供功能的范围变得更广了。例如，如果一个域中所有路由器都支持标记交换，则开始使用路由知识功能层就成为可能。

7.5 多协议标记交换

多协议标记交换(multi-protocol label switching，MPLS)起源于 Cisco 公司的标记交换，后来由 IETF 提出技术标准规范。MPLS 是一个可以在多种第二层介质上进行标记交换的网络技术。它结合了第二层交换和第三层路由的特点，将第二层的基础设施和第三层的路由有机地结合起来。MPLS 是一种有效的封装机制，通过在 packet(IP packets)上使用“标记”(label)进行数据传递。同时可以支持多协议，不仅可以支持多种上层网络协议，包括 IPv4、IPv6 等，还可以运行于不同底层(ATM、FR、PPP)的网络之上，使得多种网络的互连互通成为可能。MPLS 为 Internet 骨干网业务承载能力和管理能力的提高提供了很好的解决方案，并担负起下一代网络(NGN)骨干传输的重任。

7.5.1 MPLS 的基本概念

1. MPLS 技术的引入

通过 7.2.3 节的学习可知，路由器作为第三层设备，可以在 LAN 及 VLAN 之间进行通信。由于传统路由器在路由选择时采用最长匹配算法，它是通过软件来转发数据分组，转发时每次都需要进行 IP 分组头的分析和查路由表的操作(见图 7-15)，这将导致交换的速度无法与基于短标签的精确地址匹配的二层交换机相匹敌。

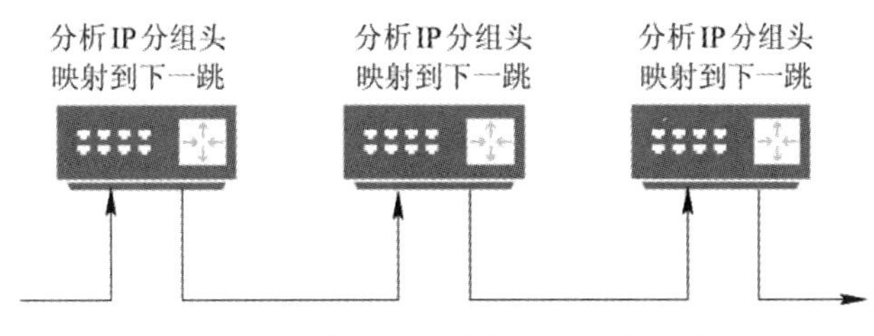

图 7-15　传统路由器的分组转发方式

为了提高分组转发的效率，业内提出了将第三层路由与第二层交换相结合的思想。具体操作时，路由器在对第一个数据流进行选路之后，同时产生一个 IP 地址与标记的映射关系表，当具有相同目的地的数据流再次通过时，将根据表中的映射关系直接在第二层进行标记交换，不再使用传统的路由选择方法再次选路，这样就实现了“一次路由，多次交换”，从而大大提高了交换的速度。

2. MPLS 网络构成

MPLS 网络由标记交换路由器(label switch router，LSR)和标记边缘路由器(label edge router，LSR)组成，如图 7-16 所示。LER 将 MPLS 域与域外节点相连，LSR 负责数据分组基于标记的转发。

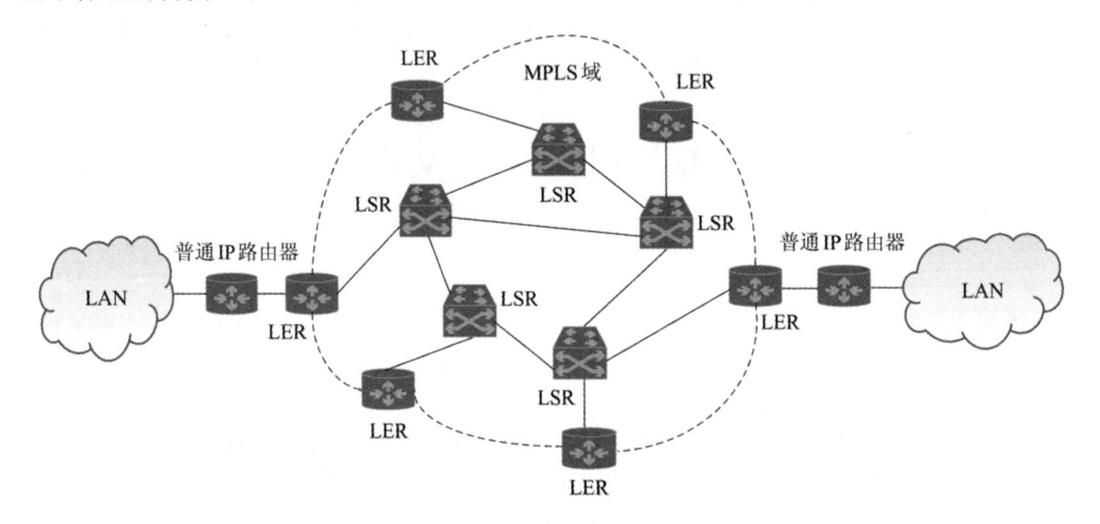

图 7-16 MPLS 网络的基本结构

3. 面向连接的转发方式

与传统的 IP 无连接方式转发形式不同，MPLS 采用面向连接的转发机制。基于第三层逐跳转发(hop-by-hop)选路方式，利用相关协议在第二层为每个路由建立一条标记交换路径(label switch path，LSP)，图 7-17 所示粗线部分表示已建立的一个 LSP 连接(由多段链路组成)。

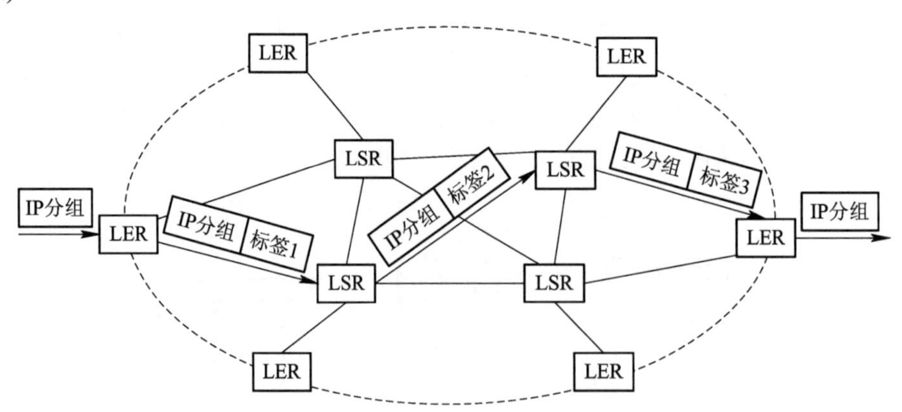

图 7-17 MPLS 网络中的 LSP 连接

7.5.2　MPLS 的标记分配与管理

1. MPLS 标记基本格式

标记是一个长度固定、只具有局部意义的短标识符，用于唯一标识一个分组所属的转发等价类 FEC(forwarding equivalent class)。标记由数据分组的头部所携带，不包含拓扑信息。MPLS 标记基本格式如图 7-18 所示。标记长度为 4 个字节，32 bit。标记共由以下 4 个域组成：

(1) Label：标记值字段，20 bit，用于转发的指针。

(2) Experimental：实验位，3 bit，一般用于 CoS(class of service，服务类别)。

(3) S(bottom of stack)：栈底指示，1 bit，MPLS 支持标记的分层结构，即多重标记，S 值为 1 时，表明为最底层标记。

(4) TTL(time to live)：生存时间，8 bit，类似 IP 分组中的 TTL 含义。

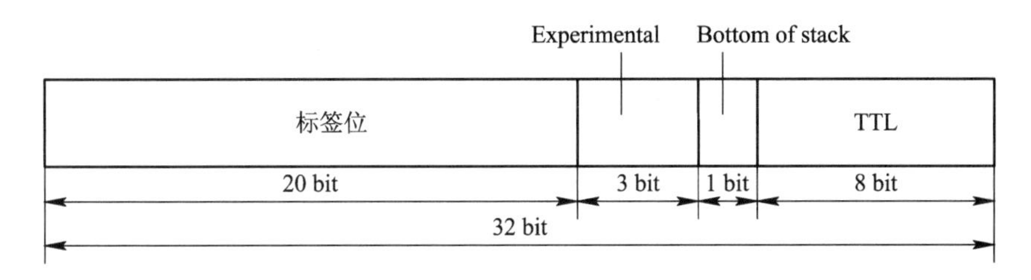

图 7-18　MPLS 标记基本格式

2. MPLS 标记的封装格式

MPLS 的标记与 ATM 的 VPI/VCI 以及帧中继的 DLCI 类似，是一种虚连接标识符。如图 7-19 所示，MPLS 的标记一般封装在第二层数据链路层协议头部和第三层 IP 头部之间的一个垫层中，但如果数据链路层协议具有虚连接标记域，如 ATM 的 VPI/VCI 或帧中继的 DLCI，则 MPLS 标记就代替这些标记直接封装在 VPI/VCI 或 DLCI 中。

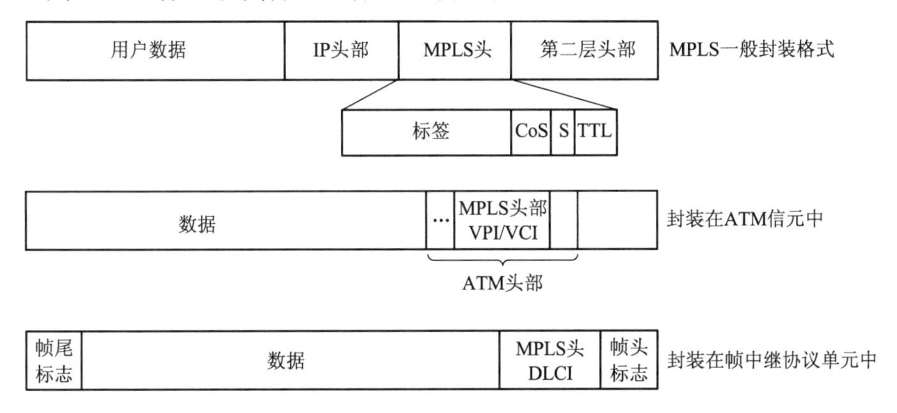

图 7-19　MPLS 标记的封装格式

3. 标记分发机制

在 MPLS 网络中，各标记交换路由器 LSR 在分配好标记后，需要将该标记信息通知给相邻的 LSR。标记分配与通知的方法有两种，按照与数据流传送方向的关系，分别称为下游标记分配方式和上游标记分配方式。

1) 下游标记分配方式

首先由 LSP 路径上的最末端节点根据业务流的 FEC 为该业务流分配一个标记，然后把标记传送给它上游的相邻节点；该相邻节点也为业务流分配一个标记，并建立该标记与末端节点之间的映射关系，再把其标记向上游节点传送；以此类推，直至到达该 LSP 路径的起始节点。

下游标记分配方式又分为下游主动标记分配方式和下游按需标记分配方式。下游按需标记分配方式，是指下游 LSR 在接收到上游 LSR 发出的“标记-FEC”绑定请求后，检查本地的标记——FEC 映射表，如果已有绑定，就把该标记发给上游 LSR；否则在本地分配一个标记与该 FEC 绑定，再发回给上游 LSR。下游主动标记分配是指在上游 LSR 未提出标记绑定请求的情况下，下游 LSR 把本地标记绑定信息分发给上游 LSR。

2) 上游标记分配方式

与下游标记分配方式相反，LSP 路径起始节点首先根据业务流的 FEC 为该业务流分配一个标记，然后把标记传送给它下游的相邻节点；该相邻节点使用收到的标记与该 FEC 绑定，同时为其下游节点再分配一个标记，并把该标记向下游节点传送；以此类推，直至到达该 LSP 路径的末端节点。

4. 标记分配协议

在 MPLS 网络中，标记分配功能是通过标记分配协议(label distribution protocol，LDP)来实现的。LDP 有四种类型消息：

(1) 发现消息(discovery message)：用于通告 LSR 的存在。

(2) 会话消息(session message)：用于建立、维护和停止 LDP 对等实体间的会话。

(3) 公告消息(advertisement message)：用于建立、修改和删除 FEC 的标记映射。

(4) 通知消息(notification message)：用于提供各类报告信息。

LDP 的主要功能包括：规定 MPLS 的信令与控制方式、发布标记-FEC 的映射、传递路由信息、建立与维护标记交换路径等。

LDP 发现阶段：一种探知潜在 LDP 对等体的机制，它使得不必手工配置 LSR 的标记交换对等体得以实现，LDP 发现有两种不同机制：基本发现机制用于探知链路直接相连的 LSR；扩展发现机制用于支持链路级上不直接相连的 LSR 之间的会话。

LDP 会话路径建立与维护：LSR 使用发现消息得知网络中潜在的对等实体后，就开始与潜在对等实体建立 LDP 会话。会话建立分两步进行：传送连接建立和会话初始化。

标记交换路径的建立与维护：在建立了 LDP 会话之后，LSR 就可以进行标记绑定消息的分发。所有 LSR 由此过程可以建立标记信息库，多个路由器的标记信息库的建立过程也是标记交换路径(LSP)的建立过程。

会话的撤销：LSR 针对每个 LDP 会话连接维护一个会话保持定时器，如果会话保持定时器超时即结束 LDP 会话，也可以通过发送关闭消息来终止 LDP 会话。

7.5.3 MPLS 的基本交换原理

MPLS 采用面向连接的工作方式，并基于标记交换，一个数据分组在 MPLS 网络中进行转发要经过建立连接、数据传输和拆除连接三个阶段。

1. 建立连接

对于 MPLS 来说，建立连接是形成标记交换路径 LSP 的过程。MPLS 使用现有的路由协议，例如，OSPF、IGRP 等协议建立原点到目的点的网络连接，同时使用 LDP 匹配各个交换节点路由表中的信息来建立相邻设备的标记，建立标记转发信息库 FIB，从入口 LER 到出口 LER 之间各节点分配的标签映射串联起来构成标签交换路径 LSP，从而完成从起点到终点网络的标记映射。

图 7-20 展示了 MPLS 网络中，在路径 A→B 上要传送到达目的网络地址为 128.89.0.0 的数据分组，需要预先建立一条 LSP 的过程。

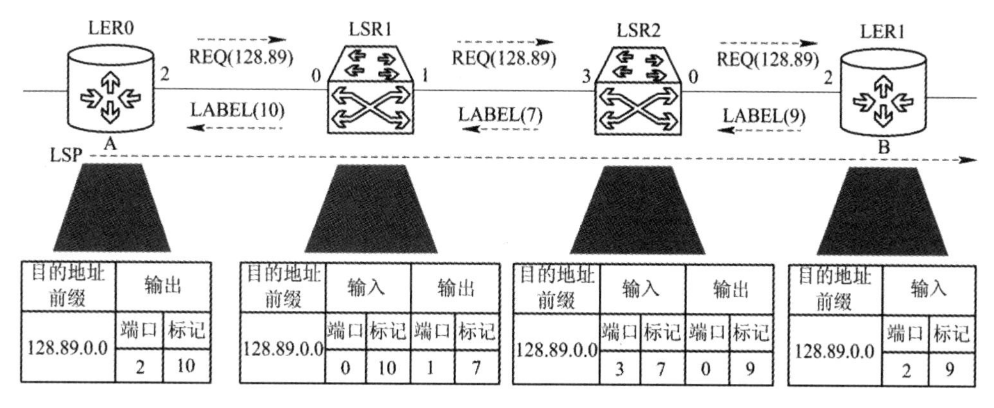

图 7-20 LSP 的建立过程

图中示例采用下游按需标记分配方式。由网络入口路由器 LER0 根据路径 A→B 对应某一类 FEC，并连同目的地址 128.89.0.0 匹配本地路由表，查找到下一跳节点路由器地址为 LSR1，并向其发送标记请求 REQ(128.89)；LSR1 收到 LER0 的标记请求后，在本地路由表中记录标记请求信息，并匹配路由表获得该 FEC 的目的地址前缀对应的转发下一跳地址为 LSR2，接着向 LSR2 继续发送标记请求；依次操作，直到网络出口边缘路由器 LER1 收到标记请求。此时，LER1 首先为该 FEC 选定一个标记“9”，并将其填入标记信息表的输入端口“2”对应的标记位置上，然后把该标记“9”与 FEC 的映射传送给相邻的上游节点 LSR2；LSR2 收到下游节点发送的映射关系后，把收到的标记“9”和输出端口“0”一起填入对应的标记转发表中，同时选定一个标记“7”分配给对应的链路，并将其与输入端口“3”一起填入对应该 FEC 的标记转发表中，并把标记“7”和该 FEC 的映射信息继续发送给相邻的上游节点 LSR1；同理，直到网络入口边缘路由器 LER0 收到下游节点 LSR1 分配的标记“10”及其与 FEC 的映射信息后，把它们和输出端口“2”一起填入本地标记信息转发表中。这样，路径 A→B 标记的一个 FEC 在 MPLS 网络中的 LSP 就建立完成了。该 LSP 由标记10－7－9所串联的链路组成，该 FEC 对应的数据分组使用 MPLS 标记沿着该 LSP 进行快速转发。

2. 数据传输

数据传输就是数据分组沿 LSP 进行转发的过程。MPLS 网络中入口 LER、网络中的 LSR 和出口 LER 分别具有不同的工作机制。

1) 入口LER进行边缘一次路由

MPLS网络中是按照由入口LER完成数据分组到LSP的映射，将数据分组封装成标记分组，再将标记分组从相应端口转发出去的流程工作的。

当IP数据分组到达一个MPLS网络的入口LER处时，首先进行转发等价类的划分，从而将输入的数据分组映射到一条LSP上，并对分组添加标记。具体过程为：LER首先分析IP数据分组头部的信息，将该分组映射为某个FEC，这样，该FEC就与某条LSP相对应。FEC的划分方法是：LER根据分组的目的地址，通常采用FEC所含主机地址匹配优先和最长地址前缀匹配优先的准则，将数据分组与某个FEC相匹配；对于每一个FEC，LER都建立一条独立的LSP。数据分组划分为一个FEC后，LER就可以根据标记信息库(LIB)来为其生成一个标记。这样，由入口LER把标记封装到数据分组的头部后，从标记信息库所规定的输出端口把该分组发送出去。

图7-21描述了一个目的地址为128.89.25.4的数据分组，在进入MPLS网络的入口LER时，根据其目的网络地址128.89.0.0，匹配到某一FEC及建立LSP后，LER根据目的网络地址查找标记信息表，搜索到其发送的输出端口“2”和输出标记“10”，将标记“10”添加到数据分组的头部，并沿着LSP从端口“2”转发出去。

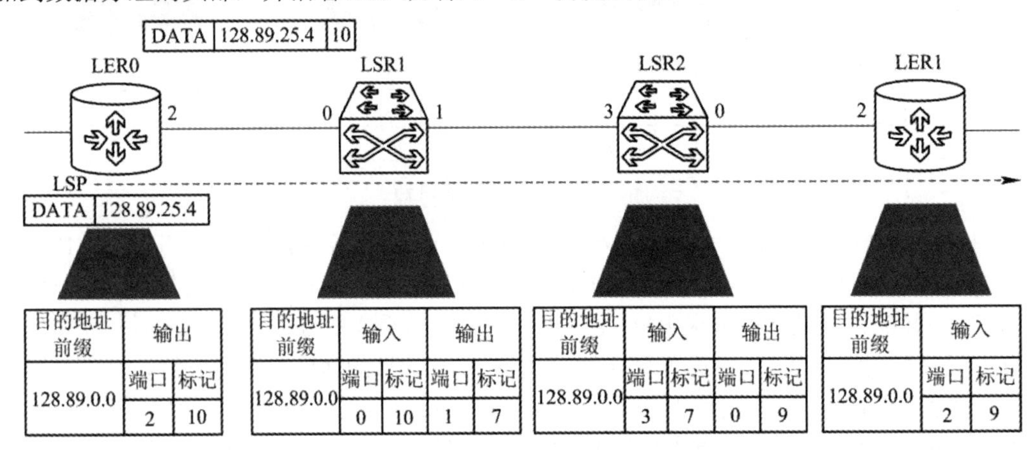

图7-21　MPLS网络入口LER为数据分组添加标记

2) 网络内部LSR进行多次交换

位于网络核心的LSR对带有标记的分组不再进行任何第三层的路由处理，只依据分组上的标记进行转发。它读取每一个数据分组的标记，然后根据LSP转发到下一个交换节点，依次不断地在交换设备之间转发。当一个带有标记的数据分组到达LSR的时候，LSR提取输入标记，同时以它作为索引在标记转发信息表中查找，当找到相关信息后，取出输出标记，并由输出标记替换分组头部的输入标记重新进行封装，再从标记信息库中对应的输出端口转发数据分组。

图7-22描述了目的地址为128.89.25.4的数据分组在MPLS网络内部经过多个LSR多次标记转发的过程。该分组从输入端口“0”到达LSR1，LSR1根据分组上的标记“0”在本地标记转发信息表中进行匹配查找，取出对应的输出标记“7”，并进行标记置换，用输出标记“7”替换原来的标记“10”，在分组头部重新封装，再按照LSP从输出端口“1”转发该分组。同理，到达下一跳节点LSR2时也进行标记置换和数据转发，将输入标记“7”

替换成输出标记“9”，从端口“0”输出并沿着 LSP 路径继续转发。

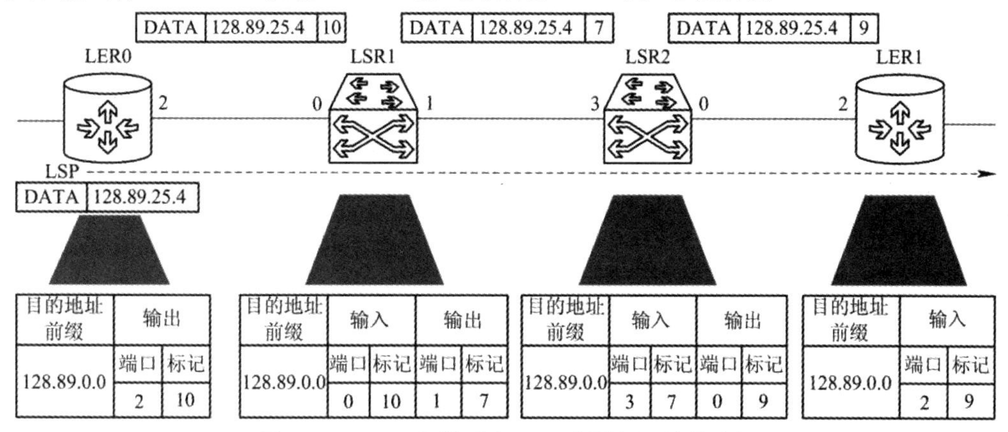

图 7-22　MPLS 网络内部 LSR 根据标记转发分组

3) 出口 LER 进行标记拆除

当数据分组到达 MPLS 网络出口 LER 时，需进行标记拆除，然后继续按照 IP 数据包的路由方式将数据分组继续传送到目的地。

图 7-23 描述了 MPLS 网络出口 LER 对数据分组拆除标记的处理过程。当数据分组到达出口 LER1 时，LER1 去掉分组头部分装的标记“9”，恢复成原来的 IP 数据分组，然后继续传送。

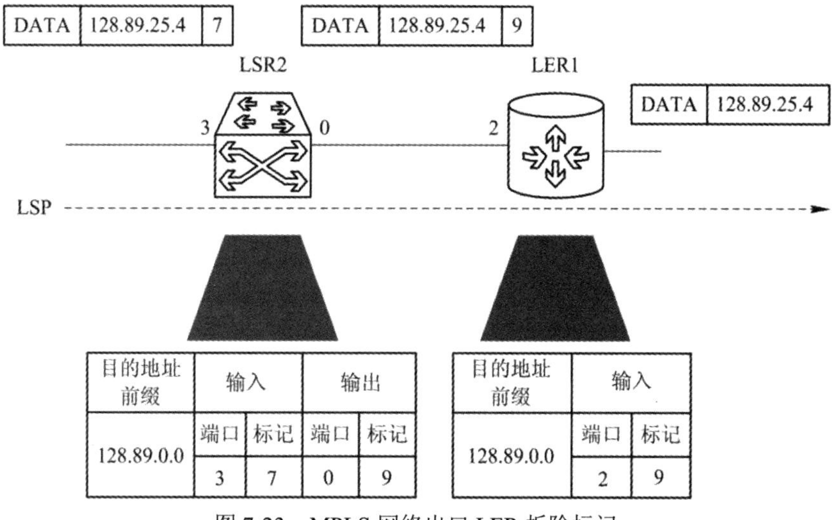

图 7-23　MPLS 网络出口 LER 拆除标记

3. 拆除连接

面向连接的 MPLS 网络传输的最后一个阶段就是拆除连接，当数据通信结束或出现故障时需要进行拆除连接操作，也就是释放 LSP 的过程。由于 LSP 路径是由各转发节点的标记串接而成，所以连接的拆除也就是标记的取消。标记取消方式一般有两种：一是采用计时器方式，也就是分配标记的时候为标记设定一个生存时间，将生存时间与标记一同分发给相邻的 LSR，相邻的 LSR 设定定时器对标记计时，如果在生存时间内收到此标记的更新消息，则标记依然有效并更新定时器；否则，标记将被取消。第二种方法是在网络拓扑结构发生变化或者链路出现故障时，通过 LSR 发送 LDP 消息来取消标记。

7.5.4 MPLS 的特点与应用

1. MPLS 的特点

1) MPLS 的优点

(1) 转发简单。标记交换基于一个精确匹配的短标记(4 Byte)，这个标记长度小于传统 IP 头(20 Byte)，有利于基于硬件实现高速转发。

(2) 采用等价转发类(FEC)，增强了可扩展性。FEC 具有汇聚性，可以实现标记及路径的复用。路由决策灵活，查找速度快，可适应用户数量快速增长的需求。

(3) 支持基于 QoS 的路由，可以选择满足特定 QoS 的路径。

(4) 具有流量管理功能，支持多种增值业务(隧道、虚拟专用网)及路由迂回等，可以指定某一个流经特定路径转发，以达到链路、交换设备流量的平衡。

(5) 由于标记具有不同粒度和等级结构，路由的处理可以分级进行，简化了网络管理。

(6) 与 ATM 或帧中继相结合，提高了路由扩展性。边缘路由器不再关心中间的传输层，简化了路由表，对分组和信元采用统一的处理规则，降低了网络的复杂性，具有更好的可管理性。在 ATM 层上直接承载 IP 分组，提高了传输效率。

(7) 支持标记合并技术，解决了可扩展性问题，简化了标记映射表。对于 ATM 网，MPLS 支持 VC 合并的机制，到同一终点的多个 VC 可以汇聚成为一个 VC，从而节省 VCI 资源。

2) MPLS 的缺点

(1) 对短业务流，信令开销较大。

(2) 具体的数据承载网络(如基于 ATM)中进行 LSP 聚合操作复杂。

2. 基于 MPLS 的虚拟专用网(VPN)技术

虚拟网技术主要用于大型企业和行业用户在国外分支机构(如银行、保险、运输、大型制造和连锁企业等)实现企业的广域连网。VPN 是在公共通信网络中应用的虚拟网技术，它从公共通信网络中划分出一个可控的通信环境，只有授权用户才能访问一个指定的 VPN 内的资源，使得 VPN 内部用户之间的通信做到便捷、高效及可靠。

在 MPLS 中应用的虚拟网技术主要是 VPN。MPLS VPN 技术为用户提供了质量和安全保证，同时大大节约了成本。特别是通过 MPLS VPN 技术可以为企业用户提供包括语音、数据甚至视频业务在内的多媒体统一通信平台。

MPLS VPN 技术具有如下特点：

(1) 扩展能力强。帧中继及 ATM 等网络中的 VPN 扩展能力有限。这是因为它们采用的是点对点、面向连接的虚电路连接，要求的虚电路数量大概是用户数量的平方，维护和管理较为困难，尤其在新增节点时，需要网络服务商进行烦琐的虚电路配置。而在 MPLS VPN 中，不需要由人工在 VPN 成员节点之间进行配置连接，只需说明 VPN 分组情况即可，运营商的边缘 MPLS 交换设备会自动在三层上发现路由，从而将建立 LSP。

(2) 支持服务质量设置。可对 VPN 用户和业务进行分级和分类管理，改善服务质量。

(3) 实现网络安全。VPN 增强了网络的智能性和安全性。一些新的服务，如在线银行、在线交易等都需要安全保障。

(4) 降低成本。VPN 使企业可以利用运营商的设施和服务，同时又完全掌握着网络的控制权。企业不需要对核心网络设备进行维护管理，将这项工作交由运营商负责，企业只需要负责用户的查验、访问控制、网络地址、安全性和网络变化管理等重要工作。这样可大大节省设备投资和场地费用，减少维护管理人员，但同时得到了更高水准的网络服务。

3. 基于 MPLS 的流量工程

现有 IP 网络的路由选择算法是基于目的 IP 地址和最短路径进行的，而忽略了网络可用链路容量。这种机制会导致某些链路过载或拥塞，而其他一些链路却处于利用率不足的不均匀现象，这种并非由于网络资源不足而引起的。QoS 降低及网络资源浪费的现象必须加以控制，这也正是流量工程的意义所在，通过对各种业务流进行合理疏导来完成。

流量工程通过 QoS routing 等协议得到整个网络的拓扑情况、负载情况和管理情况，从而对网络进行统计、分析和预测并计算出应采取的策略。但它不进行具体的策略实施，只为数据转发行为提供建议。

传统的 IP 选路是基于 hop-by-hop 的路由机制，每个路由独立选路，无法要求其他路由器按指定路径传输，而 MPLS 是面向连接的，数据转发沿 LSP 进行，只要使 LSP 按照指定的流量策略建立，就能很好地引导业务流沿最合理的路径传送，从而达到流量工程的目的。

本 章 小 结

随着 Internet 网络规模的快速增长以及人们对多媒体业务的需求，要求 Internet 网络具有实时性、可扩展性且要保证服务质量的能力。但现有网络已经不堪重负，路由器日益复杂，也无法满足通信优先级的要求，IP 交换技术就是在这种情况下应运而生的。本章首先介绍 IP 协议，包括 IP 地址和域名服务，在此基础上分析 IP 交换的核心设备——路由器的工作原理，并介绍了当前广泛应用的 IP 交换技术和标记交换技术，最后详细介绍了多协议标记交换 MPLS 技术。

习 题 7

7-1　简述 IP 地址的分类以及各类 IP 地址范围。

7-2　简述 IP 数据报分组格式以及各字段的含义。

7-3　简述路由器的组成以及各部分的基本功能。

7-4　简述静态路由协议的优缺点。

7-5　简述动态路由协议的分类以及常用的动态路由协议。

7-6　详细描述路由器工作原理。

7-7　描述 IP 交换机的组成与工作原理。

7-8　简述标记交换的作用。

7-9　标记分配有哪些方法?

7-10　LER 和 LSR 分别完成什么功能?

7-11　简述多协议标记交换(MPLS)的工作过程。

7-12　MPLS 交换的特点是什么?

第 8 章　移动交换技术

8.1　移动通信系统的基本结构

移动通信的主要目的是实现任何时间、任何地点和任何通信对象之间的通信。从通信网的角度看，移动网可以看成有线通信网的延伸，它由无线和有线两部分组成。无线部分提供用户终端的接入，利用有限的频率资源在空中可靠地传送话音和数据；有线部分完成网络功能，包括交换、用户管理、漫游、鉴权等，构成公众陆地移动通信网(public land mobile network，PLMN)。

与有线通信相比，移动通信最主要的特点是移动用户具有移动性，网络必须随时确定用户当前所在的位置区，以完成呼叫、接续等功能；由于用户在通话时具有移动性，因此还涉及频道的切换问题。另外，移动用户与基站系统之间采用无线接入方式，由于频率资源的有限性，如何提高频率资源的利用率是发展移动通信要解决的主要问题。

近年来，移动通信系统得到了非常大的发展，在社会的各个方面都得到了广泛的应用。

8.1.1　移动通信系统的网络结构

1988 年 ITU 通过了关于 PLMN 的 Q.1000 系列建议，对 PLMN 的结构、接口、功能以及与公用电话交换网的互通等作了详尽的规定。图 8-1 为 PLMN 的功能结构。

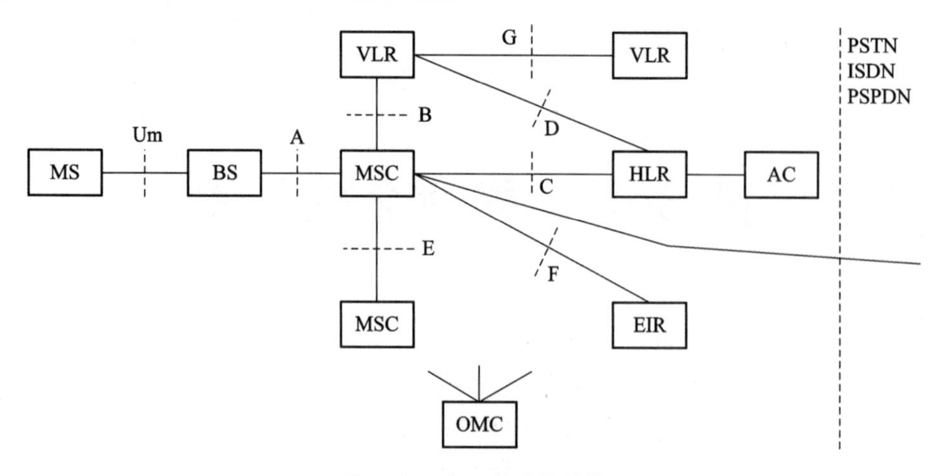

图 8-1 PLMN 的功能结构

1. 移动台

移动台(mobile station，MS)是用户使用的终端设备。MS 有车载式、手持式、便携式、船舶以及特殊地区需要的固定式等类型。它由移动用户控制，与基站间建立双向无线通信。在数字蜂窝系统中，MS 由移动终端(手机)和用户识别模块(subscriber identity module，SIM)或身份识别模块(user identity module，UIM)两部分组成。MS 主要完成语音编码、信道编码、信息的调制解调、信息加密、信息的发送与接收等功能。业务不同，MS 的配置也有所不同，但一般都有显示屏、键盘、送话器和受话器等。每个 MS 都有唯一的设备识别号，存储在 SIM/UMI 卡上。

在 3G 网络中，将 MS 称为用户设备(user equipment，UE)，由移动设备(mobile equipment，ME)和 UMTS 用户模块(UMTS subscriber module，USIM)组成。

2. 基站

基站(base station，BS)是位于同一位置的所有无线电设备的总称。BS 是 MS 与 MSC 的接口设备，一般由多个信道收信机、发信机和天线系统组成，其主要功能是发送和接收射频信号，在有些系统中还具有信道分配和小区管理等控制功能。一个 BS 一般为一个或多个小区服务。

在 GSM 系统中，将 BSS 称为基站系统(base station system，BSS)。一个 BSS 包括一个基站控制器(base station controller，BSC)和一个或多个基站收发信台(base transceiver station，BTS)。BSC 控制 BTS 工作，BTS 负责与 MS 进行无线通信。本书不再细分，一般均用 BS 表示基站。

在 3G 网络中，又将基站部分称为陆地无线接入网(universal terrestrial radio access network，UTRAN)，由无线收发信基站(Node-B)和无线网络控制器(radio network controller，RNC)组成。

3. 移动交换中心

移动交换中心(mobile switching centre，MSC)是移动通信网的核心，一般包括控制管理模块、交换单元和接口电路，主要完成 MS 登记和寻呼、移动呼叫接续、路由选择、越区切换控制、无线信道资源和移动性管理等功能。MSC 也是 PLMN 与 PSTN、ISDN、PDN

等固定网之间的接口设备。MSC 从各种数据库中取得处理用户呼叫请求所需的数据，并根据其最新数据更新数据库。当 MSC 用于连接 PSTN 时，称其为网关移动交换中心(gateway MSC，GMSC)。

4. 归属位置寄存器

归属位置寄存器(home location register，HLR)是一个位置数据库。归属是指移动用户开户登记的所属区域。HLR 用于存储在该地区开户的所有移动用户的用户数据，包括常规的用户识别号码、MS 类型和参数、用户服务类别，以及和移动通信有关的用户位置信息、路由选择信息等。移动用户的计费信息也由 HLR 集中管理。HLR 可以集中设置，亦可分设于各 MSC 中。HLR 可视为静态用户数据库。

5. 访问位置寄存器

访问位置寄存器(visitor location register，VLR)是一个动态数据库，用来存储进入其覆盖范围内的移动用户信息。VLR 通常与 MSC 设置在一起，为 MSC 处理所管辖区域中 MS 的呼叫提供用户参数及位置信息(如用户号码、所处位置区域识别)等。MS 进入非归属区的移动电话局业务区时，就成为一个访问者。通常，每一个移动交换区有一个 VLR。VLR 存储进入本地区的所有访问者的有关用户数据，这些数据从访问者的 HLR 中获得，访问者通常称为“漫游用户”。当 MSC 要处理访问者的去话或来话呼叫时，就从 VLR 中检索所需的数据。

6. 设备识别寄存器

设备识别寄存器(equipment identity register，EIR)也是一个数据库，用来存储 MS 设备参数，完成对移动设备的识别、监视和锁闭等功能。EIR 按 MS 设备号记录 MS 的使用合法性等信息，供系统用于鉴别管理。

7. 鉴权中心

鉴权中心(authentication centre，AuC)存储移动用户合法性检验的数据和算法，用于安全及保密管理，对用户鉴权，对无线接口的语音、数据、信号信息进行加密，防止无权用户接入系统，保证无线接口的通信安全。

8. 操作维护中心

操作维护中心(operation and maintenance center，OMC)是操作维护 PLMN 的功能实体。

8.1.2　移动通信系统的网络接口

如图 8-1 所示，移动通信系统的网络接口如下：

(1) Um 接口：无线接口，又称空中接口，该接口采用的技术决定了移动通信系统的制式。按照话音信号采用模拟还是数字方式传送，移动通信系统可分为模拟和数字移动通信系统；按照多址方式，移动通信系统可分为 FDMA(频分多址)、TDMA(时分多址)和 CDMA(码分多址)系统。目前第三代移动通信系统的目标是在无线接口采用统一的技术和规范，以实现全球漫游。

(2) A 接口：无线接入接口。该接口传送有关移动呼叫处理、基站管理、移动台管理、信道管理等的信息，并与 Um 接口互通，在 MSC 和 MS 之间互传信息。在模拟移动通信系统中，A 接口作为内部接口处理。在数字系统尤其是欧洲的 GSM 系统中，对 A 接口作了详尽的定义，因此原则上可选用不同厂商生产的 MSC 和 BS 互连。

(3) B 接口：MSC 和 VLR 之间的接口。MSC 通过该接口向 VLR 传送漫游用户位置信息，并在呼叫建立时向 VLR 查询漫游用户的有关数据。

(4) C 接口：MSC 和 HLR 之间的接口。MSC 通过该接口向 HLR 查询被叫移动台的选路信息，以便确定呼叫路由，并在呼叫结束时向 HLR 发送计费信息。

(5) D 接口：VLR 和 HLR 之间的接口。该接口主要用于登记器之间传送移动台的用户数据、位置信息和选路信息。

(6) E 接口：MSC 之间的接口。该接口主要用于越区切换。当移动台在通信过程中由某一 MSC 业务区进入另一 MSC 业务区时，两个 MSC 需要通过该接口交换信息，由另一 MSC 接管该移动台的通信控制，使移动台的通信不中断。

(7) F 接口：MSC 和 EIR 之间的接口。MSC 通过该接口向 EIR 查询发呼移动台设备的合法性。

(8) G 接口：VLR 之间的接口。当移动台由某一 VLR 管辖区进入另一 VLR 管辖区时，新老 VLR 通过该接口交换必要的信息。

(9) MSC 与 PSTN/ISDN 的接口：利用 PSTN/ISDN 的 NNI 信令建立网间话路连接。

8.1.3 编号计划

在移动通信系统中，由于用户具有移动性，因此需要五种号码对用户进行识别、跟踪和管理。

1. 移动台目录号码

移动台目录号码(mobile station directory number，MSDN)是供主叫用户拨打的移动用户号码，其编码方式和 PSTN/ISDN 相同，在 GSM 系统中称为 MSISDN，在 CDMA 系统中称为 MDN。其结构如下：

[国家码] + [国内移动网接入号码] + [用户号码]

其中，国家码(CC)，即 MS 登记注册的国家码，中国为 86；国内移动网接入号码(NDC)，中国移动为 134～139，中国联通为 130～132；用户号码(SN)，我国采用 8 位等长编号，前 4 位为 HLR 标识码，后 4 位为移动用户号码。

2. 国际移动设备标识

国际移动设备标识(international mobile equipment identification，IMEI)是唯一标识 MS 设备的号码，又称 MS 电子串号。该号码由制造厂家永久性地置入 MS 中，用户和运营商都不能改变，作用是防止非法用户入网。

根据需要，MSC 可以发指令要求所有的移动台在发送 IMSI 的同时发送其 IMEI，如果发现两者不匹配，则确定该移动台非法，应禁止使用。在 EIR 中建立一张“非法 IMEI 号码表”，俗称“黑表”，用以禁止被盗移动台的使用。EIR 也可设置在 MSC 中。

ITU 建议 IMEI 的最大长度为 15 位。其中，设备型号占 6 位，制造厂商占 2 位，设备序号占 6 位，另有 1 位保留。我国 GSM 采用此结构。对于 CDMA 系统，移动设备标识号称为电子序号(electric serial number，ESN)，由 32 bit 组成，能够唯一识别 MS 设备。每个双模手机分配唯一的 ESN。

3. 国际/国内移动用户标识

国际/国内移动用户标识(international mobile subscriber identity/national mobile station identification，IMSI/NMSI)指网络识别移动用户的国际/国内通用号码。MS 以此号码发起入网请求或位置登记，MSC 以此号码查询用户数据。此号码也是 HLR 和 VLR 的主要检索参数。

IMSI 编号计划国际统一，由 ITU E.212 建议规定，以适应国际漫游的需求。它和各国的 MSDN 编号计划相互独立，这样使得各国电信管理部门可以随着移动业务类别的增加独立发展自己的编号计划，不受 IMSI 的约束。

IMSI 编号计划的设计原则如下：

(1) 编号应能识别出移动台所属的国家及在所属国家中所属的移动网。

(2) 编号中识别移动网和移动台的数字长度可由各国自行规定，其基本要求是当移动台漫游至国外时，国外的被访移动网最多只需分析 IMSI 的 6 位数字就可判定移动台的原籍地。

(3) 编号计划不需要直接和不同业务的编号计划相关。

(4) 一个国家若有多个公用移动网，则不强制规定这些移动网的编号计划一定要统一。

根据这些原则，ITU 规定 IMSI 的结构为

$$MCC + MNC + MSIN$$

其中，MCC 为国家码，长度为 3 位，由 ITU 统一分配，同数据网国家码；MNC 为移动网号，中国移动为 01，中国联通 GSM 网为 02，CDMA 为 03；MSIN 为移动用户号码。

NMSI 由 MNC 和 MSIN 两部分组成，其长度由各国自定，但应符合上述第(2)条原则的要求。

IMSI 不用于拨号和路由选择，因此其长度不受 PSTN/PDN/ISDN 编号计划的影响。但是 ITU 要求各国应努力缩短 IMSI 的位长，并规定其最大长度为 15 位。每个 MS 可以是多种移动业务终端，相应可以有多个 MSDN，但 IMSI 只有一个。MSC 依据 IMSI 受理用户的通信业务并计费。当拨叫某移动用户时，MSC 请求 HLR 或 VLR 将 MSDN 转换成 IMSI，再用 IMSI 进行寻呼。

4. 移动台漫游号码

移动台漫游号码(mobile station roaming number，MSRN)是分配给来访用户的临时号码，供 MSC 进行路由选择。由于 MS 具有移动性，其位置是不确定的，因此 MSDN 只反映它的归属地，当 MS 进入另一个 MSC 管辖的区域时，该 MSC 的 VLR 要根据当地编号计划为 MS 动态分配一个 MSRN，并经由 HLR 告知归属地 MSC，以建立至该 MS 的路由。当此 MS 离开该区后，VLR 和 HLR 都要删除这个 MSRN，以便再分配。

5. 临时移动用户标识

临时移动用户标识(temporary mobile subscriber identity，TMSI)是为网络安全设计的。由于 IMSI 是唯一识别一个用户的编码，如果被截取，会被不法分子利用，所以 IMSI 不在空中无线信道上传送，而是用 TMSI 替代。TMSI 由 VLR 分配，是动态变化的，只在本地有效，因此可以保护 TMSI。

8.2 移动交换的信令系统

信令是关系到移动网能否联网的关键技术，要实现全球漫游，各移动网必须遵从统一的信令规范，且采用统一的无线传输技术。GSM 系统设计的一个重要出发点是支持泛欧漫游和多厂商环境，因此定义了相当完备的信令协议。其接口和协议结构对于第三代移动通信的标准制定也具有很大的影响。本节着重围绕 GSM 系统介绍移动交换信令，其中 GSM 交换信令主要包括无线接口信令、基站接入信令和网络接口信令。

8.2.1 无线接口信令

GSM 系统的无线接口信令继承了 ISDN 用户/网络接口的概念，其控制平面包括物理层、数据链路层和信令层。

1. 物理层

GSM 系统将无线信道分为两类：业务信道(TCH)和控制信道(CCH)。业务信道用于传送用户信息，包括话音或数据；控制信道用于传送信令信息，称为信令信道。GSM 包括四类控制信道：广播信道(BCH)、公共控制信道(CCCH)、专用控制信道(DCCH)和随路控制信道(ACCH)。

1) 广播信道

广播信道供基站单向发送广播信息，使移动台与网络同步。目前有以下三种广播信道：

(1) 同步信道(synchronization channel，SCH)：向移动台传送同步训练序列，供其捕获与基站的起始同步；同时广播基站识别码，以使移动台识别相邻的同频基站。

(2) 广播控制信道(broadcast control channel，BCCH)：用于向移动台发送接入网络所需的系统参数，如位置区识别码 LAI、移动网标识码 MNC、邻接小区基准频率、接入参数等。

(3) 频率校正信道(frequency correction channel，FCCH)：用于向移动台提供系统的基准频率信号，使移动台校正其工作频率。

2) 公共控制信道

公共控制信道用于系统寻呼和移动台接入，分为以下三种公共控制信道：

(1) 寻呼信道(paging channel，PCH)：用于下行链路中基站寻呼移动台。

(2) 随机接入信道(random access channel，RACH)：由移动台使用，向系统申请入网信道，其中包含呼叫时移动台向基站发送的第一个消息。

(3) 准予接入信道(access grant channel，AGCH)：基站由此信道通知移动台所分配的业务信道和专用控制信道，同时向移动台发送时间提前量(TA)。该提前量的作用是使远离基站的移动台提前发送其指定的时隙信息，以补偿其传输时延，保证远端和近端移动台在不同时隙发出的信号抵达基站时不会发生交叠和冲突。该提前量是根据对移动台的传输时延而设定的。

3) 专用控制信道和随路控制信道

这些信道用于在网络和移动台间传送网络消息以及在无线设备间传送低层信令消息。网络消息主要用于呼叫控制和用户位置登记，低层信令消息主要用于信道维护。具体包括以下三种信道：

(1) 独立专用控制信道(stand-alone dedicated control channel，SDCCH)：基站和移动台间的双向信道，用于在基站和移动台间传送呼叫控制和位置登记信令信息。所谓独立专用，是指该信道独立占用一个物理信道(TDMA 时隙)，不与任何其他 TCH 共用物理信道。它的管理和 TCH 一样，在信令交换过程中可以进行信道切换。

(2) 慢速随路控制信道(slow associated control channel，SACCH)：该信道总是和 TCH 或 SDCCH 一起使用的。只要基站分配了一个 TCH 或 SDCCH，就一定同时分配一个对应的 SACCH，它和 TCH 或 SDCCH 位于同一物理信道中，以时分复用方式插入要传送的信息。SACCH 用于信道维护。在下行方向，基站向移动台发送一些主要的系统参数，使移动台能够跟踪系统的变化。在上行方向，移动台向网络报告邻接小区的测量数据，用于网络切换时进行判决，同时还向网络报告它当前使用的时间提前量和功率电平。

(3) 快速随路控制信道(fast associated control channel，FACCH)：该信道传送的信息与 SDCCH 相同，差别在于 SDCCH 是独立的信道，而 FACCH 寄生于 TCH 中，称为随路，用于在呼叫进行时快速发送一些长的信息。例如，在通话中移动台越区进入另一小区需要立即与网络交换一些信令信息，如果通过 SACCH 传送，则因为每 26 帧才能插入一帧 SACCH，速度太慢，而 FACCH 可以“借用”TCH 信道来传送消息，被“借用”的 TCH 就称为 FACCH。这种信令传送方式称为中断-突发方式，它必须暂时中断用户信息的传送。为了减少对话音等业务信息传输质量的影响，GSM 采用数字信号处理技术来估算因插入 FACCH 而被删除的话音信息，在接收端予以恢复。

2. 数据链路层

GSM 无线接口信令的数据链路层协议称为 LAPDm，它是在 ISDN 的 LAPD 协议的基础上做少量修改形成的。修改原则是尽量减少不必要的字段以节省信道资源。与 LAPD 协议不同的是，LAPDm 取消了帧定界标志和帧校验序列，因为其功能已由 TDMA 系统的定位和信道纠错编码完成。此外定义了多种简化的帧格式，以适应各种特定情况。

图 8-2 给出了 LAPDm 定义的五种帧格式。其中，格式 B 是最基本的一种帧，和 LAPD 帧基本相同。地址字段增设了一个服务访问点标识(SAPI)。SAPI = 3 表示的是短消息。所谓短消息业务(SMS)，指的就是 GSM 的短信业务，即在专用控制信道上传送长度较短的用户数据。系统将其传至短消息业务中心，再转送目的用户，这是 GSM 提供的一项特殊业务。SAPI = 0 的帧其优先级高于 SAPI = 3 的帧。控制字段定义了两类帧：I 帧和 UI 帧。前者用于专用控制信道(如 SDCCH、SACCH、FACCH)，后者用于除随机接入信道 RACH 外的所有控制信道。

格式 A 对应 U 帧和 S 帧。

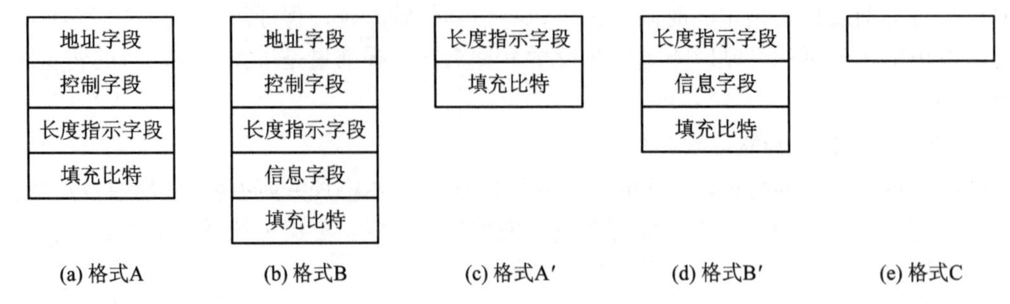

图 8-2 LAPDm 的帧格式类型

格式 A′ 和 B′ 用于 AGCH、PCH 和 BCCH 信道。这些下行信道的信息会自动重复发送，无须证实，因此不需要控制字段。由于所有移动台都监听这些信道，因此不需要地址字段。B′ 格式帧传送 UI 帧，即不需要证实的信息帧 UI。A′ 只起填充作用。

格式 C 仅一个字节，专门用于 RACH 信道。实际上，这种帧格式并不是 LAPDm 帧，只是由于接入信息的信息量少，所以赋予了一个最简化的结构。

3. 信令层

信令层是收发和处理信令消息的实体，主要功能是传送控制和管理消息，包括三个功能子层：

1) 无线资源管理子层

无线资源管理子层(RR)的作用是对无线信道进行分配、释放、切换、性能监视和控制。GSM 共定义了九个信令过程。

2) 移动性管理子层

移动性管理子层(MM)定义了移动用户位置更新、定期更新、鉴权、开机接入、关机退出、TMSI 重新分配和设备识别等七个过程。

3) 连接管理子层

连接管理子层(CM)负责呼叫控制，包括补充业务和短消息业务。由于有 MM 子层的屏蔽，因此 CM 子层已感觉不到用户的移动性。其控制机制继承了 ISDN 的用户网络接口管理，包括去话建立、来话建立、呼叫中改变传输模式、MM 连接中断后呼叫重建和 DTMF 传送等 5 个信令过程。

第三层信令消息结构如图 8-3 所示。其中，TI 为事务标识，用以区分多个并行的 CM 连接；TI 标识指示 CM 连接的源点，CM 消息的源点为 0，对于 RR 和 MM 连接，TI 没有意义；协议指示语定义了 RR、MM、呼叫控制、SMS 业务、补充业务和测试六种协议；消息类型(MT)指示每种协议的具体消息；信息单元(IE)序列组成消息本体。

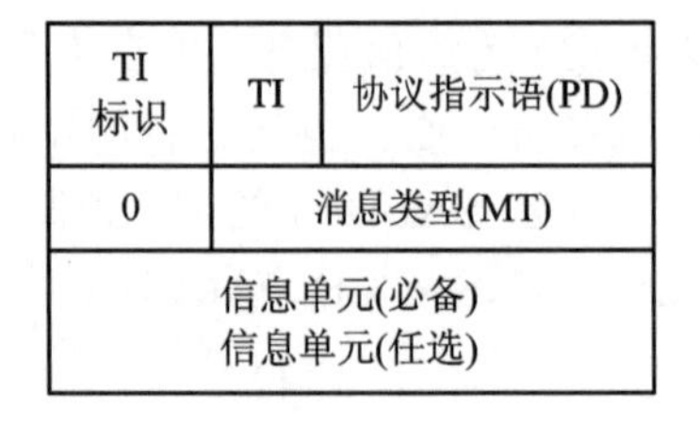

图 8-3 无线接口的第三层消息结构

移动台去话呼叫建立过程的无线接口信令消息传送过程如图 8-4 所示。移动台首先通过 RACH 发出“信道请求”消息，申请占用一个信令信道。如果申请成功，基站经 AGCH 回送一个“立即分配”消息，指配一个专用信令信道 SDCCH。然后移动台就转入此信道和网络联络。先发送“CM 服务请求”消息，告诉网络要求 CM 实体提供服务。但 CM 连接必须建立在 RR 和 MM 连接完成的基础上，因此首先要执行必需的 MM 和 RR 过程。为此先执行用户鉴权(MM 过程)，然后执行加密模式设定(RR 过程)。移动台发出“加密模式完成”消息后就启动加密，该消息本身也已加密。如果不需加密，则网络发出的“加密模式命令”消息中将指示“不加密”。接着移动台发出“呼叫建立”消息，该消息指明业务类型、被叫号码，也可给出自身的标识(任选信息单元)。之后网络启动选路进程，同时发回“呼叫进行中”消息。与此同时，网络分配一个业务信道用于传送用户数据，该 RR 过程包含两个消息：“分配命令”和“分配完成”。其中，“分配完成”消息已在新指配的 TCH/FACCH 信道上发送，其后的信令消息转入并经由该 FACCH 发送，原先分配的 SDCCH 释放，供其他用户使用。由于这时尚未通话，因此 FACCH 的占用并不影响通信质量。当被叫空闲且振铃时，网络向主叫发送“振铃”消息，移动台发出回铃音。被叫应答后，网络发送“连接”消息，移动台回送“连接证实”消息。这时 FACCH 任务完成，回归 TCH，进入正常通话状态。

图 8-4 无线接口信令信息传送过程

需要指出的是，图 8-4 中的“网络侧”是一个泛指，各信令消息在网络侧的对应实体可能位于基站、基站控制器或移动交换机中。

8.2.2 基站接口信令

GSM 系统将基站系统(BSS)进一步分解为基站收发信系统(BTS)和基站控制器(BSC)两部分。基站系统结构与接口如图 8-5 所示。其中，BTS 与 BSC 之间的接口称为 A-bis 接口。由于一个 BSC 可以控制分布于不同地点的多个 BTS，所以对于小型基站系统可以合二为一。

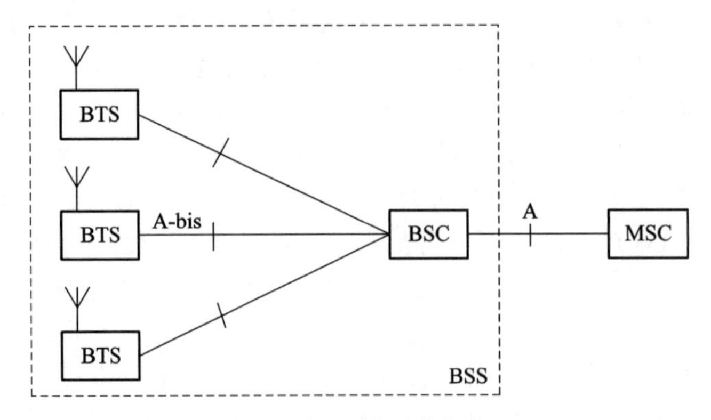

图 8-5 基站系统结构与接口

1. A-bis 接口信令

A-bis 接口信令同样采用三层结构，如图 8-6 所示。其中，第二层(L2)采用 LAPD 协议；第三层(L3)有三个实体：业务管理过程、网络管理过程和第二层管理过程。第二层管理过程已由 LAPD 定义；网络管理过程尚未标准化，这是 A-bis 接口不能支持多厂商合作的主要原因；GSM 标准只定义了业务管理过程。

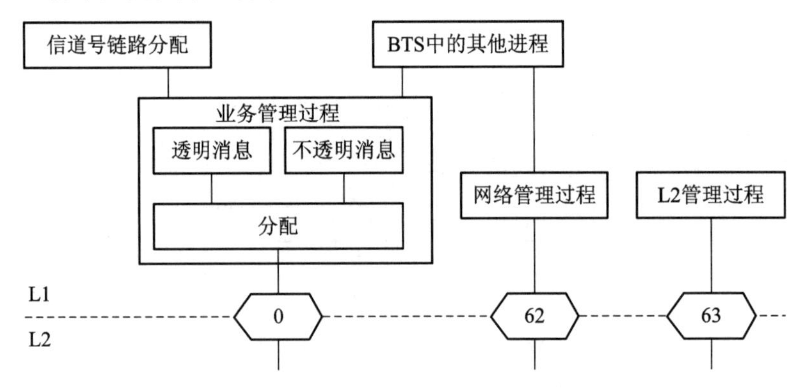

图 8-6 A-bis 接口信令结构模型(BTS 侧)

业务管理过程有两大任务：第一项任务就是透明传送绝大部分无线接口信令消息。所谓透明，就是 BTS 对第三层消息的内容不作分析和变更，也不采取任何动作，仅对消息的外部封装和信道编码作重新调整，以适配无线和有线接口不同的低层(第一层和第二层)协议的要求。第二项任务是对 BTS 的物理和逻辑设备进行管理，管理过程是通过 BSC-BTS 之间的命令——证实消息序列完成的。消息的源点和终点就是 BSC 和 BTS，与无线接口消息没有对应关系，它们和需要由 BTS 处理和转接的无线接口消息统称为不透明消息。

GSM 规范将 BTS 的管理对象分为四类，即无线链路层、专用信道、控制信道和收发信机，相应地定义了四个管理子过程。无线链路层管理子过程负责无线通路数据链路层的建立和释放，以及透明消息的转发；专用信道管理子过程负责 TCH、SDCCH 和 SACCH 的激活、释放、性能参数和操作方式控制以及测量报告等；控制信道管理子过程负责不透明消息的转发以及公共控制信道的负荷控制；收发信机管理子过程负责收发信机的流量控制和状态报告等。

A-bis 接口信令消息的一般结构如图 8-7 所示。其中，消息鉴别语指明是哪一类管理过程的消息，并指明是否为透明消息；信道号指明信道类型；链路标识进一步指明哪种专用控制信道。

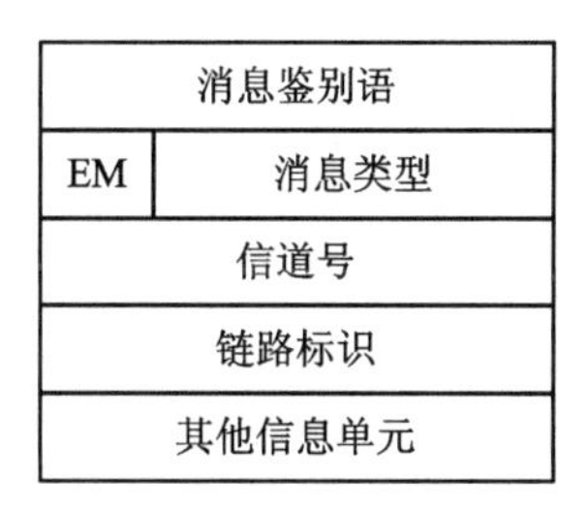

图 8-7　A-bis 接口信令消息的一般结构

2. A 接口信令

图 8-8 给出了 A 接口信令的结构模型。它采用 No.7 信令作为消息传送协议(MTP)，包括物理层(MTP-1)、链路层(MTP-2)、网络层(MTP-3 + SCCP)和应用层。由于 A 接口是用户侧信令，只用到极其有限的网络层功能，因此 GSM 规范仍将其归为三层结构，应用层作为信令处理的第三层，MTP-2/3 + SCCP 作为第二层，负责消息的可靠传递。MTP-3 的复杂的信令网管理(SNM)功能基本不用，主要用它的信令消息处理(SMH)功能。由于 A 接口上有许多和电路无关的管理消息，因此需要采用 SCCP，但其全局名翻译功能基本不用。另外，A 接口利用 SCCP 的子系统号(SSN)来识别多个第三层应用实体。

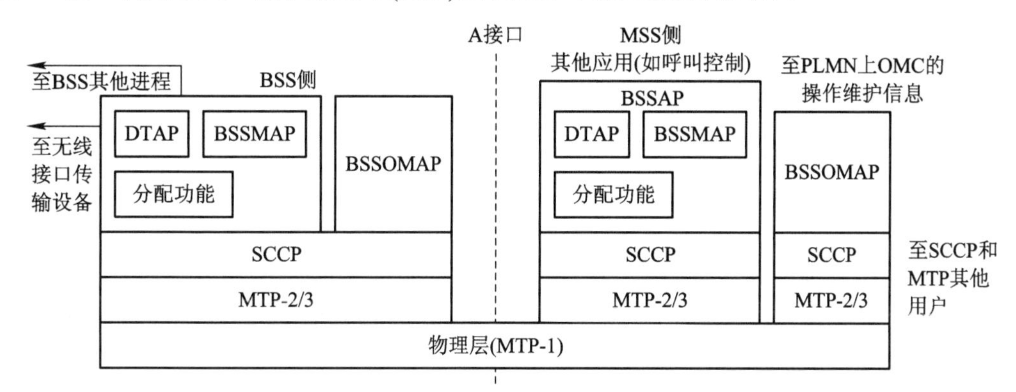

图 8-8　A 接口信令的结构模型

A 接口的第三层包括三个应用实体：

(1) BSS 操作维护应用部分(BSSOMAP)：用于和 MSC 及网管中心(OMC)交换维护管理信息。

(2) RR 协议消息终结于 BSS，不再发往 MSC。

(3) BSS 管理应用部分(BSSMAP)：用于对 BSS 的资源的使用、调配和负荷进行监控和监视。消息的源点和终点分别是 BSS 和 MSC，消息均与 RR 有关。某些 BSSMAP 过程将直接引发 RR 消息；反之，RR 消息也可能触发某些 BSSMAP 过程。GSM 标准共定义了 18 个 BSSMAP 信令过程。

综上所述，GSM 系统用户侧信令协议模型如图 8-9 所示。图中虚线表示协议对等之间的逻辑连接。Um 接口直接和 MS 及 BTS 相连，所有与通信相关的信令信息都源于该接口，因此空中接口 Um 是用户侧最重要的接口。其相应的接口协议分为物理层(即 Um 接口的第一层(UmL1))、数据链路层和应用层。其中，数据链路层是基于 ISDN 的 D 信道链路接入协议(LAPD)针对移动应用改进后的特有协议，一般称为 LAPDm 协议。在 MS 侧有三个应用实体：RR、MM 和 CM。RR 的对等实体主要位于 BSC 中，它们之间的消息传送通过 A-bis 接口业务管理实体(TM)的透明消息程序转接完成。极少量的 RR 对等实体位于 BTS 中(RR′)，它们的消息经 Um 接口直接传送。MM 和 CM 的对等实体位于 MSC 中，它们之间的消息传送经过 A 接口的 DTAP 和 A-bis 接口的 TM 两次透明转接完成，透明转接主要完成低层协议转换。为了保证这三个应用的正常工作和呼叫的正常进行，在 A-bis 接口和 A 接口分别有 TM(不透明消息)和 BSSMAP 应用协议，对 BTS 和整个 BSS 进行二级业务管理。除此之外，各接口还有网络管理维护协议，为网元和网络的统一管理提供条件。

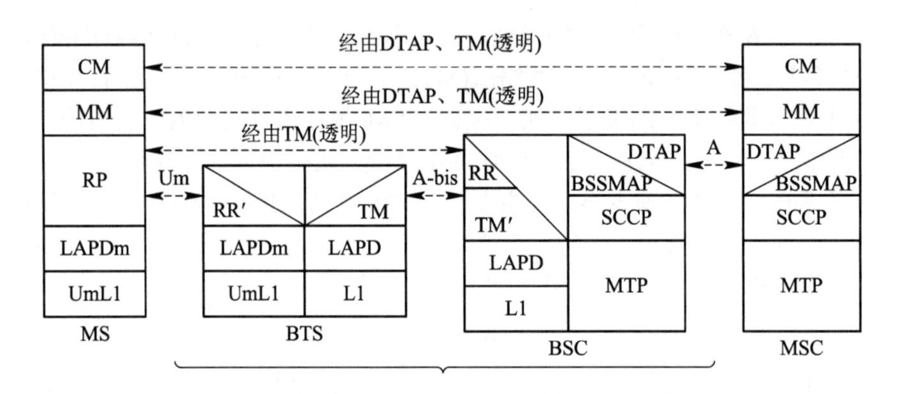

图 8-9 GSM 系统用户侧信令协议模型

8.2.3 网络接口信令

网络接口包括接口 B～G。网络接口上层信令为移动应用部分(MAP)，MAP 是 7 号信令系统的应用层协议，由 SCCP 和 TCAP 支持。其主要功能是实现移动用户的漫游、切换和网络的安全保密。为实现全球网络联网，需要在 MSC 和 HLR、VLR 和 EIR 等网络数据库之间频繁地交换数据和指令，这些信息都与电路连接无关，最适合采用 7 号信令方式传送。MSC 与 MSC 之间以及 MSC 和 PSTN/ISDN 之间关于话路接续的信令则采用 7 号信令的 TUP/ISUP 协议。MAP 协议共定义了以下 10 个信令过程。

(1) 位置登记和删除。

(2) 补充业务处理：包括补充业务的激活、去活、登记、撤销、使用和询问。一般由 MS 发起这些操作，MSC 通过 VLR 向 HLR 查询用户的补充业务权限等数据，据此决定能否执行这些操作。若用户补充业务的注册情况有变化，则由 HLR 直接通知 VLR，修改其数据库，这时不涉及 MSC 和 MS。

(3) 在呼叫建立过程中检索用户数据：包括直接信息检索(MSC 由 VLR 直接获得所需参数)、间接信息检索(VLR 还需向 HLR 获取部分或全部用户参数)和路由信息检索(PSTN/ISDN 用户呼叫 MS 时，网关 MSC(GMSC)向 HLR 请求漫游号)三种情况。

(4) 越区切换：用以支持越区基本切换和后续切换。

(5) 用户管理：包括用户位置信息管理和用户参数管理，主要是 VLR 向 HLR 验证信息或 HLR 向 VLR 检索信息，可用于 VLR 和 HLR 重启动后的数据恢复或正常的数据库更新。

(6) 操作和维护：已定义的主要是计费数据由 MSC 向 HLR 传送的过程。

(7) 位置登记器的故障恢复：包括 VLR 和 HLR 的恢复。VLR 重启动后，将所有的 MS 标上“恢复”记号，表示数据尚待核实。当收到来自 MSC 或 HLR 的消息时，表示该用户仍在本 VLR 控制区内，这时可去除恢复标记；当收到位置删除消息时，将此 MS 记录删除。

HLR 重启动后，将向全部或相关的 VLR 发送“复位”消息，VLR 收到此消息后，将所有属于该 HLR 的 MS 打上标记，待核实后即通知 HLR，予以更新恢复。

(8) IMEI 的管理：定义 MSC 向 EIR 查询移动台设备合法性的信令过程。

(9) 用户鉴权：包括以下四个信令过程。

① 基本鉴权过程：处理其他事务(如呼叫建立、位置登记、补充业务操作等)时进行的正常鉴权。

② VLR 向 HLR 请求鉴权参数：当 VLR 保存的预先算好的鉴权数据组低于门限值时，执行此过程。

③ 向原 VLR 请求鉴权参数：此过程在向原 VLR 索取 IMSI 时一并完成。

④ 切换时的鉴权：为了确保安全，规定切换完成后需进行鉴权。鉴权仍由 MSC-A 发起，鉴权结果由 VLR-A 校核，但需由 MSC-A 通知 MSC-B 向 MS 索取鉴权计算结果。

(10) 网络安全功能的管理：主要包括加密密钥的产生、加密模式的设置、TMSI 等的传送。

8.3 移动交换的工作原理

8.3.1 移动呼叫处理的一般过程

移动网呼叫建立具有以下特点：一是移动用户发起呼叫时必须先输入号码，确认不需要修改后才发起；二是在号码发出和呼叫接通之前，移动台 MS 与网络之间有些附加信息需要传送。这些操作是机器自动完成的，无须用户介入，但有一段时延存在。下面具体介绍移动呼叫的一般过程。

1. 移动台初始化

在蜂窝移动通信系统中，每个小区指配一定数量的波道，在这些波道上按规定配置各类逻辑信道。其中有用于广播系统参数的广播信道、用于传送信令的控制信道和用于传送用户信息的业务信道。移动台开机后，通过自动扫描捕获当前所在小区的广播信道，由此获得移动网号、基站号和位置区域等信息。

对于模拟移动系统来说，一般一个小区只有一个控制信道，并独占一个波道，初始化工作比较简单。对于数字移动系统来说，一个小区有多个不同功能的逻辑控制信道，以时分复用的方式在同一波道上传送，并允许有不同的复用格式。移动台首先需要根据广播的训练序列完成与基站的同步，然后获得位置信息、寻呼信道等公共控制信道号码。上述任务完成后，移动台监视寻呼信道，处于收听状态。

2. 用户状态

移动台一般处于空闲、关机和忙三种状态之一，网络需要对这三种状态进行相应的处理。

1) 移动台开机，网络对它做“附着”标记

若移动台是第一次开机，在其 SIM 卡中找不到原来的位置区识别码(LAI)，它就立即要求接入网络，向 MSC 发送“位置更新请求”消息，通知 GSM 系统这是一个此位置区内的新用户。MSC 根据用户发送的 IMSI 中的 $H_0H_1H_2H_3$ 消息，向该用户的 HLR 发送“位置更新请求”，HLR 记录发送请求的 MSC 号码，并向 MSC 回送“位置更新证实”消息。至此 MSC 认为此移动台被激活，在 VLR 中对该用户的 IMSI 做“附着”标记；再向 MS 发送“位置更新接受”消息，MS 的 SIM 卡记录此位置区识别码(LAI)。

若移动台不是第一次开机，而是关机后又开机，移动台接收到的 LAI 与 SIM 卡中的 LAI 不一致，那么它也要立即向 MSC 发送“位置更新请求”。MSC 首先判断原有的 LAI 是否位于自己服务区的位置。如果是，MSC 只需修改 VLR 中该用户的 LAI，对其 IMSI 做“附着”标记，并在“位置更新接受”消息中发送 LAI 给移动台，移动台修改 SIM 卡中的 LAI；如果不是，MSC 需根据该用户 IMSI 中的 $H_0H_1H_2H_3$，向相应的 HLR 发送“位置更新请求”，HLR 记录发请求的 MSC 号码，再回送“位置更新证实”，MSC 在 VLR 中对用户的 IMSI 做“附着”标记，记录“LAI”，并向 MS 回送“位置更新接受”，MS 修改 SIM 卡中的 LAI。若移动台关机后再开机，则所接收到的 LAI 与 SIM 卡中的 LAI 一致，那么 MSC 只需对该用户做“附着”标记。

2) 移动台关机，从网络中“分离”

在移动台切断电源关机后，移动台在断电前向网络发送最后一条消息，其中包络分离处理请求，MSC 接收到后，即通知 VLR 对该 MS 对应的 IMSI 做“分离”标记，但 HLR 并没有得到该用户已经脱离网络的通知。当该用户被寻呼，HLR 向 MSC/VLR 要 MSRN 时，MSC/VLR 通知 HLR 该用户已分离网络，不再需要发送寻找该用户的寻呼消息。

3) 移动台忙

网络分配给移动台一个业务信道传送话音或数据，并标注该用户“忙”。当移动台在小区间移动时必须有能力转到别的信道上，这就叫切换。

4) 周期性登记

当移动台向网络发送“IMSI 分离”消息时，若无线链路质量很差，衰落很大，则 GSM 系统有可能不能正确译码，这就意味着系统仍认为移动台处于附着状态。再如，MS 开着机，可移动到覆盖区以外的地方，GSM 系统仍认为 MS 处于附着状态。若此时该用户被寻呼，则系统会不断发出寻呼消息，无效占用无线资源。为了解决上述问题，GSM 系统采取了强制登记措施，要求移动台每周期内登记一次(周期时间长短由运营者决定)，这就是周

期性登记。这样若 GSM 系统没有接收到某移动台的周期性登记信息，则它所处的 VLR 就以“隐分离”状态在该移动台上做记录，只有再次接收到正确的周期性登记信息后，才将它改写成“附着”状态。周期性登记的时间间隔由网络通过 BCCH 向移动台广播。

3. 移动台呼叫固定用户(MS→PSTN 用户)

移动用户呼叫固定用户流程如图 8-10 所示。

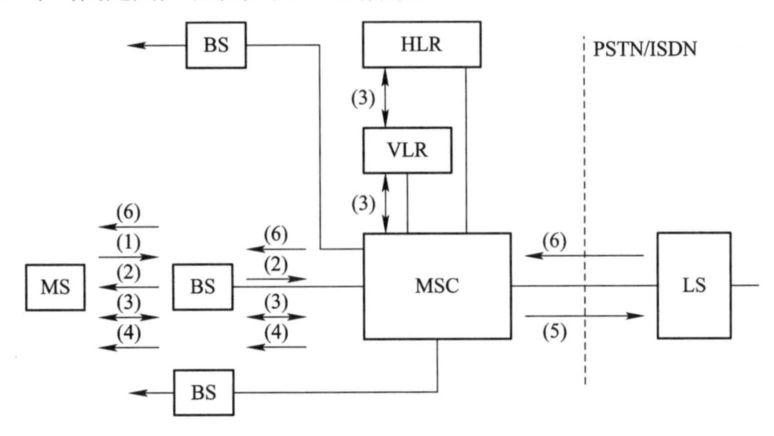

图 8-10　移动用户至固定用户呼叫流程

图中流程说明如下：

(1) 移动用户起呼时，移动台采用类似无线局域网中常用的“时隙 ALOHA”协议竞争所在小区的随机接入信道。若由于冲突，小区基站没有收到移动台发出的接入请求消息，则移动台将收不到基站返回的响应消息。此时，移动台随机延迟若干时隙后再重发接入请求消息。系统通过广播信道发送“重复发送次数”和“平均重复间隔”参数，以控制信令的业务量。

(2) 移动台通过系统分配的专用控制信道与 MSC 之间建立信令连接，并发送业务请求消息。请求消息中包含移动台的相关信息，如该移动台的 IMSI、本次呼叫的被叫号码等参数。

(3) MSC 根据 IMSI 检索主叫用户数据，检查该移动台是否为合法用户，是否有权进行此类呼叫。VLR 直接参与鉴权和加密过程，如果需要，HLR 也将参与操作。如果需要加密，则设置加密模式。然后进入呼叫建立起始阶段。

(4) 对于合法用户，系统为移动台分配一个空闲的业务信道。一般地，GSM 系统由基站控制器分配业务信道。移动台收到业务信道分配指令后，即调谐到指定的信道，并按照要求调整发射电平。基站在确认业务信道建立成功后，将通知 MSC。

(5) MSC 分析被叫号码，选择路由，采用 7 号信令协议(ISUP/TUP)与固定网(ISDN/PSTN)建立至被叫用户的通路，并向被叫用户振铃，MSC 将终端局回送的成功建立消息转换成相应的无线接口信令回送给移动台，再由移动台生成回铃音信号。

(6) 被叫用户摘机应答，MSC 向移动台发送应答(连接)指令，移动台回送连接确认消息，然后进入通话阶段。

4. 固定用户呼叫移动用户(PSTN→MS 用户)

固定用户呼叫移动用户的过程如图 8-11 所示。图中 GMSC 称为网关 MSC，在 GSM 系统中定义为与主叫 PSTN 最近的移动交换机。

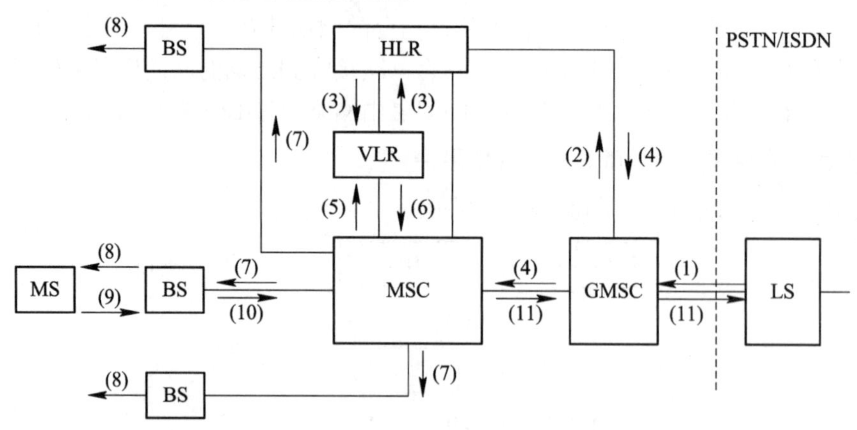

图 8-11　固定用户至移动用户入局呼叫的基本流程

(1) PSTN 交换机 EXCH 通过号码分析判定被叫为移动用户，通过 No.7 信令协议(ISUP/TUP)将呼叫接至 GMSC。

(2) GMSC 根据 MSDN 确定被叫所属的 HLR，向 HLR 询问有关被叫移动用户正在访问的 MSC 地址(即 MSRN)。

(3) HLR 检索用户数据库，若该用户已漫游至其他地区，则向用户当前所在的 VLR 请求漫游号码，VLR 动态分配 MSRN 后回送 HLR。

(4) HLR 将 MSRN 转送 GMSC，GMSC 根据 MSRN 选择路由，将呼叫建立至被叫当前所在的 MSC。

(5)、(6) 被访 MSC 查询数据库，从 VLR 获取有关被叫用户数据。

(7)、(8) 被访 MSC 通过位置区内的所有 BS 向移动台发送寻呼消息。各 BS 通过寻呼信道发送寻呼消息。消息的主要参数为被叫的 IMSI 号码。

(9)、(10) 被叫移动用户收到寻呼消息，发现 IMSI 与自己相符，即回送寻呼响应消息，基站寻呼响应消息转发至 MSC。MSC 随后执行与移动呼叫固定用户流程(1)～(4)相同的过程，直到移动台振铃，向主叫用户回送呼叫接通证实信号(图中省略)。

(11) 移动用户摘机应答，向固定网发送应答(连接)消息，最后进入通话阶段。

5. 呼叫释放

在移动通信系统中，为节省无线信道资源，呼叫释放采用互不控制复原方式。通信可在任意时刻由两个用户之一释放，移动用户可以通过按挂机“NO”键终止通话。这样一个动作由 MS 翻译成“断连”消息，MSC 收到“断连”消息后，向对端局发送拆线或挂机消息，然后释放居间通话电路。然而此时呼叫尚未完全释放，MSC 与 MS 之间的信道资源仍保持着，以便完成收费指示等附带任务。当 MSC 决定不再需要呼叫存在时，它发送一个“信道释放”消息给 MS，而 MS 也以一个“释放完成”消息应答。这时低层连接才释放，MS 回到空闲状态。

8.3.2　位置登记

1. 位置登记的基本概念

位置登记是对移动台位置信息进行登记、删除和更新的过程。移动台通过位置登记，向

BS 报告自己当前的位置、状态、识别码、加密认证参数等。这些参数有助于 BS 及 MSC 对移动台进行定位，准确寻呼移动台。

当移动台第一次进入网络时，必须通过 MSC 在该地区登记注册，把有关参数存放在 MSC 的 HLR 中，所在地区即为此移动台的原籍。当移动台移动时，其位置信息也不断变化，变化信息存放在 MSC 的 VLR 中。当移动台远离原籍进入其他地区访问时，该地区的 VLS 对来访的用户进行位置登记，并向移动台的 HLR 查询有关参数，为其他移动台呼叫此移动台提供路由信息。一旦移动台离开所访问的地区，该地区的 VLR 中有关此移动台的信息被删除。

2. 位置登记过程

下面介绍详细的位置登记过程。

当移动台接通电源时，搜索 BS 发射的位置信息，移动台将收到的位置信息与原来存储的位置数据进行比较，如果不同，说明移动台移出了原来的位置区，则移动台发送当前的位置信号。MSC 收到位置信号后，修改数据库中相应的 MS 的位置数据，以便下次能找到这个移动台的最新位置，对它发出呼叫。

根据移动台所处的状态不同，位置登记过程也有所不同，但基本方法大致相同。图 8-12 所示为两个 VLR 的位置更新过程，其他情况可依次类推。

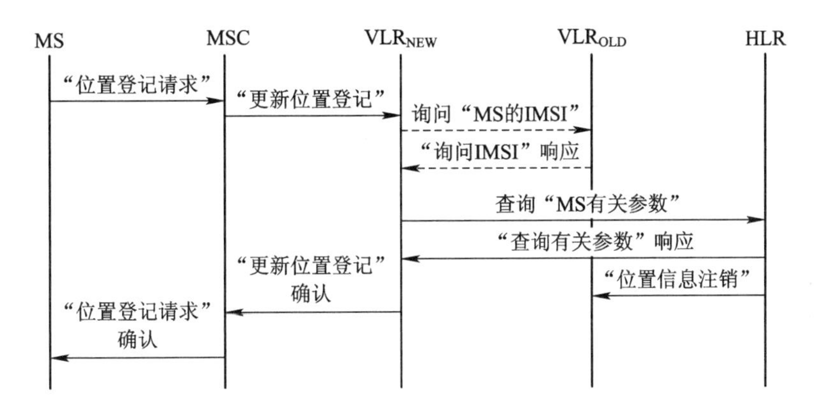

图 8-12　位置登记过程

当移动台进入某一个访问区需要进行位置登记时，移动台就向该访问区的 MSC 发出“位置登记请求”信令。该 MSC 向相应的新区访问位置寄存器 VLR_{NEW} 发送“更新位置登记”信令，VLR_{NEW} 在收到 MSC 的“更新位置登记”信令后，首先根据该信令中携带的“IMSI/NMSI”判断该移动台的 HLR，然后为该移动台分配移动台漫游号码(MSRN)，并向其 HLR 查询该移动台的有关参数，登记成功后通过 MSC 和 BS 向该移动台发送“更新位置登记”的确认信息。同时，该移动台的 HLR 修改其中的访问区位置信息，并向原区访问位置寄存器 VLR_{OLD} 发送“位置信息注销”信令。

当移动台利用 IMSI 发起“位置登记请求”时，VLR_{NEW} 收到“位置登记请求”信令后，首先向 VLR_{OLD} 询问该用户的 IMSI/NMSI，如询问操作成功，则 VLR_{NEW} 再为该移动台分配一个新的 IMSI，其后的过程与上述相同。

8.3.3 MS的呼叫处理

1. 移动呼叫处理的特点

与传统的程控交换机相比，移动呼叫处理有如下特定功能：

1) 移动用户接入处理

对于移动台始发呼叫，不存在用户线扫描、拨号音和收号等处理过程，移动台接入和发号通过无线接口信令完成，交换机的主要功能是检查移动台的合法性及其呼叫权限；对于移动台来话呼叫，则要执行寻呼过程。

2) 信道分配

移动呼叫的信道分配由 MSC 根据需要为呼出的移动台或呼入的移动台分配业务信道和信令信道。一般每个小区都配有固定的业务信道，该小区信道全忙时，在条件许可的情况下，可以借用相邻小区的信道。

3) 切换

切换是移动交换区别于一般交换机的重要特点，它要求交换机在用户进入通信阶段后继续监视业务信道的质量，必要时进行切换，以保证通信的连续性。

4) 路由选择

路由选择原则上与一般交换机相同，主要特点体现在多种选路策略上。当呼叫异地移动台时，可以通过 PSTN 或移动网连接。当呼叫漫游的移动台时，可采取 GMSC 重选路由法，也可采取至原籍交换局后再转接的方法。

5) 呼叫排队

为了提高接通率，当业务信道全忙时，网络侧可向移动台发送“呼叫排队”的通知，将呼叫排入等待队列，待有空闲信道后立即接通。若排队超时，呼叫将予释放。此功能适于去话和来话呼叫。在模拟系统中由移动交换机完成此功能，在数字系统中则由基站控制器完成此功能。此功能不用于国际通信。

6) 呼叫重建

当信道异常中断时，要求 MSC 启动一个“呼叫重建定时器”，在此时间内允许重建连接，超时后全部释放。

7) 移动计费

移动计费是一个复杂的问题，其特殊性体现在三个方面：一是规范不同，固定网只对主叫收费，而移动网可能对被叫移动用户也要收费；二是由于移动性，计费数据由访问 MSC 生成，但需送回其 HLR，这就对信令提出特殊要求(当切换时，呼叫将跨越多个交换局，计费应由首次接入的交换机全程管理)；三是用户漫游至异地接收来话时，全程话费如何在主被叫间分摊，这和选路策略有关。

2. 移动呼叫处理过程

1) 移动台呼叫处理过程

移动台呼叫处理主要包括初始化、空闲、接入、业务信道控制几个状态，其流程图如图 8-13 所示。

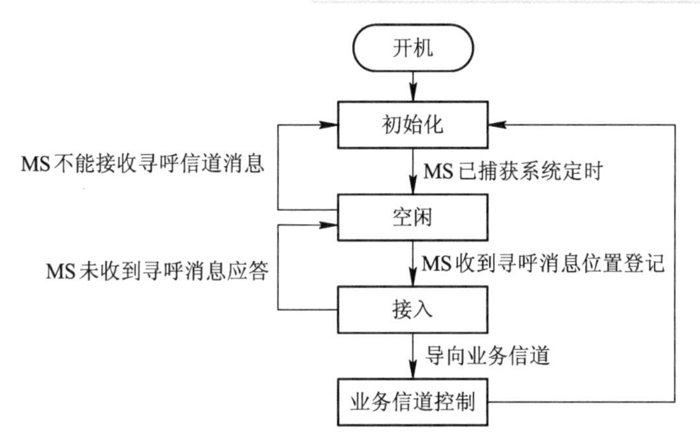

图 8-13　移动台呼叫处理过程流程图

(1) 初始化状态：移动台开机后进入初始化状态，检测 BS 的导频信号，并比较周围 BS 导频信号的强度，跟踪其中最强的导频信号。然后读取定时信息，完成系统时钟的同步和定时后，进入空闲状态。

(2) 空闲状态：移动台监听寻呼信道，可以发起或接收呼叫，还可进行位置登记。当移动台发起呼叫或收到 BS 的寻呼消息时，就由空闲状态转入接入状态。

(3) 接入状态：移动台在接入信道上向 BS 发起呼叫、位置登记或寻呼响应消息，接入成功后，BS 向移动台指定业务信道，移动台由接入状态进入业务信道控制状态。

(4) 业务信道控制状态：移动台与 BS 建立通信，移动台利用反向业务信道发送语音和控制数据，利用前向业务信道接收语音和控制数据。

2) BS 呼叫处理过程

BS 呼叫处理主要包括导频和同步信道处理、寻呼信道处理、接入信道处理和业务信道处理几个过程，与移动台初始化、空闲、接入、业务信道控制等状态相对应。

(1) 导频和同步信道处理：与移动台初始化状态相对应。在此期间，BS 连续发送导频信号和同步信号，供移动台捕获、定时和同步。

(2) 寻呼信道处理：与移动台空闲或接入状态相对应。在此期间，BS 发送与呼叫有关的控制消息。

(3) 接入信道处理：与移动台接入状态相对应。在此期间，BS 监听接入信道，接收来自 MS 的消息。

(4) 业务信道处理：与移动台业务信道控制状态相对应。在此期间，BS 利用前向业务信道和反向业务信道与 MS 交换语音和控制数据。

8.3.4　漫游与越区切换

1. 漫游

漫游(roaming)是蜂窝移动通信网的一项重要服务功能，它可使不同地区的移动网实现互连。移动台不但可以在归属业务区中使用，也可以在访问交换局的业务区中使用。具有漫游功能的用户，在整个联网区域内的任何地点都可以自由地呼出和呼入，其使用方法不因地点的不同而变化。

根据系统对漫游的管理和其实现的不同，可将漫游分为以下三类：

(1) 人工漫游：两地运营部门预先订有协议，为对方预留一定数量的漫游号，用户漫游前必须提出申请。人工漫游用于 A、B 两地尚未联网的情况。

(2) 半自动漫游：漫游用户至访问区发起呼叫时由访问区人工台辅助完成，用户无须事先申请，但漫游号回收困难，实际很少使用。

(3) 自动漫游：这种方式要求网络数据库通过 7 号信令网互连，网络可自动检索漫游用户的数据，并自动分配漫游号。对于用户来说，没有任何感觉。

人工漫游和半自动漫游大多用于早期的模拟网。

2. 越区切换

越区切换是指当前正在进行的移动台和 BS 之间的通信链路在保持通信的状态下，从当前 BS 转移到另一个 BS 的过程，用于保证用户的通话不中断。保证用户信道的成功切换是移动网的基本功能之一，也是移动网和固定网的重要区别之一。切换是由网络决定的，除越区需要切换外，有时系统内的业务平衡也需要进行切换。例如，当移动台在两个小区覆盖重叠区进行通话时，由于被占信道小区的业务信道特别繁忙，因此 BSC 通知移动台测试它临近小区的信号强度和信道质量，决定将它切换到另一个小区。

切换时，基站首先要通知移动台对周围小区基站的有关信息及广播信道载频、信号强度进行测量，同时还要测量它所占用业务信道的信号强度和传输质量，再将测量结果传送给 BSC，BSC 根据这些信息对移动台周围小区的情况进行排队比较，最后由 BSC 做出是否切换的决定。另外，BSC 还需判别在什么时候切换以及切换到哪个基站。

越区切换是由网络发起、移动台辅助完成的。移动台周期性地对周围小区的无线信号进行测量，及时报告给所在小区，并送给 MSC。网络会综合分析移动台送回的报告和网络所监测的情况，当网络发现符合切换条件时，进行越区切换的有关信令交换，然后释放原来所占用的无线信道，在临近小区的新信道上建立连接并进行通话。

下面讨论两种情况下的越区切换。

同一 MSC 业务区内基站之间的切换又分为同一 BSC 控制区内不同小区之间的切换(Intra-BSS)和不同的 BSC 控制区内小区之间的切换(Inter-BSS)。

(1) MSC 内部切换(Intra-MSC)：MSC 内部切换过程如图 8-14 所示。

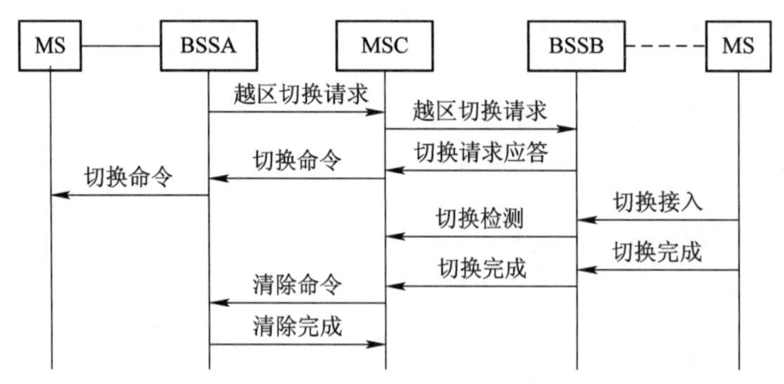

图 8-14 Intra-MSC 内部切换过程

移动台周期性地对周围小区的无线信号进行测量，并及时报告给所在小区。当信号强度过弱时，该移动台所在的基站就向 MSC 发出“越区切换请求”消息，该消息中包含了移动台所要切换的候选小区列表。MSC 收到该消息后，就开始向新基站系统分配无线资源。

若基站系统分配无线信道成功，则给 MSC 发送“切换请求应答”消息。MSC 收到后，通过基站系统向移动台发“切换命令”。该命令中包含了由基站系统分配的一个切换参考值，包括所分配信道的频率等信息。移动台将其频率切换到新的频率点上，向基站系统发送“切换接入”消息。基站系统检测移动台的合法性。若合法，基站系统发送“切换检测”消息给 MSC。同时，移动台通过基站系统发送“切换完成”消息给 MSC，移动台与基站系统正常通信。当 MSC 收到“切换完成”消息后，通过“清除命令”释放基站系统上的无线资源。完成后，基站系统将“清除完成”发送给 MSC。至此，完成了一次切换过程。

(2) MSC 间切换(Inter-MSC)：不同 MSC 业务区基站之间的切换。

MSC 间的切换过程与 MSC 内部切换基本相似，不同的是由于切换是在 MSC 之间进行的，因此移动台的漫游号码要发生变化，由进入业务区的 VLR 重新进行分配，并且在两个 MSC 之间建立电路连接。

本 章 小 结

本章主要以 GSM 系统为例，介绍了移动通信系统的基本结构，包括网络结构、网络接口和编号计划；详细介绍了移动交换系统的信令系统，包括 GSM 系统的无线接口信令、基站接入信令和网络接口信令；最后介绍了移动交换的工作原理和工作过程，重点分析了移动呼叫处理、位置登记以及漫游与切换等，使读者对移动交换有一个相对全面的认识。

习　题　8

8-1　PLMN 由哪几个功能组组成？各自的功能是什么？

8-2　简述移动台去话呼叫建立过程中的无线接口信令消息的传送过程。

8-3　分别简述移动台呼叫固定用户和固定用户呼叫移动台的具体过程。

8-4　简述两个 VLR 的位置登记过程。

8-5　与传统程控交换机相比，移动呼叫有哪些特点？

8-6　分别简述移动台呼叫处理过程和 BS 呼叫处理过程。

8-7　什么是漫游？漫游分为哪几类？

8-8　什么是越区切换？什么情况下需要进行越区切换？

第 9 章 下一代交换技术及应用

9.1 软交换技术

国际软交换协会(international softswitch consortium，ISC)对软交换(soft switch)的定义：软交换是提供呼叫控制功能的软件实体。它在传统电信网(PSTN)中交换(switch)概念的基础上，通过分组网，利用软件提供呼叫控制功能和媒体传输处理相分离的设备和系统，实现呼叫传输与呼叫控制的分离，为控制、交换和软件可编程功能建立分离的平面。软交换在下一代网络(next generation network，NGN)中起着重要的作用，可以说，是软交换技术的发展成就了 NGN。软交换是一种功能实体，为 NGN 提供具有实时性业务要求的呼叫控制和连接控制功能，是 NGN 呼叫与控制的核心技术。

9.1.1 软交换的基本要素

软交换源于企业以太网电话的应用，它通过一套基于 PC 服务器的呼叫控制软件(call manager、call server)，实现用户级交换机(private branch exchange，PBX)功能(IP PBX)。这种系统无须单独铺设网络，而只通过与局域网共享就可实现管理与维护的统一，综合成本远低于传统的 PBX。由于设备门槛低，企业网环境对设备的可靠性、计费和管理要求不高，主要用于满足通信需求，因此 IP PBX 应用获得了巨大成功，到了业界的广泛认同和重视。受到 IP PBX 成功的启发，提出了这样一种思想：将传统的交换设备部件化，分为呼叫控制与媒体处理，二者之间采用标准协议(MGCP/H.248)且主要使用纯软件进行处理，于是，软交换(soft switch)技术应运而生。ISC 的成立更加快了软交换技术的发展步伐，软交换相关标准和协议得到了 IETF、ITU-T 等国际标准化组织的重视。

传统的呼叫控制功能是和业务结合在一起的，不同的业务所需要的呼叫控制功能不同；而软交换则与业务无关，这要求软交换提供的呼叫控制功能是各种业务的基本呼叫控制。软交换要求把呼叫控制功能从媒体网关(传输层)中分离出来，通过软件实现连接控制、翻译和选路、网关管理、呼叫控制、带宽管理、信令、安全性和生成呼叫详细记录等功能，把控制和业务提供分开。这样，软交换提供了在分组交换网中与电路交换相同的功能，因此，软交换也称为呼叫代理或呼叫服务器。根据原信息产业部的定义："软交换是网络演进以及下一代分组网络的核心设备之一，它独立于传输网络，主要完成呼叫控制、资源分配、协议处理、路由认证、带宽管理、计费等功能，同时可向用户提供现有电路交换机所能提供的所有业务，并向第三方提供可编程能力"。其实，软交换技术和原先的电路交换技术并没有什么本质的不同，都是由一个(或者一组)控制处理机来完成用户管理、业务逻辑、信令分析处理和路由选择等核心功能，然后控制交换组织完成语音通道的连接和建立；不同之处是交换组织由原先的 TDM 时隙交换网络替换为包/信元交换网络(这也是软交换的由来)。

软交换的业务能力包括平滑继承 PSTN 的语音业务和智能网业务；语音增值业务提供能力更为灵活，且具备支持多媒体业务的能力；由于业务与呼叫控制分离、呼叫控制与承载传送分离，降低了业务与网络的耦合程度，使得业务开发与部署更为灵活快捷；提供开放业务接口(API)，支持第三方业务的开发和部署能力，极大地丰富了业务和应用。

软交换技术完全符合 NGN 的发展要求，可以在 Internet 上实现基本语音、视频以及各种增值业务，并且提供统一的业务平台，可以实现各种增值业务，使得电信业的业务能力以及网络资源能够有更好的应用和发展。下面介绍软交换技术区别于其他技术的最显著特征，同时也是其核心思想的三个基本要素。

1. 开放的业务生成接口

软交换提供业务的主要方式是通过 API 与应用服务器配合以提供新的综合网络业务。与此同时，为了更好地兼顾现有通信网络，它还能够通过 INAP(一般采取 INAP/TCAP/SCCP over M3UA 等)与 IN 中已有的 SCP 配合以提供传统的智能业务。

2. 综合的设备接入能力

软交换可以支持众多的协议(如 PSTN 中 SS7、R2、DSS1、INAP 以及 IP 网中的 SIP、H.248/MGCP、SIP、H.323 和 BICC 等)，以便对各种各样的接入设备进行控制，最大限度地保护原有投资并充分发挥现有通信网络的作用。

3. 基于策略的运行支持系统

软交换按照一定的策略对网络特性进行实时、智能、集中式的调整和干预，以保证整个系统的稳定性和可靠性，它是在基于 IP 网络上提供电信业务的技术。

9.1.2　软交换的体系结构和功能

软交换设备位于 NGN 的控制层，提供多种业务的连接控制、路由、网络资源管理、计费、认证等功能。软交换设备与各种媒体网关、终端、应用服务器以及其他软交换设备之间采用标准协议相互通信。

软交换建立在分组交换技术的基础上，利用软件技术实现传统交换技术中软硬结合的控制、交换与接入的分离，剥离出业务平面，形成四个相互独立的功能平面，通过一系列网络部件和协议，实现业务控制与呼叫控制的分离、媒体传送与媒体接入的分离。四个功能平面对应图 9-1(a)所示的四层的开放的、分布式的软交换体系结构，即接入层(或边缘接入层)、核心传送层(或承载层)、控制层(或网络控制层)以及业务层(或业务管理层)。

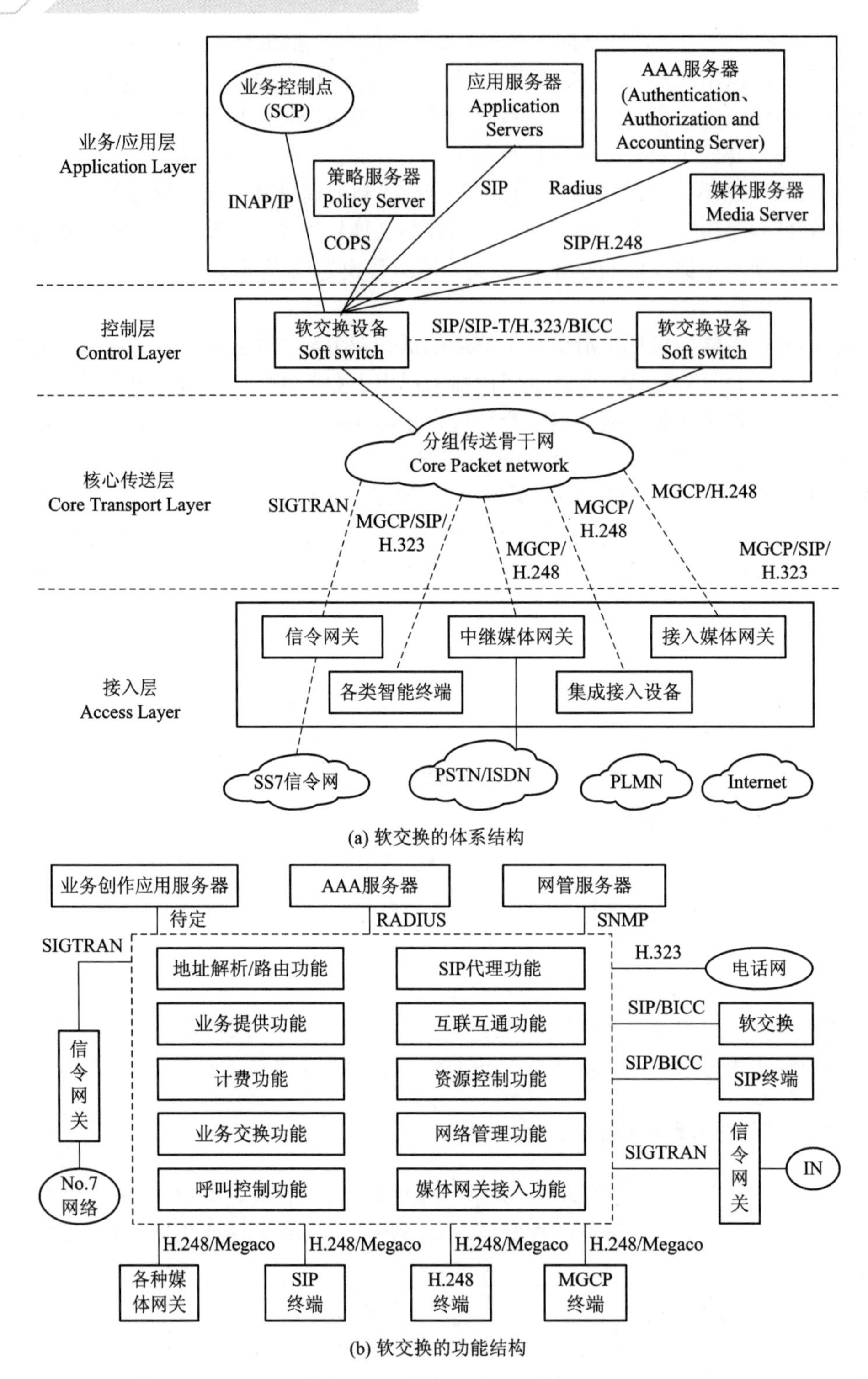

图 9-1 软交换的功能体系结构

核心传送层是指分组交换传输核心网络，软交换系统的组网与 PSTN 组网结构基本一致，采用端局和汇接局两层模式，包括用户驻地网、接入网和核心网。

控制层实现呼叫处理控制功能、接入协议适配功能、业务接口提供功能、互联互通功能、应用支持系统功能等。

业务层主要完成新业务生成和提供功能，主要包括 SCP 和应用服务器。软交换利用与应用/业务层之间的接口访问各种数据库、三方应用平台、功能服务器等，实现对增值业务、管理业务和三方应用的支持。软交换设备与应用服务系统之间的协议比较复杂，对于以 SCP 为基础的智能业务平台，接口一般采用 INAP/IP 协议；与应用服务器间的接口可采用 SIP、API 等；通过策略服务器之间的接口可以完成对网络设备工作进行动态干预，可采用 COPS 协议；软交换采用 SNMP 协议，与 AAA 服务器之间一般采用 Radius 协议或一些私有协议，而与网关中心间的接口实现网络系统管理，一般采用 SNMP 简单网络管理协议。

软交换之间的接口实现不同于软交换之间的交互，可采用 SIP-T、H.323 或 BICC 协议。

接入层通过网关设备实现异构网络的各类接入业务信息的转换，如信令网关需要对 7 号信令网关设备中由 MTP 承载的信息进行转换，需要注意的是，信令网关仅仅完成信令传送，并不解释信令。媒体网关完成媒体流在不同承载网络上的转换，完成多媒体会议、提示音、交互式语音提示等媒体服务能力。按照其所在位置和所处理媒体流的不同可分为中继网关、驻地网关、集成接入设备等。IP 终端(IP terminal)：主要包括 H.323 终端和 SIP 终端。软交换与驻地媒体网关/集成接入设备之间，一般使用 MGCP/MEGACO(H.248)协议互通，由软交换控制驻地媒体网关/集成接入设备的设备控制动作。在特定的应用场景下，如小企业用户，也可以使用 SIP 协议或 H.323 协议接入网关。不过在使用 SIP 协议和 H.323 协议之后，这种接入网关的地位可以被归纳为一种智能终端。软交换设备与智能终端、IP PBX 等设备之间使用 SIP 或 H.323 协议。软交换设备与中继媒体网关之间一般采用 MEGACO(H.248)协议作为设备控制协议，也有一些软交换设备选择使用 SIP 协议作为媒体服务器控制协议。

软交换既可以作为独立的 NGN 网络部件分布在网络的各处，为所有媒体提供基本业务和补充业务，也可以与其他增强业务节点结合，形成新的产品形态。图 9-1(b)详细展示了软交换的功能结构。

软交换主要应完成以下功能。

(1) 协议功能：提供支持多种信令协议(包括 H.248、H.323、SIP* 、SCTP、ISUP+、INAP+、RADIUS、SNMP)的接口，实现 PSTN 和 IP 网/ATM 网间的信令互通和不同网关的互操作。

(2) 业务提供功能：除能处理实时业务外，还具有利用新的网络服务设施提供各种增值业务和补充业务的能力；可以直接与 H.248 终端、MGCP 终端和 SIP 客户终端进行连接，提供相应业务。

(3) 业务的交换功能：业务控制触发的识别以及与 SCF 间的通信；管理呼叫控制功能和 SCF 间的信令；按要求修改呼叫/连接处理功能，在 SCF 控制下处理 IN 业务请求；业务交互作用管理。

(4) 呼叫控制功能、资源控制功能和 QoS 管理功能：可以为基本呼叫的建立、保持和释放提供控制功能，包括呼叫处理、连接控制、智能呼叫触发检出和资源控制等；可以接收来自业务交换功能的监视请求，并对其中与呼叫相关的事件进行处理。接收来自业务交换功能的呼叫控制相关信息，支持呼叫的建立和监视；支持基本的两方呼叫控制功能和多方呼叫控制功能；能够识别媒体网关报告的用户摘机、拨号和挂机事件；控制媒体网关向用户发送各种音频信号等；提供满足运营商需求的编号方案；具有电话交换设备的呼叫处理功能；对网关设备或 IP/ATM 网的核心设备进行控制等。

(5) 网守功能：接入认证与授权、地址解析和带宽管理功能。

(6) 网管以及操作维护功能；主要包括业务统计和告警等。

(7) 互通功能：可以通过信令网关实现分组网与现有 No.7 信令网的互通；通过信令网关与现有智能网互通；允许 SCF 控制 VoIP 呼叫且对呼叫信息进行操作；通过互通模块，采用 H.323 协议实现与现有 H.323 体系的 IP 电话网的互通，采用 SIP 协议实现与未来 SIP 网络体系的互通；与其他软交换设备互联，可以采用 SIP 或 BICC 协议；提供 IP 网内 H.248 终端、SIP 终端和 MGCP 终端之间的互通。当软交换设备内部不包含信令网关时，软交换能够采用 SS7/IP 协议与外置的信令网关互通，其主要承载协议采用 SCTP。

(8) 计费功能：具有采集详细话单及复式计次功能，并能够按照运营商的需求将话单传送到相应的计费中心；当使用记账卡等业务时，软交换具备实时断线的功能。

(9) 支持开放的业务/应用接口功能：提供可编程的、逻辑化控制的开放的 API 协议，实现与外部应用平台的互联互通。

(10) 软交换可以控制媒体网关是否采用语言压缩，并提供可以选择的语音压缩算法，算法应至少包括 G.729、G.723 等可以控制媒体网关是否采用回声抵消技术，可以向媒体网关提供不同大小的语音包缓存区，以减少抖动对语音质量带来的影响。

另外，软交换还可能具有与移动业务相关的功能以及与数据/多媒体业务相关的功能，SIP 代理功能以及 H.248 终端、SIP 终端、MGCP 终端的控制和管理功能，No.7 信令(即 MTP 及其应用部分)功能(任选)，H.323 终端控制、管理功能(任选)。

9.1.3 软交换的参考模型

软交换主要基于 IP 网、ATM 网等数据通信网，国际软交换联盟提出的软交换参考模型如图 9-2 所示。

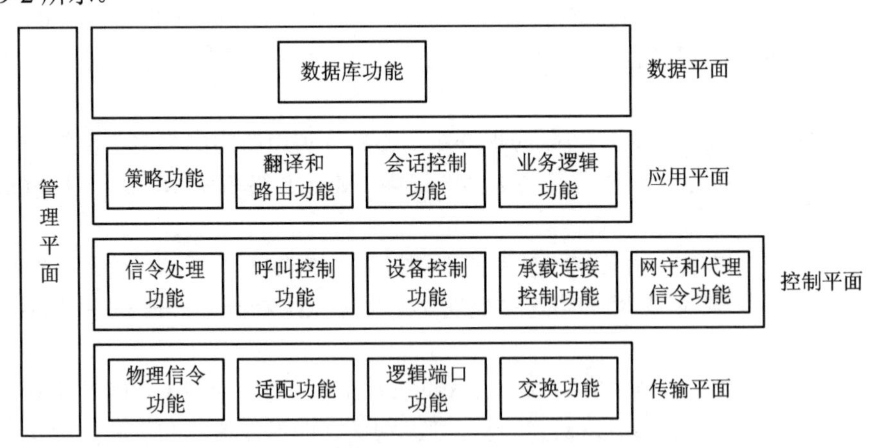

图 9-2 ISC 软交换系统参考模型(功能平面)

(1) 传输平面：负责语音、视频等具体承载数据的传送，主要功能有交换功能、逻辑端口功能、适配功能和物理信令功能。在传输平面与外部的接口中，采用 TDM 话路或分组链路，包括带内信令。

(2) 控制平面：提供一些控制功能，诸如信令处理功能、承载连接控制功能、设备控制功能、网守和代理信令功能等。控制平面与外界的接口采用 H.323(H.225/H.245)、SIP 和 TCAP(TCAP/SCCP/M3UA/SCTP/IP)等协议和信令。

(3) 应用平面：提供业务和应用控制功能，包括会话控制功能、业务逻辑功能、翻译和路由功能以及策略功能。

(4) 数据平面：提供数据库功能，为计费等功能提供服务。

(5) 管理平面：提供管理功能，包括网络操作和控制、网络鉴权在管理接口中采用 SNMPv2 和 CMIP 等管理协议。

9.1.4 软交换网关

1. 网关分类和功能

软交换作为一个开放的实体，与外部的接口必须采用开放的协议。软交换功能的实现是通过网关发出信令，控制语音和数据业务的互通，软交换通过各种具体协议与具体的网络实体通信。软交换的功能实体如图 9-3 所示，媒体网关控制器通常被称为“软交换机(SS)”。

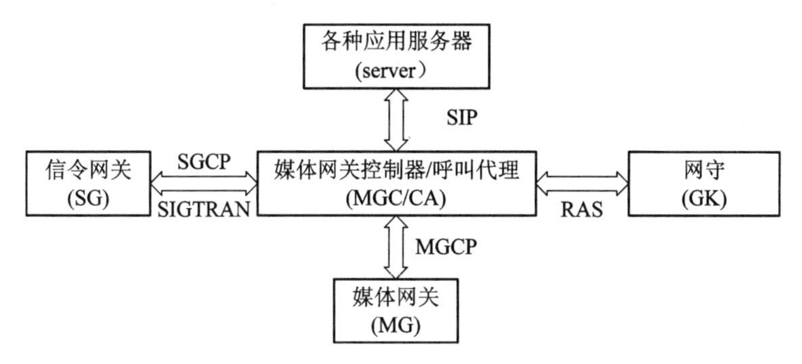

图 9-3 软交换的功能实体

1) 软交换功能实体分类及接口

(1) 信令网关(SG)：是 No.7 信令网与 IP 网的边缘接收和发送信令消息的信令代理，主要完成信令消息的中继、翻译或终接处理。信令网关可以和媒体网关集成在一个物理实体中，处理由媒体网关功能控制的与线路或中继终端有关的信令消息。

(2) 网守(GK)：主要完成用户认证、地址解析、带宽管理、计费等功能。可通过 RAS(注册(registration)、许可(admission)和状态(status)信令来完成终端与网守之间的登记注册、授权许可、带宽改变、状态和脱离解除等过程。实际上，网守是 H.323 系统中的功能实体，它控制一个或多个网关，引导两种不同网络之间语音电路的建立与分离。

(3) 应用服务器(server)：在 IP 网内向用户提供多种智能业务和增值业务。目前国际上 Soft switch 论坛将应用服务器置于软交换之外。软交换仅完成业务的控制功能。需要说明的是，一些组成单元可以内置，也可以外置于软交换体系。电信厂家多将传统业务综合在软交换之内，而将新的业务由应用服务器来生成。

(4) 媒体网关控制器/呼叫代理(MGC/CA)：负责控制 IP 网络的连接(包括呼叫控制功能)。MGC/CA 是软交换的重要组成部分和功能实现部分。其中，MGC 是 H.248 协议关于 MG 媒体通道中呼叫连接状态的控制部分，可以通过 H.248 协议或媒体网关控制协议(MGCP)、媒体设备控制协议(MDCP)对 MG 进行控制，MGC/CA 之间通过 H.323 或者 SIP 协议连接。

(5) 媒体网关(MG)：用来处理电路交换网和 IP 网的媒体信息互通。在 H.248 协议中，MG 实体完成不同网络间不同媒体信息的转换。H.323 协议中相似的功能实体是 MM(media manager)，它在 MG 或其他网关中负责将电路交换媒体(PCM 流等)转换成 H.323 媒体(RTP/RTCP)。信令网关负责将电路交换网的信令转换成 IP 网的信令，根据相应的信令生成 IP 网的控制信令，在 IP 网中传输。媒体网关的作用主要是负责将各种用户或网络的媒体流综合地接入到 IP 核心网中，媒体网关包括中继网关、接入网关、住户网关等，设备本身并没有明确的分类，任何一类媒体网关都将遵循开放的原则并具体实现某一类或几类媒体转换和接入功能，接受软交换的统一管理和控制。按照媒体网关设备在网络中的位置及主要作用可分类如下。

中继网关(TG)：主要针对传统的 PSTN/ISDN 中 C4 或 C5 交换局媒体流的汇接接入，将其接入到 ATM 或 IP 网络，实现 VoATM 或 VoIP 功能。

接入网关(AG)：接入网关负责各种用户或接入网的综合接入，如直接将 PSTN/ISDN 用户、以太网用户、ADSL 用户或 V5 用户接入。这类接入网关一般放置在靠近用户的端局，同时它还具有拨号 Modem 数据业务分流的功能。

住户网关(RG)：从目前的情况看，放置在用户住宅小区或企业的媒体网关主要解决用户语音和数据(主要指 Internet 数据)的综合接入，未来可能还会解决视频业务的接入。

(6) 媒体网关与软交换间的接口：该接口可使用媒体网关控制协议(media gateway control protocol，MGCP)，IP 设备控制协议(Internet protocol device control，IPDC)或 H.248(MeGaCo)协议。

(7) 信令网关与软交换间的接口：该接口可使用信令控制传输协议(signaling control protocol，SCTP)或其他类似协议。

(8) 软交换间的接口：该接口实现不同软交换间的交互。此接口可使用 SIP-T 或 H.323 协议。

(9) 软交换与应用/业务层之间的接口：该接口提供访问各种数据库、三方应用平台、各种功能服务器等的接口，实现对各种增值业务、管理业务和第三方应用的支持。

(10) 软交换与应用服务器间的接口：该接口可使用 SIP 协议或 API(Parlay)，提供对第三方应用和各种增值业务的支持功能。

(11) 软交换与网管中心间的接口：该接口可使用 SNMP，实现网络管理。

(12) 软交换与智能网的 SCP 之间的接口：该接口可使用 INAP，实现对现有智能网业务的支持。

2) 网关功能

IETF 的 RFC 2719 给出网关的总体模型，将网关的特征分为三个功能实体：MG 功能(MGF)、MGC 功能(MGCF)和 SG 功能(SGF)，如图 9-4 所示。

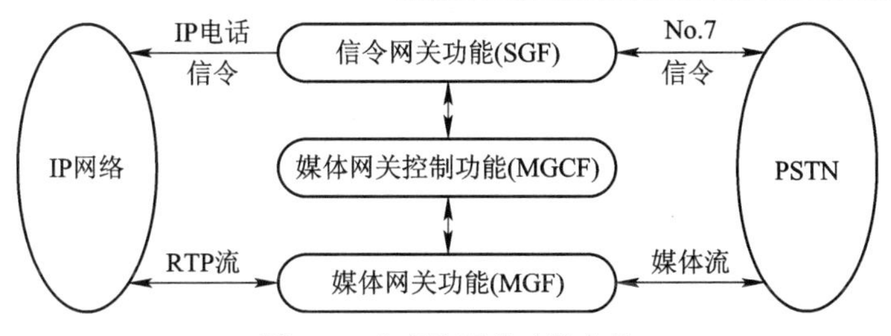

图 9-4　分离的网关功能实体

(1) MG 功能。MGF 在物理上一端接于 PSTN 电路，另一端则是作为 IP 网络路由器所连接的终端。媒体网关的主要功能是将一个网络中的比特流转换为另一种网络中的比特流，并且在传输层和应用层都需要进行这种转换。在传输层，一方面要进行 PSTN 网络侧的复用，另一方面还要进行 IP 网络侧的解复用功能。这是因为在 PSTN 网络中，多个语音通路是以时分复用机制(TDM)复用为一个帧的，而 IP 网则将语音通路封装在实时传输协议(RTP)的净负荷中；在应用层，PSTN 和 IP 网络的语音编码机制不同，PSTN 主要采用 G.711 编码，而 IP 网络采用语音压缩编码以减少每个话路所占用的带宽。这就导致了两个结果：语音质量的降低和时延的增加。因此，媒体网关除了利用 IP 网络中提供的用来提高 QoS 的技术外，还具有支持 IP 网流量旁路或其他增强功能，如播放提示音、收集数字和统计等。实际上，这些增强功能还可以进一步被旁路到一个专用的设备中。

① 通过 MGCP 或 H.248/MEGACO 和 MGCF 通信。和 MGCF 的通信是主从关系(MGCF 为主，MGF 为从)。

② 具有媒体处理功能，如媒体编码转换、媒体分组打包、回声消除、抖动缓冲管理、分组丢失补偿等。

③ 能执行媒体插入功能，如呼叫进程中的提示音产生、DTMF 生成、证实音生成、语音检测等。

④ 能处理信令和媒体时间检测功能，如 DTMF 检测、摘挂机检测、语音动作检测等。

⑤ 管理位于本设备上的上述功能实体需求的媒体处理资源。

⑥ 具有数字分析的能力(基于从 MGCF 下载的数字地图)。

⑦ 向 MGCF 提供一种审计端点状态和能力的机制。

⑧ 不需要保持经过的多个呼叫的呼叫状态，仅需要维护它所支持的呼叫连接状态。

(2) SG 功能。SGF 负责网络的信令处理，如它可以将 No.7 信令的 ISUP 消息转换为 H.323 网络中的相应消息。信令网关功能一方面通过 IP 协议和媒体网关控制器(MGC)功能进行通信，另一方面通过 No.7 和 PSTN 进行通信。根据应用模型的不同，信令网关的作用也有所不同。在中继网关应用模型中，信令网关功能的作用仅仅是将信令以隧道的方式传送到媒体网关控制器中，由后者进行信令的转换。

国际软交换协会(ISC)的参考模型中定义了信令网关功能(SG-F)和接入网关信令功能(AGS-F)。信令网关就是通过 SG-F 和 AGS-F 的物理实现，提供 No.7 信令网络和分组语音网络之间的接口，能将 No.7 信令协议转换为 IP 协议传送到软交换中。信令网关的典型部署有 No.7 信令网关和 IP 信令网关。

① No.7 信令网关：No.7 信令网关用于中转 No.7 信令协议的高层(ISUP、SCCP、TCAP)，可以跨越 IP 网络。No.7 信令网关终端来自一个或者更多 PSTN 网络的 No.7 信令消息传输

协议，并通过基于IP的信令传输协议(如SCTP)中转No.7高层协议到一个或者更多的基于IP的网络组件(如软交换机)。通常，No.7信令网关只提供有限的路由能力，完整的路由能力由软交换机或者特殊协议设备(H.323关守或者SIP代理)提供。

② IP信令网关：IP信令网关在以下两种情况下提供IP到IP的信令转化。首先出于安全原因，如不暴露在信令消息内服务商的互联网IP地址，IP信令网关可以看作是部署在分组网络间的应用层网关(ALG)。在这种情况下，应用层特指协议堆栈的应用层协议(如SIP或者H.323)。第二种情况如当数据包穿过网络边界时，在传输层把公共IP地址(如SCTP)转化为私有地址。这时，IP信令网关也提供网络地址转换(NAT)能力，也就是在不具有完全信令能力的分组网络之间，通过在网络边界上设置协议转换器来实现较小程度的网间互通的情况。例如，一个基于H.323的网络能通过一个IP信令网关和一个基于SIP的网络互通，然而，更加可能的情况是软交换来提供信令协议转换能力。

最初的工业设计是将信令网关功能内置于软交换内部。这样，从信令的角度看，每个软交换都是一个信令端点(SEP)，通过直接方式与其他软交换以及PSTN/ISDN中的信令点建立信令联系。在这种结构方式中要求各信令点两两相连，即网状连接方式，显然很不经济，尤其是它不能适合大规模网络的应用。

因此，一个自然的想法就是仿照现有No.7信令网的结构，在分组网中引入信令转接点(STP)，也就是独立的信令网关。它和PSTN/ISDN及PLMN中的信令点相连，并和各个软交换相连，负责信令消息在两类不同网络之间的转接。其信令网关的准直联信令连接方式如图9-5所示。

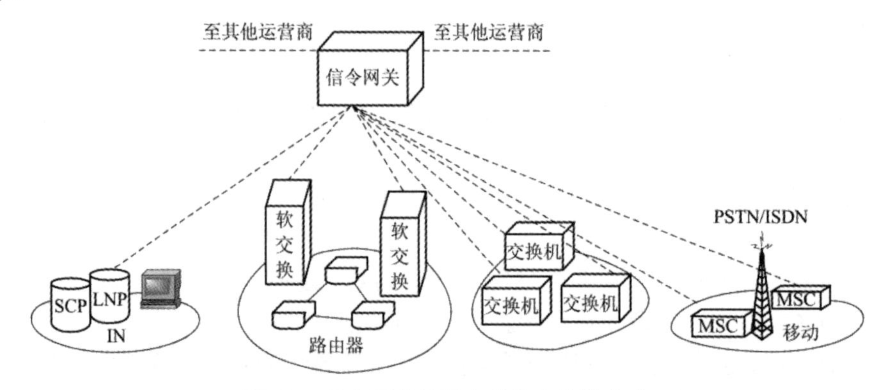

图9-5 信令网关的准直联信令连接方式

和常规STP不同的是，由于转接涉及两类不同网络中的信令转接，因此除了转接寻址和路由功能外，还需要交换底层传送协议。如果分组网络为ATM网络，则经由信令ATM适配层(SALL)适配后拆装成信元进行传送；如果分组网络是IP网络，则采用IETE SIGTRAN工作组定义的流控制传送协议(SCTP)进行传送。当然，信令网关也可以在PSTN/ISDN中用作独立的STP。

引入信令网关的根本原因是市场发展的需要。随着信息源的高速增长和信息获取技术的大力发展，通信网络用户特别是移动网用户迅速增加，每个用户的呼叫次数也不断增加；新的增值业务不断出现，需要更多的网络智能及相应的控制信令；此外，网络优化后层次精简，节点容量普遍加大，电信市场开放必然使运营网络日益增多，网络互通业务大量上升，这些都要求在信令网中装备大容量、可扩展、功能增强的STP和信令网关。

图 9-6 是一个信令网关的功能实现结构示例。信令消息处理和全局名翻译器分别完成 No.7 信令的 MTP-3 和 SCCP 功能，TDM 接口完成底层 MTP 功能，No.7 over IP 功能支持与 IP 网络互通的信令网关功能。号码可携带(NP)服务器是一个增强功能模块，可根据用户需要选用，所有模块经由高速 ATM 内部总线相连。

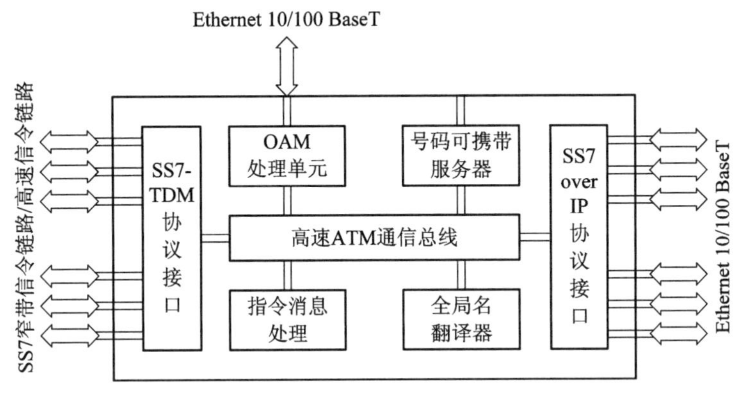

图 9-6　信令网关的功能实现结构示例

(3) MGC 功能。MGCF 控制整个网络，监视各种资源并控制所有连接，也负责用户认证和网络安全；媒体网关控制器功能发起和终止所有的信令控制。实际上，媒体网关控制器功能主要进行信令网关功能的信令翻译。在很多情况下，媒体网关控制器功能和信令网关功能集成在同一个设备中。

2. 网关应用

基于网关的软交换网络互通一般结构如图 9-7 所示。

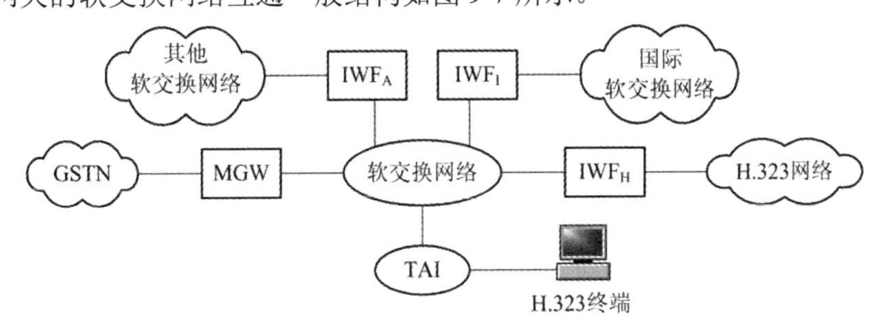

图 9-7　软交换网络互通一般结构

媒体网关(MGW)支持基于分组技术的软交换网络和电路交换的一般电话交换网(GSTN)的互通。网间互通单元(IWF_H)支持软交换网络和异质网络的网间互通，目前指的是其与 H.323 网络的互通。域间互通单元(IWF_A/IWF_I)支持不同软交换网络之间的互通。其中，IWF_A 为国内不同软交换网络运营域的互通单元；IWF_I 为国外软交换运营域互通的国际互通单元。软交换网络也能支持 H.323 终端的直接接入，而不必经由 H.323 网络才能与软交换网络通信。终端适配接口(TAI)用于适配该类终端的接入，包括接入协议的转换以及用户登记和认证。

根据所要求的功能和使用位置不同，NGN 中将存在不同的网关组织类型。H.248/MEGACO 协议用于 MGC 对 MG 的控制。MGC 和 SG 之间的接口协议能够在 IP 网络中传输 No.7 信令，如 IETF 的信令传输组(SIGTRAN)制订的 SCTP 协议。图 9-8 是根据网关功能分离建立的网络体系结构。

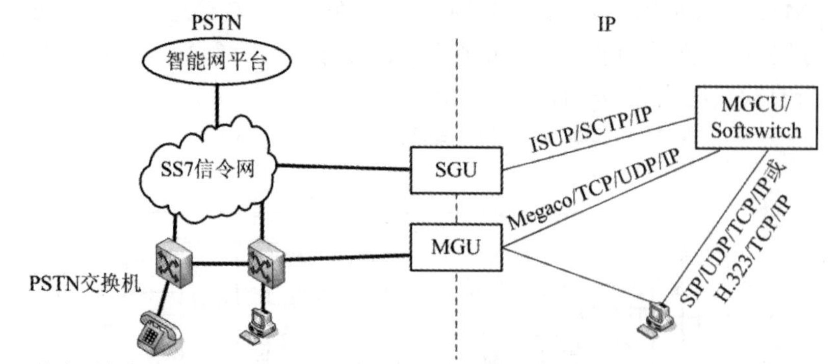

图 9-8 PSTN 和 IP 网络互连的网络体系结构

1) 中继网关应用

中继网关(TG)将长途交换机连接到 IP 路由器，应该有 No.7 信令接口，并且能够管理大量的连接(PSTN 侧的 64 kb/s 链路和 IP 侧的 RTP 流)。TG 的用途是利用 IP 网络的分组媒体流传送来替代 PSTN 的长途中继链路，实现“电话到电话的呼叫”。

图 9-9 为利用中继媒体网关替代汇接局的中继应用情况。图中软交换替代了传统的 PSTN 的长途/汇接交换机，信令网关进行 No.7 信令和基于 SIGTRAN 的 IP 信令协议的转换和传输，中继媒体网关则在 MGC 的控制下完成 PSTN 到 IP 再到 PSTN 的媒体中继汇接连接。

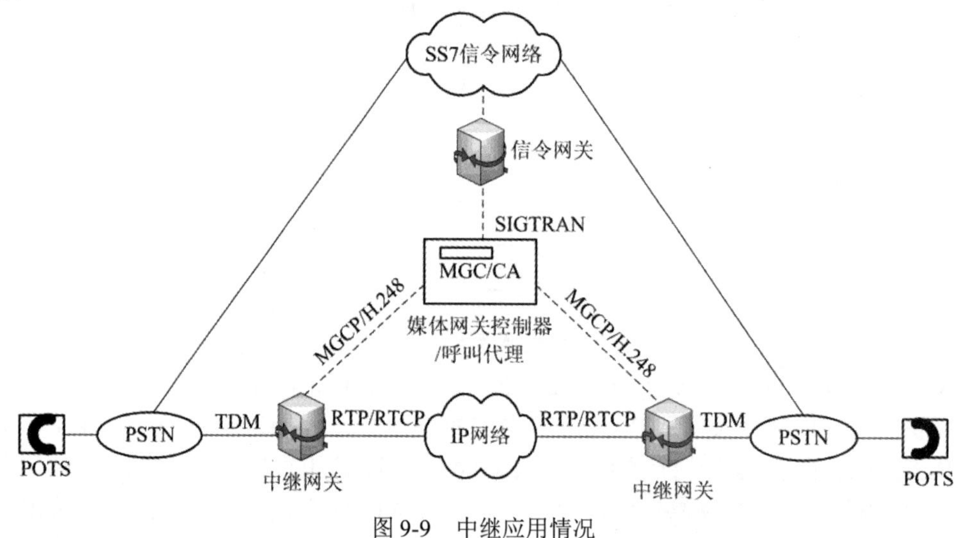

图 9-9 中继应用情况

2) 接入网关应用

接入网关通过接入接口(如 UNI)将电话连接到 IP 路由器，用来支持“计算机到电话”或者“电话到计算机”以及“电话到电话”呼叫。例如，网络接入服务器(NAS)可以通过 ISDN 接口将长途交换机和 IP 路由器连接在一起。用户驻地媒体网关，能将模拟电话连接到 IP 路由器。

图 9-10 为各种接入网络(V5、GR303 和 ISDN 等)通过软交换连接到 PSTN 的情形。接入网关(AG)通过 V5/GR303/ISDN 协议和接入网完成信令交互功能，对于 V5 或者 ISDN 接入网关将终接其物理连接，并将信令消息通过 SIGTRAN 协议(V5UA 或 IUA)传送到 MG；对于 GR303 则接入网关直接终接信令消息，并将其转换为适当的 MGCP 或 H.248/MEGACO 事件传送到 MGC。同时也对来自接入网的语音媒体流进行分组和码型转换并以 RTP 消息格式发送到 TG。TG 再将分组化的语音媒体流转换为 PCM 语音，然后通过电路交换中继模式发送到 PSTN。

同样，无线接入网络(RAN)可以通过无线接入媒体网关接入到核心网络。

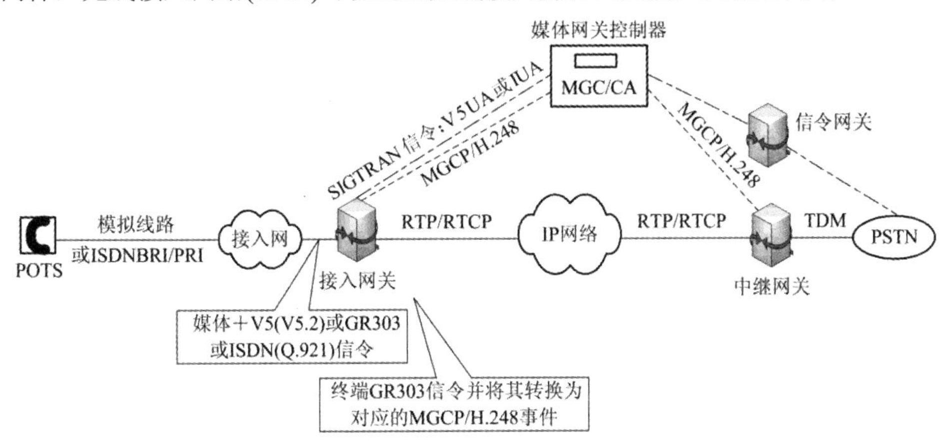

图 9-10　接入网通过 IP 连接到 PSTN

3) 驻地用户网关应用

(1) POTS 电话。用户驻地媒体网关支持的用户数目较少，且位于离用户比较近的地方。用户驻地网关的目的是扩大 IP 网络的使用。

图 9-11 为通过 IP 网络将模拟电话业务(POTS)连接到 PSTN 的情况。POTS 电话首先连接到驻地网关(RG)，RG 完成用户环路信令功能，并通过 MGCP 或 H.248/MEGACO 协议将信令传送到 MGC，MGC 在 SG 的帮助下实现和 PSTN 的呼叫连接，最后 RG 将模拟语音媒体流数字化、分组化(RTP 格式)后传送到中继网关进入 PSTN 网络。

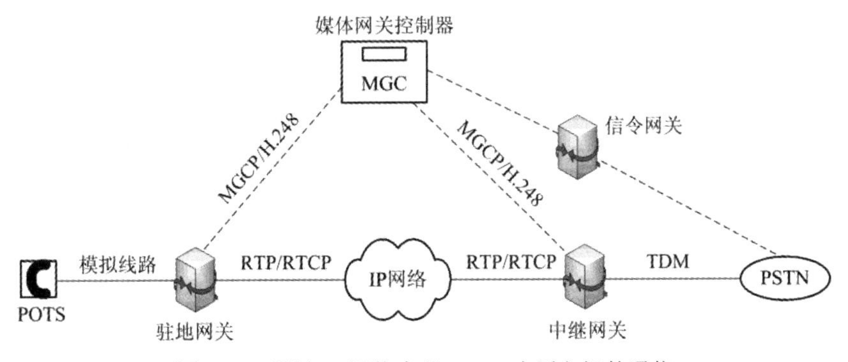

图 9-11　通过 IP 网络实现 POTS 电话之间的通信

(2) 电缆网络。图 9-12 是利用电缆接入网络实现 VoIP 网络的例子。位于用户侧的电缆调制解调器有一个嵌入式的多媒体终端适配器(MTA)，该 MTA 连接 POTS 电话和任何基于以太网的设备，完成AG/RG的功能。MTA也可以和电缆调制解调器分离，但需要通过以太网相互连接。MTA终接来自/去往POTS电话的用户环路信令，并且通过CMTS和MGC进行信令交互(利用NCS或SIP协议，其中网络控制信令协议NCS是MGCP的修正协议)；MGC通过信令网关和PSTN进行信令交互。另外，MTA也终接来自POTS电话的模拟语音，将其数字化、分组化后承载在RTP上并通过CM/CMTS电缆网络发送到中继网关。这里，MGC通过TGCP协议(MGCP的修正协议)控制TG。

为了能够和分组电缆(packet cable)系统完全兼容，MGC必须通过COPS协议和CMTS进行信令交互。

为了保证电缆网络的QoS，MGC可以通过动态QoS(DQoS)和COPS协议与CMTS通信。

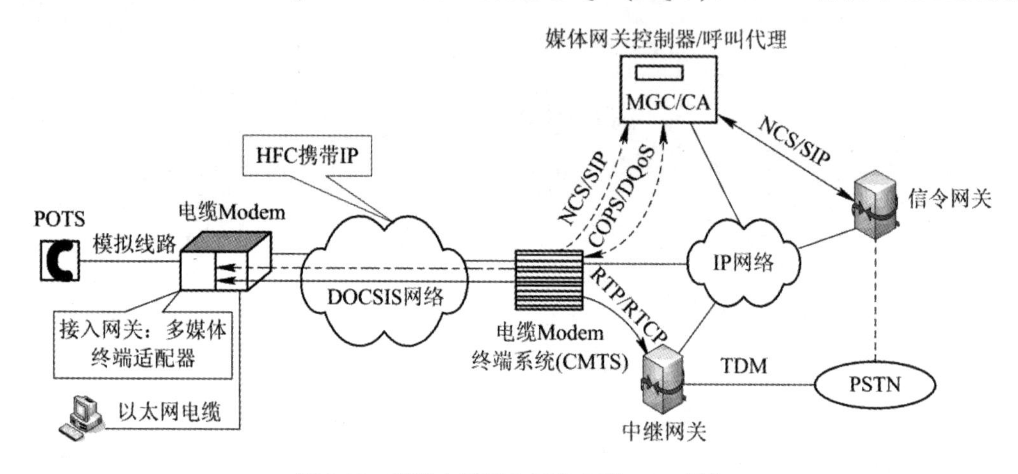

图9-12　利用电缆接入网络实现VoIP网络

(3) VoDSL和IAD。图9-13是利用DSL接入网实现VoIP网络的例子。位于用户边的综合接入设备(IAD)(又称接入网关/住户网关/异步用户环路终端单元)连接POTS电话或任何以太网设备，完成用户环路信令功能，通过DSLAM和MGC以MGCP或H.248/MEGACO协议方式进行信令交互；MGC通过信令网关和PSTN进行信令交互。另外，IAD也完成来自POTS电话的语音媒体流的数字化和分组化，并将其通过DSLAM以RTP/PTCP消息格式传送到中继网关。

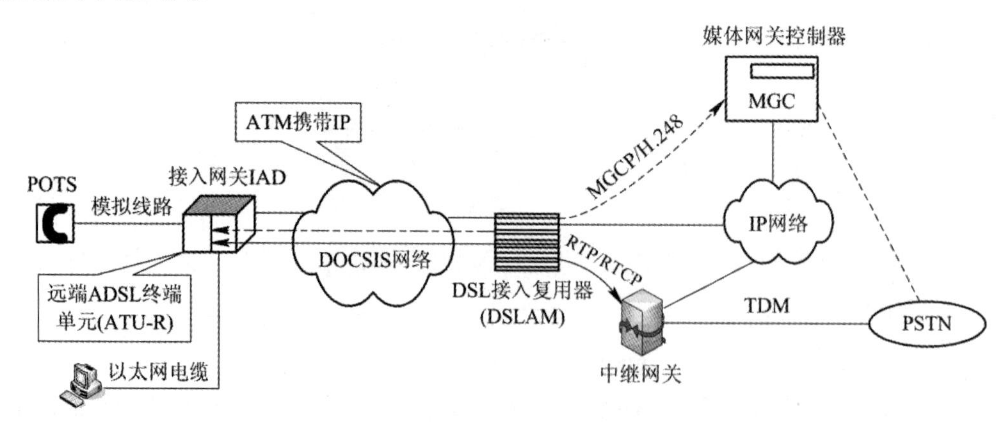

图9-13　利用DSL接入网络实现VoIP网络

9.1.5 软交换协议

软交换是一个开放的、多协议的实体，由于历史原因，NGN 系列协议有些相互补充，有些则相互竞争。经过几年的发展，软交换的一些老的协议在不断完善成熟或退出，新的协议也在不断推出。

1. 软交换互通协议

软交换包含非对等和对等两类协议。非对等协议主要指媒体网关控制协议 H.248/Megaco；对等协议包括 SIP、H.323、BICC 等。H.248/Megaco 与其他协议配合可完成各种 NGN 业务；SIP、H.323 则存在竞争关系。由于 SIP 具有简单、通用、易于扩展等特性，因此它逐渐发展成为主流协议。图 9-14 所示为软交换协议之间的关系。下面介绍一些相关的协议。

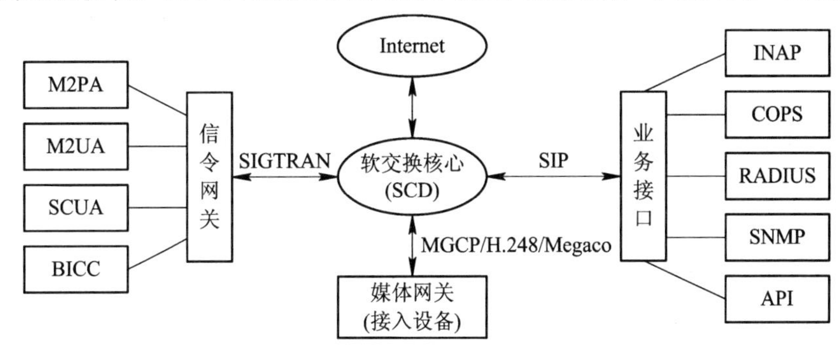

图 9-14　软交换协议之间的关系

1) MGCP

MGCP(RFC 2705 定义)称为媒体网关控制协议，是 IETF 较早定义的媒体网关控制协议，主要从功能的角度定义媒体网关控制器和媒体网关之间的行为。MGCP 命令分为连接处理和端点处理两类，共 9 条命令，分别是端点配置(endpoint configuration)、通报请求(notification request)、通报(notify)、创建连接(creat connection)、通报连接(notify connection)、删除连接(delete connection)、审核端点(audit endpoint)、审核连接(audit connection)、重启进程(restart inprogress)。

2) H.248/Megaco

H.248/Megaco 是在 MGCP 协议的基础上，结合其他媒体网关控制协议的特点发展而成的一种协议，它提供控制媒体的建立、修改和释放机制，同时也可携带某些随路呼叫信令，支持传统网络终端呼叫。该协议应用在媒体网关和软交换之间、软交换与 H.248/Megaco 终端之间，在构建开放和多网融合的 NGN 中发挥着重要作用。

H.248/Megaco 因其功能灵活、支持业务能力强而受到重视，而且不断有新的附件补充其能力，是目前媒体网关和软交换之间的主流协议。目前国内通信标准推荐软交换和媒体网关之间应用 H.248 协议，共 8 条命令：添加(add)、减去(subtract)、移动(move)、修改(modify)、审核值(audit value)、审核能力(audit capabilities)、通知(notify)、业务改变(service change)。

3) SIP

SIP(会话初始协议)是 IETF 制定的多媒体通信系统框架协议之一，它是一个基于文本的应用层控制协议，独立于底层协议，用于建立、修改和终止 IP 网上的双方或多方多媒体会话。SIP借鉴了HTTP、SMTP等协议，支持代理、重定向、登记定位用户等功能，支持用户移动，与RTP/RTCP、SDP、RTSP、DNS等协议配合，支持Voice、Video、Data、E-mail、Presence、IM、Chat、Game等。

4) SIP-T协议

SIP-T补充定义了如何利用SIP协议传送电话网络信令，特别是ISUP信令的机制。其用途是支持PSTN/ISDN与IP网络的互通，在软交换系统之间的网络接口中使用。目前IP电话网络的主要应用环境是PSTN-IP-PSTN，即IP中继应用。对于ISDN呼叫来说，主叫侧和被叫侧常需要通过信令交换信息，以支持终端的兼容性检测或补充业务，有时还要求利用No.7信令在主被叫之间透明传送信息。这就要求ISUP信令在通过IP网络时保持消息的完整性。SIP-T采用的方法是将ISUP消息完整地封装在SIP消息体中。当边缘软交换系统通过信令网关收到ISUP消息时，经过消息分析将相关参数映射为SIP消息的对应头部域，同时将整个消息封装到SIP消息体中，到达对端边缘软交换系统后，再将其拆封转送至被叫侧ISDN。虽然，SIP-T只对IP中继应用有意义，但是由于发送端软交换系统并不知道接收方是ISDN还是IP终端，因此即使对于电话至PC类型的通信，也有必要采用SIP-T协议。

5) BICC协议

随着数据网络和语音网络的集成，融合的业务越来越多，PSTN-64 kb/s、N × 64 kb/s的承载能力其局限性太大，分组承载网络除IP网络外还有ATM网络，但IP分组网不具备运营级质量，为了在扩展的承载网络上实现PSTN、ISDN业务，就制定了BICC(bearer independent call control)协议。

BICC协议解决了呼叫控制和承载控制分离的问题，使呼叫控制信令可在各种网络上承载，包括MTP-SS7网络、ATM网络、IP网络。BICC协议由ISUP演变而来，是传统电信网络向综合多业务网络演进的重要支撑工具。

BICC协议正由CS1(能力集1)向CS2、CS3发展。CS1支持呼叫控制信令在MTP-SS7、ATM上的承载，CS2增加了在IP网上的承载，CS3则关注MPLS、IP、QoS等承载应用质量以及与SIP的互通问题。

BICC协议提供支持独立于承载技术和信令传送技术的窄带ISDN业务。BICC协议属于应用层控制协议，可用于建立、修改、终接呼叫。BICC协议基于N-ISUP信令，沿用ISUP中的相关消息，并利用APM(application transport mechanism)机制传送BICC特定的承载控制信息，因此可以承载全方位的PSTN/ISDN业务。呼叫与承载的分离，使得异种承载的网络之间的业务互通变得十分简单，只需要完成承载级的互通，业务不用进行任何修改。软交换设备之间可以采用BICC来实现协议互通。

目前BICC协议可使用的信令传送转换层包括MTP3/MTP3B、SCTP等。BICC协议丢弃了窄带信令和宽带信令应用层互通的传统方法，采用呼叫信令和承载信令分离的思路，承载控制协议则根据承载类型的不同，可为DSS2、AAL2信令、B-ISUP或IP控制协议。

BICC的思想和SIP-T相同，都是将窄带ISUP信令信息透明地从入口网关传送到出口网关，但是具体实现方法不同。BICC是直接用ISUP作为IP网络中的呼叫控制消息，在其中透明地传送承载控制信息；而SIP-T仍然是用SIP作为呼叫和承载控制协议，在其中透明传送 ISUP 消息。显然，BICC 并不是用于 SIP 体系的，它只可能与 H.323 网络配用，因此 IP 终端或网关和网守之间采用 H.225.0 协议，网守之间采用 BICC 协议。ISDN 用户网络接口采用 Q.931 信令，交换机间的网络接口采用 ISUP 信令。

6) H.323 协议

H.323 是一套在分组网上提供实时音频、视频和数据通信的标准，是 ITU-T 制定的在各种网络上提供多媒体通信的系列协议 H.32x 的一部分。H.323 也是多媒体通信协议，它比 SIP、H.248/Megaco 协议的发展历史更长，升级和扩展性不是很好，SIP + H.248/Megaco 协议可取代 H.323 协议，但为了与 H.323 网络的互通，NGN 必须支持该项协议。

在软交换之间互通协议方面，目前固网中应用较多的是 SIP-T，移动应用的是 BICC，未来的发展方向是 SIP-I；在软交换与媒体网关之间的控制协议方面，MGCP 较成熟，但 H.248 继承了 MGCP 的所有优点，有取代 MGCP 的趋势；在软交换与终端之间的控制协议方面，SIP 是趋势；在软交换与应用服务器之间，SIP 是主流，目前此业务接口基本成熟；在应用服务器与第三方业务之间，Parlay 是发展方向，但目前商用还不成熟。

SIP 是 NGN 多媒体通信协议，用于软交换、SIP 服务器和 SIP 终端之间的通信控制和信息交互，扩展的 SIP-T 可使 SIP 消息携带 ISUP 信令；在需要媒体转换的地方可设置媒体网关，H.248/Megaco 为媒体网关控制器(MGC)的协议，用于控制媒体网关，完成媒体转换功能，它并不具有呼叫控制功能；BICC 可使 ISUP 协议在不同承载网络(ATM、IP、PSTN)上传送。下面介绍的 SIGTRAN 为信令传送协议，用于解决 IP 网络承载 No.7 信令的问题，它允许 No.7 信令穿过 IP 网络到达目的地。

2. 信令网关协议

SIGTRAN 是 IETF 的一个工作组，其任务是建立一套在 IP 网络上传送 PSTN 信令的协议。SIGTRAN 是实现用 IP 网络传送电路交换网信令消息的协议栈，它利用标准的 IP 传送协议作为底层传输，通过增加自身功能来满足信令传送的要求。SIGTRAN 协议栈的组成示意如图 9-15 所示，包括 3 部分：信令适配层、信令传输层和 IP 协议层。信令适配层用于支持特定的原语和通用的信令传输协议，包括针对 No.7 信令的 M3UA、M2UA、M2PA、SUA 和 IUA 等协议，还包括针对 V5 协议的 V5UA 等。信令传输层支持信令传送所需的一组通用的可靠传送功能，主要指 SCTP 协议。IP 协议层实现标准的 IP 传送协议。

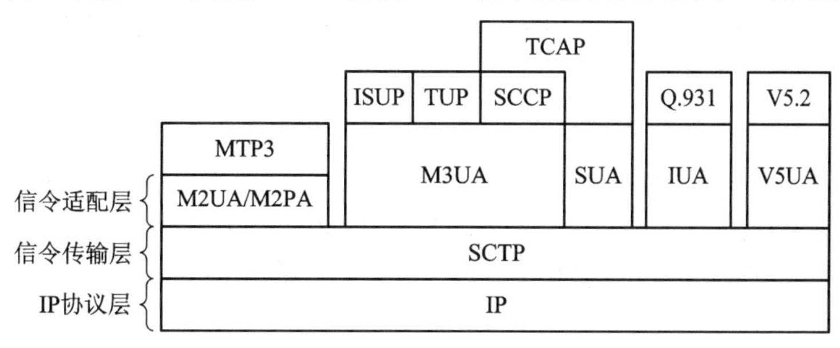

图 9-15　SIGTRAN 协议栈的组成示意图

通过 SIGTRAN，可在信令网关单元和媒体网关控制器单元之间(SG-MGC)、在媒体网关单元和媒体网关控制器单元之间(MG-MGC)、在分布式媒体网关控制单元之间(MGC-MGC)、在电路交换网的信令点或信令转接点所连接的两个信令网关之间(SG-SG)传送电路交换网的信令(主要指 No.7 信令)。

SIGTRAN 的主要功能是完成 No.7 信令在 IP 网络层的封装，支持的应用包括用于连接控制的 No.7 信令应用(如用于 VoIP 的应用业务)和用于无连接控制的 No.7 信令应用，解决 No.7 信令网与 IP 网实体相互跨界访问的需要。

在 IP 网的基础上，SIGTRAN 提供透明的信令消息传送功能，包括：传送各种不同类型的协议；确认正在传输何种电路交换网协议；提供公用基础协议，定义头格式、安全性外延和信令传输过程，在需要增加专业电路交换网协议时实现必要的外延；与下层 IP 结合，提供电路交换网下层应有的相关功能(包括流量控制)，保证控制流内有序地传输信令消息，对信令消息的源点和目的点进行逻辑判断，对控制信令消息的物理接口进行逻辑判断、差错检测，恢复传送路径中的故障部分，检测对等实体是否可用等；在一个 SIGTRAN 的上层支持多个电路交换网协议，避免在另一个控制流出现传送错误时中断当前控制流的传送；需要时，允许信令网关向不同的目标端口发送不同的控制流；可以传送被下层电路交换网分割或重组的消息单元；提供一种合适的安全机制，保护物理中传送的信令消息；通过对信令生成(包括电路交换网信令生成)的适当控制和对拥塞的反应策略，避免 Internet 拥塞。

SIGTRAN 支持的主要协议如下所述。

1) SCTP

SCTP 是流控制传送协议，用于在 IP 网络上可靠地传输 PSTN 信令，可替代 TCP、UDP 协议；SCTP 在实时性和信息传输方面更可靠、更安全；TCP 为单向流，且不提供多个 IP 连接，安全方面也受到限制；UDP 不可靠，不提供顺序控制和连接确认；一个关联的两个 SCTP 端点都向对方提供一个 SCTP 端口号和一个 IP 地址表，这样，每个关联都由两个 SCTP 端口号和两个 IP 地址表来识别。

2) M2UA

在 IP 网终端点保留 No.7 的 MTP3/MTP2 间的接口，M2UA 可用来向用户提供与 MTP2 向 MTP3 所提供业务相同的业务集。

M2UA 支持对 MTP2/MTP3 接口边界的数据传送、链路建立、链路释放、链路状态管理和数据恢复，从而为高层提供业务。

M2UA 的功能包括映射、流量/拥塞控制、SCTPL 流管理、无缝的 No.7 信令网络管理互通和管理/解除阻断。

3) M2PA

M2PA(MTP2 层用户对等适配层协议)是把 No.7 的 MTP3 层适配到 SCTP 层的协议，它描述的传输机制可使两个 No.7 节点通过 IP 网上的通信完成 MTP3 消息处理和信令网管理功能，因此能够在 IP 网连接上提供与 MTP3 协议的无缝操作。

4) M3UA

M3UA(MTP3 层用户适配层协议)是把 No.7 的 MTP3 层用户信令适配到 SCTP 层的协议。它描述的传输机制支持全部 MTP3 用户消息(TUP、ISUP、SCCP)的传送、MTP3 用户协议对等层的无缝操作、SCTP 传送和话务的管理、多个软交换之间的故障倒换和负荷分担以及状态改变的异步报告。它可以通过 SG 直接调用 M3UA 传送用户信令，也可以通过

SG 调用 M3UA 进行 SCCP 信令传输。M3UA 可提供多种业务，如传递 MTP3 用户消息、与 MTP3 网络管理功能互通以及到多个 SG 连接的管理等。

5) SUA

SUA 定义了如何在两个信令端点间通过 IP 传送 SCCP 用户消息或第三代网络协议消息，支持 SCCP 用户互通，相当于 TCAP over IP。

SUA 的功能主要包括对 SCCP 用户部分的消息传输、SCCP 无连接业务、SCCP 面向连接的业务、SCCP 用户协议对等层之间的无缝操作、分布式的基于 IP 的信令节点以及异步地向管理发送状态变化报告等。

9.1.6　基于软交换的 NGN 组网及发展

NGN 的主要研究领域有四大方面：网络融合、网络演进、可管理性和服务质量。

1. 基于软交换的 NGN 组网

图 9-16 为网络演进中的一个实际组网案例。本方案引入了集中用户数据库(HLR)和集中路由服务器(RS)，将原来存放的各软交换设备(SS)中的用户数据及路由数据分离出来，集中存放在 HLR 及 RS 中，而 SS 只保留与网关资源相关的信息，如中继网关的 EI 资源的空闲情况等。

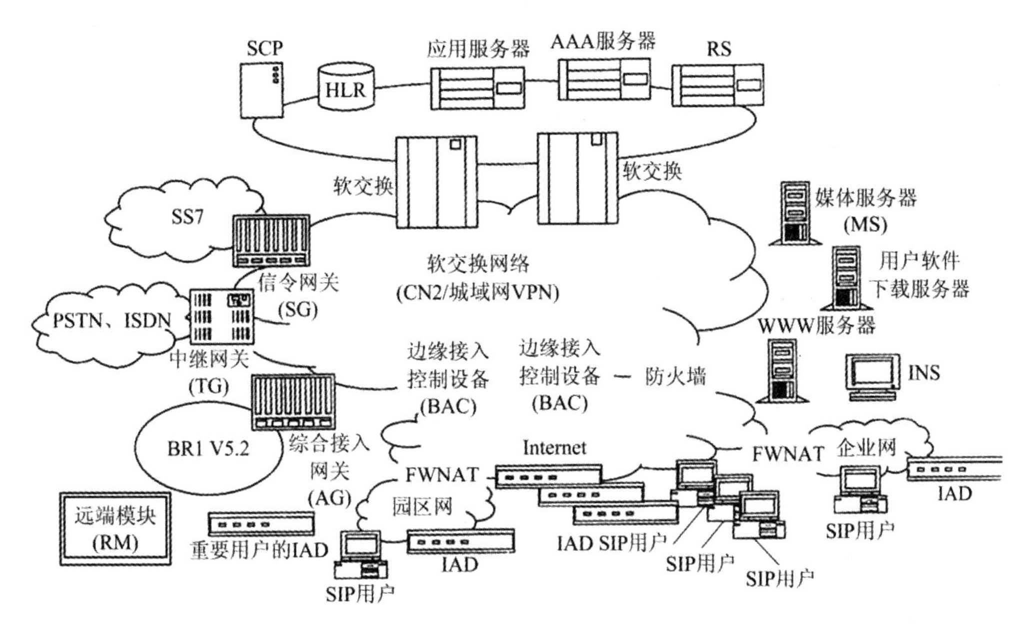

图 9-16　组网案例

本解决方案在传送层引入了具有一定安全及 QoS 保证的(软交换业务)专业承载网络及软交换业务的边缘接入控制设备(BAC)。软交换设备、中继网关(TG)、综合接入网关(AG)、信令网关(SG)、重要客户使用的 IAD、媒体服务器(MS)、BAC 等设备基于专用网络部署，该专用网络可以是新建的专用网或采用 MPLS VPN 等技术的虚拟专用网，能通过各种手段来实现软交换设备间的相互通信及软交换设备和非软交换设备间的消息隔离。对于非重要客户使用的 IAD 及 SIP 软、硬终端等设备，由于设备数量多，分布广，因此将通过各种接入方式快速收敛于 BAC 设备，通过 BAC 设备实现与专用网络中其他设备的互通，此时BAC 提供信令与媒体的代理功能及安全检测与隔离功能。

对于通过公共 Internet 接入软交换网络的 IAD 及 SIP 用户，当用户发起业务请求时，终端首先通过软交换网络的 DNS 进行 SS 的域名解析，得到根据用户所在位置或 IP 地址段所分配的 BAC 的 IP 地址，终端将呼叫请求权送至该 BAC，BAC 去查询该用户是否在已通过安全注册的用户列表中，若是，则对其进行用户和软交换间的信令代理(BAC 在用户看来相当于软交换，在软交换看来相当于用户)。BAC 根据预设原则将呼叫请求送至相应的 SS 进行处理。

对于部署在专网上的 TG、AG 及部分 IAD 设备，当用户发起业务请求时，网关设备将根据预设的 SSIP 地址将呼叫送至相应的 SS。

主叫 SS 首先会去 HLR 查询用户的业务相关信息，判别用户的该业务是否有权，是否符合预设的业务触发条件，然后根据查询结果去访问 RS 获得本次呼叫的路由信息，将呼叫接续至下一跳 SS 或业务平台。被叫 SS 收到呼叫请求将去查询 HLR，获得目前用户指定终端的 IP 地址，接至终端。

图 9-17 给出的是软交换(内置信令网关)的直接信令传送方式。软交换与传统网络 PSTN/PLMN/IN 之间实现了信令的直达，从而也实现了各种电信级业务在 IP 网上的“长驱直入”。

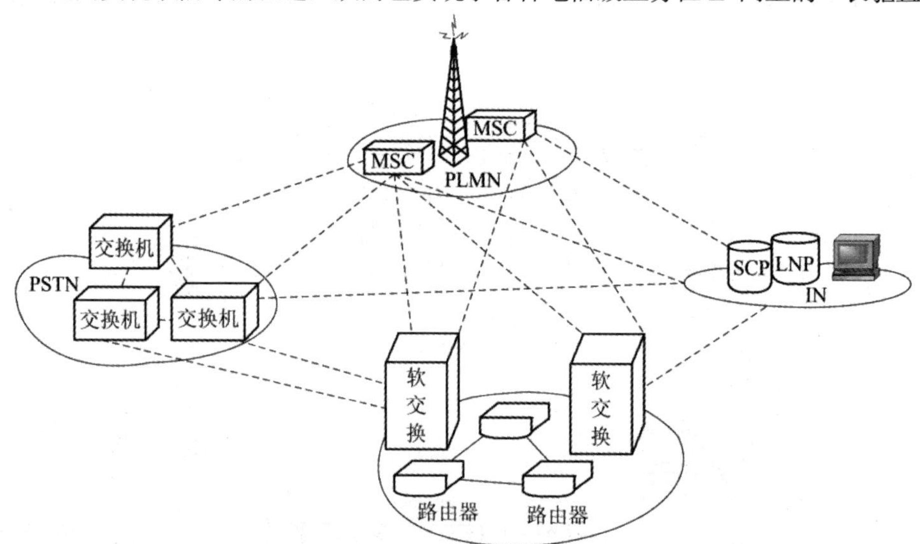

图 9-17 软交换(内置信令网关)的直接信令传送方式

2. NGN 的发展

1) 传统网络向 NGN 的演进

从传统的电路交换网到分组交换网将是一个长期的渐进过渡过程，演进策略需要根据具体网络现状和业务预测以及性价比进行详细分析后才能决定。如何保护现有投资和现有电信业务的收益是电信网络演进至 NGN 需要解决的问题。演进应该分为以下几个层面。

(1) 从网络接入层面上的演进：宽带接入提升为用户提供宽带的且面向分组的接入，可以为用户提供更加高速的接入方式。现在各地智能小区的建设已经全面展开，意味着面向 NGN 演进的开始。

(2) 从长途网络层面上的演进：是中继旁路的策略，即利用集成的或独立的中继网关，旁路部分语音话务到 IP 或 ATM 网络上，利用软交换进行路由控制和业务的提供。这样可以减缓现有的电路交换网络的拥塞问题。

(3) 从本地交换网络层面上的演进：市话局是最大投资的点，拥有大量的用户机架以及本地的电话业务数据，改造将是最为困难的。可利用综合的具有大容量的宽带接入设备取代现有的用户架，以独立的接入网关接入 IP 网络或 ATM 网络，升级软交换和应用服务器以支持本地的电话业务和 IP 业务。

(4) 从移动网层面上的演进：移动网的 MSC 正在逐步被 MSC Server 和 MGW 所取代，说明软交换技术在移动网中得到了广泛的应用。3G 技术重点在于宽带的无线技术，NGN 的重点在基于分组网络的业务控制技术，两个技术将分别提供不同业务领域的通信服务。NGN 与 3G 并不矛盾，而且也并非截然分离，广义上的 NGN 应该综合考虑固定和无线领域，而且适应整个电信网 IP 化演进的趋势，3G 网络也在很多方面应用了 NGN 的技术。3GPP 在制定 R4 阶段的规范时，已经把 NGN 领域提出的软交换概念引入到移动核心网领域。因此，NGN 将与 3G 同步推行，二者能够实现有效互补。

2) IMS 将成为 NGN 中统一的融合平台

在 NGN 中，SIP 可以应用于 IP 网的基本语音和多种通信增值业务，应用于通信核心网络中的信令协议，应用于业务平台(应用服务器)及智能终端或数字家庭网关等设备，它不仅是涉及软交换方面的协议，同时也是 IMS 媒体呼叫控制协议。IMS 将成为 NGN 统一的融合平台，主要表现在：采用 SIP 信令作为呼叫控制，业务控制能力强；核心网与接入无关；开放性更好，标准化程度更高；各种有线/无线业务具有共同的核心网、统一的网络层上的集中用户数据库、后台计费系统和业务开发平台、统一的业务认证架构、自动的全网漫游能力；用于固网需要对功能、接口和协议进行修改等。随着以后基于 IMS 的业务增多，支持 IMS 的硬件终端的出现，大范围互操作测试的有效进行，就可以大规模商用。

相对软交换而言，IMS 更关注逻辑网络的结构和功能、控制层面的统一架构以及宽带多媒体业务，而软交换则更关注具体的设备形态、功能、具体协议以及语音相关业务。软交换和 IMS 是 PSTN 向 NGN 演进的两个不同阶段，软交换是初级阶段，IMS 是目标架构，重叠网形式引入，两者将以互通方式长期共存。再长远看，IMS 将融合软交换，成为统一融合平台，部分软交换硬件将继续保留，功能也被修改。

9.2 光 交 换

9.2.1 光交换概述

1. 光交换基本概念

1) 光交换的发展

光交换(optical switching)指不经过任何光电转换，在光域直接将输入光信号交换到不同的输出端。光交换是一种光纤通信技术，也是全光网络(all optical network，AON)的核心技术之一。AON 是指信号只在进出网络时才进行电/光(E/S)或光/电(O/E)转换，而在网络中传输和交换的过程中始终以光的形式存在。

1960 年，第一台红宝石激光器的问世标志着人类开始步入激光技术时代。1970 年，第一根光纤的问世揭开了光纤通信发展的新篇章，光纤通信的诞生是电子通信到光电子通信的一次质的飞跃。1980 年以来，光纤通信技术发展异常迅速，光纤传输系统的容量已经从 Mb/s 发展到 Tb/s，光纤的巨大频带资源和优异的传输性能，使它成为高速大容量传输的理想介质，极大地满足了人们对信息传递速度、质量和容量的要求。从单信道的同步数字系列 SDH 发展到多信道的波分复用(wavelength division multiplexing，WDM)，又发展到可重构的光传输网络(optical transport network，OTN)，仅仅用了 20 多年的时间。随着光器件的发展和光系统的演进，光传输系统已经突破了电子极限。同时，光空分复用、光时分复用和光码分复用和交换技术分别从空间域、时间域和码字域的角度拓展了光通信的容量和交换系统的灵活性，丰富了光信号交换和控制的方式，谱写了全光网络的新篇章。2000 年，为了适应光网络的优化、路由、保护和自愈功能发展的需求，又提出了自动交换光网络(automatically switched optical network，ASON)的概念，ASON 是智能化的光网络，是下一代光网络的发展方向。

到 20 世纪末，随着密集波分复用(dense wavelength division multiplexing，DWDM)技术的成熟，单根光纤的传输容量已可达到 Tb/s 的程度，因此也对交换系统的发展提供了巨大的动力和压力。传统的交换技术需要将数据转换为电信号进行交换，然后再交换为光信号传输。虽然传统的交换技术与光交换结合，在带宽和速度上有十分重大的意义，但是其中的光电转换设备体积过于庞大且费用昂贵，因此全光交换技术的到来是大势所趋。

2) 光交换的特点

在全光网络中，光交换的关键是光节点技术，它是在光域直接将输入光信号交换到不同的输出端，主要完成光节点处任意光纤端口之间的光信号交换及选路。光交换主要有以下几个特点。

(1) 光信号流在网络中传输及交换时始终以光的形式存在，不必经过光/电和电/光转换，消除了节点处的瓶颈，并且信息从源节点到目的节点的传输过程始终在光域内，不受监测器和调节器等光电器件响应速度的限制。

(2) 光交换的比特率和调制方式透明，可大大提高交换单元的吞吐量，充分发挥光信号的高速、宽带和无电磁感应等优点。

(3) 光交换与高速的光纤传输速率匹配，可以实现网络的高速率。

(4) 光交换根据波长来对信号进行路由和选路，与通信采用的协议、数据格式和传输速率无关。

(5) 光交换可以保证网络的稳定性，提供灵活的信息路由手段。

2. 光交换类型

光交换技术可分为光电路交换(OCS)、光分组交换(OPS)和光突发交换(OBS)。

1) 光电路交换

光电路交换(optical circuit switching，OCS)是在电路交换技术的基础上发展的，也是面向连接的。根据光信号的分割复用方式，相应的也存在空分、时分、波分几种信道的光交换。若光信号同时采用两种或两种以上的交换方式，则称为混合光交换。目前的OCS主要是指波长交换。OCS具有简单、易于实现、技术成熟等优点，可利用OADM(光分插复用)、OXC(光交叉连接)等设备来实现；缺点是不适合数据业务网络，不适合处理突发性强和业务变化频繁的IP业务。

2) 光分组交换

光分组交换(optical packet switching，OPS)可以看作电分组交换在光域的延伸，交换单位是高速传输的光分组。OPS沿用电分组交换存储-转发的方式，是无连接的。OPS是光交换技术的理想形式，但由于目前缺乏相关的支撑技术暂时不能实用化。这是因为在光域内还缺乏类似电域的缓存器等逻辑器件，导致在“纯光网络”上还不能完全实现光分组交换，只能采用光纤延迟线(fiber delay line，FDL)作为缓存器，缺乏足够的灵活性和精度。目前OPS仍采用光电混合的办法来实现，即传输和交换在光域完成，而控制信号在交换节点被转换成电信号后再进行处理。

3) 光突发交换

光突发交换(optical burst switching，OBS)是作为OCS向OPS的过渡技术提出的。OBS的交换单位是突发，即为多个分组的集合，其带宽粒度介于OCS和OPS之间。OBS比OCS灵活、带宽利用率高，比OPS更贴近实用。可以说，OBS结合了OCS和OPS的优点，克服了两者的部分缺点，且由于对光器件的要求较低，因此就成为目前国内外的研究热点。

3. 光交换基本器件

光交换基本器件主要包括光开关、波长转换器、光存储器、光调制器、光滤波器。

1) 光开关

光开关是完成光交换最基本的功能器件，光开关主要用来实现光层面上的路由选择、波长选择、光分插复用、光交叉连接和自愈保护等功能。光开关的类型有很多，主要分为机械式和非机械式两大类。机械式光开关靠光纤或光学元件移动，使光路发生改变。非机械光开关依靠电光效应、磁光效应、声光效应和热光效应来改变波导折射率，使光路发生改变。依据不同的原理，光开关可分为机械光开关、电光开关、声光开关、热光开关；依据交换介质光开关可分为自由空间交换光开关和波导交换光开关等。

2) 光波长转换器

光波长转换器是波分复用光网络及全光交换网络中的关键部件。它把带有信号的光波从一个波长转换成另一个波长输出，波长转换是解决相同波长争用同一个端口时发生阻塞的关键。波长转换器有直接波长转换和外调制器波长转换两种。直接波长转换是光/电/光转换，如图9-18(a)所示，将波长为λ_i的输入光信号，由光电探测器转变成电信号，然后再去驱动一个波长为λ_o的激光器，使得输出光信号的输出波长为λ_o。直接转换利用激光器的注入电流直接随承载信息的信号而变化的特性，少量电流的变化就可以调制激光器的光频(波长)，大约是1 nm/mA，通过不同信号的注入电流可产生不同波长的信号输出。利用外调节器实现间接的波长转换如图9-18(b)所示，它是在外调节器的控制端施加适当的直流偏压，使得λ_i的输入光调制成λ_o的输出光。

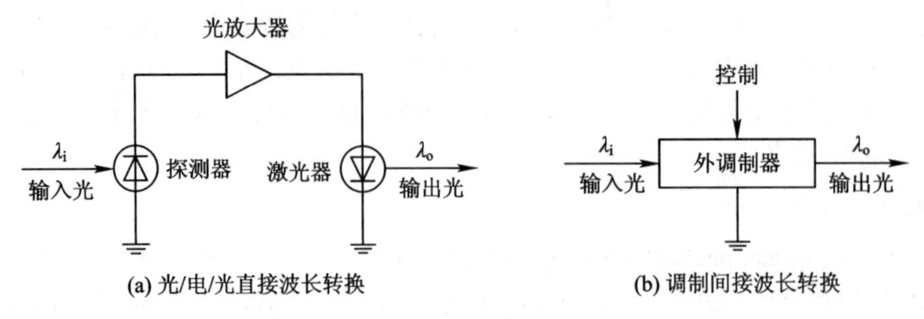

(a) 光/电/光直接波长转换　　(b) 调制间接波长转换

图 9-18　波长转换器结构示意图

3) 光存储器

光存储器是时分光交换系统的关键器件，它可实现光信号的存储，以进行光信号的时隙交换。目前常用的光存储器有双稳态激光二极管和光纤延迟线(FDL)两种。双稳态激光器可用作光缓存器，但它只能按位存储，而且还需要解决高速化和容量扩充等问题。光纤延迟线利用光信号在光纤中传播时存在延时的特性，用不同长度光纤作为介质来延迟输入光信号，即将信号瞬时存储在不同长度光纤构成的延迟线单元中，存储时间的长短与光纤长度成正比。光纤延迟线是无源器件，比双稳态存储器稳定，所以在时分、频分和 ATM 光交换系统中应用广泛。光纤延迟线的缺陷是由于长度固定导致灵活性差。

4) 光调制器

光调制器是高速、长距离光通信的关键器件，也是最重要的集成光学器件之一。国内外光调制器技术已取得很大进展，其性能不断提高，不仅大大提高了速率和带宽，还增加了集成密度。此外，随着光调节器技术的不断提高，还开发出不少新型光调制器件和集成模块。目前，10 Gb/s 速率的光调制器已成熟，40 Gb/s 的光调制器已成为主流技术。在各种调制器技术中，铌酸锂($LiNbO_3$)电光调制器、马赫-增德尔(Mach-Zehnder，M-Z)调制器和电吸收(EA)调制器是几种备受关注的竞争技术。$LiNbO_3$ 光调制器是高速光通信系统中最有前途的器件之一，一直是国内外研发的热门器件。目前，国际上 $LiNbO_3$ 光调制器的调制带宽已达到 100 GHz 以上，一些新型 $LiNbO_3$ 调制器也已被开发出来。电吸收型半导体光调制器有高速、低啁啾、易于激光器集成的优点。

5) 光滤波器

光滤波器在 WDM 系统中是一种重要元器件，与波分复用有着密切关系，用来进行波长选择。它可以从众多的波长中挑选出所需的波长，而除此波长以外的光都将会被拒绝通过。它可以用于波长选择、光放大器的噪声滤除、增益均衡、光复用/解复用等。光滤波器类型有：基于干涉原理的滤波器(熔锥光纤滤波器、法布里-珀罗(F-P)滤波器、多层介质膜滤波器、马赫-增德尔(M-Z-I)干涉滤波器)；基于光栅原理的滤波器(体光栅滤波器、阵列波导光栅(AWG)滤波器、光纤光栅滤波器、声光可调谐滤波器)。

9.2.2 光交换原理

1. 光电路交换

在光电路交换(OCS)中，网络需要为每一个连接请求建立从源端到目的地端的光路(每一个链路上均需要分配一个专业波长)。OCS 所涉及的技术有空分(SD)交换技术、时分

(TD)交换技术、波分/频分(WD/FD)交换技术、混合型交换技术、多维交换技术和 ATM 光交换等。

1) 空分光交换

空分光交换是在空间域上将光信号进行交换。空分光交换的核心器件是光开关，其基本原理是用光开关组成门阵列开关，通过控制开关矩阵的状态使输入端的任一信道与输出端的任一信道连接或断开，以此完成光信号的交换。开关矩阵可由机械、电、光、声、磁、热等方式进行控制。空分光交换的基本单元是 2 × 2 的光交换模块，它是由 4 个 1 × 2 光开关器件组成的 2 × 2 光交换模块，如图 9-19(a)所示。1 × 2 光开关器件就是一个 $LiNbO_3$ 定向耦合器型光开关。2 × 2 的光交换模块输入端有两根光纤，输出端也有两根光纤，它的工作状态有平行连接和交叉连接两种，如图 9-19(b)所示。

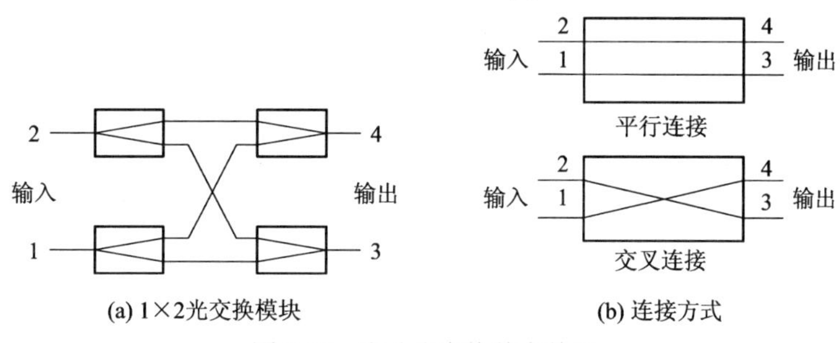

图 9-19　空分光交换基本单元

2) 时分光交换

时分光交换是以时分复用为基础，用时隙交换原理实现光交换功能。它采用光储存器实现，把光时分复用信号按一种顺序写入光储存器，然后再按另一种顺序读出来，以便完成时隙交换。光时分复用和电时分复用类似，也是把一条复用信道划分成若干个时隙，每个基带数据光脉冲流占用一个时隙，把 N 个基带信道复用成高速光数据流信号再进行传输。

3) 波分光交换

波分光交换(或交叉连接)以波分复用原理为基础，根据光信号的波长进行通路选择。其基本原理是通过改变输入光信号的波长，把某个波长的光信号变换成另一个波长的光信号输出。波分光交换模块由波长复用器(合波器)/解复用器(分波器)、波长转换器组成，如图 9-20 所示。来自一条多路复用输入的光信号，先通过分波器进行分路；再用波长转换器进行交换处理，对每个波长信道分别进行波长变换；最后通过合波器进行合路，输出的还是一个多路复用光信号，经由一条光纤输出。

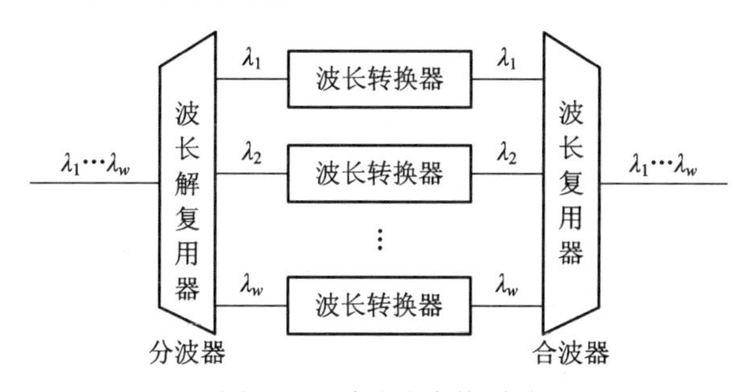

图 9-20　波分光交换原理

4) 混合型光交换

混合型光交换是由于各种光交换技术都有其独特的优点和不同的适应性，将几种光交换技术复合起来进行应用可以更好地发挥各自的优势，满足实际应用的需要。图 9-21 给出了两种空分＋时分光交换单元，构成方式可以是STS结构或TST结构。S表示空分光交换模块，T 表示时分光交换模块，TSI 表示时隙交换。时分光交换模块可由 N 个时隙交换器构成。$LiNO_3$ 光开关、InP 光开关和半导体光放大器门型光开关的开关速率都可达到 ns 级，因此由它们构成的空分光交换模块可用于空分＋时分光交换中。每个时隙空分光交换模块的交换状态不同，这两者结合起来就可以构成空分＋时分交换单元。

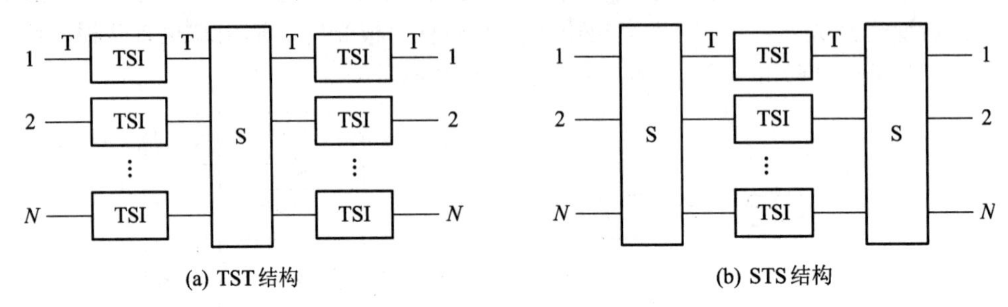

图 9-21 两种空分＋时分光交换单元

5) ATM 光交换

循环电领域ATM交换的基本原理，以ATM信元为交换对象，采用波分复用、电或光缓存技术，由信元波长进行选路。依照信元的波长，信元被选路到输出端口的光缓存器中，然后将选路到同一输出端口的信元储存于输入公用的光缓存器内，完成交换的目的。

6) 多维光交换

利用电时分交换，光波分交换和光空间交换技术组成三维交换空间来解决超大容量的问题，所构成的网络就叫作多维光网络。多维光网络的结构如图 9-22 所示。

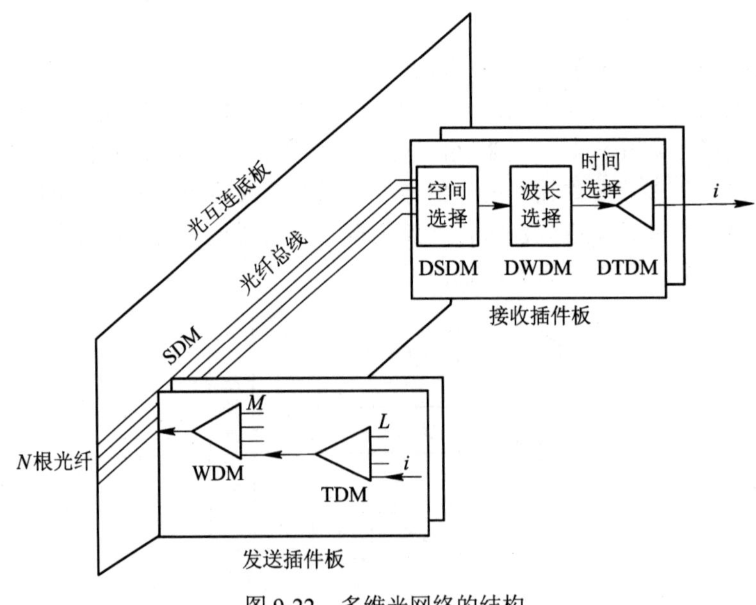

图 9-22 多维光网络的结构

N 根平行光线数据总线构成光互连母线，借用低速电子系统接线底板的概念，称这种光互连母线为光互连底板。发送插件板和接收插件板都插在光互连底板上。所有发送板的结构相同，每块发送板波分复用 M 个波长，每个波长时分复用 L 个信道，于是每个发送板可提供 $L \times M$ 个信道容量。用 T 型激光耦合器进行空分复用，将每块发送板的 WDM 信号耦合进 N 根光线中的 1 根光纤，因此总的发送信道就是 $L \times M \times N$。TDM/WDM 信号通过光纤总线进行传送，光互连底板上的所有接线板都可以收到这个信号。所有接收板结构也相同，每个板都可以选择光纤总线上的任一个发送信道。接收过程(解复用过程)与发送过程(复用过程)正好相反，发送过程是首先将 L 个信道电时分复用到一个波长信道上，然后 M 个电时分复用的波长信道再波分复用到一根光纤上进行空分复用；接收过程则是一层层剥去复用层，首先进行空分解复用，然后是波分解复用，最后是时分解复用；从而选择出所需要的信道。在接收过程中，空分和波分解复用是对光复用信号进行处理，选择出所需要的一个波长信道后进行光/电(O/E)变换，然后对其进行电时分解复用，最后选择出时分信息。

2. **光分组交换**

光分组交换(optical packet switching，OPS)是电分组交换在光域的延伸，交换单位是高速光分组。OPS 沿用电分组交换的存储-转发方式，是无连接的，在进行数据传输前不需要建立路由和分配资源。采用单向预约机制，分组净荷紧跟在分组头后，在相同光路中传输，网络节点需要缓存分组净荷，等待分组头处理，以确定路由。与 OCS 相比，OPS 有着很高的资源利用率和很强的适应突发数据的能力。

OPS 交换机由输入接口、光交换矩阵单元、控制单元和输出接口组成，如图 9-23 所示。

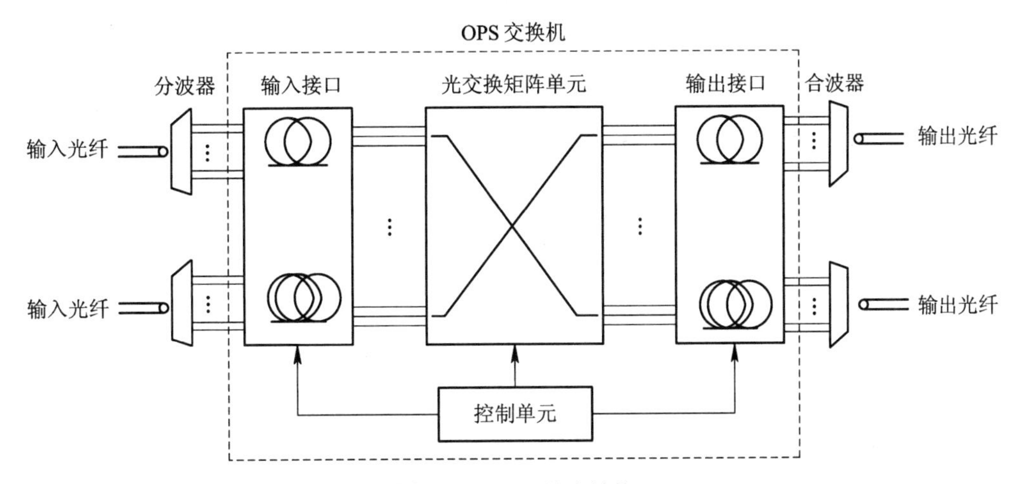

图 9-23　OPS 节点结构

(1) 输入接口：对来自不同输入端口的光分组进行时间和相位对准，完成光分组读取和同步功能，并保持数据净荷的透明传输。

(2) 光交换矩阵单元：光交换矩阵单元具有光分组缓存功能，对于本地交换节点，光交换矩阵单元同时完成上下路功能。

(3) 控制单元：控制部分要处理信头信息，并发出必要的指示。

(4) 输出接口：通过输出同步和再生模块，降低交换机内部不同路径光分组的相位抖动，进行功率均衡，同时完成光分组头的重写和光分组再生，以补偿光交换矩阵所带来的消光比和信噪比的恶化。

OPS网络由核心交换节点、边缘节点和客户接入网络组成，边缘节点主要完成光标记链路的建立、光分组的产生和光标记的加载；核心交换节点主要完成OPS、光标记更新、解决输出端口竞争、光分组再生等功能。与已有的协议相结合，如网络可以使用已有的MPLS/MPS协议，路由信息分布可以使用IP路由协议。对全光分组交换，不需要额外的协议层。受广义MPLS支持的全光分组交换网络可以支持不同粒度(电路、分组和突发)、不同的用户数据格式。MPLS加速了Internet的速度，全光分组交换非常适合MPLS的特点，它具有灵活性、高比特率、消除潜在的电子瓶颈等优点。光标记技术是实现简单的、可升级的光信道路由的关键，无须高速的电终端。在光传输网(OTN)上，MPLS能提供端到端的透明性，但是需要接入比特流，因而需要把光信道的光信号转换为电信号。

3. 光突发交换

光突发交换(optical burst switching，OBS)技术采用单向资源预留机制，以光突发(burst)作为交换网中的基本交换单位。突发是多个分组的集合，由具有相同出口边缘路由器地址和相同QoS要求的IP分组要求，分为突发控制分组(burst control packet，BCP)与突发分组(burst packet，BP)两部分。BCP和BP在物理信道上是分离的，每个BCP对应一个BP。BCP长度比BP要短得多，在节点内BCP经过O/E/O的变换和电处理，而BP从源节点到目的节点始终在光域内传输。OBS节点有两种：核心节点(核心路由器)与边缘节点(边缘路由器)。核心路由器的任务是完成突发数据的转发与交换；边缘路由器负责重组数据，将接入网中的用户分组数据封装成突发数据，或进行反向的拆封工作。

OBS的体系结构包括核心交换层、汇聚层和接入层。核心交换层的主要任务是突发数据的全光域透明传送和路由，该层由核心节点，即光核心路由器构成。汇聚层主要任务是将接入层的数据汇聚到光层，该层由边缘节点，即光边缘路由器构成。接入层对应于不同的用户网络，可以是目前存在的各种网络，如IP、FR、ATM和SDH等，也可以是终端用户。

OBS网络主要由光的核心节点和电的边缘节点组成。边缘节点主要负责IP分组的接入、分类、组装和调度，及反向突发数据的接收与拆帧。入口边缘节点处数据通过线卡输入，根据IP包的目的地址分类后进行组装，形成突发数据，并提取相应分组头产生控制分组，而突发数据缓存于突发队列等待调度。当一个突发数据在突发发送队列的队列头部时，将计算突发数据与相应控制分组间的偏移时间一并反馈到控制数据包产生器中，然后发出这个控制分组，该控制分组包括时间偏移量、突发数据长度和具体的路由等信息。当偏移时间到期时，发出该突发数据。出口边缘节点只是简单地将突发数据拆开，并将其中的IP数据抽出。

9.2.3 通用多协议标记交换GMPLS

1. GMPLS基本概念

1) GMPLS发展背景

通用多协议标记交换(generalized multi protocol label switching，GMPLS)也称光标记分组交换(optical multi protocol label switching，OMPLS)或多协议波长交换(multiprotocol label switching，MPLS)，于2001年由IETF提出的可用于光层的一种通用MPLS技术。GMPLS技术的提出，是MPLS向光网络扩展的必然产物。

近几年迅速发展的MPLS已被证明是一种非常适合于在电信网络中传输数据业务的技术。它能够在像 IP 这样的无连接网络中创建连接型业务，以提供完善的流量工程能力。MPLS-TE正成为下一代IP网络中的关键技术。在MPLS中，通过采用基于约束的路由技术来实现流量工程和快速重新选择路由，从而满足业务对服务质量的要求。所以，采用MPLS的基于约束的路由技术完全可以在流量工程中取代ATM。同样，快速重新选路作为一种保护/恢复技术也完全可以取代SDH。由此可以看出，使用IP/MPLS提供的流量工程和快速重新选路，促使未来的传输网络完全跨过ATM和SDH两层，为实现IP over WDM提供了可能。而且，这种IP via MPLS over WDM的网络将会是一个操作更简单、花费更低、更加适合数据业务传输的网络。

然而，MPLS毕竟是一种位于OSI七层模型中的网络层和数据链路层之间的2.5层技术，而WDM属于光层，是物理层技术。因此，要让MPLS跨过数据链路层直接作用于物理层，必须对其进行修改和扩展。在此情况下，国际标准化组织 IETF 适时地推出了可用于光层的GMPLS。

使用GMPLS可以为用户动态地提供网络资源以及实现网络的保护和恢复功能。GMPLS技术的出现，使得IP与WDM之间传统的多层网络结构趋于扁平化，为光网络层传输与交换功能的结合迈出了非常关键的一步，实现了IP与WDM的理想结合，从而使网络层数由MPLS组网的三层减少到两层。在WDM光网络中引入GMPLS技术，将最大可能地实现网络资源的最佳利用，从而保证光网络以最佳的性能和最廉价的费用来支持当前和未来的各种业务。可以预见，随着GMPLS技术的大规模应用，未来的骨干网络必将逐步发展成为更有效、更强大的、最终的全光网络。

2) GMPLS的主要优点

(1) GMPLS对开放标准的支持，允许运营商和业务供应商选择最佳的设备以满足持续增长的网络性能需求。

(2) 对等模型允许传输网络的拓扑向 IP 路由器全面开放，从而使 IP 路由器在为 LSP 计算通路时可以充分利用光层的资源。

(3) 消除了叠加模型中使用 n^2 个光信道的全链路来交换路由信息的需要，对等模型使得IP路由网络具有拓展性。

(4) GMPLS可以使现有的运营商和服务供应商能充分利用传统的MPLS流量工程。

(5) GMPLS消除了重新开发、测试和量化新型控制协议的必要性。

(6) 开放式的标准使得UNI和NNI标准能够并行发展，因此能不断地满足运营商和服务供应商的需求。

3) GMPLS与MPLS的区别

为了理解GMPLS，需要先弄清楚GMPLS与MPLS之间的关系。MPLS最初是为融合ATM 和 IP 而提出来的，仅针对分组交换网络，主要应用就是基于约束路由机制的流量工程和快速重选路由。GMPLS是从MPLS演进而来的，它继承了几乎所有MPLS的特性和协议。但两者又具有本质的差异。二者的主要区别如下所述。

(1) 在 MPLS 中，网络由单纯的分组交换节点组成，传输网络只能被看作是一条预先配置好的物理线路，分组交换节点不能按照资源的需求情况调节传输网络内部的物理线路资源，传输网络内部的电路分配只能通过人工的方式进行配置。GMPLS 则可以彻底改变这种状态，实现快速配置并能够实现按需分配。这种全新的光 Internet 能在数秒钟内分配带宽资源、提供新的增值业务和为业务提供商节约大量的运营费用。

(2) MPLS 通过在 IP 包头添加 32 bit 的“shim”标记，使原来面向无连接的 IP 传输具有了面向连接的特性，极大地加快了 IP 包的转发速度。GMPLS 对标记进行了更大的扩展，将 TDM 时隙、光波长、光纤等也进行统一标记，使得 GMPLS 不但可以支持 IP 数据包和 ATM 信元，而且可以支持面向话音的 TDM 网络和提供大容量传输带宽的 WDM 光网络，从而实现了 IP 数据交换、TDM 电路交换(主要是 SDH)和 WDM 光交换的归一化标记。

(3) MPLS 需要在两端路由器之间建立 LSP，而 GMPLS 扩展了 LSP 的建立概念，可以在任何类型相似的两端标记交换路由器之间建立 LSP。

(4) 由于 MPLS 体系结构将数据平面、信令平面和路由平面都清晰地区分开了，因而可以用 MPLS 来建立通用的网络控制平面。但 MPLS 主要关注于数据平面(即实际的数据流量)，控制平面的功能则由 GMPLS 来完成。为了统一光控制平面，实现光网络的智能化，GMPLS 在 MPLS-TE 的基础上进行了相应的扩展和加强，为分组交换设备(如路由器和交换机)、时域交换设备、波长交换设备和光交换设备提供了一个基于 IP 的通用控制平面，从而使得各个层面的交换设备都可以使用同样的信令完成对用户平面的控制，但 GMPLS 统一的仅仅是控制平面，用户平面则仍然保持多样化特性。

(5) 为了充分利用 WDM 光网络的资源，满足未来一些新业务的开展(VPN、光波长租用等)，实现光网络的智能化，GMPLS 还对信令和路由协议进行了修改和补充。

(6) 为了解决光网络中各种链路的管理问题，GMPLS 设计了一个全新的链路管理协议。

(7) 为了保障光网络可靠运营，GMPLS 还对光网络的保护和恢复机制进行了改进。

2. GMPLS 接口

GMPLS 定义了五种接口类型来实现以上的归一化标记。

(1) 分组交换接口(packet switch capable，PSC)：进行分组交换。通过识别分组边界，根据分组头部的信息转发分组。例如，MPLS 的标记交换路由器 LSR 基于“shim”标记转发数据。

(2) 第二层交换接口(layer2 switch capable，L2SC)：进行信元交换。通过识别信元的边界，根据信元头部的信息转发信元。例如，以太网基于 MAC 的内容交换数据，而 ATM LSR 则基于 ATM 的 VPI/VCI 转发信元。

(3) 时隙交换接口(time division multiplexing capable，TDMC)：根据 TDM 时隙进行业务转发。例如，SDH DXC 设备的电接口可根据时隙交换 SDH 帧。

(4) 波长交换接口(lambda switch capable，LSC)：根据承载业务的光波长或光波段转发业务。如 OXC 设备是一种基于光波长级别的设备，可以基于光波长作出转发决定，还可以基于光波段作出转发决定。光波段交换是光波长交换的进一步扩展，它将一系列连续的光波长当作一个交换单元。使用光波段交换可以有效减少单波长交换带来的波形失真，减少设备的光开关数量，还可以使光波长之间的间隔减小。

(5) 光纤交换接口(fiber switch capable，FSC)：根据业务(光纤)在物理空间中的实际位置对其转发。如 OXC 设备可对一根或多根光纤进行连接操作。

以上 GMPLS 五种接口类型的关系如图 9-24 所示。

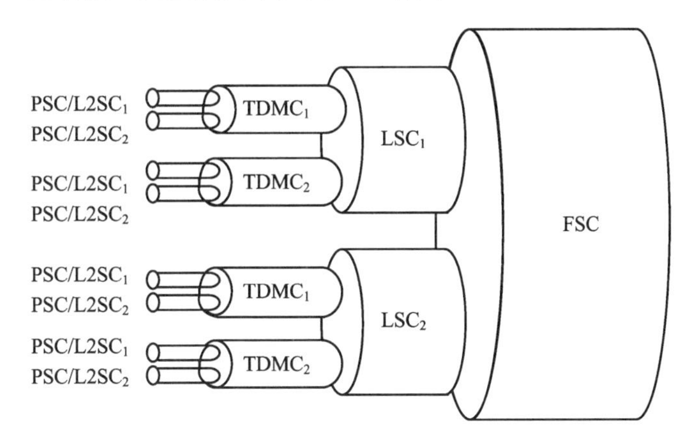

图 9-24　GMPLS 接口类型的关系

3. GMPLS 通用标记

GMPLS 定义了分组交换标记(对应 PSC 和 L2SC)、电路交换标记(对应 TDMC)和光交换标记(对应 LSC 和 FSC)。其中，分组交换标记和传统 MPLS 标记相同，这里不再复述。而电路交换标记和光交换标记则为 GMPLS 新定义，包括请求标记、通用标记、建议标记及设定标记。

1) 请求标记

请求标记用于 LSP 通道的建立，由 LSP 上游节点发出，向下游节点申请建立 LSP 的资源。与 MPLS 相同，GMPLS 的 LPS 建立过程也是由上游节点向目的节点发出“标记请求消息”、目的节点返回“标记映射消息”。所不同的是，“标记请求消息”中需要增加对所要建立的 LSP 的说明，包括 LSP 类型(PSC.TDMC 等)、载荷类型(PDH/SDH、数字包封等)等，其格式如图 9-25 所示。

LSP封装类型	保留	G-PID
8 bit	8 bit	16 bit

图 9-25　请求标记格式

(1) LSP 封装类型(LSP Enc.Type)：8 bit，指示 LPS 的类型。例如，LSP = 1 表示是 PSC 分组传输，LSP = 5 表示是 TDMC 的 SDH，LSP = 9 对应 FSC 的光纤。

(2) 保留(reserved)：8 bit，保留字节，必须设为全“0”，接收时忽略其数值。

(3) G-PID：16 bit，指示 LSP 对应的载荷类型。例如，G-PID = 14，表示字节同步映射的 SDH Ei 载荷；G-PID = 17，表示比特同步映射的 SDH DSI/TI 载荷；G-PID = 32，表示数字包封帧。

2) 通用标记

通用标记是在LSP建立完成后，用于指示沿LSP传输的业务的情况。通用标记的格式与传输所用的具体技术有关，电路交换和光交换所用的标记不同。SDH/SONET 电路交换标记的格式如图 9-26 所示。

S	U	K	L	M
16 bit	4 bit	4 bit	4 bit	4 bit

图 9-26　SDH/SONET 电路交换标记的格式

(1) S：16 bit，指示 SDH/SONET 的信号速率等级。S = N 即表示 STM-N/STS-N 信号。

(2) U：4 bit，指示一个 STM-1 中的某个高阶虚容器 VC.U 只对 SDH 有效。

(3) K：4 bit，只对 SDH 有效，表示一个 VC-4 含有的 C-4 或 TUG-3 的数目。

(4) L：4 bit，指示 TUG-3、VC-3 或 STS-1 的 SPE 是否还含有低阶虚容器。

(5) M：4 bit，指示 TUG-2/VT 的低阶虚容器的数目。

光交换标记的格式如图 9-27 所示，当开始标记和结束标记的数值相同时，表示单一波长，否则表示某一波段。

波段ID	开始标记	结束标记

图 9-27　光交换标记的格式

(1) 波段 ID(waveband ID)：32 bit，用于识别某个波段，其数值由发送端 OXC 设备设定。

(2) 开始标记(start label)：32 bit，用于表示组成波段中的最短波长的数值。

(3) 结束标记(end label)：32 bit，用于表示组成波段中的最长波长的数值。

3) 建议标记

建议标记是一种优化标记，可以和请求标记同时发出。建议标记由准备建立LSP通道的上游节点发出，告知下游节点建立这个LSP通道所希望的标记类型。这就可以让上游节点无须获得下游节点反馈标记的确认，而先对硬件设备进行配置，从而大大减少建立 LSP 通道所需的时间和控制开销。例如，光开关的切换需要一定时间，可通过建议标记让光开关提前动作而不必等待反馈信息。当然，既然是一种建议标记，LSP 通道能否最终建立还需由反馈标记确定。如果下游节点发现本节点的可用资源可以满足建议标记的请求，则可按上游节点的要求将 LSP 建立起来。反之，只要反馈标记的信息不符合建议标记的要求，则上游节点必须根据反馈标记的内容重新配置 LSP 通道，这样反而需要更多时间建立 LSP。不过，由于 GMPLS 可采用节点之间定时分发标记的方式，让网络上的每个节点都能实时地知道全网资源的使用情况，从而让每个欲建立LSP通道的上游节点对下游节点的资源状况了然于胸，确保在分发建议标记时有的放矢。建议标记可采用与请求标记类似的格式，不再复述。

4) 设定标记

设定标记是让下游节点能从大量可接受的通用标记中，快速选择出最符合本节点要求的标记，这对于光网络非常重要。这是因为：首先，某些类型的光设备只能传输和接收某一波段范围内的波长，例如，某个光端机只能接收 C 波段波长，而另一个则处理 C + L

波段的波长；其次，有些接口没有波长转换能力，必须在几段链路甚至整条链路上使用相同的波长；第三，为了减少波长转换时对信号波形的影响，设备一次只能处理有限个波长；第四，一条链路两端的设备支持的波长的数目和范围都不尽相同。

设定标记可以和请求标记同时发出。它可以将建立某个LSP所需的标记类型限制在一定范围内，下游节点根据设定标记的信息有选择地接收标记，否则下游节点就必须接收所有符合要求的标记。设定标记的格式如图 9-28 所示。

保留	标记类型	行为	子信道1	…	子信道*N*
16 bit	8 bit	8 bit	32 bit	…	32 bit

图 9-28　设定标记的格式

(1) 保留(reserved)：16 bit，保留字节。

(2) 标记类型(label type)：8 bit，希望下游节点接收的通用标记类型。

(3) 行为(action)：8 bit，“0”表示希望接收以下子信道定义的标记；“1”不希望接收以下子信道定义的标记。

(4) 子信道(subchannel)：32 bit，用于表示某个子信道标记的类型，子信道标记的格式与通用标记的格式相同。

4. 通用标记交换路径 LSP

1) LSP 分级

对于 MPLS 来说，LSP 与分组相对应，可进行连续粒度的带宽分配。但对光网络来说，却存在带宽分配的离散性问题。例如，一个 OXC 只能支持少量的波长，每个波长只具有粗糙和离散的带宽粒度(STM-1、STM-4、STM-16 等)。显然，这种使用离散带宽建立光通道的方式必然导致严重的带宽资源浪费。因此，有必要设计一种能在高容量光通道中同时映射多个低带宽 LSP 的设计，这就是 GMPLS 中的 LSP 分级技术。

LSP 分级是指低等级的 LSP 可以嵌套在高等级的 LSP 中，从而将较小粒度的业务整合成较大粒度的业务。使用 LSP 分级技术可允许大量具有相同入口节点的 LSP 在 GMPLS 域的节点处汇集，再透明地穿过更高一级的LSP隧道，最后再在远端节点分离。这种汇集减少了 GMPLS 域中用到的波长的数量，有助于处理离散性质的光带宽，提高资源的利用率。例如，一条 2.488 Gb/s 的光 LSP 可以聚合 24 条 1000 Mb/s 的 EtherNet LSP。LSP 分级可以存在于相同或不同接口之间。所谓相同接口，是指某种类型的接口可以使用相同的技术复用多个 LSP。典型应用如 SDH 的虚容器映射，一个低等级的 SDH LSP(VC-12)可嵌入到一个高等级的SDH LSP(VC-4)中；而不同接口是指LSP的嵌套可存在于不同接口之间，如 PSC 接口可嵌入到 TDMC 接口中，而 TDMC 又可嵌入到 LSC 中。在 LSP 的不同接口中，等级从低到高依次为 PSC、L2SC、TDMC、LSC、FSC。

使用 LSP 分级技术时，要求每条 LSP 的起始和结束都必须在相同接口类型的设备上，且在每一个方向上都必须共享一些公用的属性，如都具有相同的类型、相同的资源类别集合等。典型的 LSP 分级技术应用如图 9-29 所示。一条起始和结束都在 PSC 接口上的 LSP 可以嵌入到一条 TDMC 类型的 LSP 中；而 TDMC LSP 可以嵌入到 LSC LSP 中；最后，LSC

LSP 可嵌入到 FSC LSP 中。

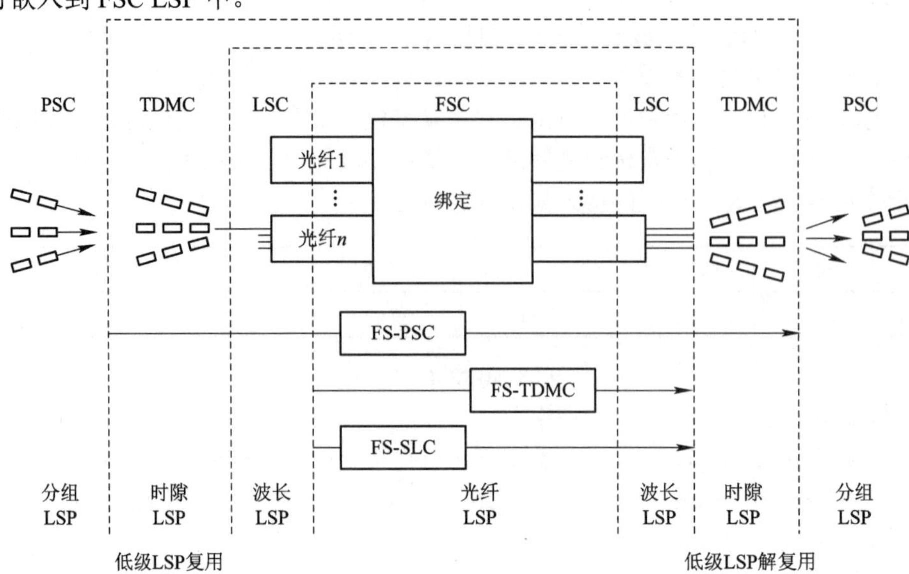

FSC(fiber switch capable)—光纤交换接口；LSC(lambda switch capable)—波长交换接口；
LSP(label switched path)—标记交换路径；PSC(packet switch capable)—分组交换接口；
TDMC(time division multiplexing capable)—时隙交换接口；FA(forwarding adjacency)—前转邻接。

图 9-29　LSP 分级技术应用

2) LSP 分级技术的实现

LSP 分级技术是通过 GMPLS 标记栈技术实现的，如图 9-30 所示。从入口路由器 LSRI 来的分组到达入口路由器 LSR2 后，就进入了下一级 LSP。入口路由器 LSR2 先将原来的 MPLS 标记 1 压栈，再由入口路由器 LSR2 分配一个新的标记 2 到标记栈的栈顶。新的标记 2 在这个嵌套的 LSP 里用于交换。

这里与传统 MPLS 有一个非常显著的不同点——标记压栈。传统 MPLS 在中间 LSP 转发时，是用新的 MPLS 标记替代旧的标记；而标记压栈则是在一个低级 LSP 嵌入到高级 LSP 时，先保留原 GMPLS 标记，再在原标记的头部添加新的标记。

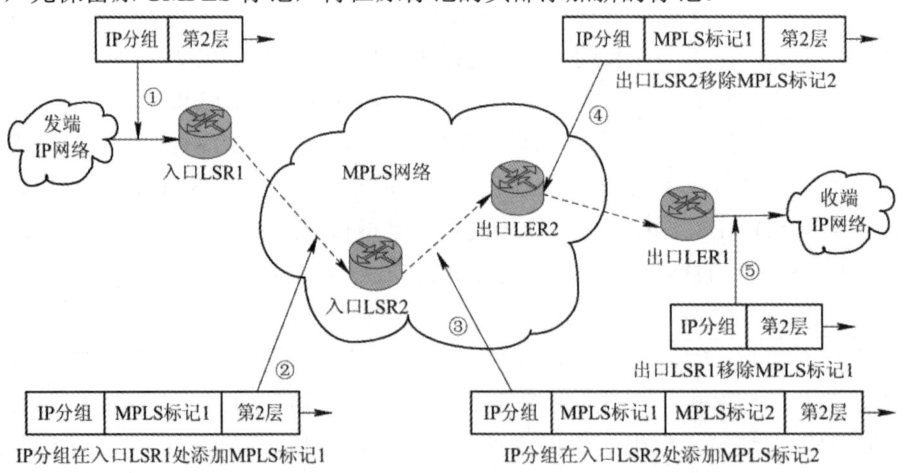

图 9-30　利用 GMPLS 标记栈实现 LSP

使用标记栈时，由于接口形成的分级，新的标记与被压栈的标记可能在形式上不一样，比如从 TDMC LSP 来的分组进入到 LSC LSP 时，被压入标记栈的标记是时隙形式的，而新分配的标记则是波长形式的。

3) 双向 LSP

在传统 MPLS 中，要建立双向 LSP 就必须分别建立两个单向的 LSP，这种方式存在 LSP 建立的时延过长、开销过多、可靠性差、管理复杂等缺点。为了解决这些问题，GMPLS 特别定义了双向 LSP。双向 LSP 规定两个方向的 LSP 都应具有相同的流量工程参数，包括 LSP 生存期、保护和恢复等级、资源要求等。上、下行通路均采用同一条信令信息，两个 LSP 同时建立。既然是采用同一条信令消息建立双向 LSP，网络中就不存在上游和下游的区别，一个双向 LSP 的上游和下游都必须分配有标记。由于 LSP 的两个端点都有权发起建立 LSP，而在 LSP 建立请求的发送过程中，如果双方同时被分配到相同的资源，就会发生标记竞争，产生冲突。为了解决这一问题，GMPLS 采用比较双方“NODE ID”大小的方式，以 ID 较高的节点作为 LSP 建立的发起方。当然，GMPLS 同时也建议采取其他一些机制来减小这种冲突发生的概率。

9.3　高速公路通信系统

从 1988 年沪嘉高速、沈大高速开通以来，经过几十年的高速发展，我国高速公路里程和通车数稳居世界第一。在高速公路建设、发展和运营的过程中，高速公路的通信、收费和监控三大系统(总称为机电系统)同步建设，协同发展。高速公路的通信系统作为高速公路机电系统中的基础，为收费系统、监控系统的语音、数据和图像等信息准确而及时的传输提供通路，为高速公路的内部各部门之间的业务联络、高速公路各部门与外界的通信提供技术支持与保障。因此，高速公路通信系统的质量决定了机电系统的整体性能。

9.3.1　概述

1. 高速公路通信网的发展历程

早期高速公路通信系统服务于单条高速公路的内部通信网络，随着高速路网的形成，高速公路的通信系统从单条高速公路的内部通信网络向路网覆盖的广域通信网络转变。在这个发展壮大的阶段，高速公路通信系统主要采用准同步数字系列(plesiochronous digital hierarchy，PDH)技术和 PCM 设备。2005 年开始，高速公路通信系统广泛采用同步数字体系(synchronous digital hierarchy，SDH)技术取代 PDH 技术。2012 年，交通运输部发布《高速公路通信技术要求》，确定高速公路通信网技术路线，普遍采用多业务传送平台(multi-service transfer platform，MSTP)实现多业务的信息传输，干线传输网采用 SDH/MSTP 组建，路段接入网采用与干线传输网相匹配的 SDH/MSTP 技术方案。2019 年开始，干线传输网从 SDH/MSTP 向 OTN 升级，逐步向自动交换光网络(automatically switched optical network，ASON)过渡。

由于高速公路以视频监控业务为主的 IP 业务量迅速增加，路段接入网广泛采用了千兆分组传送网(packet transport network，PTN)技术，路段接入网出现了 SDH/OTN/PTN/以太网等多种制式并存态势，干线传输网上采用 OTN + PTN 组网以满足 IP 业务的灵活传输所需的大容量带宽和多种接口，更适应 IP 业务传送的 PTN 技术也逐步在高速公路中得到应用。

2021 年，交通运输部提出联网收费系统优化升级实施方案，高速公路管理部门对通信传输网提出了较高的要求，需要为高速公路管理有关的视频、数据、语音和管理等信息的传递提供安全、稳定、可靠的基础传输链路，要求收费数据传输的完整率、准确率、及时率均为 100%，全网指标值为 99.99%。2023 年交通运输部提出视频监控系统优化升级实施方案，确保视频数据实时接入率和在线率均不低于 95%。伴随智慧公路的车路协调、无人驾驶等先进技术的发展，对高速公路通信传输网络的低延时和高可靠性等性能指标会有更高的要求。与此同时，通信技术也在快速发展，出现了多种光传输技术。目前，符合作为高速通信传输网组网使用的技术主要有 SDH/MSTP、ASON、PTN、OTN 等，不同技术有着不同的优点、缺点和各自的适用环境。

2. 高速公路通信系统的特点

高速公路通信系统是一个多业务、长距离、高度复杂的专用传输系统。目前高速公路的通信业务就信息的表现特征而言，可归纳为语音、数据、视频图像和多媒体业务。高速公路通信系统主要业务的特征分析如下：

(1) 高速公路距离划分从几十公里到几百公里，由于其通信系统具有业务接入网分散和传输距离长的特点，并且在高速公路沿线的管理机构分散，因此高速公路通信系统有着业务带状分布和长距离的特征。

(2) 通信系统的业务流向呈现多级特征，而每一级为星形分布。高速公路的通信管理机构通常由通信中心、分中心、服务区、收费站构成。各路段内的数据一般采用按路段的管理方式，首先集中到分中心，然后通过分中心再集中到通信中心。

(3) 高速公路通信系统是一个承载综合业务的系统，其综合业务包括了视频图像、数据、语音等各类信息。通过分析各种业务比例可以看出，整个通信系统业务中语音只有很小一部分，大部分是图像、视频和数据信息。

通信技术的不断发展，高速公路通信系统中用户业务及用户的可用带宽(available access band width，AABW)需求逐步增加，高速公路管理部门和使用人员对通信业务传输的要求也逐步向宽带化、实时化的方向发展。

从业务上讲，高速公路通信系统特点主要有如下两个方面。

(1) 宽带的多媒体业务。高速公路通信网已由基本的文本数据、电话服务，逐步延伸到集音、视频及数据于一体的多媒体服务。

(2) 主体为 IP 业务。通信网络一般由三级组成，包括各收费站的局域网、路段接入网以及主干网。由于联网收费的需求，采用了基于 IP 的数据网。鉴于联网监控的需求，特别是视频图像数据的交互，高速公路通信网趋于宽带 IP 网络平台，其采用有线通信和无线通信两种通信方式，以有线通信方式为主。

从网络体系结构和性能来讲，高速公路通信系统主要有如下特征。

(1) 与路网相配合的网状拓扑结构。高速公路网络信道的敷设利用了公路通信网，其规模也随公路建设不断拓展而延伸，并逐步成网状结构。一般路段接入网呈长条带状，距离数十千米至上百千米。

(2) 多网融合的综合系统。首先是基于异步传输的 IP 网与基于同步传输的 SDH 通信网之间的互联互通，其次是在业务上与 PSTN、紧急电话、会议电视、呼叫中心、GPS、4G 等实现相融相通。

(3) 有安全等级要求的专网。高速公路通信网是我国专网之一，有自身独立的体系结构，网上交互的收费数据应具备可靠性和保密性，并要采取有效的防护措施。对联网监控图像需要有相互访问权限规定等。

9.3.2　高速公路通信系统的组成及功能

高速公路通信系统由省级通信中心-路段通信(分)中心-基层无人通信站三级组成，如图 9-31 所示。

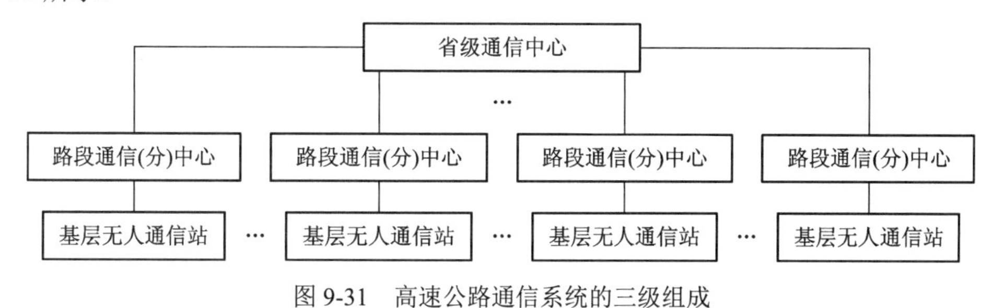

图 9-31　高速公路通信系统的三级组成

从系统功能方面讲，高速公路通信系统主要包含传输网、业务网、通信电源系统、支撑网、隧道紧急电话及广播系统。

1. 传输网

传输网是通信系统的核心，一般分为骨干层和接入层两部分。在省级通信中心和路段通信(分)中心之间设立干线传输网骨干层，传输网骨干层采用光传输系统，覆盖全省(或直辖市、自治区)的高速公路路网。路段通信(分)中心与基层无人通信站的接入层采用 SDH/OTN/PTN/以太网等多种制式并存的组合方式实现，为高速公路沿线设施之间的语音通信(如业务电话及对讲电话)以及监控、收费系统的数据、图像等非语音业务提供传输通道。

2. 业务网

高速公路通信系统的业务网包含语音业务网、数据传输网、图像传输网、会议电视网、呼叫服务中心、紧急电话、有线广播系统、无线通信系统。

(1) 语音业务网为电话交换网，由交通运输部、省长途网和本地电话网三级的体系结构，与海事卫星通信一起组成了我国公路通信专用网，其组网方式和 PSTN 网一致。若采用软交换系统，其软交换设备与媒体网关之间至少支持 H.248 协议/MGCP 协议，同时具有良好的继承性，支持与 PSTN 网、7 号信令网的全面互通，能与传统的数字程控交换系统兼容。

(2) 数据传输网为高速公路监控数据、收费数据、道路养护信息数据、路政信息数据、办公自动化信息数据等提供传输通道。基层数据通过综合业务接入网上传到路段通信(分)中心，路段通信(分)中心通过以太网的方式将数据传送到省级通信中心。

(3) 图像传输网和会议电视网均采用 SDH 设备或 OTN + PTN 方式。

(4) 呼叫服务中心一般采用数字程控交换设备、以太网系统或移动通信网，在省级通信中心设立呼叫服务中心，路段呼叫服务(分)中心设置远端座席，通过以太网方式连接。

(5) 紧急电话的设施一般采用光缆、电缆和无线方式，设立在高速公路的隧道、特大型桥梁等重点监控区域，其主要设备应和呼叫服务中心联网。

(6) 有线广播系统由中心控制设备、对讲分机、功放、扬声器几部分构成。一套中心控制设备可实现对多个紧急电话终端及广播终端的统一管理。

(7) 无线通信系统主要在高速公路范围内实现宽带无线接入的支撑系统，支持多种无线技术，如蓝牙无线通信、专用无线短距离通信(DSRC)、无线局域网(WLAN)、海事卫星通信等。

3. 通信电源系统

通信电源是通信系统的动力基础，主要由高频开关电源和阀控式密闭蓄电池组、电源环境监控器构成。它主要是为通信传输设施和数字程控交换设备提供直流电源；在交流供电中断情况下自动切换蓄电池组工作，确保直流电源输出，后备时间一般不少于 10 小时。稳定性和严密性是通信电源的主要指标，因此，通信电源系统中同时配备电源环境模块，以实现遥信、遥控、遥测功能。

4. 支撑网

支撑网主要包括同步(时钟)网和信令网和网管网三部分。按照《高速公路通信技术的要求》(2012-01-11 发布与实施)要求，高速公路数字同步网应采用分布式多基准时钟控制的组网方式，同步区原则上按照省(自治区、直辖市)来划分，各同步区内采用主从同步方式。其同步基准分配的主体架构采用分层结构，网络结构如图 9-32 所示。

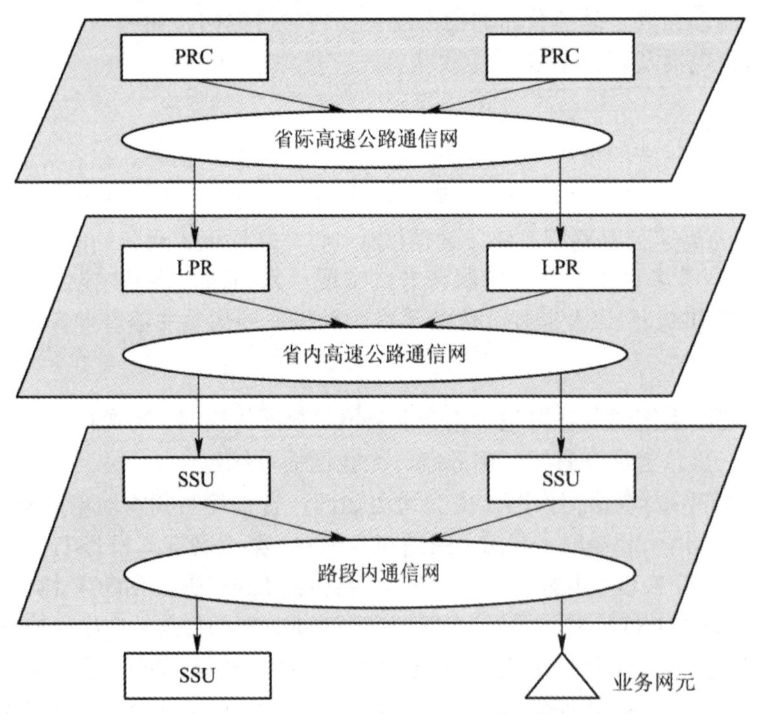

PRC—全国基准时钟；LPR—区域基准时钟；SSU—同步供给单元。

图 9-32 高速公路数字同步网的网络结构示意图

图 9-32 中，全国基准时钟(PRC)为省际高速公路通信网提供同步源，省内设置的区域基准时钟(LPR)为省内高速公路通信网提供同步源，路段通信(分)中心设置同步供给单元(SSU)作为路段内的接入同步源，路段内通信网从本地定时平台获取同步信号。

每个省(自治区、直辖市)设置两个区域基准时钟(LPR)，即一个主用、一个备用，两者的设置位置应保证本同步区均有两个不同的定时源头覆盖。区域基准时钟(LPR)可由原子钟 + 卫星定位系统组成。

路段(分)中心设置本地网同步供给单元(SSU)，采用二级节点时钟或三级节点时钟。

按照《高速公路通信技术的要求》(2012-01-11 发布与实施)规范要求，高速公路通信网络的信令网结构采用我国公共信令网的 No.7 信令方式，如图 9-33 所示，由信令转接点(STP)、信令点(SP)和信令链路组成。

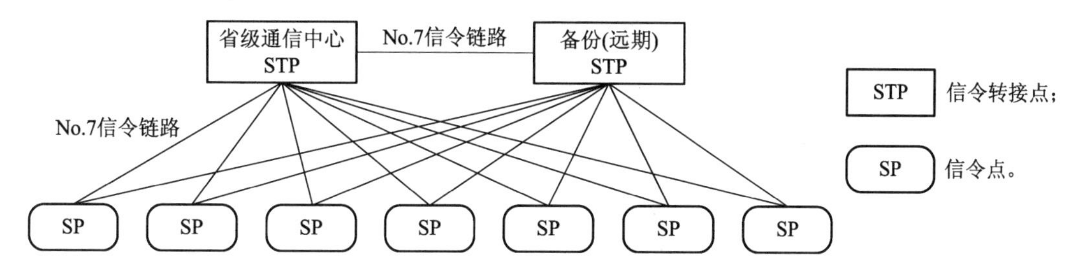

图 9-33　交通通信专网的信令网结构

图 9-33 中，省级通信中心 STP 相当于全国长途三级信令网的第二级 LSTP，其数量取决于本地 SP 的数量。STP 采用网状网连接，建议采用备份方案提高信令网的可靠性。

网管网中路段通信(分)中心设置网元级管理系统，管理交换设备、光传输网络、ISDN 接入网等网元设备；省级通信中心设置子网级管理系统，与网元级管理系统互连，完成通信业务、同步网络、光传输网络及网管系统的管理。更进一步，省级通信中心设置网络级综合网管系统，与省内多厂家提供的子网级管理系统互联，通过一套网管软硬件管理平台对互联的不同网络运行、维护、操作等实施各种管理和控制。

9.3.3　高速公路通信系统示例

高速公路通信系统是安全等级要求的专网，高速公路通信系统的性能指标要求高，其网络覆盖范围随着高速公路里程的快速增长迅速扩大，为了满足高速公路通信业务高速增长的通信需求，高速公路通信系统淡化通信行业“无代演变”的网络渐进发展模式，重点采用“代代更新”的跨越发展模式，更新速度快，而网络的安全等级要求、性能指标要求以及业务需求更加依赖通信新技术。下面介绍三个高速公路通信系统示例，包含两个曾经有代表性的路段通信系统示例和一个全光网通信系统示例。

1. 基于 MSTP 综合业务接入网的路段通信系统

基于 MSTP 综合业务接入网的路段通信系统如图 9-34 所示。用光线路终端(optical line terminal，OLT)连接光纤干线上的终端设备，用光网络单元(optical network unit，ONU)连接光网络中的用户端设备，路段中心和收费站分别采用了基于 MSTP 的 OLT/ONU 设备构成了 622 Mb/s 单向通道保护环网。语音业务使用电路交换的方式，沿用 SPC 数字程控交换机组网传输；收费数据和视频图像数据均采用分组交换方式的 IP 网络传输；外场监控设备的低速数据通过综合接入设备的 RS-232 接口接入或与收费数据共 IP 网络的数据传输通道传输。

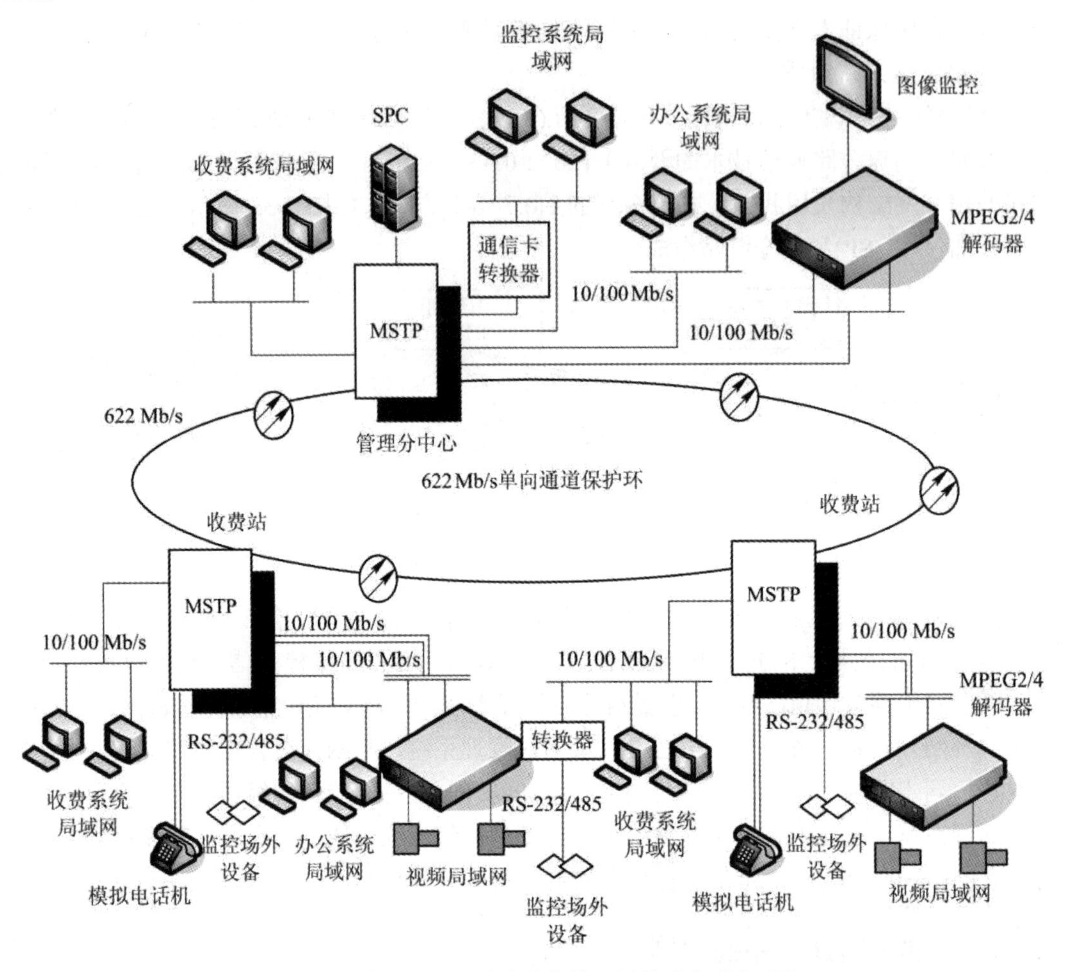

图 9-34　基于 MSTP 综合业务接入网的路段通信系统

上述方案优点在于系统可靠性高、兼容电路和 IP 两种交换的承载方式，网管能力强；缺点在于系统部较复杂，不同站点间的带宽动态分配能力较弱。由于基于高速公路的数据传输流向全部是逻辑星形结构，且业务量相对固定，因此不同站点间的带宽动态分配能力弱的缺点在高速公路接入网系统应用中并不突出。

2. 基于千兆位以太接入网与软交换系统相结合的路段通信系统

基于千兆位以太接入网与软交换系统相结合的路段通信系统如图 9-35 所示。以太网交换机构成千兆位以太网，以太网交换机位于路段通信分中心和各收费站的网络第三层。收费数据、办公自动化系统的业务数据以及压缩图像数据以 IP 数据包方式直接在千兆位以太网快速传输。低速数据一般需采用使用网络协议转换器从以太网接口实现 IP 数据包方式传输；若外场设备采用以太网接口，则可直接接入 IP 网络平台中传输。

对于电话语音业务，采用设置在管理分中心的软交换核心设备，IP 电话经千兆位以太接入网实现语音 IP 通信，与电话交换网中的其他数字程控交换机相连时需要通过中继网关。一般情况，软交换核心设备与中继网关同在一个机架，成为一体，IP 电话机可由用户级语音网关和模拟电话机组成。

上述方案优点是接口简单，全部采用以太网接口，所组成的宽带多媒体综合业务平台具有下一代网络 NGN 的发展方向。其软交换系统造价较高，保护倒换时间较长，对不具备以太网接口的外场设备的数据传输必须使用协议转换设备。

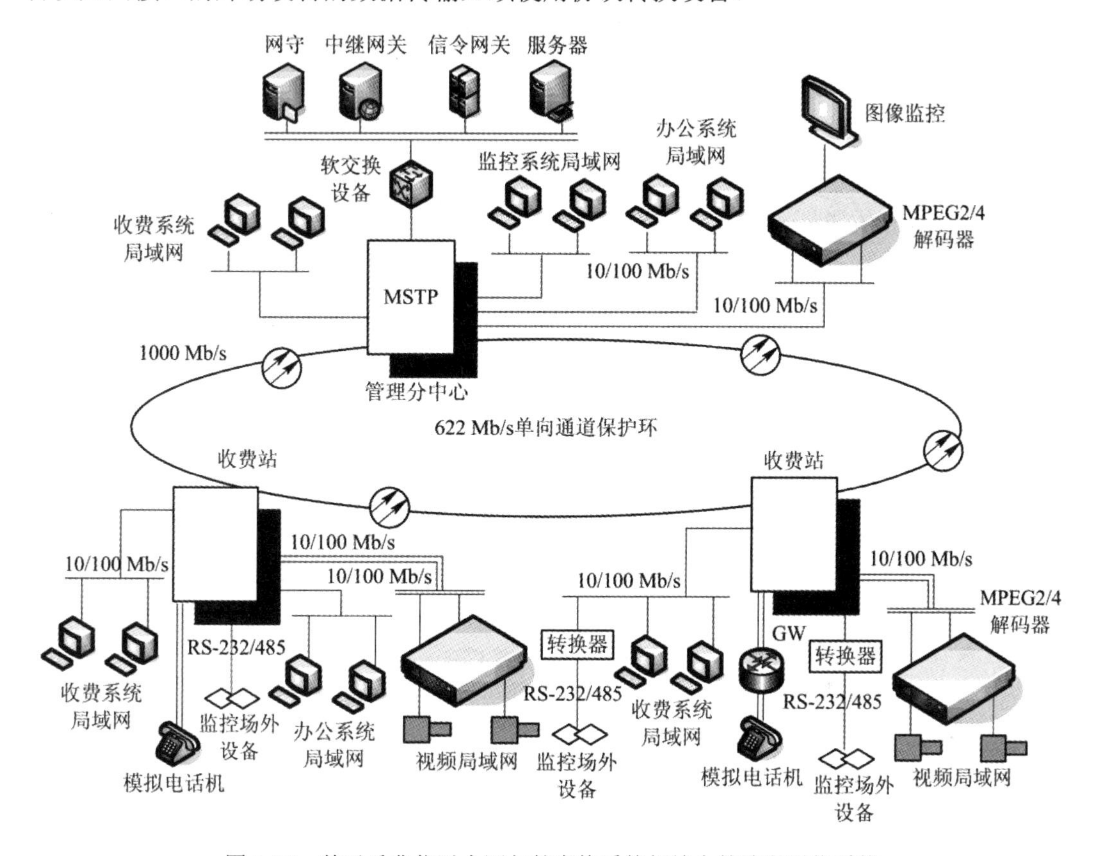

图 9-35　基于千兆位以太网与软交换系统相结合的路段通信系统

3. 基于全光技术的高速公路通信系统的组网方案

基于全光技术的组网方案属于第 5 代固定网络技术(the fifth-generation fixed network，F5G)。2019 年，欧洲电信标准协会(ETSI)成立的 F5G 行业规范工作组明确了 F5G 的三大特征，即增强型固定带宽、全光纤连接以及保障可靠体验。XGS-PON、Wi-Fi6、200G/400G、下一代 OTN/OSU(optical service unit)等为代表的新技术，以“光联万物”为目标，可以为人工智能、自动驾驶、云计算等应用场景提供支撑。

OTN 具有如下特点：

OTN 继承了 SDH 的帧结构精髓，延续了 SDH 的硬管道技术，利用光通路数据单元(optical channel data unit，ODU)作为数据传输通道，以 ODUk(k = 0，1，2，2e，3，4，flex)子波长时隙隔离实现业务的综合传输。ODUk 速率最低的子波长为 ODU0，其速率为

1.25 Gb/s，以 ODU0 为小单位帧进行分级复用，即可提供环路 2.5～10 Gb/s 的网络方案。OTN 突破了 SDH 的 10 Gb/s 带宽瓶颈，将带宽提升到 100 Gb/s 以上，适合于车路协同、人工智能等低时延、高可靠网络应用场景。

下一代 OTN 技术 OSU 是在 SDH、OTN 的基础上的新一代光传输技术，相比 ODU 技术，其速率最低可达 10 Mb/s。无源光网络(passive optical network，PON)是支持点到多点(P2MP)结构的无源光网络，PON 目前主流技术有 GPON(gigabit passive optical network)和 XGS-PON(10-gigabit symmetric passive optical network)两种，GPON 由 ITU-T 制定标准，其卓越的性能满足智慧高速公路演进所需的网络性能要求。

图 9-36 是基于全光技术的高速公路通信系统的组网方案，该方案已被全国十多个省用于高速公路通信系统的升级改造。

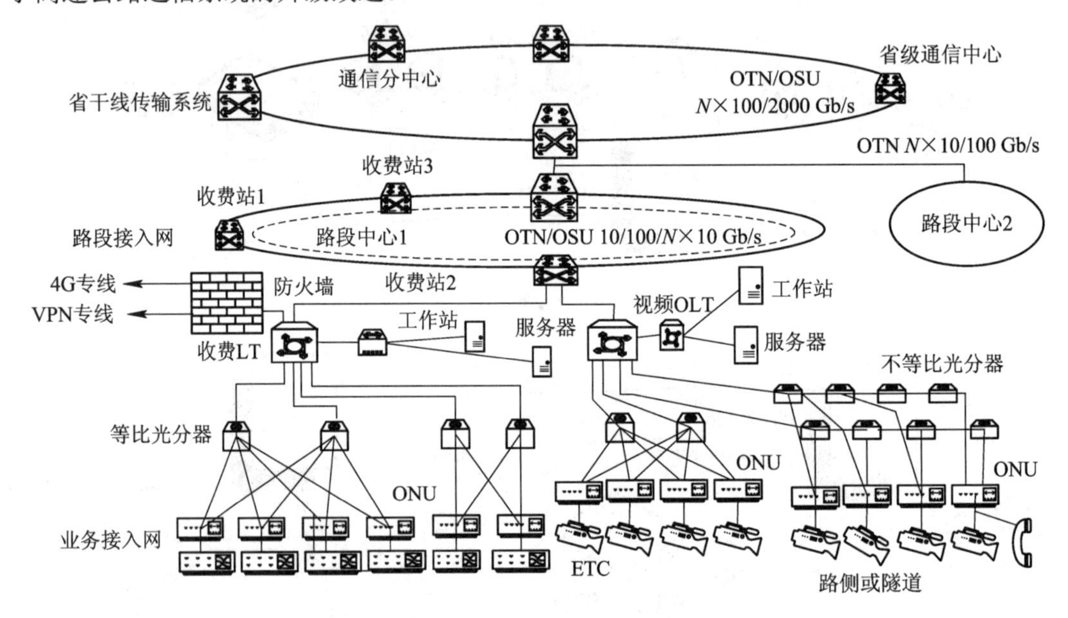

图 9-36 基于全光技术的高速公路通信系统的组网方案

省干线传输系统采用 $N\times$ 100/2000 Gb/s OTN/OSU 光传输设备组网，实现通信分中心与省级通信中心的互联互通。

OSU 专线承担收费数据至省通信中心的传输。

OTN/OSU 采用 WMD 波分复用技术，通信业务带宽使用扩波道方式平稳增加。

通信分中心采用 $N\times$ 10 Gb/s/$N\times$ 100 Gb/s OTN 光传输组网，N 值依赖接入管理的路段数量灵活部署。

路段接入网 10/100 Gb/s OTN/OSU 共享环，收费站共享其带宽。单业务承载带宽最小可以是 10 Mb/s。$N\times$ 10 Gb/s 则是以 10 Gb/s 带宽为步长支撑收费站级别数据业务带宽扩容。

现场业务接入网主要用来接收现场的数据业务、视频图像业务和语音数据业务等。这些业务在各自的网络上传输，网络之间相互独立组网，物理隔离。从收费站的通信机房到路侧通信链路均采用全链路的冗余保护。

OLT 用于连接光纤干线上的终端设备。OLT 同时支持 XGS-PON 和 GPON，是 F5G 全光网络的核心交换设备，下行链路通过分光器连接多个 ONU。OLT 放置在收费站机房。OLT

终结 PON 协议并实现网络的第三层网关和动态路由的功能。

ONU 是光网络中的用户端设备，主要放置在收费通道的路侧或龙门架、公路沿线的路侧杆上的网络机箱或机柜，提供如 ETH、POTS、RS-485、RS-232 以及 DIDO 等多种接入方式，实现如摄像机、工控机终端的就近接入。

由光纤、一个或多个无源分光器组成光数据单元，连接 OLT、ONU。其中，无源分光器实现光信号的分配和合并，提高光纤的利用率和网络的通信容量，降低网络建设的成本，提高网络的维护和管理效率。

上述方案优点在于网络兼容性强、多业务统一承载、灵活扩容、全方位保护。所组成的宽带多媒体综合业务平台，是下一代网络 NGN 的重要应用方向。

本 章 小 结

通信网络面临着负荷在不断增大，业务需求也趋于多样化的形势，只有通过下一代网络(NGN)来逐步实现不断增长的业务需求。NGN 不是现有电信网和 IP 网的简单延伸和叠加，而是整个网络框架的变革，而软交换作为在 IP 基础设施上提供电信业务关键的技术，在 NGN 中起着核心作用。软交换思想吸取了 IP、ATM、智能网(IN)和时分复用(TDM)等众家之长，形成分层、全开放的体系架构，不但实现了网络的融合，而且实现了业务的融合。

光交换技术是全光网络的核心技术之一，是一门发展中的技术，随着光器件技术的不断进步，光交换将逐步显示出它强大的优越性。光交换的基础元件是半导体激光放大器、光耦合器、光调制器以及正在发展中的光存储器，通过这些基本元件的不同组合构成了五种不同的光交换结构。多维交换是利用了多维空间可简化解决复杂问题步骤的概念，并结合各种交换结构的特点，通过多维组合以解决大容量交换系统问题的一种方法。

目前，光交换技术在不断发展，逐步成熟，其应用范围越来越广。本章最后以高速公路通信系统为例，介绍了光交换技术和 NGN 的应用示例。

习 题 9

9-1 如何理解 NGN？谈谈 NGN 的战略发展方向。

9-2 叙述基于软交换的 NGN 网络体系结构各层的功能。

9-3 目前，软交换主要完成哪些功能？有哪些技术？

9-4 简要说明信令网关和媒体网关的具体应用。

9-5 软交换网络涉及的基本协议有哪些？它们都有哪些功能？

9-6 光交换技术是如何产生的？光交换的定义和特点分别是什么？

9-7 光交换基本器件有哪几类？它们各自的特点是什么？

9-8 目前的光存储器可以分为哪几类？试比较一下各自的优缺点？

9-9 空分光交换、波分光交换、时分光交换各自的基本概念、特点和工作原理是什么？

9-10 什么是自由空间光交换？它的优点有哪些？

9-11 混合型光交换可以采用的复合方式有哪些？特点是什么？

9-12 举例说明一下多维光交换的工作原理。

9-13 ATM 光交换的基本概念、特点以及原理分别是什么？

9-14 什么是 OPS？有什么优缺点？应用范围是什么？

9-15 什么是 OBS？它的特点以及原理分别是什么？

9-16 OCS 与普通电路交换的异同点是什么？OPS 与普通分组交换的异同点是什么？OBS 怎样综合了 OCS 和 OPS 的优点，摒弃了它们的缺点？

9-17 GMPLS 的基本概念是什么？简要叙述 GMPLS 与 MPLS 的区别。

9-18 什么是 ASON？它由哪几部分组成？ASON 与 GMPLS 有何关系？

9-19 高速公路通信系统通信业务主要有哪些？

9-20 F5G 明确了哪些特征？

参 考 文 献

[1] 卞佳丽，等. 现代交换原理与通信网技术[M]. 北京：北京邮电大学出版社，2008.
[2] 桂海源. 现代交换原理[M]. 北京：人民邮电出版社，2007.
[3] 乐正友，杨为理. 程控交换与综合业务通信网[M]. 北京：清华大学出版社，2003.
[4] 郑少仁，罗国明，沈庆国，等. 现代交换原理与技术[M]. 北京：电子工业出版社，2006.
[5] 石文孝. 通信网理论与应用[M]. 北京：电子工业出版社，2008.
[6] GALLO M A，HANCOCK W M. 计算机通信和网络技术[M]. 王玉峰，邹仕洪，黄东晖，等译. 北京：人民邮电出版社，2003.
[7] 王喆，罗进文. 现代通信交换技术[M]. 北京：人民邮电出版社，2008.
[8] FISS M. 概率及数理统计[M]. 王福保，译. 上海：上海科学技术出版社，1962.
[9] 张玮，王荫清. 随机运筹学[M]. 北京：高等教育出版社，2000.
[10] 张富. 话务理论基础[M]. 北京：人民邮电出版社，1987.
[11] 刘增基，鲍民权，邱智亮. 交换原理与技术[M]. 北京：人民邮电出版社，2007.
[12] 叶敏. 程控数字交换与交换网[M]. 2 版. 北京：北京邮电大学出版社，2003.
[13] 刘振霞，马志强，钱渊. 程控数字交换技术[M]. 西安：西安电子科技大学出版社，2007.
[14] 罗国明，沈庆国，张曙光，等. 现代交换原理与技术[M]. 3 版. 北京：电子工业出版社，2014.
[15] 金慧文，陈建亚，纪红，等. 现代交换原理[M]. 北京：电子工业出版社，2005.
[16] 马忠贵，李新宇，王丽娜. 现代交换原理与技术[M]. 北京：机械工业出版社，2021.
[17] 陈锡生，糜正琨. 现代电信交换[M]. 北京：北京邮电大学出版社，1999.
[18] 穆维新，靳婷. 现代通信交换技术[M]. 北京：人民邮电出版社，2005.
[19] 赵学军. 软交换技术与协议[M]. 北京：人民邮电出版社，2002.
[20] 张中荃. 现代交换技术[M]. 北京：人民邮电出版社，2009.
[21] 郑少任. 现代交换原理与技术[M]. 北京：电子工业出版社，2006.
[22] 张宝富，等. 全光网络[M]. 北京：人民邮电出版社，2002.
[23] 原荣. 光纤通信网络[M]. 2 版. 北京：电子工业出版社，2012.
[24] 纪越峰，王宏祥. 光突发交换网络[M]. 北京：北京邮电大学出版社，2005.